U0443987

THE ART OF MEMORY

记忆的艺术

〔英〕弗朗西丝·叶芝 著　　钱彦 姚了了 译

人民文学出版社
PEOPLE'S LITERATURE PUBLISHING HOUSE

著作权合同登记号　图字01-2018-1586

The Art of Memory / by Frances A.Yates
Copyright©2018 by Taylor & Francis Group LLC. All rights reserved.
Authorized translation from English language edition published by Routledge, an imprint of Taylor & Francis Group LLC. All rights reserved 本书原版由 Taylor & Francis Group LLC 出版公司出版，并经其授权翻译出版。版权所有，侵权必究。
Copies of this book sold without a Taylor & Francis sticker on the cover are unauthorized and illegal.
本书封面贴有 Taylor & Francis 公司防伪标签，无标签者不得销售。

图书在版编目(CIP)数据

记忆的艺术／（英）弗朗西丝·叶芝著；钱彦，姚了了译.
—北京：人民文学出版社，2018
ISBN 978-7-02-013618-6

Ⅰ.①记⋯　Ⅱ.①弗⋯　②钱⋯　③姚⋯　Ⅲ.①记忆术—研究　Ⅳ.①B842.3

中国版本图书馆CIP数据核字（2017）第322396号

责任编辑　甘　慧　陶媛媛
封面设计　汪佳诗

出版发行	人民文学出版社
社　　址	北京市朝内大街166号
邮政编码	100705
网　　址	http://www.rw-cn.com
印　　制	上海利丰雅高印刷有限公司
经　　销	全国新华书店等
字　　数	270千字
开　　本	890毫米×1240毫米　1/32
印　　张	16.75
版　　次	2018年7月北京第1版
印　　次	2018年7月第1次印刷
书　　号	978-7-02-013618-6
定　　价	88.00元

如有印装质量问题，请与本社图书销售中心调换。电话：010-65233595

目录

序言 i
译者序 I
第一章　神秘的古典记忆术 1
第二章　记忆与灵魂：来自古希腊的故事 35
第三章　回忆的起点 65
第四章　将想象力作为一种责任 105
第五章　记忆之神 139
第六章　卡米罗的记忆剧场 173
第七章　文艺复兴与魔法记忆 213
第八章　超凡记忆术：不断重复 233
第九章　影子的秘密 265
第十章　记忆中的逻辑秩序 311
第十一章　乔达诺·布鲁诺：《印记》的秘密 ... 327
第十二章　谁才拥有最聪明的记忆术？ 357
第十三章　最后的记忆术 387
第十四章　玄秘记忆模式 415
第十五章　罗伯特·弗洛德的剧场记忆系统 431
第十六章　记忆剧场与环球剧场 463
第十七章　科学的记忆术 497

序言

本书探讨的话题对大多数读者来说可能比较陌生。很少有人知道，希腊人除了开创多门艺术科学，还开创了记忆的艺术。记忆的艺术像他们的其他许多艺术一样，传到了罗马，后来融入欧洲的传统文明之中。这种艺术设法通过在脑中深刻烙印场景和形象的技巧来记忆，常被归类为一种"记忆术"（mnemotechnics）。记忆训练在现代社会似乎已是一种不太重要的人类活动，但是在印刷术发明之前，记忆训练至关重要；并且，在记忆中操控各种意象，必然在某种程度上涉及到整个心灵。此外，一种使用当时建筑作为其记忆场景、以当时意象作为其记忆形象的艺术，也会像其他艺术形式一样，经历古典、哥特和文艺复兴等不同阶段。虽然这门艺术自古迄今离不开各种记忆技巧并以此奠定这门艺术的研究基础，但是对该门艺术的探讨却不能仅限于这些技巧的历史。据希腊人说，记忆女神摩涅莫绪涅（Mnemosyne）是众缪斯之母；要探索这一最根本且最难以捉摸的人类技能的历史，我们必须潜心深究。

我对这个话题的兴趣始于十五年前，当时我充满希望地想要理解乔达诺·布鲁诺（Giordano Bruno）关于记忆的著作。1952年，我在伦敦大学的沃尔伯格学院的一次演讲中首次展示了从布鲁诺《概念的影子》（*De umbris idearum*）中发掘的"记忆系统"。两年以后，在1955年1月，朱利奥·卡米罗（Giulio Camillo）的"记忆剧场"也在沃尔伯格学院的讲堂上被展示。这

-i-

时我已意识到卡米罗的"记忆剧场"与布鲁诺、托马索·坎帕内拉（Tommaso Campanella）的"记忆系统"以及罗伯特·弗洛德（Robert Fludd）的"剧院系统"之间有着某种历史联系，但在课堂上只作了粗略的比较。这些貌似微小的进展使我备受鼓励，我开始撰写以西蒙尼戴斯（Simonides）为开端的记忆的艺术的历史。这一阶段的成果形成了一篇文章，题目是《西塞罗的记忆术》(*The Ciceronian Art of Memory*)，发表于意大利，被收录在纪念布鲁诺·纳迪（Bruno Nardi）的研究文集《中世纪与文艺复兴》(*Medioevo Rinascimento*，1955年，佛罗伦萨）里。

此后，我碰到一个难题，使得研究中止了很长一段时间：我无法理清中世纪时记忆术出了什么状况。为什么艾尔伯图斯·麦格努斯（大阿尔伯特）（Albertus Magnus）和托马斯·阿奎那（Thomas Aquinas）认为在记忆中使用"图留斯"（Tullius，西塞罗的本名）的空间和形象是一种道德和宗教的责任？经院哲学[①]推荐记忆术作为其基本美德之一，即审慎之德的一部分，"记忆术"这个词的含义似乎没有完全包含这层意思。我开始慢慢地明白，中世纪可能是将美德和邪恶的形象作为记忆的形象来使用，这些形象根据古典规则形成；或是将但丁的地狱分层作为记忆空间使用。我试图解开古典艺术在中世纪转型的疑团。1958年3月，我在牛津大学中古时代研究学会作了《古典记忆术在中世纪》(*The Classical Art of Memory in the Middle Ages*)主题讲座。1959年12月，我在沃尔伯格学院作了《修辞与记忆术》

---

① 经院哲学是与宗教神学相结合的唯心主义哲学，是天主教会用来训练神职人员，在其所设经院中教授的理论。

（Rhetoric and the Art of Memory）主题讲座。这些讲座的部分内容被收录到了本书的第四章和第五章。

但最大的问题仍然没有解决，即文艺复兴时期的巫术或玄秘术式的记忆系统是怎么回事？印刷术发明以后，人们似乎不再需要中世纪哥特式的人工记忆，但为什么当时会重燃记忆术的热潮并以奇特的形式载入卡米罗、布鲁诺和弗洛德的文艺复兴系统之中？我重新从头研究了朱利奥·卡米罗的记忆剧场，意识到文艺复兴时期，玄秘记忆术的背后潜藏着同一时代赫尔墨斯神秘主义传统的推动力。显然，我必须先完成一本有关这一传统的书，然后才能讨论文艺复兴时期的记忆系统。我的另一本书——《乔达诺·布鲁诺与赫尔墨斯神秘传统》（Giordano Bruno and the Hermetic Trodition，伦敦和芝加哥，1964年）奠定了本书中的文艺复兴时期各章的背景基础。

我原本以为可以将卢尔主义（Lullism）排除在本书之外，另作研究，但是很快我就清楚地意识到，这不可能。虽然卢尔主义并不像古典记忆术那样源自修辞学传统，而且程序也大不相同，但它有一个层面是属于记忆术的，并曾在文艺复兴时期与古典艺术融合，甚至被混为一谈。第八章中对卢尔主义的阐释基于我的两篇文章：《雷蒙·卢尔之术：通过卢尔的元素理论进行研究的方法》（The Art of Ramon Lull: An Approach to it through Lull's Theory of the Elements）和《雷蒙·卢尔与约翰·斯科特斯·埃利杰纳》（Ramon Lull and John Scotus Erigena）两篇文章，依次发表于《沃尔伯格与考陶德学院学报》（Journal of the Warburg and Courtauld Institutes）XVII（1954年）和XXIII（1960年）。

有关记忆术的历史，在现代英文著述中尚属空白，其他语种的著述与文章也极少。刚开始的时候，我的主要参考资料只是一些古老的德文专著，以及其后哈伊杜（H. Hajdu）1936年发表的研究和福尔克曼（L. Volkmann）1937年的研究。1960年，保罗·罗西（Paolo Rassi）的《普世之钥》（Clavis universalis）出版，此书是用意大利文写的，是一本对记忆术进行历史研究的严肃论著，包含了大量的资料，讨论了卡米罗的剧场、布鲁诺的著作、卢尔主义和其他很多内容。这本书对我的研究很有帮助，特别是其中有关17世纪的部分，虽然它与本书想要探讨的问题完全不同。我参考了罗西的众多文章，还有塞萨雷·瓦索利（Cesare Vasoli）的一篇文章。其他对我特别有帮助的书分别是卡普兰（H. Caplan）版的《献给赫伦尼》（*Ad Herenium*, 1954年），豪厄尔（W.S. Howell）的《英国的逻辑和修辞：1500年—1700年》（*Logic and Rhetoric in England: 1500–1700*, 1956年）；翁（W.J. Wong）的《拉姆斯：方法和对话录的衰败》（*Method and the Decay of Dialogue*, 1958年）；贝利尔·斯莫利（Beryl Smalley）的《英国托钵修士与古代遗物》（*English Friars and Antiquity*, 1960年）。

虽然本书中采用了一些我以前的研究成果，但这是一本全新的书。过去两年里，我重新撰写，拓展出了新的方向。曾经模糊不清的部分被我一一梳理成型，特别是记忆术与卢尔主义、拉姆斯主义和"方法论"兴起之间的关联。另外，这本书最激动人心的部分是最近才涌现的，它就是莎士比亚的"环球剧场"，可以追溯到弗洛德的"剧院系统"。记忆的艺术这座想象的建筑，使一座被湮没已久的真实殿堂在人类的记忆中重生。

正如我的那本《乔达诺·布鲁诺和赫尔墨斯神秘传统》一

样,此书旨在将布鲁诺放回历史背景中,纵览我们的全部传统,特别是,要通过研究记忆的历史,弄清楚布鲁诺对伊丽莎白时代的英国产生的冲击,以及其本质何在。我试图在这个重大的课题中开辟道路,但是我所勾勒的每个阶段的轮廓都需要更多研究的补充和修正。这是一个极为浩淼的研究领域,需要众多学科的专家们共同合作。

现在,这本讨论记忆的书终于完成了,想起已故的格特鲁德·宾(Gertrud Bing),我的心中无比悲伤。她在本书写作的早期就阅读了我的草稿,并与我讨论,随时关注我的进度,鼓励我,批评我。她浓厚的兴趣和尖锐的批评总是激励着我。她认为心智图像、图像激活、通过图像掌握真实——记忆术中一直存在的这些问题——与阿比·沃尔伯格(Aby Warburg)关注的问题很接近。我是通过她才知道沃尔伯格的。这本书是否达到了她所希望的高度?我永远不可能知道了。在我正要将前三章送去给她看时,她已病倒,来不及看到书稿。我以此书纪念她,并深深感激她的友谊。

我也深深感激伦敦大学沃尔伯格学院的同事和朋友们。院长冈布里奇(E.H. Gombrich)对我的研究总是给予鼓励,我的很多成就都要归功于他的智慧。也是他将朱利奥·卡米罗的《剧场观念》(*L'Idea del Theatro*)交到我的手里。我与沃克(D.P. Walker)进行过无数次有益的讨论,他关于文艺复兴时期的专业知识对我一直很有帮助。他阅读了我的早期草稿,也阅读了这本书的全稿,并帮助我检查了译文。我还与特拉普(J. Trapp)讨论修辞的传统,他为我提供了大量参考书目的信息。在插图方面,我请教了埃特林格(L. Ettlinger)。

图书馆所有的工作人员都非常耐心,帮我寻找书籍。照片收藏部的员工也给了我很多帮助。

我感激希尔加思（J. Hillgarth）和布林米尔（R. Pring-Mill）在卢尔研究方面的帮助。伊丽莎白·雅费（Elspeth Jaffé）懂得很多记忆术，感谢他与我切磋交谈。

我的姐姐叶芝（R.W. Yates）在我写作的过程中阅读了我写下的每一页文字。她的反馈非常有益，她聪明的建议在修改过程中帮了我大忙。她总是充满幽默，在众多方面都能给我极大帮助。最重要的是，她为书中的示意图和插画贡献良多——为我绘制了卡米罗剧场的平面图和弗洛德式的"环球剧院"素描。重建"环球剧院"主要是她的功劳。我们合作密切，根据弗洛德"剧院系统"重建"环球剧场"是一次难忘的愉快经历。本书欠她的感激最多。

我一直借用伦敦图书馆，对他们的员工，我深表感激。同样要感谢大英博物馆图书馆及其员工，还有伯德雷恩图书馆、剑桥大学图书馆和剑桥大学的伊玛纽学院（Emmanvel College）图书馆。同时还要感谢以下国外图书馆：佛罗伦萨国家图书馆、米兰安布洛其亚图书馆、巴黎国家图书馆、罗马梵蒂冈图书馆和威尼斯马奇安那图书馆。

我还要感谢佛罗伦萨国家图书馆馆长、卡尔斯鲁厄的巴登图书馆馆长、维也纳奥地利国家图书馆馆长、罗马卡萨纳特斯图书馆馆长和伦敦国家艺术馆馆长，感谢他们允许我复制他们收藏的珍贵影像和模型。

弗朗西丝·叶芝
于伦敦大学沃尔伯格学院

译者序

翻译弗朗西丝·叶芝的巨作《记忆的艺术》是有幸之事，一则因为叶芝在西方学术界，特别是世界历史界的地位；二则因为《记忆的艺术》是20世纪重要的思想著作之一，在文学、艺术和认知心理学中都有很大影响。

叶芝是一位经历和研究成就都非同寻常的学者。她小时候因为父亲工作原因，家庭需要常常迁移，因而小学和中学阶段只上过很短时间的正规学校，基本上是在家受教育。先是两个姐姐教会了她识字，然后妈妈教她。爸爸极爱读书，所以家里总有很多书。叶芝自己的日记中也曾提到，哥哥写诗，一个姐姐写小说，一个姐姐画画，家中的文化氛围应该是很浓厚的。叶芝特别喜欢读书，尤其喜爱莎士比亚的剧、浪漫派和前拉斐尔派的诗歌，少年时便决定要写作。因为她所受的教育不是那种正规学校里的循规蹈矩的传统教育，叶芝未能如愿进入牛津大学学历史，但她被伦敦大学学院录取主修法文，并以一等荣誉文学学士毕业。随后她在伦敦大学获得法文硕士，并自学了意大利语等语言。后来她在伦敦大学的沃尔伯格学院授课和研究多年，最著名的研究是《乔达诺·布鲁诺与赫尔墨斯神秘传统》及其续作《记忆的艺术》。

叶芝大学学的是法文，但她研究和讲学的兴趣都在历史，她对历史的研究喜欢跨学科另辟蹊径，具有国际视野，敢于挑战陈规，对史料作出崭新的阐释。她始终认为文化史是全面的历史，是思想、科学和艺术的历史,其中包括形象与象征。这在20世纪50年代至70年代皆为创新之举。由于对艺术史和文艺复兴学术研究的贡献,她后来被授予大不列颠帝国官佐勋章(OBE)和大不列颠帝国爵级司令勋章(DBE),获封女爵士称号(Dame)。

翻译叶芝的巨作《记忆的艺术》也是有趣之事。《记忆的艺术》从"记忆艺术"的发明讲起,古希腊著名诗人西蒙尼戴斯因为记得宴席上各位客人就座的位置而能辨认现已面目全非的尸体,以此为起点,作者娓娓道来艺造记忆的古典来源,说明了艺造记忆的场所与形象两个成分。场所指的是在脑子里根据一个熟悉的建筑想象构造一个记忆的场所,可以是一个殿堂,也可以是一个房间、一个宝库、一条街、一片田野或甚至一个小城市。这一想象的场所里有各种可以放置东西的地方。形象指的是在脑子里用一个形象代表一个概念或一件事物或一个论点。例如武器代表战争、锚代表海事。要记住事情的时候,就在脑子里将这些形象一一放在记忆场所里,一个位置只放一个形象。这样,当演讲或需要回忆起这些内容的时候,只要想象自己走进这座记忆场所,像看到了入口处放的武器,你便记得首先应谈论有关战争的事情;然后走进门,看到左手第一个窗台上放着锚,就记得第二应讨论海事或海上战争事宜,如此等等。记住事物就像去场所存物,记起事物就像去场所取物。古时没有印刷书写,这种记忆艺术训练使得有些人具有惊人的记忆力,例如,"居鲁士记得他军队中全体士兵的名字;卢修斯·西庇阿知道所有罗马人的名字;齐纳斯能复述全部元老院议员的名字;本都王国国王米特拉达悌懂得他治下的二十二个民族的语言;希腊的查尔玛德斯能记住一个图书馆所有书卷的内容"!场所有规则,顺序须排列固定,形象也有规则，须鲜明生动，影响情感，以便印象深刻。叶芝认为这便是西方记忆艺术的起点，源自《献给赫伦尼》。到了中世纪，记忆本身被附加上了虔诚的色彩，成为审慎的一部分，记忆形象不仅须鲜明生动，而且增加了道德的色彩，有了美、丑的要求。例如，"妒忌"的形象是一个铁青着脸、头发如蛇的女人，"偶像崇拜"便是个瞎了眼、烂了耳的妓女的样子。这种在脑子里热情构造的内在心灵场所、形象和场景，催化了想象力的发展，激发了意象的形成，外化后促进了绘画艺术和诗歌艺术的发展。如此，《记忆的艺术》一书沿着记忆之术发展演变的道路，追寻它沿途所受宗教、哲学和神秘主义影响的来龙去脉，以及它对绘画、诗歌、建筑、莎士比亚环球剧场的构造，甚至对培根的方法论的影响。一路上林林总总，琳琅满目，有趣至极。

翻译叶芝的巨作《记忆的艺术》更是不易之事。叶芝知识渊博，治学严谨，在哲学、宗教、艺术、文学等诸领域天马行空，另外，引文涉及拉丁、意大利、法文、德文、西班牙、希腊等语言。

此外，翻译《记忆的艺术》的过程与翻译任何书籍、文章一样，是选择与决策的过程，除了基本层面的正、误选择以外，还有其他因素影响选择。本书译文选择尽量流畅易懂。

无论如何，翻译过程虽有辛苦，却其乐无穷，希望读者也觉有益、有趣。

钱彦　了了

于悉尼

第一章

神秘的古典记忆术[1]

在古希腊塞萨利（Thessaly），一位名叫斯科帕斯（Scopas）的贵族举行的宴会上，著名诗人西蒙尼戴斯吟诵了一首抒情诗来赞美主人，这首诗同时也赞美了双子神卡斯托和波鲁克斯（Castor and Pollux）。斯科帕斯生性卑鄙又吝啬，他对诗人表示，只会付原定颂诗酬金的一半，另一半酬金，诗人应该向双子神讨要，因为颂诗有一半是献给双子神的。没过多久，门外传信说有两位年轻人要见西蒙尼戴斯。西蒙尼戴斯立即起身来到门口，却不见访客。就在他离席之际，宴席大厅的屋顶突然倒塌，主人斯科帕斯和其他宾客都被压死在了废墟下。尸体血肉模糊，根本无法辨认，幸亏西蒙尼戴斯记得宴席上每个人的座位，因此才帮助死者亲属们认领了他们亲人的尸体。而那两位未曾谋面的来访者便是卡斯托和波鲁克斯二神，他们在大厅倒塌前将西蒙尼戴斯召唤出去，救了他一命，以此作为他吟颂赞诗的丰厚酬金。

这一经历启示了西蒙尼戴斯关于记忆术的原理，据说他就是这样发明了记忆术。由于自己记得各位客人在席间的座位，因而能辨认出面目全非的尸体，由此他领悟到，排列有序是记忆牢固的关键。

他推断，想要训练这种记忆能力的人必须好好选择自己想要记住的事物，并把它们构思成图像，然后将那些图像储存在各自选好的场景里，这样，那些场景位置的顺序就会维系事物的顺序，通过事物的图像标示出事物本身。这些场景和图像就好比可供书写的蜡板和写在蜡板上的字[2]。

古罗马的西塞罗（Marcus Tullius Cicero）在《论演说家》（De oratore）中论述雄辩的五个部分之一的记忆时，讲述了西蒙尼戴斯发明记忆术的生动故事，并且简单介绍了罗马演说家使用场景和形象的记忆方法。有关古典记忆术的描述，除西塞罗的版本外，流传下来的还有另外两个版本，一个在作者佚名的《献给赫伦尼》卷四（Ad C. Herennium libri IV）中，另一个在马库斯·法比尤斯·昆体良（Marcus Fabius Quintilianus）的《雄辩术原理》（Institutio Oratoria）中。这两种描述都在论雄辩的部分出现，而记忆也都作为雄辩问题的一部分被讨论。

研究古典记忆术历史的人必须记住的第一个基本事实是，记忆术是属于修辞学的一种技巧。演说家可以靠它来提高记忆力，使自己能够毫无差错地发表长篇演说。记忆术就这样作为演说艺术的一部分，在欧洲经典传统文化中流传了下来。直到近现代，那些曾经指导人类一切活动的古代先贤们为改善记忆而制定了记

第一章 神秘的古典记忆术

忆训练的规则与戒律——古典记忆术才逐渐被人们遗忘。

记忆术的通则并不难理解。首先，要在脑海中烙印上一系列的场景或位置。最常用的记忆场景系统是建筑类系统，但这并不是唯一的记忆场景系统。最清楚地描绘了这一过程的是昆体良[3]。他说，为了在记忆中形成一系列的场景，记忆的大楼应尽量宽敞，前院、起居室、卧室、客厅以及装点这些房间的雕像和其他装饰品，应尽量错综且具有变化。昆体良还举例说，我们可以使用锚或兵器作为帮助记忆的形象，然后想象将这些形象放置在脑海中已经记住的大楼内的各个地点。如此安排以后，一旦需要激活记忆，我们只需逐次访问这些场景，从中取回放置的东西即可。我们可以想象古代演说家如何在记忆的大厦里移动，当他发表演说时，就从记忆的场景里一一取出他曾存放在那儿的形象。这种方法能够确保他按照正确的顺序去记忆每一个论点，因为在建筑系统内，场景的顺序是固定的。昆体良举锚和兵器为例，形象地表明在他设想的演说中将有一处论及军舰（锚），而另一处则将论及军事活动（兵器）。

毫无疑问，对任何一个愿意认真努力地掌握这些记忆技巧的人来说，这套方法很管用。我从未亲自尝试过，但是我听说有位教授喜欢在聚会上用记忆术来娱乐学生。他先让所有学生各报出一件物品的名称，由一名学生将这些名称按顺序逐一记录下来。几个小时之后，教授能够按照正确的顺序，丝毫不差地说出每一件物品的名称，这令在场的学生惊讶不已。他的记忆诀窍就是在学生报出物品名称的同时想象着将这些物品放在窗台、书桌、纸篓等各个地方。然后，正如昆体良建议的那样，他重访那些场景，从中取回每一件物品。这位教授从未听说过古典记忆术，他

- 5 -

自己发明了这样的技巧。如果他进一步扩展其运用，将一个个论点与借助场景记忆的物品相关联，那么他就可以像古典演说家发表演说那样，根据自己的记忆进行授课，那将会令学生更加惊愕。

　　古典艺术是以切实可行的记忆术原理为基础的，意识到这一点是很重要的；但是只给这种艺术贴上"记忆术"的标签便不再深究其本质，则可能导致误解。古典资料所描绘的似乎是一种极端依赖强烈视觉印象的内在技巧。西塞罗强调，西蒙尼戴斯之所以能够发明记忆术，不仅在于他发现了顺序对于记忆的重要性，还在于他发现了视觉是所有感觉中最敏锐的。他说：

> 西蒙尼戴斯极敏锐地觉察到，可能其他人也已经发现，在我们的大脑中形成最完整图像的事物，是那些由感官传达给我们的大脑并在我们的大脑中留下深刻印象的事物，但是所有感觉中最敏锐的是视觉，因此借由耳朵或是反射获得的感知，如果再经过眼睛传达给我们的大脑，便最容易保留下来[4]。

　　"记忆术"这个词很难传达出西塞罗的艺造记忆的真实模样。艺造记忆好比西塞罗在古罗马的各建筑中移动，看见各地点，就看见了其储存的形象，并以犀利的内在视觉，立即将他演讲所需的思想和语言带到嘴边。因此，我更愿意用"记忆的艺术"来表达这一过程。

　　我们现代人如果记忆力糟糕，可能就会像那位教授一样，不时地使用一些有针对性的记忆诀窍，不过这些记忆诀窍对我们

第一章 神秘的古典记忆术

的生活和工作并非至关重要。但在古代，没有印刷术，也没有纸张，无法用它们来记笔记，也无法打印讲稿，记忆力训练就变得不可或缺。古代的记忆力是通过呈现古代世界及其建筑的艺术进行训练的，依赖强烈的视觉记忆功能。这种技艺现在已经无从寻觅。用"记忆术"一词来描绘古典的记忆术，虽不能说是个错误，但似乎将这一非常神秘的学问过于简单化了。

大约在公元前86年至公元前82年，罗马有一位不知名的修辞学教师[5]为他的学生编写了一本很有用的课本，但除了《献给赫伦尼》这个没有指明宗旨的书名以外，没有其他书名。书的作者没有署名，却使该书所提及之人留名青史。这本书对于记忆艺术的历史来说非常重要，在本书中将被多次提及。这位勤勉的修辞学教师以颇为枯燥的教科书风格讲述了修辞的五个部分（构思、布局、文体、记忆和演讲）。他在说到演说家必备的记忆力这部分时[6]，是这样开头的："现在让我们来看看存放创作材料的宝库，即修辞学中所有组成部分的保管员，也就是记忆。"他接着说，记忆分为两种，一种是自然的，另一种是艺造的。自然的记忆与生俱来，与思想同时诞生。艺造的记忆则是通过训练得以加强和巩固。记忆力天生出色的人可以通过学习这门学科得到进一步完善，而先天记忆能力不强的人也可以通过这门艺术提高记忆力。

在如此简短的开场白后，作者立刻宣布："现在，我们来讨论艺造记忆。"

《献给赫伦尼》中论记忆的部分承载着历史的重任。它引用的有关记忆教学的古希腊文献，很可能来自有关修辞学的希腊论

- 7 -

著，如今那些专著已完全佚失。此书是保存下来的有关记忆这一课题的唯一一本拉丁文论著，因为西塞罗和昆体良的相关论说并非完整作品，而且两人都假定读者已经很熟悉艺造记忆和相关术语，故而都未在这方面过多着墨。因此，《献给赫伦尼》便成为关于希腊和拉丁文古典记忆术的主要、也是唯一的完整资料。它担当起将古典记忆术传入中世纪和文艺复兴时期的角色，具有极其独特的重要性。中世纪时，这本书广为人知，被频繁使用，享有极高的声誉。人们认为这是西塞罗的作品，因此书中详解的艺造记忆规则也被认为是由图留斯·西塞罗本人所拟定。

简而言之，若要揭示古典记忆术的模样，基本上，必须依赖《献给赫伦尼》中论述记忆的部分。同样，本书为了揭示西方传统记忆术的历史，也必须时时参照《献给赫伦尼》，将之视为传统的主要来源。所有关于记忆术的论著，无论是讨论"场景"规则、"形象"规则、"记忆事物"还是"记忆语言"，都是在重复《献给赫伦尼》一书的结构、内容，甚至照搬原文。本书主要探讨的是记忆术在16世纪的惊人发展，然而即使是在16世纪不断增添复杂内容的情况下，记忆术仍然保留了《献给赫伦尼》的框架，就连乔达诺·布鲁诺的《概念的影子》（*De umbris idearum*）一书中最富幻想的部分也无法掩盖这一事实，这位文艺复兴时期的哲学家也仅仅是重复古老的场景规则、形象规则、事物记忆和语言记忆这些要点而已。

因此，要推敲记忆的古典技艺，就必须理解《献给赫伦尼》中有关记忆的论述。但此项任务极为困难之处在于，我们并非作者传授知识的目标读者，他并不是对毫无艺造记忆知识背景的学生们进行讲解，而是对公元前86年至公元前82年聚集在他周围研究修辞学的学生们授课，这些学生了解他谈话的主题，早就知道应该如何运用那些记忆规则，而他只需罗列就好。我们的情况则迥然不同，对我们而言，有些记忆规则极其古怪，常令我们感到困惑。

接下来，我试图模仿《献给赫伦尼》作者的轻松风格，描述书中关于记忆论述的内容，但我会不时停下来思考：他到底想要告诉我们什么？

艺造记忆是由场景和形象构成的（这个定义后来被反复提炼）。场景是便于存放记忆的各种位置，例如一栋房屋、柱子之间的空间、一个角落或一扇拱门等。形象是我们希望记住的东西的形状、标记或影像。例如，如果我们要回忆马、狮子或苍鹰，就必须将它们的形象放在特定的记忆场景中。

记忆的艺术就像一种内在书写。那些识字的人可以写下别人向他们口述的东西，也可以读出他们写下的东西。同样，掌握了记忆的艺术，人们就可以将听到的东西放在记忆场景，然后根据记忆进行描述，"因为场景就像腊板或是纸莎草纸，形象就像字母，形象的排列和配置就像剧本，演讲就像在阅读剧本"。

如果我们希望记住很多材料，就必须在记忆中储备大量的场景。这些场景应该形成系列，将它们按照顺序记住以后，便能够从任何一个场景开始，任意前移或后移。这就好像我们看到自己熟识的人站成一排，不论是从头、尾或是中间开始，要报出他们的名字，都同样容易。记忆场景也是如此，"如果将这些场景按顺序排列，那么在形象的提示下，我们就能说出放在该场景的东西，从任意位置开始，往任何方向移动，都可以"。

场景的建构非常重要，因为相同的场景可以重复地被用来记忆不同的材料。被放置在这些场景中用来记忆一组事物的形象，如果不再使用，便会消退，会被抹去，但这些场景仍然存留在记忆里，可以重复使用，只需放置另一组形象，代表另一组事物。场景就像腊板，将写在上面的字抹去，又可以重写。

为了确保我们不会将场景的顺序记错，将每五个场景标上某种以示区别的标记是很有用的做法。例如，我们可以为第十个场景加上金手掌的标记，赋予其名叫德西默斯（Decimus）的熟人的形象；然后，在接下来的每逢第五个场景时，都加上不同的标记。

最好在空寂无人或偏僻之处建构记忆的场景，因为嘈杂的环境往往会减弱印象。想要获得一组令自己印象深刻、轮廓明晰的场景，就应选择人迹罕至的建筑物作为记忆的场景。

记忆的场景不应太雷同。例如，柱子与柱子之间的单调空间就不太理想，因为它们太相似，会令人感到困惑。记忆的场景还应该大小适中，不能太大，否则会令放置其中的形象不明显；也不能太小，否则一系列的形象排列其中，将会显得拥挤。记忆的场景也不应该光线太过强烈，否则放置其中的形象就会显得刺眼；也不能太阴暗，否则阴影会使形象模糊不清。各个场景之间的距离应该适中，大约30英尺最好，"这就像眼睛的功能一样，如果视觉的对象离得太近或太远，都会影响内在的视力"。

经历丰富的人，可以随自己的喜好轻易地记住众多合适的场景。经历有限而没有足够合适场景的人，可以针对这种情况加以补救。"因为思想可以接受任何地点，可以随意建造场景的背景。"（即记忆术可以用后世所称的"虚构场景"来补救，与普通方法的"真实场景"相对。）

第一章 神秘的古典记忆术

描述完场景的规则，现在让我们略作沉思。我印象中最深刻的是，场景规则体现出的视觉精确程度竟如此令人吃惊。在经过古典训练的记忆中，场景之间的空间距离是能够被测量的，甚至连场景中的采光都被考虑其中。这些规则唤起了一幅被现代人遗忘的社会习惯的景观。那位在孤寂的建筑里缓慢走动、不时停下脚步且神情严肃的人是谁？他是一位正在构建记忆场景的修辞学学生。

"谈过了场景，"《献给赫伦尼》的作者接着说，"现在让我们来看看形象的规则。"首先，形象有两种，一种是事物的形象，另一种是语言的形象。换言之，"事物记忆"通过创造形象来提示论证要点；而"语言记忆"则通过创造形象提示论证的字词与句子。

说得太简洁了。请容我稍作打断，以提醒读者。对修辞学学生来说，"事物"和"词语"有着与修辞五部分相关的精确含义。西塞罗对修辞五部分作了以下定义：

> 构思是指选材与设计，以便发现真实的事物或近似真理的事物，使自己的论据听来可信；布局是按照事物发现的顺序安排；文体是以合适的词语来烘托发现的事物；记忆是在心里明确领会事物和词语；演讲技巧是指控制声调和姿态，以配合事物和词语表述的庄严[7]。

因此，"事物"是演讲的内容，"词语"是内容的外衣。你希望艺造记忆仅仅提醒演讲的概念、论点和"事物"的顺序，还是提醒演讲中每个字词的顺序？前者是"事物记忆"，后者则是

"词语记忆"。如西塞罗在上述引文中所定义的理想的情况，是在心里明确领会事物和词语意义。但是，"词语记忆"远比"事物记忆"困难；《献给赫伦尼》作者面对的学生，有的天资不足，对于借助形象记住每一个字句大概会颇感畏缩，正如我们将会在后面看到的，连西塞罗自己都承认，能够做到"事物记忆"已经足够了。

让我们回到形象的规则。我们已经知道场景的规则，知道选择什么样的场景进行记忆，那么，我们应该选择什么样的形象放在场景里呢？这其中又有什么规则呢？这是《献给赫伦尼》一书中最奇怪也最令人感到意外的一段，作者在此处涉及了选择记忆形象背后的心理层次。他问：为什么有些形象如此强烈、清晰且适合唤起记忆，而其他形象则如此微弱、无力且几乎无法刺激记忆？我们必须找出原因，才能够知道哪些形象应该避免使用，哪些形象应该拿来使用。

  人的天性本身就在指导我们应该怎么做。我们在日常生活中看见微不足道的、普通的、平庸陈腐的事物，一般不会记住。因为大脑倾向于受到新奇而又非凡之物的刺激，如果看到或听到特别卑鄙、无耻、异常、伟大、难以置信或荒谬可笑的事物，我们则很可能会将其长久记住。同样，刚刚看见或听见的东西，我们通常会忘记；儿时发生的事情却记得最清楚。这一切只是因为寻常事物容易被淡忘，惊人或奇特的事情则使记忆长久。日出、日落对任何人来说都很寻常，因为每天都在发生。但日食是奇观，因为很少发生，实际上，它比月食更奇特，因为月食比日食出现得多一些。因

第一章 神秘的古典记忆术

此,人的天性就是:不为平凡之事所触动,却为新鲜和特别的事件所感动。那么,就让艺术模仿天性吧,发现天性的希望,遵循天性的指向。因为,在创造发明的过程中,天性从来不会落后;更准确地说,万物肇始于天性,最终归结于训练和自律。

因此,我们建构的形象,应该是那些能在记忆里依附最长时间的形象。建构鲜明突出的类似物,就能做到这一点;如果我们建构的形象并非繁杂且模糊,而是生动且充满活力;如果我们赋予这些形象以非凡的美丽或异常的丑恶;如果我们再为一些形象加上装饰,戴上皇冠或披上紫氅,使他们与其代表的、所需记住之物更加相似;如果我们以某种方式损毁它们,譬如使其沾有血斑、污泥或涂上红漆,让其形象更加鲜明,或赋予它们某种戏剧性的效果,那么,它们就会更加容易被记住。我们可以轻易记住真实的事物,要记住虚构的事物也并不困难。有一点至关重要,那就是必须在脑子里一遍又一遍地快速回想所有的原始场景,以此加深对这些形象的记忆[8]。

作者显然充分掌握了这一概念,即通过鲜明而又非凡的形象——美丽的或丑陋的、滑稽的或可憎的形象——来激发情感,帮助记忆。很明显,他的脑海中浮现的是人的形象,戴着皇冠、穿着紫氅、血迹斑斑或涂上红漆,其行为充满戏剧性。当我们跟随修辞学学生走过其记忆场景,就像进入了一个奇异非凡的世界,这些场景里有各种奇特的形象。昆体良以锚与兵器作为记忆的形象,虽然不那么令人激动,但与《献给赫伦尼》作者介绍给我们的怪诞世界相比，也是容易理解的。

对研究记忆术历史的人来说，困难的是，记忆术论著总是列出规则，却鲜少提供运用规则的具体方法。也就是说，他们几乎从未实践过在场景中陈列出一组形象，来供读者参考。这一传统始于《献给赫伦尼》的作者。他说，记忆术老师的责任是传授学生构建形象的方法，举一些样本，然后鼓励学生建构自己的一组形象。在教授"引言"时，他说，老师不应起草一千个固定的引言方法，然后发给学生去死记硬背；而应该教授学生方法，然后让学生自己去发挥。教授记忆术形象[9]时也应该如此。这是很令人钦佩的教学理念，却使后世的我们颇感遗憾，因为这个原因，作者没有向我们展示一整套鲜明异常的生动形象，如今的我们只能接触到他描绘的三个样本。

第一个是"事物记忆"形象的例子。我们想象自己是一场诉讼的辩护律师，"原告指控被告毒死了一个人，犯罪动机是想获得被害人的遗产，并宣称该行为有很多见证人和从犯"。我们需要建构一组有关整个案件的记忆系统，并在第一个记忆场景中放入一个形象，以帮助我们记住被告的罪名。这个形象是这样设计的：

> 如果是私下认识的人，我们想象他是被人下毒的，病倒在床上。如果不认识这个人，我们设想一个人病倒在床上，但不要选社会最底层的人，以便能让我们立刻想起。让被告待在床边，右手拿着一个杯子，左手拿着书写板，无名指上吊着一个公羊的睾丸（testicle）。这样我们在记忆中便有了被下毒的人、见证人和遗产[10]。

第一章 神秘的古典记忆术

杯子会让人想到毒药，书写板让人联想到遗嘱或遗产，公羊的睾丸因其拼写类似"见证"这个词（testes），使人想起证人。病人应该像其本人或是我们认识的其他人（但不是无名的下等人）。在下面的场景中，我们可以放上指控的其他内容或案件的其他细节，如果我们能够准确地铭记场景和形象，那么我们就能轻松地想起我们希望回忆起来的任何一点。

这就是古典记忆形象的一个范例，它生动活泼，富有戏剧性，鲜明突出，而且还带有附件，以提示我们在记忆中记录的"事物"。虽然每件事好像都得到了解释，但我仍然感到很迷惑。就像《献给赫伦尼》一书中其他很多内容一样，它们属于一个我们无法理解的世界，或是一个尚未真正向我们充分解释过的世界。

作者举这个例子，不是要记住诉讼案中的辩护词，而是侧重记录案件的细节或"事物"。就好像作为一个律师，他在记忆中建构出一桩诉讼案的档案柜。上述给出的第一个形象就像一个标签，贴在记忆档案中的第一个场景上，档案内容是关于被指控下毒的案件。一旦他想要查阅该案件的任何部分，就去查看记录该案件的整体形象，然后在形象背后的场景中找到案件的其余部分。如果这种理解正确，艺造记忆就不仅能被用来记住演讲辞，而且能被用来记忆大量可以被随意查阅的资料。

西塞罗在《论演说家》里谈到艺造记忆的优点，可能也有助于证实这种理解。他谈到用场景保存事实的顺序、形象标示着事实本身、使用场景和形象就像使用写字蜡板和写在上面的字母一样。他接着说："我何必讨论记忆对演说者的价值、说明其用途和有效性呢？你保存信息并形成自己的观点；你将自己形成的所有观念牢牢地存储在记忆里，把所有词语整齐有序地排列；你细心聆听委托人的指示，留心你必须反驳的对方的辩词，使它们不仅涌入你的耳际，而且烙印在你的脑海里；但所有这些，与我何干？记忆力强的人自然知道自己要说些什么、会说多长时间、以什么样的风格演讲、哪些论点已经反驳、哪些论点仍需反驳；他们自然会记得自己在其他案件中提出的论点，也会记得自己从别人那里听到的论点。"[11]

我们本身就具有惊人的记忆力。而且，据西塞罗说，这些天赋的能力确实可以借助《献给赫伦尼》一书中描绘的训练方法加以强化。

上述描绘的样本形象，是"记忆事物"的形象；这种形象被设计出来，帮助记忆案件的"事物"或事实，该记忆系统的其他场景中可能保存着其他"记忆事物"的形象，用来记录案件的其他事实或辩控双方在发言中提出的论点。《献给赫伦尼》提供的另外两个形象样本，是"记忆语言"的形象。

希望获得"语言记忆"的学生可以像训练"事物记忆"的学生一样，先记住那些保存形象的场景。但是记忆语言更加困难，因为比起记住论点或概念所需要的场景，记住所有词语则需要更多的场景。"记忆语言"的形象与"记忆事物"的形象类似，都是处于戏剧性场景中的、鲜明突出、异常非凡的形象——即生动鲜活的形象（imagines agentes）。

例如，如果我们要记住这行诗：

第一章 神秘的古典记忆术

国王啊，阿特柔斯的儿子们正准备着归来。[12]

（Iam domum itionem reges Atriadae parant）

这行诗只在《献给赫伦尼》书中被引用过，可能是作者自己创造出来、用以演示艺造记忆技巧，或是引自某部现已佚失的作品。这行诗需要借助两个异常的形象来记忆。

一个形象是"图密善（Domitius）被马西·雷克斯（Marcii Reges）抽打时双手举向天空"。洛布古典图书版本的翻译兼编辑（卡普兰）在注释中说："雷克斯（Rex，复数词形为Reges）是马尔西安（Marcian gens）最有名望的家族之一；图密善是平民出身。两人都很出名。"这一形象可能反映了街头的某一幕场景：平民出身的图密善（也许满身血迹，以使他的形象更令人难忘）正被雷克斯家族的成员殴打。这也许是作者亲眼见过的场景，也许是某幕戏剧场景，但绝对是一个鲜明突出的场景，非常适合作为记忆的形象。这个形象被放置在一个场景中，帮助人们记住这行诗。这一生动的形象立即使人的脑海中出现"Domitius-Reges"（图密善-雷克斯），因为它与"donum itionem reges"（当此三个词组合时发音类似于图密善-雷克斯）的发音很相似。这个例子示范了"词语记忆"形象的原则，即利用词语与形象所标示的概念具有相似的发音，帮助人们回想起需要记住的字词。

我们都知道，在记忆中搜索字词或名称时，某个相当荒唐且偶然"粘"在脑子里的东西，往往能够帮助我们将其挖掘出来。古典记忆术正是将这一过程系统化的成果。

有助于记住诗中其余部分的另一个形象，是"伊索普斯

（Aesopus）和泽姆贝尔（Cimber）正在化妆扮演《伊芙琴尼亚》（*Iphigenaia*）剧中的希腊英雄阿迦门农（Agamennon）和墨涅拉奥斯（Menelaus）"。伊索普斯是著名的悲剧演员，也是西塞罗的朋友；泽姆贝尔显然也是演员，不过只在这本书里出现。[13]两人准备演出的剧本现已佚失。在这个形象中，演员正在化妆准备扮演阿特柔斯的儿子（阿迦门农和墨涅拉奥斯）。后台的场景很令人激动，可以看到两位著名的演员正在化妆（根据规则在脸部抹上红油彩，使其形象更加令人难忘）、更衣，准备演出。这样一个场景具备了良好的记忆形象所要求的全部元素；因此我们用它来记住"阿特柔斯的儿子们"正在做准备（Atridae parant）。这一形象立即解释了"阿特柔斯"（Atridae）一词（虽然不是通过声音的相似来记忆），而且演员为上台做准备即表示了诗文的内容——为归国"做准备"。

"单用这种记忆诗歌的方法是不够的，"《献给赫伦尼》的作者说，"我们必须用死记硬背的方法先读上三四遍，再用形象的方式代表字词。这样，艺造记忆就可以弥补自然记忆——因为两者各自都不够强大。但我们必须指出，原则和技巧更可靠。"[14]一想到读诗还要靠死记硬背，"词语记忆"就显得不那么难以理解了。

推敲"词语记忆"的形象，我们注意到作者在此处的侧重点似乎不是为了帮助修辞学学生记住一篇演讲辞，而是为了记住诗歌或戏剧里的诗句。如果用这种方法记住整首诗或整出剧本，可以想象，必须设想的记忆场景之多，或许将会延伸达数英里之远，背诵时要一路走过这些场景，从中找出记忆的提示点。"提示"这个词也许确实在暗示我们这个方法的奏效方式。背诵诗歌本身不就是策略性地在间隔恰好的位置上建构"提示"的形象吗？

《献给赫伦尼》的作者提到，希腊人精心打造了另一种"词语记忆"符号。"我知道大多数论述过记忆的希腊人都训练有素，能列出与很多字词相对的形象，背出这些形象的人能毫不费力地找到形象。"[15]这些与希腊字词相对应的形象很有可能是速记符号，或是当时在罗马拉丁文中世界流行的符号。[16]它在记忆术中的使用，大概是通过一种内在的速记法，即先在内心记录下速记符号，再到记忆场景中将速记符号代表的字词记住。幸运的是，《献给赫伦尼》的作者不赞成这种方法，因为即使有1,000个这种现成的象征符号，也远远不能涵盖所有必须记住的字词。不过，他对任何"词语记忆"的方式都相当包容；他认为有必要学会"词语记忆"，因为它们比"事物记忆"难学，所以必须搞懂。并且应该通过"词语记忆"这种练习，强化"另一种更实用的记忆——事物记忆。通过词语记忆的艰难训练，可以使我们驾轻就熟地进入事物记忆"。

在记忆论述部分的结尾，作者劝告人们必须勤奋。"无论学习哪一门艺术理论，假如没有不懈的练习，再精良的理论都是无用，记忆术尤然。缺乏勤奋、执着、刻苦和细心，理论几乎一文不值。你能准确记忆的场景多多益善，并且这些场景都应该最大程度地符合上述规则；你应该每天练习如何放置记忆形象。"[17]

《献给赫伦尼》中的规则和例子让我们得以一窥古代记忆系统的神奇力量，我们试图理解这种提升专注力的内在训练技巧，理解其无形的运作，这对我们来说既独特又困难。想想史料中记录的古代记忆绝技，年迈的修辞学老师马库斯·安内乌斯·塞内加（Marcus Annaeus Seneca）能够按照给定的顺序重复2,000个名字，班上有两百多名学生，每人念出一句诗，他能从最后一名学生所念诗句开始，倒背至第一名学生的诗句。[18]还有同样身为修辞学老师的奥古斯丁（Saint Augustine），他提到过一位叫斯姆普里修斯（Simplicius）的朋友，这位朋友能够倒背诗人维吉尔（Virgil）的长诗。[19]从《献给赫伦尼》中可以得知，如果我们恰当地、扎实地确立自己的记忆场景，就能够往任何方向随意移动，往后或向前，都不成问题。艺造记忆可以帮助人们理解塞内加和奥古斯丁的朋友所拥有的那种惊人的记忆能力。虽然这种绝技对我们来说似乎并无意义，但却可以由此窥见古代的人如何崇拜具有强大记忆力的人。

记忆的艺术非常独特。它以一种非古典的精神，利用古代的建筑，注重选择不规则的场景，避免对称的秩序，充满了极富个性的人物形象；比如我们会用某个朋友的脸来标记第十个场景；或者想象一些朋友排成一队；又或者设想一个酷似某人的病人，如果那人我们不熟悉，就想象成一个我们熟悉的人。这些人物形象充满了生气和戏剧性，格外美丽或怪诞奇异。它们令人想到哥特式教堂里的雕像，而非传统的古典艺术雕像。它们似乎完全是非道德的，其功能只是通过个性气质或奇特之处给记忆情感以刺激。我们之所以有这种印象，可能是因为《献给赫伦尼》的作者在讨论诸如"正义"或是"节制"及其构成因素等"事物"形象时，没有提供记忆样本。[20]记忆术的难以描述性，为研究记忆术的历史学家带来了诸多困惑。

尽管中世纪认为图留斯·西塞罗是《献给赫伦尼》的作者，但这是错误的，然而图留斯实践并推荐了记忆术，此推论却是正

第一章 神秘的古典记忆术

确的。西塞罗在其《论演说家》（完成于公元前55年）一书中，以典雅、散漫和绅士的文体，以明显有别于修辞学老师们单调风格的手法，论述了修辞的五部分。他在著作中所谈及的记忆术所使用的技巧，显然与《献给赫伦尼》里描绘的相同。

西塞罗在《论演说家》中首次提到记忆术是在第一卷中谈论克拉苏（Crassus）的演讲时，克拉苏说自己并非全然反对把记忆术所教的"场景和形象的方法"作为助记工具。[21] 其后又论及，安东尼（Anthony）说塞米斯托克利斯（Themistocles）刚接触记忆术时拒绝学习，还说他宁愿学习忘记的科学，也不学记忆的科学。安东尼警告说这一戏言不可"令我们忽视记忆力的训练"。[22] 这样，读者就为聆听安东尼讲述那场著名宴会的生动故事做好了思想准备，那正是我在本章开头所讲述的故事，那场宴会促使了记忆术的发明。西塞罗随后在对记忆术的讨论中，如此简略地介绍了记忆术的规则：

> 因此（前略，为了避免在一个众所周知且很熟悉的题目上过于冗长），我们必须使用大量光线明亮、井然有序且间距适中的场景；以及生动的、不寻常的、轮廓鲜明的、能够迅速触碰并穿透心灵的形象。[23]

他将场景规则和形象规则尽量作了浓缩，以免重复众所周知的课本知识而使读者厌烦。

接着，他含混不清地谈起某种特别复杂的词语记忆方式：

> ……使用这些形象的能力，可以通过练习并养成习惯

- 21 -

获得,通过变或不变的相似字词的形象,取用部分的意思来表示整体类别的意思,使用一个字词的形象来提示整个句子,如一个高明的画家,通过修改轮廓,来呈现其所处的位置。[24]

接着他谈到记忆字词的那种记忆(《献给赫伦尼》的作者将之描述成"希腊式"),也就是试图通过记住每一个形象来记住与之相关的词,但最后他还是认为(和《献给赫伦尼》一样),对演说家来说,事物的记忆才是记忆术最有用的分支。他说:

> 字词的记忆对我们来说是至关重要的,与其他记忆类型不同的是,它被赋予更多种形象(与刚刚谈到的使用一个词的形象来代表整个句子截然相反);因为联结一个句子的肢体关节,有很多词,而这无法通过相似性来完成,我们必须不断塑造形象。但是,记忆事物是演讲者的专长,我们可以精心安排若干代表事物的人格面具(Singulis Personis),并将它们铭刻在脑海中,使我们能够通过形象抓住观念,通过场景抓住顺序。[25]

用于事物记忆形象的"人格面具"(Persona)一词有趣而奇特。这是否意味着夸大记忆形象的悲剧性或喜剧性可以突出记忆的效果,正如演员戴上面具增加戏剧效果一样?这是否表明舞台本身很可能正是鲜明突出的记忆形象的来源?还是说在作者的语境中,记忆形象就像一个我们认识的人,如《献给赫伦尼》的作者建议的那样,戴上人格面具只是为了唤起记忆?

第一章 神秘的古典记忆术

西塞罗提供的是一个相当精练的小型"记忆术"专论，它按照通常的顺序，列出了所有的要点。一开始是由西蒙尼戴斯的故事引出陈述，指出记忆术包括场景和形象，其内心书写就像在蜡板上书写，接着讨论自然和艺造记忆，结论是人为技术通常可以改善自然。然后讲述场景规则、形象规则；之后讨论事物记忆和词语记忆。虽然他同意只有事物记忆对演讲至关重要，但是他本人显然经历过词语记忆的训练，这些字词形象或许会移动（？），或许会改变类型（？），会将整个句子浓缩为一个词语记忆形象。他以不寻常的方式在心中勾勒出形象，好像一位造诣极高的画家。他接着说：

> 未经训练的人断言，在大量形象的重压之下，原本可以自然记住的东西也会被遮盖，这并不真切；因为我本人曾遇到过具有神一般记忆力的杰出人物，他们是雅典的查尔玛德斯（Charmadas）和塞浦西斯的麦阔多卢斯（Metrodorus），据说后者仍在世。两人都曾说过能将想要记住的东西通过形象写在自己的某个场景，就像在腊板上刻字一样。当然，如果欠缺天生的记忆力，就无法借助这种做法引出记忆；但是如果脑中隐藏着记忆，那这种方法无疑可以引出记忆。[26]

从西塞罗关于记忆术的结语中，我们可以得知，早在古代便有反对古典记忆术的声音，而在其后的发展史中又反复出现，即使到如今，听闻该门艺术的人中，也不乏这种反对意见。在西塞罗的时代，有些迟钝、懒惰且无记忆技巧的人，仅凭常识，就认

- 23 -

为所有这些场景和形象只会将人们自然记住的一点东西掩埋在碎石瓦砾之下。西塞罗是记忆艺术的信徒与拥护者，他显然天生具有极为敏锐的视觉记忆能力。

那么我们该如何看待那些杰出人物，比如雅典的查尔玛德斯和塞浦西斯的麦阙多卢斯？西塞罗曾经见识过他们，他们拥有"神一般"的记忆力。西塞罗不仅是一位受过训练、记忆力超凡的雄辩家，在哲学上还是柏拉图派。对柏拉图派的人来说，记忆具有特别的含义。当一个雄辩家兼柏拉图哲学家说到"神一般"的记忆力时，他所指的是什么呢？

这位神秘的塞浦西斯的麦阙多卢斯将在本书中一再被提及。

西塞罗最早有关修辞学的著作是《论发明》（*De inventione*），是他在写《论演说家》之前三十年写的，与佚名作者撰写《献给赫伦尼》大约同一时代。我们从《论发明》中无法得知西塞罗有关艺造记忆的任何新观点，因为该书只讨论修辞学的第一部分——构思，如何选择或构造一篇演讲的内容，并且收集演讲将要涉及的"事物"。尽管如此，《论发明》在后来的记忆术历史中仍起着非常重要的作用，因为正是借助西塞罗这部著作中有关美德的定义，艺造记忆成为了中世纪最重要的美德——"审慎"的一部分。

在《论发明》结尾处，西塞罗将美德定义为"一种与理性和自然秩序相协调的思想习惯"，一种坚韧的美德定义。他接着说，美德具有四个部分，即审慎、公正、坚韧和克制。每一部分又包含数个要素。下面是他对审慎以及其要素的定义：

审慎就是知道何谓好、何谓坏以及何谓非好非坏，其组成部分是记忆、智慧和远见。记忆是思想唤起已发生事情的能力。智慧是思想弄清事情缘由的能力。远见是预见未发生事件的能力。[27]

西塞罗在《论发明》里对美德及其组成部分的定义，是后来定义所谓四大基本美德的重要依据。他对审慎三要素的定义，后来被大阿尔伯特和托马斯·阿奎那在《神学大全》(*Summae*)中讨论美德时所引用，他们推崇艺造记忆的主要原因在于，西塞罗把记忆定义为审慎的一部分。图留斯·西塞罗的论述优美、对称，这或许是中世纪将《论发明》和《献给赫伦尼》都归于他名下的原因之一；这两本书分别作为西塞罗《修辞学》的上下册为人所知。西塞罗在《修辞学》上册里说记忆是审慎的一部分，在下册里说艺造记忆可以改善自然记忆。记忆作为审慎的一部分，正是大阿尔伯特和阿奎那引用及讨论艺造记忆规则的一大前提。

经院派哲学家将艺造记忆从修辞学转到伦理学，这一过程在下一章中将详细论述。[28]我在此处先简单提及，因为我们有理由怀疑，艺造记忆的审慎或伦理用途并非完全是中世纪的创举，而是自有其古代渊源。众所周知，斯多葛派学者就很重视"以道德约束幻想"这一伦理。如前文所述，我们不知道审慎、正义、坚韧和克制这些"事物"是如何在艺造记忆中呈现的，例如，审慎是否会以一种鲜明突出的记忆术形象出现？是否有一个如同我们熟人的人格面貌？是否带有或是四周围绕着提示要素的次要形象——类似前文被指控下毒的案件中由各个部分组成的一个综合助记形象？

昆体良是个极为理性的人，也是一位非常优秀的教育家，他是公元1世纪时在古罗马占有首要地位的修辞学老师。他在西塞罗写下《论演说家》一个多世纪之后，写了《雄辩术原理》。尽管西塞罗推荐的艺造记忆术备受重视，但在罗马的主流修辞学圈中，人们并没有欣然接受艺造记忆的价值。昆体良说，当时，有人将修辞学仅分为三个部分，理由是记忆和行动是自然赋予我们的，不是后天艺术赋予的。[29] 他本人对艺造记忆的态度比较含糊，但仍给予了它很重要的地位。

像西塞罗一样，昆体良在介绍艺造记忆时，同样先讲述了西蒙尼戴斯发明艺造记忆的故事，他讲述的故事与西塞罗的大致一样，只是细节稍有不同。他还说，在希腊资料的来源中，这个故事有诸多版本，这些版本之所以能在自己所处的时代广为流传，应归功于西塞罗。他说：

西蒙尼戴斯的这一成就似乎引发了一种观点，认为将场景印记在脑子里有助于记忆，这一点通过实验便能使所有人相信。比如我们离开一段时间后返回到一个地方时，我们不仅会认得这个地方，而且记得我们在那儿做过的事情、在那儿遇到的人，甚至包括当时脑子里有过的想法。因此，正如在大多数情况下一样，艺术来自实验。

选择好场景，标上尽可能多种类的标志，就像将一所宽敞的房子分隔成数个房间。把里面所有值得注意的东西都努力地印记在脑子里，这样，思想可以在所有部分通行无阻。首要的任务是，确保自己在这些场景中通过时毫无困难，因为场景记忆必须牢固可靠，才能帮助其他记忆。然后，写下或想到的东西必须由一个标记来提醒。这个标记可

第一章 神秘的古典记忆术

以取自一个整体的"事物",如航海或战争,或来自某个"词",因为记忆中丧失的部分通过一个词的提醒可以得到恢复。让我们假设这个标记是来自航海的,例如一只锚;或是来自战争,例如一件兵器。这些标记要做如下排列:第一个观念假设放置在前院;第二个可以放在中庭;余下的依次放在蓄水池周围,不但可以放入卧室和客厅,甚至可以放在雕像上等。结束之后,当需要激活记忆时,从第一个地点开始,然后经过所有地点,取回我们存放在那儿的东西——记号会提示我们。这样,无论需要记忆的具体细节的数目有多大,它们每一个都像合唱团中的成员一样,彼此衔接,后面的无法离开与之相连的前一个,只需要做好最初的准备工作。

可以在一所房子里也可以在公共建筑里完成这些,或是在漫长的旅途中,或是走过一个城市、经过一个画面时做。我们也可以为自己想象这样的场景。

因此我们需要场景,真实的或虚构的场景,也同样需要必须是创造出的形象或影像。形象就像是词汇,借由它们,我们注意到自己需要学习的东西,如西塞罗所说,"我们将场景当作蜡板使用,把形象作为字母使用。"我们不妨引用他的原话:"我们必须使用大量光线明亮、井然有序、间距适中的场景;以及生动、不寻常的、轮廓鲜明、能够迅速触碰并穿透心灵的形象。"这使我愈加感到奇怪,麦阙多卢斯是如何在十二个星宿里找到太阳移动的360个场景的?毫无疑问,这是一个通过艺术增强自己的自然记忆能力、因而感到骄傲的人在自夸和吹嘘。[30]

THE ART OF MEMORY

　　研究记忆术时感到迷惑的学生将会感激昆体良。因为如果没有他清楚地指示我们该如何穿过一座房屋，或一座公共大楼的房间，或沿着一个城市的大街行走，记下记忆所需的场景，我们可能永远不会理解"场景规则"是什么意思。他提出了一个绝对合理的理由，解释了为什么地点可以帮助记忆，因为根据经验，我们知道，一个地点确实会在记忆中唤起联想。他描绘的这个系统，使用锚或兵器等标记来代表"事物"，或是通过标记想起一个词，进而可以使人想起整个句子，在我们的理解范围之内，似乎是可行的。实际上，这是应该被我们称为"记忆术"的东西。可以说，在古代，便有我们现在所理解的助记术这样的一种做法。

　　昆体良没有提及那些独特的形象代表，但是他肯定知道它们，因为他简略引用了西塞罗的规则，而这些规则本身是基于《献给赫伦尼》这本书或是基于其中描绘的那种奇怪形象的记忆。但是在引用西塞罗的规则以后，昆体良突然勇敢地提出了与受人尊敬的修辞学家不同的观点，提出了对塞浦西斯的麦阙多卢斯完全不同的评价。对西塞罗来说，麦阙多卢斯是"神一般的"人物。而昆体良却认为这个人是吹牛大王和江湖骗子。我们从昆体良那里得知了一个有趣的事实，后面还将进一步讨论，即塞浦西斯的麦阙多卢斯，其神圣的或是夸夸其谈（依个人观点而判断）的记忆系统，是基于黄道带十二星宿的标记。

　　昆体良对记忆术的最后结论如下：

　　　　我并非否认那些技巧对某些目的可能有用，例如在我

第一章　神秘的古典记忆术

们必须按照听到的顺序重复很多事物的名称时。使用这些辅助手段的人将这些事物本身放在记忆的场景里，例如将一张桌子放在前院，将平台放在中庭，如此类推，然后当他们再次走过这些地方时，能在里面找到这些东西。这种做法对于在拍卖之后宣布物品归哪个买主很有用。据说赫尔顿西乌斯（Hortensius）就表演过这一绝技，由收钱的人根据账簿核对。然而，这种做法对于记住一场演讲的内容来说，用处却很小，因为概念不像物质那样能唤起形象，即使是在某一特定的地点，虽然可能使我们想起在那儿谈过的话，但我们仍然需要为概念创造出其他的东西。这样一种艺术怎么能掌握一系列相连的字词呢？况且，有些字词是不可能通过相似性来代表的，例如联结词。我们确实可以像速记员一样，为每一事物都构建确定的形象，使用无数的场景来唤起维勒案（Verres）第二诉辩的五个部分，我们甚至可能记住这一切，就像在保险柜里储存东西一样。但是我们演讲的流利程度难道不会因为我们的记忆需要完成的双重任务而受到影响吗？如果每一个单独的字词都需要我们回头去查看其形式，我们怎么能在连贯的演讲中流利地遣词造句？因此，我刚才提到的查尔玛德斯和塞浦西斯的麦阙多卢斯二人，西塞罗说他们是使用这种方法的，那么留给他们自己用吧，我的规则更简单。[31]

拍卖人将已出售的物品放在记忆场景的方法，正是前面描述的那位教授娱乐学生时用的方法。昆体良说，这种方法有效，并可能有助于实现某些目的。但是，将这种方法延伸至通过"事

THE ART OF MEMORY

物"形象来记住一篇演讲,则事倍功半,因为每个"事物"的形象都需要被构建出来,他似乎连锚和兵器这样简单的形象也不鼓励使用。他也没有谈及任何奇异而生动鲜活的形象,无论是事物形象还是词语形象。他将词语形象解释为记忆场景中帮助记忆的速记符号;《献给赫伦尼》的作者抛弃了这种希腊传统做法,但是昆体良认为,这正是西塞罗钦佩的查尔玛德斯和麦阙多卢斯所擅长的。

昆体良用来替代记忆术的"更简单规则"主要包括以普通的方式死记硬背演讲等,但同时他也承认,简单改造助记术的用法有时也是可行的。人们可以使用自己创造的标记来提示难记的段落,这些标记甚至可以加以改变,以适应思维的习惯。"虽然这来自助记术系统",但使用这种标记并非没有价值。对学生来说,其中有一样是有用的,即:

> 根据自己记录演讲的书写板来死记硬背。这将会指引他走过记忆之路。思想的眼睛不仅凝视着写着字的书页,还会凝视着单独的字行,有时候就像大声朗读一样在演讲……这种技巧与我前文所提到的记忆术有某些相似之处,但是以我的经验来说,这种技巧更快,更有效。[32]

我对昆体良这一说法的理解是:这种方法采纳了助记术系统场景形象化书写的习惯,但并非在广阔的场景系统中进行形象化速记,而是将实际的书写板或书页上的普通书写形象化。

昆体良所设想的是否如下做法?在准备用于记忆的书写板或书页上加上标记、速记符号甚至是根据某种规则形成的生动鲜活的形象，以此来标志记忆沿着书写的线索前行时所抵达的各个地点。如果能知道他的真实想法，那将会是很有意思的。

由此看来，昆体良对艺造记忆的态度以及对《献给赫伦尼》作者的态度以及对西塞罗的态度是有明显差别的。显然，生动鲜活的形象在各自的场景夸张地示意，诉诸情感，引起记忆，这对他来说，似乎太累赘，没有实际作用，对我们来说亦是如此。这是不是因为罗马社会已经进入了一个更为复杂的阶段，以至于记忆本身已经失去了与某些强烈、古老、几乎等同魔法的形象之间的紧密联系？还是因为这些作者的气质与性情迥然不同而导致其观点有所差别？艺造记忆对昆体良来说之所以无效，是否因为他缺少形象记忆所必需的敏锐的视觉感性（他不像西塞罗那样提及西蒙尼戴斯的发明取决于视觉在感官中的首席地位，由此是否可见一斑）？

就本章讨论的古典记忆术的三个来源而言，后来的西方记忆传统不是建立在昆体良理性而批判的说明之上，也不是建立在西塞罗优雅而晦涩的系统阐述之上，而是建立在那位佚名的修辞学老师定下的规则之上。

注释：

1 本书中使用三个拉丁文来源的英语译文根据洛布(Loeb)经典版：《献给赫伦尼》为卡普兰的译本(*Ad Herennium* translated by H. Caplan)；《论演说家》是萨特恩和拉克海姆的译本(*De oratore* trans.by E.W. Sutton and H. Rackham)；昆体良(Quintilian)的《雄辩术原理》是巴特勒的译本(*Institutio oratoria* trans. by H.E. Butler)。在引用这些译文的时候，我有时略作些改动，使译文更加直观，尤其是重复助记术的术语时，一般不用这些术语的解释语。

我所知道的对古代记忆术的最好叙述是哈伊杜的《中世纪的助记术论述》(*Das Mnemotechnische Schriftum des Mittelalters*)（维也纳，1936年）。我在题目为《西塞罗的记忆术》的文章里简单介绍了古代的记忆术，并被载入了《中世纪与文艺复兴，纪念布鲁诺·纳迪的研究文集》(*Medioeve e Rinascimento, Studi in onore di Bruno Nardi*)，佛罗伦萨，1955年，II, 871。

2 《论演说家》(*De oratore*), II, Ixxxvi, 351–354。

3 《雄辩术原理》, XI, ii, 17–22。

4 《论演说家》, II, Ixxxvi, 357。

5 有关《献给赫伦尼》的作者及其他问题，请参阅卡普兰为洛布版(1954年)所做的序言。

6 《献给赫伦尼》有关记忆的部分，III, xvi–xxiv。

7 《论发明》(*De inventione*) I. vii, 9，根据胡贝尔(H.M. Hubbell)的译本略有改动。

8 《献给赫伦尼》, III, xxii。

9 同上，III, xxiii, 39。

10 同上，III, xx, 33，有关"第四个手指和羊的睾丸"的翻译问题，洛布版译者注，214页。"医指"是左手的第四个手指。为避免中世纪的读者误解，在场景中引入了一个医生。

11 《论演说家》, II, Lxxxvii, 355。

12 《献给赫伦尼》, III, xxi, 34。

13 洛布版，译者注，217。

14 《献给赫伦尼》, Loc.cit。

15 同上，III, xxiii, 38。

16 据普鲁塔克(Plutarch)所说，西塞罗将速记引进罗马；原是奴隶、后成为自由民的提罗(Tiro)的名字与所谓的"提罗笔记"相联，见《牛津古典字典》(*The*

Oxford Classical Dictionary）"速记"条；米尔讷的《希腊速记手册》（H.J.M. Milne, *Greek Shorthand Manuals*），伦敦，1934年，序言。《献给赫伦尼》反映的希腊助记术引进拉丁文世界的情况可能与大约同时引进的速记术有关。

17 《献给赫伦尼》III, xxiv, 40。

18 马库斯·埃纽·塞内加《论辩之书》（Marcus Annaeus Seneca, *Controversiarum Libri*）。

19 奥古斯丁《论灵魂》（Augustine, *De anima*），iv卷. vii章。

20 《献给赫伦尼》，III, iii。

21 《论演说家》, I, xxxiv, 157。

22 同上，II, Lxxiv, 299–300。

23 同上，II, Lxxxvii, 358。

24 同上，参考如前。

25 同上，II, Lxxxviii, 359。

26 同上，II, Lxxxviii, 360。

27 《论发明》, II, Liii, 160。（胡贝尔的洛布版译文）。

28 见《论发明》第三章。

29 《雄辩术原理》，III, iii, 4。

30 同上，XI, ii, 17–22。

31 同上，XI, ii, 23–26。

32 同上，XI, ii, 32–33。

第二章

记忆与灵魂：来自古希腊的故事

听完西蒙尼戴斯的故事，想到那些临死前坐在宴席上的人的面孔，仍然令人毛骨悚然，不过这个故事可能也说明了，在由希腊传入罗马的记忆术中，人的形象是不可或缺的有机组成部分。据昆体良说，这个故事在希腊语资料中存有数个版本，[1]我推测，修辞学教科书中有关艺造记忆的部分，普遍都是以这样的故事作为引言。希腊语教科书中应该有很多类似的故事，可惜都失传了，因此有关希腊艺造记忆的任何猜测，我们只能依靠仅有的三个拉丁文资料。

凯奥斯岛的西蒙尼戴斯[2]（约公元前556～公元前468年）属于前苏格拉底时代。他年轻时，毕达哥拉斯（Pythagoras）可能还在世。他是希腊最受人钦佩的抒情诗人（其作品很少存世），人们称他为"蜜糖之舌"，拉丁文译法为抒情的西蒙尼戴斯（Simonides Melicus）。他特别擅长创造优美的意象，很多创新之举都被归功于这位才华横溢、独具匠心的诗人。据说他是第一位要求别人为他的诗歌支付酬劳的人；他的精明也体现在前面所讲的记忆术的故事中，他竟能巧妙地将约定酬劳的合同藏在颂歌里。另外，普鲁塔克（Plutarchu）认为，西蒙尼戴斯还是第一个将诗歌与绘画的创作方法画上等号的人，他说："西蒙尼戴斯称绘画为无声之诗，诗歌为有声之画，因为画家描绘发生之时的行动，语言描绘发生之后的行动。"[3] 后来贺拉斯（Horatius）将这种理论简洁地概括为一句名言——"诗亦如画"。

西蒙尼戴斯成为诗画同源理论的首创者，其意义深远，因为这与记忆术的发明具有共通性。据西塞罗说，后者的发明是基于西蒙尼戴斯关于视觉感官优于其他感官的发现。而诗画同质上也是基于视觉感官的优越性；诗人与画家都以视觉形象思维为创作，一个以诗歌为形，一个以绘画为貌。记忆术与其他艺术始终存在着微妙的关系，这种关系贯穿整个记忆术的历史。从记忆术诞生的传说中我们也看得出来，因为西蒙尼戴斯正是从强烈的视觉角度来看待诗歌、绘画和记忆术的。后来乔达诺·布鲁诺（本书的终极研究对象，此处仅简单提及）以《雕塑家菲狄亚斯》（*Phidias the Sculptor*）和《绘画家宙克希斯》（*Reuxis the Painter*）为题，也对"诗亦如画"的理论进行了讨论。[4]

西蒙尼戴斯是人们崇拜的英雄，也是我们所研究主题的创始人，这一点不仅有西塞罗、昆体良、老普林尼（Pliny the Elder）、艾利安（Aelian）、阿米亚诺斯·马赛里努斯（Ammianus Marcellinus）和苏达斯（Suidas）等人可以证明，也有碑文可以佐证。17世纪，人们在佩洛斯发现了一块大约公元前264年的大理石碑"佩洛斯纪年碑"（Parian Chronicle），上面记载了各种发明的

第二章 记忆与灵魂：来自古希腊的故事

传说日期，例如长笛的发明、色列斯（Ceres）与特里普托勒摩斯（Triptolemus）引进玉米、奥尔甫斯（Orpheus）发表诗歌等。纪年碑的记录重点是节庆和节庆上颁发的奖品，不过我们感兴趣的却是如下这条记录：

> 从凯奥斯岛人列欧普拉佩斯之子、助记系统发明者西蒙尼戴斯在雅典赢得合唱奖以及为哈尔摩狄奥斯和阿里斯托革顿建立雕像之时到现在，已有213年（即公元前477年）。[5]

我们已从其他资料得知，西蒙尼戴斯赢得合唱奖时已是暮年，当这件事被记载在佩洛斯石碑上时，这位获奖者已被称作"助记系统发明者"。

我相信西蒙尼戴斯在记忆术方面确实作出了突出的贡献，不论是教授还是公开发表记忆规则。虽然这些规则可能来自更早的口述传说，但在人们的印象中，是他对这一主题作了崭新的表述。我们无法追溯西蒙尼戴斯之前的记忆术，有人认为是毕达哥拉斯式的，有人则暗示可能有埃及的影响。可以想象，这种艺术的某些形式可能源自非常古老的技巧，为吟游诗人和说书人所用。所谓西蒙尼戴斯引进或发明记忆术这一说法，很可能只是出现一个高度组织化的社会的表征，当诗人们有了一定的经济地位，书写出现之前的口头记忆时代所采用的助记术就被规则化了。在一个向文化新形式转型的时代，某个杰出的个人被标注为发明者是很正常的现象。

有一篇题为《对立论辩》（*Dialexeis*）的文章残篇，日期标

为公元前400年,其中有一小部分是关于记忆的:

> 一个伟大而美好的发明便是记忆,对学习和生活都很有用。
>
> 第一,如果你专注(指引你的思维),判断力便能更好地助你理解思维背后的事物。
>
> 第二,重复你所听到的。如果常常听到和复述,所学习的东西便会完全进入你的记忆之中。
>
> 第三,将所听到的东西附在你所知道的东西上。例如,要记住克吕西普(χρυσιπποδ),就把他放在黄金(χρυσοδ)和马(ιπποδ)上面。另一个例子是,我们将萤火虫(πυριλαμπηδ)放在火(πυρ)和闪光(λαμπειν)上。
>
> 关于记忆名字就谈这些。
>
> 至于记忆事物,你可以这样做:将勇气放在战神马尔斯(Mars)和英雄阿基琉斯(Achilles)身上,将铸造放在火和锻造之神伏尔甘(Vulcan)身上,将胆怯懦弱放在厄帕俄斯(Epeus)身上。[6]

事物记忆和字词(或名字)记忆跃然纸上,艺造记忆的两个术语在公元前四百年就已经出现!艺造记忆的两种记忆都使用形象:一种代表事物,另一种代表词语;这再次将我们引向熟悉的规则。虽然文中没有提出明确的场景规则,但其描述的做法——将需要记住的概念和字词附着在实际形象之上——在整个记忆术历史中都将不断地重复出现,可见其规则深深根植于古代。

因此,大约在西蒙尼戴斯去世半个世纪后,艺造记忆规则的

第二章 记忆与灵魂：来自古希腊的故事

梗概已然存在。这表明他所"创造"的或是整理的东西可能就是我们在《献给赫伦尼》中所看到的规则，但这些规则在被四个世纪后的拉丁文老师知晓之前，经历了无数我们所不知道的文本润饰和扩充。

在这本关于记忆术最早的专论中，词语的形象始于对字词词源的剖析。在给出的事物形象的例子中，有体现事物的美善与丑恶（勇敢、胆怯）的，还有蕴含技艺（冶金术）的，它们都以神与人的形象（战神马尔斯、英雄阿基琉斯、火和锻造之神伏尔甘、厄帕俄斯）储存在记忆之中。从这一古老简单的形式中，我们可以察觉到代表事物的人类形象最终演变成生动形象的端倪。

人们认为《对立论辩》反映了智者（sophist）的教诲，其有关记忆的部分可能是指埃利斯城的智者希皮亚斯（Hippias of Elis）的记忆术。[7] 希皮亚斯在带有他名字的仿柏拉图对话录中受到讽刺，据说他具有一种"记忆科学"，曾经自吹将50个名字听过一遍后便能复述出来，还能背诵英雄和普通人的关系谱、城市的历史和很多其他资料。[8] 听起来，希皮亚斯很有可能是艺造记忆的实践者。我们猜想。智者的教诲遭到柏拉图如此强烈的反对，可能是因为他滥用这一新"发明"来记忆大量浮光掠影的信息。我们注意到，智者在记忆论述的开头如此热情地说道："一个伟大而美好的发明是记忆，对学习和生活都很有用。"这是否代表了艺造记忆这一优美的新发明是智者们诡辩制胜技巧的一个重要组成部分呢？

亚里士多德对艺造记忆肯定是很熟悉的，他曾四次提到艺造记忆，不过并非对艺造记忆进行阐释（但据第欧根尼·拉尔修[Diogenes Laertius]说，他写过一本有关助记术的书，现已不存于世[9]），只是阐述论点时顺带提及。其中一次是在《论题》(*Topics*)里，他建议人们应该将常见论题的论点记住：

> 就像一个受过记忆训练的人，只要提到事物的地点，便能立即回想起事物本身。这些习惯也能让人的推理更敏捷，因为他心灵的眼睛已经将推理的前提归类，让它们都有自己的代码。[10]

毋庸置疑，这些"事物的地点"（希腊文 topoi）就是记忆术的场景（拉丁文 loci），而且，辩证法使用的"论题"（topics）一词很可能就是从记忆术的场景发展而来的。论题是辩证法的"事物"或内容，因为其储存的场景"topoi"而演化成"topic"一词。

在《论梦》(*De insomnis*) 中，亚里士多德说，有些人在梦中"似乎按照自己的记忆术体系安排眼前的物体"。[11] 看起来像是在警告人们不要过多地进行艺造记忆，但这并不是他的本意。在《论灵魂》(*De anima*) 中也有类似的话："可以像那些发明记忆术和创造形象的人一样，将事物放在我们眼前。"[12]

亚里士多德四次提到艺造记忆，其中最重要并对后来的记忆术历史影响最大的一次，是在《论记忆与回忆》(*De memoria et reminiscentia*) 中。伟大的经院哲学家大阿尔伯特和阿奎那以他们极为敏锐的洞察力注意到，哲学家在《论记忆与回忆》中所指的记忆术与图留斯·西塞罗在其修辞学下册（《献给赫伦尼》）中教授的是同样的东西，因此，他们把亚里士多德的论述作为记

第二章 记忆与灵魂：来自古希腊的故事

忆的专著，并与图留斯的规则融合，从此为那些记忆规则提供了一个哲学和心理学的依据。

亚里士多德的记忆与回忆理论建立在《论灵魂》所阐述的理论之上。他认为五种感官带来的感知首先由想象功能处理和加工，由此形成的形象成为智慧的材料。想象是感知与思想之间的媒介。因此，虽然所有的知识最初都是来自感官印象，思想却不是从这些原材料中而来，它来自经由想象功能吸收、处理后的材料。灵魂创造形象，才使得较高级的思维过程成为可能。因此，"若灵魂无心智，图像便不思维"[13]；"思维功能以心智图像想象其形式"[14]；"如无感知能力，人便无法学习或是理解任何东西，即使推测性的思维，人也必须依靠一些心智图像来完成"。[15]

对于经院哲学家以及追随经院哲学的记忆传统来说，记忆术理论与亚里士多德的知识理论之间有一个连接点，即两者都认为想象非常重要。亚里士多德关于没有心智图像便无法思维的说法，不断被用来支持形象在记忆术中的应用。亚里士多德本人也使用记忆形象来进行关于想象和思想的阐述。他说，思维是我们随时都可以做的事，"因为和那些发明记忆术和创造形象的人一样，我们可以随时将事物放在眼前。"[16] 他把仔细选择心智形象进行思维比作精心建造记忆术形象进行记忆。

《论记忆与回忆》是《论灵魂》的附录，开头引用了《论灵魂》里的话："正如我在论著《论灵魂》中关于想象的论述，没有心智图像，甚至连思维都不可能。"[17] 他接着说，记忆与想象属于灵魂的同一部分。记忆收集来自感官印象的心智图像，但是增加了时间的成分，因为记忆中的心智图像并非来自人们当前对事物的感知，而是来自过去的事物，从这个意义上说，记忆属于感官印象，并不是人类独有，有些动物也能记忆。但是，智能在发挥作用，因为在记忆中，来自感知的形象需要思想的加工储存。

他将来自感官印象的心智图像比作一幅画像，"我们把画像的持久状态称作记忆"，[18] 他将心智图像的形成想象成一种运动，就像用图章在蜡上盖章的动作。印象在记忆中是长存还是很快消失，由一个人的年纪和性情气质而定。他说：

> 有些人经历过很多的刺激，却因疾病或年老而丧失记忆，就像在流水上留下刺激或试图盖章一样。对他们来说，这种方式是徒劳的，不是因为他们已像大楼里破旧的墙壁一样衰老，就是由于接收印象的东西硬得刻不进记忆。因此，年幼和年长的人记忆力都不好，他们处于流动不定的状态，年幼的正在成长，年长的正在腐朽。基于同样的原因，过于敏捷和过于迟钝的人似乎记忆力也不强，前者的记忆中可供盖章的地方过于潮湿，后者则过于干硬；所以前者无法使图像持久，后者则无法刻下印象。[19]

亚里士多德将记忆和回忆（或是追忆）区分开来。回忆是恢复以前有过的知识或感受，是有意识地努力在记忆中寻找自己的道路，在记忆中猎获自己希望找到的东西。对此，亚里士多德强调两个原则，它们相互联系。这就是我们所说的"联想原则"（虽然他没有使用这个词）和"顺序原则"。从与我们要寻找的东西——"相似、相反或紧密相关的某个东西开始"[20]，我们就会得到要找的东西。人们称这是通过相似、相反和接近而规划联想规律的最早形式。[21] 我们还应该努力恢复事件或印象的顺序。

第二章 记忆与灵魂：来自古希腊的故事

顺序带领我们寻找对象，因为回忆的活动按照事件的原始顺序行进；最容易记忆的东西是有顺序的东西，例如数学命题，但是我们需要一个起点，并从这一起点启动回忆。他说：

> 一种常见的情况是，人们一时回想不起来，却可以在记忆中搜寻并逐渐找到自己想要的东西。因为一个人会启动很多念头，直到他启动了那个"对"的念头，所寻找的对象也会随之而来。记忆确实依赖潜在的刺激因素，但必须抓住起点。因此，有些人利用场景回忆，因为人们思维过程中的跳跃是非常迅速的；例如，假设一个人在努力回忆秋天，他从牛奶想到白色，从白色想到天空，从天空想到潮湿，然后回忆起秋天。[22]

可以肯定，亚里士多德在此处引入了艺造记忆的场景，来说明他有关回忆的联想原则与顺序原则，但是除此之外，正如《论灵魂》这本书的编辑和注解家们承认的那样，这段话的意思很难理解。[23]假定人们是在试图回忆该季节，一个可能是，人们从牛奶很快转向秋天，步骤是依赖宇宙中自然要素的联想。或者是，这一段有讹误，致使人们根本无法理解现在的版本。

在接下来的一段文字中，亚里士多德讨论的是从一个系列的任何一点开始回忆：

> 一般来说，中间似乎是理想的起点；如果人们在此前回忆不起来，到达这一点时，似乎便会有印象，或者干脆在任何一点都回忆不起来。例如，假定一个人想到一个由字母

ABCDEFGH来表示的系列；如果回想不出E，但是想起了H，从那一点开始，记忆就可能向任何方向前进，既可以朝D也可以朝F。假定一个人想要寻找G或是F，他到达C后就会回忆起来想找的是G或是F。如果那时还想不起，就必须到达A。基本上都能成功。有时候能回忆起来我们想要寻找的是什么，有时候回忆不起来；因为从同一起点可以向多个方向移动；例如，从C，我们可以直接移动到F，或是只移动到D。[24]

在前文中，回忆思路的起点已经被比作助记术的场景，这段相当混乱的描述倒也能让我们想起：艺造记忆可以从其场景中的任何一点开始，并且向任何一个方向进行回忆。这是艺造记忆的长处之一。

经院哲学派自满地认为他们证明了是《论记忆与回忆》为艺造记忆提供哲学依据，然而这是否真的是亚里士多德的原意，则令人相当怀疑。亚里士多德引用助记术的目的似乎只是为了说明他的论点。

三个拉丁文资料来源都借用同一个助记比喻，都是将内在书写和在场景印上记忆形象比作在蜡板上写字，显然，这是因为当时的人的确是在蜡板上写字。另外，如昆体良所说，这种比喻将助记术与古代记忆理论联系了起来。他在论助记术的序言里自称没有详述记忆精确功能的打算，"不过很多人持有这样的观点，他们认为脑中的印象与图章戒指在蜡上留下的印迹很相似"。[25]

亚里士多德使用这个比喻描述来自感官印象的形象，这在前文中已经被引用过。对亚里士多德来说，这种印象是所有知识

- 46 -

的基本来源；虽然经过了智力思维的提炼和抽象化，但是如果没有这些印象，便没有思想和知识，因为所有的知识都依赖于感官印象。

柏拉图在《泰阿泰德篇》（*Theaetetus*）的著名段落里也使用了图章刻印的比喻，苏格拉底假定我们的灵魂中有一块蜡，其质量因人而异，并说这是"记忆天赋，缪斯之母"。无论何时看到、听到或想到任何事情，我们的感知和思想都将被刻印在这块蜡上，如同图章戒指在蜡上刻印一样。[26]

但是，柏拉图和亚里士多德不同，他相信有一种知识并非来自感官印象。他认为在我们的记忆中有一种潜在的思想形式或模式，是在灵魂降临人世之前便已经知道的真实形式或模式。真正的知识包括使感官印象的印记符合更高层次的真实模式或印记，尘世的事物仅仅是真实形式或模式的映照。他的《斐多篇》（*Phaedo*）进一步阐述了这一论点，即所有可感知的事物都可以参照某一种类，它们是该种类的相似物。我们尚未在此生看到或是学到这些真实形式，但在生前曾目睹过，关于它们的知识，在我们的记忆中天生已有。举例来说，有时我们感知到的事物等同于我们天生就有的"平等"理念，例如相同的木片，这时，我们在平等的事物中感知到平等，因为平等的理念已经刻印在我们的记忆中，它是潜伏在我们灵魂之蜡上的印记。当来自感官印象的印记与真实形式或理念的印记或图章相符时，真正的知识便存在了。[27]在《斐德罗篇》（*Phaedrus*）中，柏拉图阐述了他对修辞的真正功能的理解，即说服人们认识真理。他进一步阐释了"真理和灵魂的知识在于记忆"这一观点，他强调知识在于回忆起所有灵魂曾经见过的理念，尘世的事物都只是其混乱的仿造物。所有的知识和学习都是努力回忆起真实的尝试，通过见证众多与真实相符的感知而将它们统一。"正义、节制以及对灵魂来说非常珍贵的其他理念，它们在尘世的仿造物不会发光，仅有少数人通过感官在黑暗中接近这些仿造物，继而在它们身上看到其所模仿的对象的本质。"[28]

《斐德罗篇》是关于修辞学的论著，在这里，修辞学不是以说服人为手段、以获得个人或政治利益的艺术，而是一门阐述真理、说服听众信服真理的艺术。这种力量依赖于灵魂中的知识，灵魂中的真正知识在于回忆起理念。记忆不只是这篇论著的一个"章节"，也是修辞学艺术的一个部分。在柏拉图看来，记忆是一切的基础。

显然，从柏拉图的观点来看，智者派[①]使用艺造记忆的做法是令人厌恶的，是对记忆的亵渎。如果看过智者派在记忆论著中关于如何利用词源来记忆词汇的论述，便可以理解柏拉图为何讽刺他们毫无意义地使用词源。柏拉图的记忆术不同于此类助记术的琐碎方式，而必须有条有理，且与真实对应。

文艺复兴时期的新柏拉图主义者在记忆术的框架内作出了大量解读，正是为了将记忆与真实对应。其中最杰出的范例，就是朱利奥·卡米罗的记忆剧场。卡米罗的记忆体系利用了一个新古典主义风格的剧场作为存放形象的场景，以绝对正确的方式，运用艺造记忆的技巧，整个系统（他自己这么认为）基于真实的原型，这些原型也是所有自然与人类的附属形象所依赖的基础。卡

[①] 智者派，古希腊哲学流派中曾有的一个诡辩学派，对自然哲学持怀疑态度，认为世界上没有绝对不变的真理。

第二章　记忆与灵魂：来自古希腊的故事

米罗的记忆观，从根本上来说，是柏拉图式的（虽然剧场也受到赫尔墨斯和希伯来神秘哲学①的影响），他的目的是建造一个基于真理的艺造记忆。他说："如果古代雄辩家们希望将日常必须背诵的演讲片段放置在一个地方，把它们当作不坚固的事物，储存在不坚固的场景，那么，我们希望将演讲中表达的万物的永恒特性永久储存……便应该将它们放置在永恒的地方，这样做才是正确的。"[29]

在《斐德罗篇》中，苏格拉底讲述了下面这个故事：

> 我听说，在埃及的诺克拉提斯国有位古老的神，这位神的名字叫修思（Theuth），他有一只灵鸟叫鹮。正是这位神发明了数字、算术、几何、天文，还有跳棋和骰子，最重要的是他还发明了字母。当时，埃及的国王塔姆斯（Thamus）住在埃及南部的一座城市里，希腊人称这个地区为埃及底比斯，他们称这位神为阿蒙神（Ammon）。修思去见塔姆斯，给他看自己的发明，说应该将这些发明传播给其他埃及人。塔姆斯询问每种发明的用途。修思一一告知，并对每种艺术表示赞扬或是谴责（在此重复这些赞扬或谴责需要太长时间，故略）；当他们谈到字母时，修思说："啊，国王，这个发明可以使埃及人更加明智，并能提高他们的记忆力；这是我发现的记忆和智慧的灵药。"但塔姆斯回答说："聪明的修思，发明艺术是一个人的能力，但是评

---

① 即卡巴拉，是指在神秘力量的指引下得到一种由神赐予的对宇宙永恒性问题的答案。

价艺术对使用者的利弊则是另一个人的能力；你是字母之父，对它们存有感情，因此你认为它们充满某种力量，但它们实际拥有的力量却正相反。这一发明会使学会使用它的人更容易遗忘，因为他们再也不用训练记忆了。他们信任字母构成的书写，但书写是外在的工具，这会纵容他们停止使用自己内在的记忆。你发明的不是记忆的灵药，而是提醒的灵药；你给学生提供的只是智慧的表象，而非真正的智慧。他们会在缺乏引导的情况下阅读，虽然表面上知道很多东西，但实际上大多很无知，很难相处，因为他们缺乏明智，只是外表看起来很明智。"[30]

有人提出这一段可能代表了在书写普及之前遗留下来的口头记忆传统。[31] 但是正如苏格拉底所述，最古老的埃及人的记忆是真正的智人的记忆，那些记忆与真实对应，记忆术被当作一门非常深奥的学科加以实践。[32] 乔达诺·布鲁诺的一位弟子在英国传授布鲁诺的赫尔墨斯传统——"埃及式"艺造记忆和富含神秘意义的"内在书写"时，就引用了上述故事。[33]

或许读者已经注意到，本章计划以后来的记忆术历史中的重要观点为开端，追溯希腊人如何看待记忆这个话题。经院哲学派和中世纪的记忆术离不开亚里士多德，文艺复兴时期的记忆术则离不开柏拉图。

还有一位在记忆术历史中经常出现的重要人物，即塞浦西斯的麦阙多卢斯，昆体良曾就他使用黄道带的记忆术留下评语。[34] 此后每一位使用天体记忆体系的人都会将塞浦西斯的麦阙多卢斯

第二章 记忆与灵魂：来自古希腊的故事

作为将星宿引入记忆的古典权威。那么，塞浦西斯的麦阙多卢斯到底是何人呢？

他生活于古希腊修辞学史发展的晚期——拉丁文修辞学的辉煌时代。西塞罗告诉我们，在他的时代，塞浦西斯的麦阙多卢斯仍然在世。麦阙多卢斯是古本都王国米特拉达悌（Mithridates of Pontus）招入其宫廷的希腊文人。[35] 米特拉达悌统率东方对抗罗马时，摆出了亚历山大大帝（Alexander the Great）的架势，试图给他的宫廷中复杂混合的东方氛围添加一层古希腊文化的外衣。麦阙多卢斯似乎是这一过程中重要的希腊"工具"，在米特拉达悌的宫廷里起了相当大的政治和文化作用，一度受宠，但普鲁塔克透露说，他最终被那精明而又狠毒的主人处死了。

斯特拉博（Strabo）告诉我们，麦阙多卢斯著有一部或是数部讨论修辞学的作品。他说："从塞浦西斯来了麦阙多卢斯，他原本研究哲学，之后改为从政，在大多数著作中教导修辞学。他采用一种崭新的风格，很多人为之倾倒。"[36] 我们可以推断，麦阙多卢斯的修辞属于华丽的"亚细亚体"，他很可能在论修辞的著作中将助记术作为修辞的一部分，在有关记忆的部分进行了阐述。《献给赫伦尼》的作者所参考的有关记忆的希腊著作中，可能就有现已遗失的麦阙多卢斯的作品；西塞罗和昆体良可能也读过。现在我们所能使用的证据，仅是昆体良所说的，"麦阙多卢斯在太阳运行的十二星宫中找到了360个场景"。现代作家波斯特探讨了麦阙多卢斯的记忆系统，他说：

> 我怀疑麦阙多卢斯精通占星术，占星术家将黄道带分成十二宫，再细分为三十六分区，每分区10度；每一分区

都配一个相关的数字。麦阙多卢斯很可能将十个技巧背景（场景）组成一组，归在每个分区的数字名下。这样他一下就拥有了一系列场景——1～360，供他自由使用。稍微计算一下，便可以通过数字找到相应的背景（场景），能保证不遗漏任何一个，因为前后的背景都按照数字依序排列。他的系统正适合表现惊人的记忆。[37]

波斯特假定麦阙多卢斯借用占星术的形象为场景，这些场景能确保记忆中的顺序，人们可以照正常顺序记住建筑场景中的形象以及与之相关的事物和词语。山羊座、金牛座和双子座等星象提供的顺序非常容易记忆；如果麦阙多卢斯记忆系统中的每个星座分为三个区，每个分区又有各自的形象，那么如波斯特所说，他的占星术形象在记忆中就被赋予了一种秩序，一组顺序固定的记忆场景也就构成了。

这种解释很合理，一组占星术的形象顺序应当可以绝对理性地被用作一组场景，它有编号，很容易被记住。这或许可以解释我一直以来的困惑，即在《献给赫伦尼》中讨论诉讼案中记忆形象时提到的羊的睾丸。如果我们要通过"睾丸"与"证人"这两个发音相似的词来记住案件中有很多证人的话，为什么非要羊的睾丸呢？是否可以解释为山羊座排列在黄道带首位，因此把带有山羊的形象放在记忆诉讼的首个记忆场景，有助于强调场景的顺序？假设没有麦阙多卢斯以及其他论述记忆的希腊作家的点拨，我们真的能够完全理解《献给赫伦尼》吗？

昆体良似乎已假定，当西塞罗说当麦阙多卢斯在记忆里"写下"他想记住的一切时，是通过记住场景上的速记符号来书写内

第二章 记忆与灵魂：来自古希腊的故事

在记忆的。如果这一假设成立，如果波斯特是正确的，我们就必须想象麦阙多卢斯是在内心里将星座和星阙的形象当作已经固定顺序的记忆场景，并在上面速记，这么做相当不易，而《献给赫伦尼》的作者并不赞成这种记住每个词的标记的希腊式方法。

老普林尼（他的儿子曾就读于昆体良的修辞学学校）在《自然史》（*Natural History*）中搜集了一些有关记忆的故事。居鲁士（Cyrus）记得他军队中全体士兵的名字；卢修斯·西庇阿（Lucius Scipio）知道所有罗马人的名字；齐纳斯（Cineas）能复述元老院全部议员的名字；本都王国国王米特拉达悌懂得他统治下的二十二个民族的语言；希腊的查尔玛德斯能记住整个图书馆所有书卷的内容。在列举了这一系列楷模以后（在其后的记忆术专著中，这些人物将不断被提及），老普林尼再次说起记忆的艺术——

> 由西蒙尼戴斯·梅里克斯发明，由塞浦西斯的麦阙多卢斯完善，麦阙多卢斯能够一字不差地重复他所听到的东西。[38]

同西蒙尼戴斯一样，麦阙多卢斯显然采取了一些新颖的记忆步骤，且一定与词语记忆有关，可能是通过速记符号记忆词语，并与黄道带星座相连。我们所知道的仅此而已。

麦阙多卢斯的助记术没有任何非理性的东西。然而，基于黄道带星座的记忆法听起来令人敬畏，可能因此引发了"记忆具有神秘魔力"的传言。如果他确实使用了自己系统中的十度分区形象，那么它们被当作魔法形象是可以想见的。后来的智者，米利都的狄俄尼索斯（Dionysius of Miletus）的理论在哈德良

（Hadrian）统治期间盛行，人们谴责他通过"迦勒底巫术"训练学生的记忆能力。斐罗斯屈拉特（Philostratus）讲述这个故事时驳斥了这种谴责，[39] 但这也表明，记忆术很容易引起诸如此类的猜疑。

出于宗教目的记忆训练在晚古时期毕达哥拉斯主义复兴时很盛行。杨布利克（Iamblichus）、波菲利（Porphyry）和第欧根尼·拉尔修（Diogenes Laertius）在讨论毕达哥拉斯教义时都提到这一层面。尽管他们没有具体称其为记忆的艺术，但斐罗斯屈拉特介绍新毕达哥拉斯主义的著名智者，提阿那的阿波罗尼俄斯（Apollonius of Tyana）的记忆时，提到了西蒙尼戴斯的名字：

> 艾科瑟姆斯（Euxemus）曾问阿波罗尼俄斯，既然满腹高尚的思想，又能清楚敏捷地表达，为什么不著书立说？阿波罗尼俄斯回答说："因为我至今未实践过沉默。"从那时候起，他决定缄默，只用眼睛和脑子吸收一切，将它们储存在记忆中。即使到他一百岁以后，记忆力仍然超过西蒙尼戴斯。他常常吟唱记忆的赞歌，在歌中他说，一切都会随着时间而消退，但是时间本身因为回忆而不会消失，也不会死去。[40]

阿波罗尼俄斯访问印度时曾与一位婆罗门人交谈，婆罗门人对他说："我发现你有很好的记忆力，记忆力是我们最崇敬的女神。"阿波罗尼俄斯跟这位婆罗门人学习玄奥的学问，特别是星象术和卜算；婆罗门人给了他七枚戒指，上面刻有七大行星的名字，阿波罗尼俄斯常常按照一周之中当日的星象来佩戴戒指。[41]

第二章 记忆与灵魂：来自古希腊的故事

也许就是在这种气氛下培养出了一种传统，这种记忆的法术处于地下状态长达数世纪，经历各种变化，到了中世纪，才以"符号艺术"的面目出现，[42] 这是一种据说创始于阿波罗尼俄斯和所罗门的魔法艺术。实践符号艺术的人盯着刻有奇异标志的人物或"法符"图形背诵魔法祷词，希望通过这种方式获取所有艺术和科学的知识或记忆。不同的学科有不同的法符。法符也许是古典记忆术的变种，或是使用速记符号那一派的变种。这被认为是一种特别黑暗的巫术，遭到托马斯·阿奎那的严厉谴责。[43]

古代记忆艺术与后来拉丁以西的历史最相关的一段，是用拉丁文进行雄辩的伟大时代，当时，记忆艺术被广泛使用，这反映在《献给赫伦尼》的规则中，也反映在西塞罗对记忆艺术的推崇中。我们必须将那个时代受过训练的演说家的记忆想象成一座建筑，它以我们无法想象的方式，由储存着形象的场景构成。从本书引用的例子中，我们已经看到，训练有素的记忆绝技十分受人钦佩。昆体良提到了演说家们的记忆力所引起的惊讶反应，他甚至指出，正是演说家们使记忆有了惊人的发展，才使得拉丁思想家注意到记忆的哲学和宗教范畴。他的惊人之语如下：

假如不是记忆将雄辩带到现今的光荣地位，我们永远不会认识到记忆力是多么伟大，多么神圣。[44]

务实的拉丁思维在检讨记忆，因为记忆在罗马人可选择的最重要职业——演说——中得到发展，他的这一看法也许没有引起足够的注意。我们也不应该夸大这一说法，但是从这个角度来看，西塞罗的哲学是很有意思的。

西塞罗不仅是将希腊修辞学传播给拉丁文世界的关键人物，很可能也是柏拉图哲学大众化过程中最重要的人物。在他退隐以后撰写的、将希腊知识传播给他的同胞们的著作《图斯库勒论辩》(Tusculan Disputations)中，西塞罗采纳了柏拉图和毕达哥拉斯的观点，他们认为灵魂是不朽的，灵魂的来源是神圣的。证据就是灵魂具有记忆，而"记忆是柏拉图希望用来回忆前生的"。西塞罗力挺柏拉图的记忆观，他的思想转向了那些以记忆力强大而闻名于世的人：

> 对我而言，我对记忆十分渴望与好奇。我们为何能够记住？记忆有何特征？其来源又是什么？我不是在探寻传说中西蒙尼戴斯或西奥德克特斯（Theodectes）所拥有的记忆力，或是皮洛斯（Pyrrhus）派往元老院的使者齐纳斯的记忆力，或是近代的查尔玛德斯的记忆力，或是现在仍然在世的麦阙多卢斯，甚至是我们自己的赫尔顿西乌斯（Hortensius）。我所谈的是人类的一般记忆，主要是指那些从事较高层次研究和技艺的人，他们的心智能量难以估计，他们能记住那么多的事物。[45]

然后他分析了非柏拉图的记忆心理研究，即亚里士多德式和斯多葛派[①]的记忆心理研究，下结论说它们都不能解释记忆中灵

[①] 斯多葛学派是希腊化时代一个影响极大的思想派别，其创始人芝诺被认为是自然派理论的真正奠基者。

第二章 记忆与灵魂：来自古希腊的故事

魂的力量。接着他问道：人的什么力量可以产生出如此多的发现与创造？他一一列举：[46]第一个给事物命名的人；第一个将分散独立的人联合起来组成社会生活的人；发明书写文字来代表语言发音的人；标出游星轨迹的人；甚至更早以前，有人"发现了地球的果实、衣饰、住所、有秩序的生活方式和防御野生动物侵袭的方法，在这些文明及其升华的影响下，必不可少的手工艺逐渐转向更美的艺术"，转向音乐艺术以及"音乐声响的恰当组合搭配"，转向对天空变化的发现，例如阿基米德将"月亮、太阳和五个周游的星星的运动与地球联系起来"，还有更著名的劳作领域，还有诗歌、雄辩和哲学。他说：

> 一种能够结出如此重要成果的力量，在我看来完全是神圣的。事物和词语的记忆是什么？更进一步说，创造又是什么？毫无疑问，就连上帝也不会认为有任何东西比这更有价值……因此我会说灵魂是神圣的，如欧里庇得斯所说，这就是上帝。[47]

这正是事物的记忆、词语的记忆！在证明灵魂的神圣性时，这位哲学家会想到艺造记忆的术语，毫无疑问，这意义非凡。这段话出现在修辞学标题为"记忆与创造"的部分中。灵魂能够记住事物和词语的奇妙力量，证明了它的神圣性；它的创造力也是如此，在这里，创造的意思不是构造论点或是一篇演讲的内容，而是通常所说的发明和发现。西塞罗列出的创造发明，代表了人类文明的历史，从最原始阶段到最发达阶段的历史（这本身就是记忆强大力量的证据，因为在修辞学理论中发明创造的东西储存在了记忆的宝库里）。于是，根据哲学上的柏拉图式假定，"记忆与创造"章节在《图斯库勒论辩》中从修辞的一部分变成了灵魂神圣性的证据。

在这部论著中，西塞罗设想的很可能是完美的演说家如柏拉图在《斐德罗篇》中所定义的那样，这样的演说家知道真理和灵魂的本质，因此能够说服灵魂接受真理。换言之，当罗马演说家谈到记忆的神圣力量时，前提是他受过严格的记忆训练，在他广阔而宽敞的场景建筑中储存着事物和词语的形象。原本服务于实用的记忆，成了柏拉图式的记忆，其中蕴藏着灵魂神圣和不朽的证据。

很少有思想家能比奥古斯丁更深刻地思考记忆与灵魂的问题。奥古斯丁原是异教修辞学老师，后来皈依基督教，他在自己的著作《忏悔录》（*Confessions*）中描述了这一过程。《忏悔录》中有一个关于记忆的段落，从中可以看出奥古斯丁的记忆方式受过古典记忆术的训练：

> 我来到记忆的田野和宽敞的记忆宫殿，这是无数形象的宝库，由感官带来的各种事物的形象组成。那里储存着除我们思想以外的一切：感官接触到的东西和其他托付的、储存的和尚未被健忘吞没的东西，它们被扩大或缩小或以其他方式改变。我进入宝库，要求它给出我要的东西，它便立即出现。有些东西需要等较长的时间，因为它们必须从一个很纵深的地方取来；而有些东西则大量涌出，我只需要一样，它们却喷涌而至，好像在说："是不是我？"心灵的手将多

第二章 记忆与灵魂：来自古希腊的故事

余的东西从记忆表面赶走；直到我所希望的东西从隐秘的地方显现，出现在我眼前。有些东西随着对它们的召唤连续不断地出现，前面的让位给后面的，让了位的便隐匿不见，随时准备下一次的召唤。我背诵时便发生了这一切。[48]

有关记忆的沉思便这样开始，它的首句就说到记忆的形象是一系列建筑的形象——"宽敞的宫殿"。"宝库"一词被用来描绘其内容，令人想起演说家对记忆的定义是"创造发明和修辞的组成要素的宝库"。

在这些开头的段落里，奥古斯丁谈的是来自感官印象的形象，它们储存在记忆"广阔的大厅"里，在其"巨大而无尽的厢房里"。整个宇宙都被反映在形象中，这些形象不仅重现物体本身，而且以绝妙的准确性重现各个物品之间的空间。然而这并未占满整个空间，因为记忆还包括：

学过并尚未忘记的人文科学内容，好像被移到了某个内在的地方，那个地方至今还不是一个场景。它们也还不是形象，而是事物本身。[49]

记忆中也保留了人的思想感情。

形象的问题贯穿整段话。当一块石头或是太阳有了名称，虽然事物本身不在场，它们的形象却被保留在了记忆之中。然而，当"健康"、"记忆"和"健忘"有了名称之后，它们是否以形象提交给记忆呢？对感官印象的记忆与艺术和感情的记忆，奥古斯丁似乎是有所区分的：

在记忆的平原、峡谷和岩洞中可以看到无数种东西。它们是形象或物体本身；或以确实的存在体现，譬如艺术；或以某种观念和印象存在，例如思想的感情，即使思想感觉不到，记忆仍然存留，而存在于记忆中的一切也存在于思想中。我越过这一切奔跑、飞翔；我向这边俯冲，向那边俯冲，尽我所能，无边无境。[50]

然后他进一步深入内部，在记忆中发现了上帝，但是上帝不是一种形象，也不在某一个场景。

您常驻我的记忆，让我因记忆感到荣幸；但是您常驻哪一部分，我尚不知道。我走过存放物质形象的记忆，就像一只牲畜，但是没有找到您；我来到那些托付了思想感情的地方，在那儿我也没有找到您。我进入自己思想的最深处，您也不在那儿。我为什么要寻找您居住的地方，就好像真有这样的地方一样？这个地方是不存在的；我们往前走或是往后走，都没有这样一个地方……[51]

奥古斯丁作为一名基督徒，在记忆中寻找上帝；也作为一名信奉基督教的柏拉图主义者，相信神圣的知识存在于记忆内部。他在那宽广的、发出回响的记忆中寻找，岂不正是一个受过训练的演说家的行为？对一个曾经见识过古代建筑被毁前的辉煌景象的人来说，可供选择的高尚的记忆场景肯定比比皆是！"我在脑海里回想起一些优美而对称的拱门，与我在迦太基见过的一样。"奥古斯丁在另一本书中说，"现实通过眼睛进入脑子，转移到记忆中，营造出想象的景色。"[52] 他在《忏悔录》中有关记忆的沉思部分也一再提到"形象"，这位演说家试图在助记术中寻找概念的形象，由此引发了抽象概念是否能靠形象来记忆的讨论。

西塞罗是修辞学家和宗教柏拉图主义者，奥古斯丁则是修辞学家和基督教柏拉图主义者，两人之间的衔接非常顺利，奥古斯丁有关记忆的论述，和西塞罗《图斯库勒论辩》中的论述显然有某种亲密联系。另外，奥古斯丁本人也承认西塞罗现今不存的作品《赫尔顿西乌斯》（*Hortensius*）（以西塞罗那位记忆卓越的朋友的名字为书名）促使他开始严肃地思考宗教："改变了我对您的感情，主啊，使我转向您祈祷。"[53]

奥古斯丁没有在我们引用的段落里讨论或推荐艺造记忆，他只是在探索自己那容量非凡、结构卓越的记忆力时无意识地展示了它。他的记忆显然与我们的不同。得以窥探基督教早期最有影响的拉丁教父的记忆，使我们对基督教化的艺造记忆的可能样貌产生了一些猜测，诸如信仰、希望、慈善以及其他美德、邪恶或文科七艺等"事物"，它们的人类形象是否被"放置"在这样一个奥古斯丁式的记忆中？这些场景又是否会被放在教堂中记忆？

记忆的艺术令人难以捉摸，在其整个历史过程中，这些问题始终困扰着研究者。我们仅能管中窥豹，窥见它在古代文明堕入黑暗时代前那巍峨风采的一角。我们必须牢记奥古斯丁赋予记忆的至高荣耀：记忆、理解与意志，是灵魂的三大力量。它们体现在人的身上，代表神圣的三位一体。

注释：

1 昆体良在《雄辩术原理》(XI, ii, 14–16)中说，希腊资料中对宴会举办的地点意见不一，如"西蒙尼戴斯自己似乎在一段话中说的是法萨勒斯，阿波罗多卢斯(Apollodorus)、伊拉托特尼斯(Eratosthenes)、尤弗瑞恩(Euphorion)和拉里萨的尤利皮鲁斯(Eurypylus)是这样记录的。而据阿勃拉斯·卡里马刻斯(Apollas Callimachus)所述则是在克拉农(Crannon)，西塞罗(Cicero)也认同这一说法"。

2 埃德蒙德(J.M. Edmonds)编辑和翻译的《希腊抒情诗》(*Lyra Graeca*)中收集了古代文学中提到西蒙尼戴斯的资料，洛布经典版，II卷(1924年)，246。

3 普鲁塔克的《雅典的光荣》(Plutarch, *Glory of Athens*)，3；见R.W.李，"诗亦如画：人文主义绘画理论"，(R.W.Lee, 'Ut picture poesis: The Humanistic Theory of Painting')《艺术期刊》(*Art Bulletin*)，XXIi(1940年)，197。

4 同上，248。

5 按照《希腊抒情诗》的译文引用，II卷，249。见雅科伯德《希腊历史学家著述片断》(F. Jacoby, *Die Fragmente der Griechischen Historiker*)，柏林，1929年，II卷，1000，《片断评注》(Fragmente, *Kommentar*)，柏林，1930年，II卷，694。

6 蒂尔斯(H. Diels)的《苏格拉底前论述片断》(*Die Fragmente der Vorsokratiker*)，柏林，1922年，II卷，345。见贡佩兹的《诡辩与修辞》(H. Gomperz, *Sophistik und Rhetorik*)，柏林，1912年，149，有德文翻译。

7 见贡佩兹，179。

8 《大希比亚篇》(*Greater Hippias*, 285D–286A)；《小希比亚篇》(*Lesser Hippias*, 368D)。

9 第欧根尼·拉尔修(Diogenes Laertius)的《亚里士多德生平》(*Life of Aristotle*)(出自他的《名哲言行录》*Lives of the aphilosophers*, V.26)，其所列的亚里士多德著作中提到的著述可能就是存世的《论记忆与回忆》(*De memoria et reminiscentia*)。

10 《论题》(*Topica*)，163b, 24–30。(由W.A. Pickard–Cambridge翻译)见《亚里士多德的著述》(*Works of Aristotle*, ed. W.D. Ross)，牛津，1928年，I卷。)。

11 《论梦》(*De insomnis*)，458b, 20–22 (由W.S. 海特[W.S. Hett]翻译，洛布版《论灵魂》[*De anima*]、《简论自然》[*Parva naturalia*]等，1935年)。

12 《论灵魂》，427b, 18–22 (海特的翻译)。

13 同上，432a, 17。

14 同上，431b, 2。

15 同上，432a, 9。

第二章　记忆与灵魂：来自古希腊的故事

16　之前已经引用过。

17　《论记忆与回忆》，449b，31（W.S.海特在洛布版中的《简论自然》译本的一部分）。

18　同上，450a，30。

19　同上，450b，1–10。

20　同上，451b，18–20。

21　见W.D.罗斯《亚里士多德》（*Aristotle*），伦敦，1949年，144；见罗斯在他的《简论自然》版中对这一段的注，牛津，1955年，245。

22　《论记忆与回忆》452a，8–16。

23　关于此篇的讨论，见罗斯在他的《简论自然》版中246的注。

24　《论记忆与回忆》，452a，16–25。有关这一系列的信件的校订手抄本中有很多不同的版本，见罗斯在他的《简论自然》版247–248的注。

25　《雄辩术原理》（*Institutio oratoria*），XI，ii，4。

26　《泰阿泰德篇》（*Theaetetus*），191 C–D。

27　《斐多篇》（*Phaedo*），75 B–D。

28　《斐德罗篇》（*Phaedrus*），249 E–250D。

29　同上，138。

30　《斐德罗篇》，274C–275B（H.N.福洛勒[H.N. Fowler]在洛布版的翻译中引用）。

31　见J.A.诺特普勒斯（J.A. Notopoulos）的"口头文学中的记忆女神"，《美国语言学学会论文集》（'Mnemosyne in Oral Literature' in *Transactions and Proceedings of the American Philological Association*），LXIX（1938），476。

32　E.R.库尔提乌斯（E.R. Curtius）认为这段是典型的希腊轻视著述，重视更深刻的智慧，《拉丁中古时代欧洲文学》（*European Literature in the Latin Middle Ages*），伦敦，1953年，304。

33　见本书，268。

34　见本书，23。

35　有关麦阙多卢斯的生平主要根据普鲁塔克（Plutarch）。

36　斯特博《地理》（Strabo, *Geography*），XIII，I，55（在洛布版的翻译中引用）。

37 L.A.波斯特(L.A. Post)"古代记忆系统",载《古典周刊》("Ancient Memory Systems", in *Classical Weekly*),纽约,XV(1932年),109。

38 普林尼《自然历史》(Pliny, *Natural History*)VII, 24章。

39 菲洛斯特拉特斯和尤纳匹尤斯(Philostratus and Eunapius)《智者生平》(*The lives of the Sophists*)(米利都的狄俄尼索斯[Dionysius]的生平),W.C.赖特(W.C. Wright)翻译,洛布古典图书馆,91–93。

40 菲洛斯特拉特斯译《提阿那的阿波罗尼俄斯》(*Life of Apollonius of Tyana I*, 14; trans. C.P. Ealls),斯坦福大学出版社,1923年,15。

41 同上,III, 16, 41;引用翻译,71, 85–86。

42 有关"符号艺术"(Ars Notoria),见林恩·桑戴克(Lynn Thorndike)的《魔法与实验科学的历史》(*History of Magic and Experimental Science*),II, 49章。

43 见本书,204。

44 《雄辩术原理》,XI, ii, 7。

45 《图斯库勒论辩》(*Tusculan Disputations*)I, xxiv, 59(在洛布版的翻译中引用)。

46 同上,I, xxv, 62–64。

47 同上,I, xxr, 65。

48 《忏悔录》(Confessions),X, 8(普西[Pusey]的译本)。

49 同上,X, 9。

50 同上,X, 17。

51 同上,X, 25–26。

52 《论三位一体》(*De Trinitate*),IX, 6, xi。

53 《忏悔录》,III卷,4。

第三章

回忆的起点

公元410年,西哥特王阿拉里克(Alaric)洗劫了罗马;公元429年,汪达尔人攻克北非;公元430年,奥古斯丁去世,当时汪达尔人正围攻希波(Hippo)。在这可怕的帝国崩溃时代,马提诺斯·卡佩拉(Martianus Capella)写就著名的《论文献学与墨丘利的联姻》(*De nuptiis Philologiae et Mercurii*),为中世纪保存了以人文七艺(语法、修辞、辩证、算术、几何、音乐和天文)为基础的古代教育制度大纲。在有关修辞学各部分的论述中,马提诺斯在记忆相关章节中简单描绘了艺造记忆。借此,他为记忆术摆正了地位,将之牢牢地嵌入人文七艺的体系中,继而留传给了中世纪。

马提诺斯是迦太基人,那里有伟大的修辞学学校,奥古斯丁在皈依基督教之前曾在那里教学。北非的修辞学界一定是知晓《献给赫伦尼》的,据说这一论著后来曾在北非复兴,又从北非传回意大利[1]。博学的罗马基督教教士圣杰罗姆（Saint Jerome）就曾两次提到这本书，并将其归属于图留斯[2]，这种认定在中世纪很常见。然而，对于受过修辞学教育的奥古斯丁和圣杰罗姆等基督教教父以及异教徒马提诺斯·卡佩拉来说，有关艺造记忆的知识不必依赖现时的文本。如同在西塞罗时代，所有的修辞学学生都熟知记忆的技巧，当时古代文明尚未完全被野蛮潮流淹没，因此与正规的古代文明有所接触的马提诺斯自然知道这些技巧。

马提诺斯逐一讨论了修辞学的五个部分，当他谈到第四部分"记忆"时，说了下面这段话：

> 顺序为记忆带来规则，记忆当然是一种天生"才能"，但是艺术无疑会对它有所帮助。这种艺术只基于数个规则，但是需要大量练习。其长处是可以迅速牢固地掌握、理解语言和事物。我们不仅需要"在记忆中"保存自己创造的内容，而且也需要保存对手在辩论中提出的论点。一般人认为是诗人兼哲学家西蒙尼戴斯发明了该艺术的规则，由于宴会大厅突然倒塌，受害者的亲属无法辨认"他们的尸体"，他提供了受害者的座位顺序以及所对应的姓名。他从这一"经验"中领会到顺序是维持记忆规则的关键。这些"规则"应在光线明亮的场景"照亮的地点"考虑，事物形象放置在这些场景里。例如，"要记住"一个婚礼，你可以在脑子里想象一个披着婚纱的女子；或是用某种武器来记住一个凶手，例如一把剑。储存在场景里的是什么形象，这个场景就会给记忆输送什么形象。写下的东西由刻在蜡板上的字母决定，

储存在记忆里的东西是印在场景上的,正如写在蜡上或是纸上;形象仿佛字母,维系事物的记忆。

但是,如上所说,这需要大量练习和不断努力。因此,通常建议将自己希望熟记的东西写下来,如果材料很长,将它划分成几个部分或许更容易在脑子中记牢。在希望记住的单个论点前面放上符号也很有用。"记忆时,材料"不应该被大声朗读,而需默念沉思。晚间记忆显然比白天记忆要好,夜里的深幽静寂有助于记忆,感官注意力不至于受外界干扰。

有事物的记忆,也有词语的记忆,但是要记住词语相当困难,并不总是能成功,除非有"充足的"时间沉思。能够将事物保存在记忆中已经足够,特别是天生记忆力不够好的人。[3]

虽然叙述非常简略,但我们可以清楚地辨认出艺造记忆这一熟悉的主题。不过场景规则被缩减到只剩一项(光线明亮);且除了一个形象样本是人(穿着婚纱的女子)之外,没有提到鲜明生动的形象规则;引文使用的另一个形象(武器)则是昆体良式的。没有人能够凭这么少的指示来实践这门艺术,但鉴于《献给赫伦尼》的内容在中世纪已为人熟知,这段简短的叙述已足够让人知晓其谈论的对象与主题。

看起来,马提诺斯似乎最推崇昆体良的方法:想象在书写板或是原稿的纸页上写着材料,段落划分得很清楚,特别的论点处标有某种标记或是符号,然后低声默念材料并记忆。我们仿佛能看见他专注于自己认真准备的纸页,听到他低语轻声,打破了深夜的沉寂。

在古代，普通教育制度以人文七艺为基础，埃里斯城邦的智者希皮亚斯被认为是其创始人[4]。马提诺斯的时代正处于古代世界破灭及其所有组织化教育崩溃的前夕，人文七艺在拉丁世界中有了最新的样貌，而马提诺斯对此相当熟悉。他的论述采取了浪漫寓言的形式，在中世纪具有十足的吸引力。在"文献学与墨丘利的婚礼"上，新娘收到的贺礼是七个化身为女人的人文技艺。"语法"是位严厉的老妇人，手拿刀锉，铲除孩子们的语法错误。"修辞"是位个高而貌美的女子，身穿华服，装饰着各种修辞学手段，拿着伤害敌手的武器。拟人化的人文七艺十分吻合艺造记忆的形象规则，她们不是异常丑陋就是格外美丽，各自带有附属形象来提示其构成要素，就像《献给赫伦尼》中为诉讼案构造的形象那样。中世纪学者将《献给赫伦尼》与马提诺斯关于艺造记忆的论述进行比较，他们或许认为，后者阐述的正是准确记住人文技艺那些"事物"的古典记忆方法。

在野蛮世界里，演说家们的声音遭到扼制。安全得不到保障，人们便不能和平聚会，聆听演说，学问退隐到了寺院里。虽然昆体良式的技艺用来记住书写讲稿依旧很有用，但用于演说的记忆术已经变得没有必要。隐修院制度的创立人之一卡西奥多鲁斯（Cassiodorus）著有关于人文七艺的百科全书，其修辞学部分就没有提及记忆术。塞维利亚的伊西多尔（Isidore）可敬者或圣比德（Venerable Bede）也都没有提过记忆术。

西方文明历史中有一个非常令人痛心的时刻。查理曼（Charlemagne）大帝曾召唤阿尔昆（Alcuin）去法兰西，望其帮助卡洛林王朝恢复古代教育制度，阿尔昆为他的皇家主子写了

- 70 -

第三章 回忆的起点

一篇对话——"论修辞学与美德"。查理曼大帝在文中寻找有关修辞学五部分的阐述,当他们谈到记忆时,对话如下:

查理曼:那么你对记忆有什么看法?我认为那是修辞学最高尚的部分。

阿尔昆:除了重复图留斯·西塞罗的说法,还能有什么看法呢?"记忆是一切事物的宝库,除非记忆成为经过严密考虑的事物和词语的保管人,否则,我们知道,无论演说家的其他才能多么卓越,都不会有任何成就。"

查理曼:没有其他规则可以告诉我们如何获得记忆或是增强记忆力吗?

阿尔昆:没有,除了记忆练习,在写作中练习,在学习中运用,避免酗酒,酗酒对所有的好的研究都是最大的伤害……[5]

此刻,艺造记忆消失了!其规则也没有了,取而代之的竟是"避免酗酒"!阿尔昆手边可参考的修辞学书籍很少,他的修辞学根据两部资料汇编而成:西塞罗的《论发明》以及尤利乌斯·维克托(Julius Victor)的修辞学,外加一点卡西奥多鲁斯和伊西多尔的论述。[6]这几个人中,只有尤利乌斯·维克托提到过艺造记忆,但也只是粗略带过,且提到时的态度颇为轻蔑与傲慢。[7]因此查理曼大帝想要获悉其他记忆规则的愿望注定要落空。但是阿尔昆告诉他审慎、公正、坚韧和节制这四种美德。当他询问审慎有几个部分时,得到的回答是正确的:记忆、理解与远见三要素。[8] 阿尔昆显然采用了西塞罗的《论发明》中有关美德的论说，但是他似乎只知其一，而不知《献给赫伦尼》正是后者将艺造记忆作为审慎的一部分推到了尊崇的地位的。

阿尔昆不知道《献给赫伦尼》，这有点不可思议，因为早在公元830年，凡里耶勒斯修道院的鲁普斯（Lupus）就谈及《献给赫伦尼》在9世纪有数个抄本存在。最早的抄本残缺第一卷的一部分，但记忆部分并不残缺。完整的抄本在12世纪已经出现。流传下来的抄本数量惊人，表明这部著作流传甚广。大多数抄本来自12到14世纪，那是该著作最风行的时代。[9]

所有的抄本都把这部著作归于图留斯·西塞罗，并与《论发明》相提并论，不过后者确为西塞罗所著；早在12世纪，抄本中就习惯将这两部著作并列。[10]《论发明》被称作"第一修辞"或"老修辞"，《献给赫伦尼》则被作为"第二修辞"或"新修辞"[11]。这种分类受到人们的一致认同，并且有很多证据佐证。例如，但丁在引用《论发明》时称其引自"第一修辞"，显然他将这种分类视为理所当然。[12] 1470年，《献给赫伦尼》的首个印刷本在威尼斯出版，当时这两部伟大的著作仍然存在密切的关联；因为它与《论发明》一起出版，两部著作的封面按照传统方式印为《新旧修辞》（*Rhetorica nova et vetus*）。

要理解艺造记忆在中世纪的形式，两部作品之间存在的这种关系意义重大。因为图留斯在"第一修辞"中详细论述了演说家的伦理和美德，它们在演说中应该被当成"题目和论据"或"事物"。在"第二修辞"中，图留斯论述了如何将这些"题目和论据"或"事物"储存在记忆的宝库里。中世纪的人拥有虔诚的宗教信仰，那他们最希望记住的事物是什么呢？一定是关于救赎或

第三章 回忆的起点

惩罚、信仰与规则、美德通往天界或邪恶连接地狱，等等。这些事物被雕刻在礼拜堂和大教堂各处，被画在窗户和墙壁上。这些道德说教的复杂材料需要记忆术的帮助才能在记忆中巩固。带有现代联想的"记忆术"一词不足以描绘这一过程，最好将其称作古典记忆术在中世纪的变形。

据我所知，中世纪的艺造记忆完全依赖《献给赫伦尼》中所载记忆部分的研究，而非古典记忆术的其他两个拉丁资料。这一点有必要在此强调。其他两个资料在中世纪也不是完全不为人知，很多中世纪学者都知道《论演说家》，特别是在12世纪，[13] 当时的版本内容可能不全；虽然直到1422年才在意大利罗迪发现了完整的文本，但若说在此之前没有人见过全本，大概也不确凿。[14] 昆体良的《雄辩术原理》也是如此，它在中世纪流传的版本不全；直到波焦·布拉乔利尼（Poggio Bracciolini）大肆宣扬他于1416年在圣加仑（St. Gall）发现了完整版本，估计此前没有人见过其有关记忆术的段落。[15] 当然也不排除有幸运者在中世纪可能偶然见过西塞罗和昆体良有关记忆术的一些论说，[16] 但是可以肯定，直到文艺复兴前，这些资料在记忆传统中并非十分普及。中世纪的学生苦思《献给赫伦尼》的场景与形象规则时，会遇到相当大的困难，因为他们无法参阅昆体良对助记技巧的清晰描绘，也不知道昆体良曾对其长处与短处做过冷静的分析。对他们来说，《献给赫伦尼》中的规则是图留斯的规则，即使不太理解，也必须遵守。此外可以参考的唯一资料只有马提诺斯·卡佩拉的规则，但这些规则在寓言的背景下经过浓缩，也不是很易懂。

大阿尔伯特和托马斯·阿奎那肯定不知道其他相关规则的资料，被称作"图留斯的第二修辞学"的著作是他们唯一的资料来源。也就是说，他们只知道《献给赫伦尼》中关于艺造记忆的论说，他们关于记忆术的见解建立在中世纪早期已经建立的传统背景之下，基于"图留斯的第一修辞学"《论发明》中对四大基本美德及其要素的论说之上。因此经院哲学家大阿尔伯特和托马斯·阿奎那对记忆术的论述并不是修辞学论著的一部分，这一点不同于古代资料。此时的艺造记忆已经从修辞学转移到了伦理学。大阿尔伯特和托马斯将记忆作为审慎的一部分来处理；这本身便表明，中世纪的艺造记忆不完全是我们称作"记忆术"的东西，因为无论"记忆术"多么有用，我们都很难将它划归为基本美德的一部分。

这一重大转变不太可能是由大阿尔伯特和托马斯开启的，对艺造记忆的伦理和审慎性解释，很有可能在中世纪早期就已经存在，经院哲学派早先有一部记忆论著，其特殊内容可以证明这一假设。我们在讨论经院派之前先简单讨论这部论著，因为从中我们可以一窥中世纪的记忆术在经院派参与之前的面貌。

众所周知，在中世纪早期，古典修辞传统是以"书令艺术"（Ars dictaminis）的形式出现的，这是一种用于行政公文风格的书信技艺。此文化最重要的一个中心在波伦亚；12世纪末和13世纪初，波伦亚派的书令这一技艺名扬整个欧洲。这一派有一位著名的成员叫彭冈巴诺·达西拿（Boncompagno da Signa），他著有两本有关修辞学的著作，其中的第二本，《最新修辞学》（*Rhetorica Novissima*）是他于1235年在波伦亚写成的。另一位大约同时代的波伦亚派书令艺术成员是吉多·法巴（Guido Faba），坎托洛维奇（E. Kantorowicz）有一篇研究他的文章。提到这个学派普遍存在神秘主义特色，他们倾向于将修辞学放在

第三章 回忆的起点

宇宙的背景中，提高到"半神圣的领域以便与神学竞争"[17]。这一倾向在《最新修辞学》中非常明显，文中提出了超自然的起源，例如，说服力必定存在于天界之中，否则魔鬼便不可能说服众天使与他一起堕落；同时作者称比喻必定是在伊甸园里发明的。

彭冈巴诺以这种崇高的境界讨论修辞学的各个部分，当说到记忆时，他宣称记忆不仅属于修辞学，而且属于所有艺术和职业，因为他们都需要记忆[18]。他是这样对其陈述的：

记忆是何物？ 记忆是自然壮丽而绝妙的礼物，我们以此回忆过去，接受现在，并借助它们与过去事物的相似性来思忖未来。

自然记忆是何物？ 自然记忆只源于自然天赋，无任何巧妙方法的帮助。

艺造记忆是何物？ 艺造记忆是自然记忆的辅助……称作"艺造"，来自"技艺"一词，因为是通过头脑的技巧获得的。[19]

对记忆如此定义可能是为了涵盖审慎的三个部分；对自然和艺造记忆的定义显然令人想起《献给赫伦尼》记忆部分的开篇，可见这在书令艺术的传统中是人尽皆知的。在此似乎可以看到经院派审慎和艺造记忆的前身，于是，我们期待听到彭冈巴诺将如何提出记忆规则。

但他没说。彭冈巴诺讨论的记忆问题，似乎与《献给赫伦尼》中阐述的艺造记忆无任何联系。

他告诉我们，人的天性因为从初始的天使形态堕落遭到腐蚀，从而也破坏了记忆。然而，依照"哲学理论"的解释，灵魂在进入身体之前就知道和记得所有的事情，在融入身体以后，它的知识和记忆开始变得混乱。彭冈巴诺认为，必须立即摈弃后一种观点，因为它与"神学教义"相悖。他说，在人的四种气质中，多血质的和忧郁的气质对记忆最好；特别是忧郁气质，由于其构成干硬而最适宜保持记忆。他相信星星对记忆有影响，至于如何影响，就只有上帝才知道，我们无法深究。[20]

要反驳一些人关于"自然记忆不能由技巧相助"的说法，我们只需要强调在《圣经》中就有多处提到符号对记忆的辅助；例如公鸡的啼叫使圣彼得想起某件事，公鸡的啼叫就是一个"记忆符号"。这是彭冈巴诺举例说明的《圣经》中众多所谓的"记忆符号"之一。[21]

彭冈巴诺论述记忆最鲜明之处，包括了与记忆和艺造记忆相关的天界和地狱的记忆：

关于天界的记忆。圣人……坚持认为圣王居于最高的王位上，王位前站着智天使、炽天使等所有等级的天使。我们还读到有不可言喻的光辉和永恒的生命……艺造记忆在这些难以形容的事物上对人是无助的。

关于地狱的记忆。我记得看见过在文学中被称作"埃特那"、俗语中被称作"伏尔坎努斯"的山，当我坐船经过时，那儿喷射出硫磺球，燃烧着火亮；人们说那里一直是这样。很多人相信这就是地狱的入口。然而，无论地狱在何处，我都坚信恶魔王子撒旦及其追随者在那深渊里遭受着折磨。

第三章 回忆的起点

关于那些认为天界与地狱只是观念问题的异教徒。有些雅典人学过哲学，因为其过分深奥而有了错误的理解，他们否认基督的复活……现今也有一些人持有这种谴责的异说……**然而，我们毫不怀疑地坚信天主的信念，我们必须永远记住天界的无形快乐和地狱的永久折磨。**[22]

毫无疑问，与记住天界和地狱这一记忆的主要功能必然相连的，是彭冈巴诺提出的一系列美德与恶习，他称其为"记忆提示"，我们可以称其为"指示"或"小符号"，通过这些指示或小符号，我们可以在记忆的道路上频繁提醒自己。这些"记忆提示"包括以下各项：

……智慧、无知、敏捷、鲁莽、圣洁、任性、温厚、残酷、温和、疯狂、敏锐、单纯、骄傲、谦逊、勇敢、恐惧、宽容、怯懦……[23]

虽然彭冈巴诺有点古怪，且不能完全代表他的时代，但是他的某些思考使我们认识到，当时对记忆及其用途的解释是如此虔诚，且具有道德说教性，这也许是大阿尔伯特和托马斯对记忆规则进行修改的大背景。想必大阿尔伯特是熟悉波伦亚派神秘修辞学的，因为他在1223年成为圣多明我会（St.Dominic）成员后，前往波伦亚学习，那里正是圣多明我会为了培养博学的修士而建立的重要培训中心。波伦亚的圣多明我会与书令艺术波伦亚派之间不太可能没有任何交集。彭冈巴诺肯定很欣赏这些托钵僧修会的修士，他曾在《雄辩指南》（*Candelabrium eloquentiae*）里盛赞圣多明我会和方济各会这两大托钵僧修会的修道士。[24] 因此我们推测，彭冈巴诺的修辞学中关于记忆的部分或许预示了之后大阿尔伯特和托马斯（托马斯当然是大阿尔伯特培训的）将在《神学大全》中极力推崇把记忆训练扩展成为一种美德行为。可以说，和较早的中世纪传统一样，大阿尔伯特和托马斯认为，"艺造记忆"的目的在于记住天界和地狱，因此作为"记忆提示"的附带的美德和邪恶，是理所当然的。

另外，在后来那些继承了经院哲学派并且强调艺造记忆传统的论著中，我们发现天界与地狱被当作"记忆场景"，甚或有将"场景"用于"艺造记忆"中的图示。[25] 彭冈巴诺也预言了后来记忆传统的其他特征，我们之后将对此进行讨论。

我们应当注意一点，当大阿尔伯特和托马斯强烈主张使用"艺造记忆"作为审慎的一部分时，不能假定他们所谈论的概念必定是我们称作"记忆术"的东西。他们的意思可能是根据古典规则构造生动而鲜明的美德和邪恶的形象，将之印记在记忆中作为"记忆提示"，目的是为了协助人们抵达天界，避免坠入地狱，当然也可能有其他的解释。

经院哲学派对"艺造记忆"背后已存的设想作出强调、重新处理、重新审视，这很可能是他们重新处理美德和邪恶问题的整个计划中的一部分。之所进行全面修改，是因为亚里士多德的地位得到了恢复，而他对整个知识领域的新贡献必须被纳入天主教的框架，这不仅在伦理学领域很重要，在其他领域也很关键。亚里士多德的《尼各马可伦理学》（*Nicomachean Ethics*）使得美德与邪恶以及它们的构成要素变得更复杂，因此大阿尔伯特和托马斯需要对审慎作出新评价，这也是他们更新美德和邪恶概念计划中的一步。

他们的创新之举还包括从亚里士多德《论记忆与回忆》的心理学角度来审视艺造记忆的规律。他们认为亚里士多德证实了图留斯的规则,这一成功性的结论将艺造记忆置于崭新的基础上。由于经院哲学派的世界观背离12世纪人文主义,因此修辞学通常在经院哲学派的观点中地位不高。但是,修辞学有关艺造记忆的那部分成功脱离了人文艺术系统中的原有位置,它不仅成了基本美德的一部分,而且成了值得辩证分析的对象。

我们现在来讨论大阿尔伯特和托马斯·阿奎那有关艺造记忆的论述。

大阿尔伯特的《论善》(De bono)如其题目所示,是论述"善"或伦理学的专著。著作的核心是讨论坚韧、节制、正义和审慎四大基本美德。[26]一开头引用的是图留斯在"第一修辞学"里对这些美德的定义,进一步的细分也是根据《论发明》中的划分。当然,其他权威,不论是《圣经》的、教父的还是异教的,奥古斯丁、波伊提乌(Boethius)、马克罗比乌斯(Macrobius)和亚里士多德也都引用过这些定义,但是《论善》论述四大美德的四个部分在结构和主要定义方面则是完全依照《论发明》。大阿尔伯特希望将亚里士多德的伦理观与基督教教父的伦理观统一起来,同时,将新亚里士多德的伦理观纳入"第一修辞学"——图留斯的伦理观的愿望似乎也同样迫切。

在讨论审慎的各个要素时,大阿尔伯特说他将依照图留斯、马克罗比乌斯和亚里士多德的划分。先看图留斯:

图留斯在"第一修辞学"的结尾将审慎的要素划分为记忆、理解与远见。[27]

大阿尔伯特接着说,第一,我们将探讨何谓记忆,而只有图留斯将记忆作为审慎的一部分。第二,我们探讨图留斯所谈的记忆术是什么。随后的讨论将分为两个标题或项目进行。

第一项驳斥了针对将记忆归为审慎中这一论点可能提出的反对意见。反对意见主要有两条(虽然他写成五条)。意见一,记忆存在于灵魂的感知部分,而审慎则是理性的部分。答辩:哲学家(亚里士多德)界定的回忆在理性的部分,回忆是属于审慎那一部分的记忆;意见二,记忆作为过去印象和事件的记录,不是一个习惯,而审慎是一个道德习惯。答辩:记忆在被用来记住过去的事情以便现在审慎地行动及审度未来时,可以是一种道德习惯。

结论:当记忆作为回忆或用来从过去吸取教训时,都是审慎的一部分。[28]

第二项讨论了图留斯在"第二修辞学"里提出的记忆术。共提出了二十一点,引用了《献给赫伦尼》的场景和形象规则的原话,加上评论和批评。行文的方法是逐条讨论了这二十一点,解决问题,驳斥批评,证实规则。[29]

讨论开始时,先定义自然记忆和艺造记忆。文中指出,艺造记忆既是一种习惯,也属于灵魂的理性部分,它主要关注的是被亚里士多德称作"回忆"的东西。"他(图留斯)说的艺造记忆由归纳法和理性规律证实,不属于记忆,而属于回忆,如亚里士多德在《论记忆与回忆》一书中所说。"[30] 这融合了亚里士多德论回忆与《献给赫伦尼》的论记忆训练。据我所知，大阿尔伯特是第一位将两者结合的人。

接着，讨论规则，当然是从场景规则开始。《献给赫伦尼》里说，良好的记忆场景要"简略、完美、显眼，无论是自然的还是人造的"。在讨论这一引人瞩目的话题时，大阿尔伯特提出问题，一个地点怎么可能同时既"简略"又"完美"？图留斯似乎在此有点自相矛盾。[31]大阿尔伯特解答道，图留斯的"简略"指的是人们不应该通过"将场景空间想象成一个营地或是城市"来"膨胀灵魂"。[32]我们由此推论，大阿尔伯特只建议使用"真实"的记忆场景，而不是在记忆中建立起想象的体系。既然他在前面的答案中提到"严肃而稀有"的记忆场景是最"感人的"，[33]也许我们可以进一步推论，他认为教堂是构建记忆场景的最佳建筑。

另外，图留斯提到记忆场景应该是难忘的，"自然的或人造的"是什么意思？[34]图留斯没有在任何地方作出具体的解释。大阿尔伯特的解答是，一个难忘的自然记忆场景就是田野，一个难忘的人造记忆场景就是一座建筑。[35]

紧接着，他引用了选择场景的五条规则：（1）选择安静的地点，以避免嘈杂环境的干扰，以致记忆时注意力不集中；（2）不可太相像，例如不要有太多同样的柱间距；（3）不要太大也不要太小；（4）不要太亮也不要太暗；（5）间隔中等，大约30英尺。[36]对此，有人提出异议，认为这些规则没有考虑到当时的记忆实践，因为"很多人通过与这些规则正相反的方式来记忆"。[37]但大阿尔伯特的解释为：我们应该将图留斯的意思理解为，不同的人自有其最受感动的地方，有些人会选田野，有些人

- 81 -

会选庙宇，还有些人会选医院；但是，无论个人选择的场景体系是何性质，这五条规则都适用。[38]

大阿尔伯特是探讨灵魂的哲学家和理论家，他有必要放慢脚步，理顺自己的论述推理：这些将被强烈印在记忆里的，是物质的场景；[39]通过感官印象接受这些场景的，是想象，而不是灵魂的理性。这一点没错，但是我们在这里讨论的不是记忆，而是将想象的场景用于理性目的的回忆。[40]大阿尔伯特如此说服自己以后，便向人们推荐这门艺术，它似乎属于将较低级的想象力，推到更高一级的灵魂的理性部分。

在开始讨论艺造记忆的第二分支——形象规则之前，他还得解决另一个棘手问题。如他在《论灵魂》里（他在《论善》中所指的正是这本书）所说，记忆不仅仅是形式或形象的宝库（想象也是如此），同时这个宝库还聚集了由判断力根据这些形式和形象而得出的涵义。那么，在艺造记忆中，人们是否需要额外的形象来提示这些涵义呢？[41]幸运的是，答案是否定的，因为记忆形象本身就包含了这些涵义。[42]

这种过细的区分具有重要意义，这代表记忆形象的效力又提升了。一个令人想起狼的形象，也包含这个形象所引发的涵义：即狼是一种危险的动物，见狼就逃是明智的选择；如果我们从动物的层面看待记忆，在一只羊羔的脑子里，狼的形象就包含了上述涵义。[43]在更高级的理性生命的记忆层面，这就意味着所选择的形象（例如用来提醒正义这一美德的形象）中，包含了努力获得这种美德的涵义。[44]

接着，大阿尔伯特转而讨论"将被放到所说场景的形象"的规则。图留斯说，有两种形象，一种用于事物，另一种用于词语。用于事物的记忆通过形象使人想起概念；用于词语的记忆努力通过形象记住每一个字词。图留斯的建议对记忆来说似乎是一种妨碍而非一种辅助：首先，有多少观念和词语就需要多少形象，如此众多的形象会使记忆混乱；其次，比喻描绘事物的精确度比不上对该事物的实际描绘。但是图留斯要我们为了记忆将事实转换成比喻。例如一人被指控为了继承财产而毒杀另一个人，这一诉讼案有很多见证人，要记住这件诉讼案，需要在记忆中放一个病人躺在床上的形象，旁边站着被指控的人，双手分别拿着一只杯子和一份文件，另有一个医生手里拿着一只羊睾丸。（大阿尔伯特将"medicus"，即"第四个手指"这个词理解成"医生"，从而在场景中引入了第三个人物。）但是，记住事实本身不是比记住这些比喻和形象更容易吗？[45]

我们遥隔数世纪向大阿尔伯特敬意，因为他对古典记忆术存有和我们一样的疑虑。但是他的解决方法完全逆转了这种批评，他的反驳是：（1）形象对记忆是一种辅助；（2）较多的事实可以通过少数几个形象来记忆；（3）虽然事实会提供事物更精确的信息，但是比喻"更能感动灵魂，所以更有助于记忆"。[46]

接着，在解释词语记忆的形象——图密善被雷克斯打，以及伊索普斯和泽姆贝尔化妆准备上演《伊菲琴亚》一剧时，他遇到了困难。[47]他的任务比我们的更为艰难，因为他看到的《献给赫伦尼》的文本有讹误。他脑子里的形象似乎被高度混淆了，变成了某人被战神马斯的儿子打败以及伊索普斯、泽姆贝尔和游离的伊菲琴亚的形象。[48]他尽己所能地使这些形象与需要记住的诗行相对应，但是最终不得不无可奈何地承认："这些比喻语言非常晦涩，很难记住。"即使如此，他依然对图留斯充满信任，认定这样的比喻可以用作记忆形象，因为奇妙的东西比普通的东西更能感动记忆。这就是为什么早先的哲学家们用诗歌的形式表达自己的观点，因为，正如哲学家所说（指的是亚里士多德在《形而上学》里的论述），传说正是因为由神奇的事情构成，因而才更加感人。[49]

我们现在读到的内容确实非比寻常。本来，经院主义忠实于理性、抽象，而理性的灵魂在追求理性和抽象时，是禁止使用比喻和诗歌的，因为它们属于较低级的想象层面。处理这些低层面的语法和修辞的时候，在辩证女王的统治下只能让步。诗歌所关心的是有关古代神的传说，在道义上应是严遭谴责的。通过比喻来激发想象和感情，似乎与经院派的苦行清教主义以及他们对来世、地狱、炼狱和天界的专注背道而驰。即使将艺造记忆作为审慎的一部分来实践，形象规则却会使比喻和传说的感人力量乘隙而入。

生动的形象随即登场，完全可以引用图留斯的话。[50] 这些形象异常美丽或异常丑陋，或头戴皇冠、身穿紫袍，或畸形怪状、沾满泥血，涂抹着红漆，不论是滑稽还是荒唐，他们都像演员一样，带着神秘感，从古代漫步进入经院哲学派的记忆理论，成为审慎的一部分。文中强调，选择此类形象的原因是这些形象"强烈感人"，因而容易附着在灵魂之上。[51]

大阿尔伯特严格按照经院哲学派的分析规则，对艺造记忆展开正反两面的讨论，并得出如下定论：

> 我们认为图留斯教诲的记忆术是最好的，特别是在用于记住与生命和审判有关的事物的时候，这种记忆（即艺造

第三章 回忆的起点

记忆）特别涉及有道德的人和雄辩家。人的生命活动由具体事物构成，那些事物本身无法存在于灵魂之中，必须通过物质形象才能存在。据此，我们认为在所有属于审慎的要素之中，记忆是最必要的，因为我们是被过去的事物指导着进入我们的现在和未来，而非反其道而行。[52]

如此，艺造记忆达到了道德上的成功；它与审慎同车，由图留斯驾驭，赶着他的两匹马，即第一修辞学和第二修辞学。如果我们想象审慎是个异常鲜明的人体形象，那么她就是个拥有三只眼睛的女郎，提醒人们：她看得见过去、现在和未来。这就符合以比喻来记住事实的艺造记忆的规则。

恰如我们从《论善》中体会到的，大阿尔伯特在为艺造记忆辩护时，很依赖亚里士多德有关记忆与回忆的区别。他认真研究了《论记忆与回忆》，并写了评注，认定其中有与图留斯描绘的艺造记忆相同的论述。如我们在前一章中所看到的，亚里士多德确实运用助记术来论述他的论点。

在对《论记忆与回忆》的评注中，[53] 大阿尔伯特讨论了"功能心理"（在《论灵魂》里有更详尽的描绘，当然是根据亚里士多德和阿维森纳（Avicenna）的理论发展而来），借助功能心理，感官印象从普通感知到记忆，经过各种阶段，在这一过程中逐渐非物质化。[54] 他进一步阐释了亚里士多德有关记忆与回忆的区别特征，认为记忆虽然比初级功能更属于精神层面，但仍存在于灵魂的感知部分，而回忆虽然保留物质形式的痕迹，却属于灵魂的理性部分。因此，回忆的过程要求被回忆的事物已经穿过灵魂的一系列情感部分，抵达辨别理性的领域。意外的是，大阿尔伯特在提到艺造记忆时这么说：

> 那些希望回忆（即希望开展比单纯地记住更理性、更智慧的活动）的人从大庭广众之下撤退到隐蔽的私舍：因为在公开的场景中，理性的事物活动混乱、四处分散。然而，在隐蔽之处，它们则是团结统一、活动有序的。这就是为什么图留斯在第二修辞学的"论记忆术"中规定，我们理应想象和寻找光亮微弱的阴暗场景。回忆需要不止一个形象，他规定我们通过许多相似物为自己想象，并且将希望保持和记住的对象的形象联合统一起来。例如，如果我们希望记录诉讼中控告我们的事物，我们就想象一只羊，头顶犄角，身带睾丸，在黑暗中向我们冲来。羊角会使我们想起对手，而睾丸会使我们想起作证的证人。[55]

这只羊真让人吓一跳！它怎么摆脱了诉讼的形象，在黑暗中危险地到处乱撞？有关场景的两条规则被结合了起来：背诵的场景应该安静；不能太暗也不能太亮。[56] 于是乎，产生了这一神秘而隐蔽的退隐之处，感知的事物在那儿统一，其背后的秩序在那儿显露。如果我们是在文艺复兴时期，而不是中世纪，我们可能会怀疑，大阿尔伯特是否认为羊就是黄道带星座白羊座，是否在使用星星的魔法形象来统一记忆的内容。但也许他只是晚上做了太多记忆工作，当四周如马提诺斯·卡佩拉所建议的那样一片寂静时，他所担忧的诉讼形象就开始呈现出奇怪的形状！

大阿尔伯特在对《论记忆与回忆》的评注中还谈到了忧郁个性和记忆的关系。根据气质的常规理论，忧郁气质干而冷，可

第三章 回忆的起点

以产生好记性，因此忧郁的人比其他个性的人更能牢固地接受形象的印记，并且更长久地保持这些印记。[57] 但是，大阿尔伯特所说的忧郁气质并非普通的忧郁。他说，亚里士多德在《论问题》（*Problemata*）一书中谈到拥有回忆能力的人，他们都具有浓烟烈焰型的忧郁。他说：

> 这样的人由于血质和胆质燃烧，引发了偶然的忧郁。相比其他人，这样的人更容易被幻影感动，因为幻影非常强烈地刻印记在大脑后部干燥的地方，忧郁燃烧的热量移动这些幻影。这种移动会带来回忆。在干燥的地方保存着很多[幻影]，回忆便从这些幻影中涌出。[58]

因此，回忆的气质不是普通的干冷型忧郁；而是干热的忧郁，是智慧的、灵感的忧郁。

既然大阿尔伯特如此强烈地坚持艺造记忆属于回忆，那么他的"回忆艺术"是灵感忧郁的独有产物吗？看来，其背后的假定正是如此。

早期为托马斯·阿奎那作传的人说，阿奎那记忆力惊人，他少时在那不勒斯上学时记住了老师说的每句话，到科隆后又在阿尔伯特的指导下训练记忆。他搜集教父们为教皇乌尔班（Urban）准备的有关福音的论说，完全依靠他的头脑而非笔记来记住，而且据说他的记忆能力和容量都很超凡，总能过目不忘。[59] 西塞罗应该会将这样的记忆力形容为"神一般的"。

同大阿尔伯特一样，阿奎那在他的《神学大全》中将艺造记忆放在审慎的美德之下处理。而且，他同样给亚里士多德的《论记忆与回忆》写评注，其中引用了图留斯关于记忆术的论说。我们最好先看评注中的引典，这样有助于理解《神学大全》里的记忆规则。

阿奎那在介绍亚里士多德《论记忆与回忆》[60]的论说时提醒读者，在图留斯的第一修辞学中，记忆是审慎的一部分。他在评注开头就说，亚里士多德在《伦理学》(*Ethics*)中说到人类独有的理性与审慎是同样的美德，这与图留斯将记忆、理解和远见作为审慎的构成要素相似。[61]我们看到了熟悉的论调，几乎可以预料他将要表述的内容。果不其然，阿奎那首先分析来自感官印象的形象，他认为感官印象是知识的基础，是智力思维的原材料。"没有形象，人就无法理解；形象是物质事物的相似物，但是理解则是从具体抽象出共性。"[62]他系统地阐述了亚里士多德和阿奎那两人有关知识理论的根本立场。评注在前一部分不断重复这句话："没有形象，人就无法理解。"[63]那么，什么是记忆？它存在于灵魂的感知部分，从感觉印象接收到形象；因此，它与想象属于灵魂的同一个部分，但是出于偶然，它也存在于灵魂的理性部分，因为抽象理性在那儿思考形象。

> 前文提出记忆与幻想属于灵魂的同一个"部分"。那些事物本身令人难以忘却，且能产生幻想。换言之，是可被感知的。人类没有形象就无法理解，因此，可理解的事物出于这些形象而变得难忘。所以，我们不容易记住微妙和属于精神层面的东西，反之，粗糙、可感觉到的东西我们比较容易记住。如果我们希望记住纯概念性的观念，就应该将它们与某种形象相联，如图留斯在他的修辞学中所教导的那样。[64]

- 88 -

第三章 回忆的起点

此处终究绕不过图留斯在第二修辞学中有关艺造记忆的论述。奇怪的是，现代托马斯主义者们忽视了这些话语，尽管它们在早期记忆传统中非常著名，不断被重复，为托马斯主义理论在艺造记忆中使用形象提供理论依据。这是对人类弱点和灵魂属性做出的让步，由于人比较容易接受、记住粗糙和可感知的形象，没有形象就无法记住"微妙和属精神层面"的东西，因此，如果我们希望记住它们，就应该遵照图留斯的建议，将这些"东西"与形象相联。

在他评注的后半部分，阿奎那讨论了亚里士多德回忆理论的两个要点，即回忆依赖联想和顺序。他重复了亚里士多德的三条联想规律，并举例说明，强调顺序的重要性。比如亚里士多德认为，数学定理若按照顺序则较容易记住；另外，亚里士多德称，必须先找到一个记忆起点，从这一点开始，回忆可以沿着联想顺序推进，直到想要的东西出现。此处，亚里士多德提到了希腊助记术场景，于是阿奎那便引入了图留斯的记忆场景论。他说：

> 回忆必须有个起点，从这点开始展开回忆。有些人从说过话、做过事或想过念头的地方开始回忆，将这个地方用作回忆的起点；接触这个地方就像接触到所有在这儿发生的事情的开端。图留斯在他的修辞学中教导我们，要比较容易地记住事物，应该以某种顺序想象一系列场景，我们希望记住的所有东西的形象都按照某种顺序分布在这些场景里。[65]

就这样，亚里士多德基于顺序与联想的回忆理论，为艺造记忆的场景提供了理性基础。

阿奎那继承了大阿尔伯特融合图留斯和亚里士多德的传统，但他的思考更缜密，采用的方式更明确。我们可以想象，艺造记忆的场景和形象，在某种程度上就像思想和记忆中的"可感知"装置，指向一个可以让人理解的世界。

但是阿奎那并没有严格区分情感部分的记忆和灵魂理性部分的回忆（包括作为回忆艺术的艺造记忆），与大阿尔伯特十分强调这种区分不同。动物也有记忆，而回忆却的的确确是人类独有的。从一个起点开始回忆的方法，可以比作逻辑的三段论，而"按三段论推理是理性的行动"。然而，人们在回想事物时拍打自己的脑袋或摆动身体这一事实（亚里士多德提到过）说明回忆这一行为有一部分是属于身体的。回忆层次较高而且有理性的特征，并非因为它不属于情感部分，而是因为人的情感部分高于动物，其中有人的理性在发挥作用。

这一告诫意味着，阿奎那没有掉入盲目敬畏艺造记忆的陷阱，而大阿尔伯特则难以幸免。与后者将记忆形象转化成夜间神秘影像相比，阿奎那没有任何可以与之对应的东西。他虽然也提及记忆和忧郁，但是没有提出《论问题》中所说的忧郁，也不假设这种"灵感的"忧郁属于回忆。

在《神学大全》第二卷第二章，阿奎那讨论了四大基本美德。像大阿尔伯特一样，他采纳了图留斯在《论发明》中对这些美德的定义和名称，并称之为"图留斯修辞学"。用兰德（E.K. Rand）的话来说："他（阿奎那）以西塞罗对美德的定义开始，按照同样的顺序讨论这些美德。连标题都是一样的：审慎（不是智慧）、公正、坚韧和节制。"[66] 像大阿尔伯特一样，阿奎那关于美德的内容采用了很多其他来源，但是图留斯·西塞罗的《论发明》提供了基本的框架。

在讨论审慎的要素时，[67] 他先提到图留斯的三个要素，然后是马克罗比乌斯赋予的六个；接着是亚里士多德的一个，再没有提其他来源。他以马克罗比乌斯的六个要素为基础，加上图留斯的记忆部分以及亚里士多德提到的技能。然后规定审慎有八个要素，即记忆、思考、理解、接受力、技能、周密、谨慎和远见。在这些成分当中，只有图留斯将记忆作为一个单独的要素，实际上，这八个要素可以归纳入图留斯的三大要素：即记忆、理解和远见。

阿奎那开始讨论记忆。[68] 首先必须证明，记忆是否是审慎的一部分。需要反驳的论点如下：

（1）记忆存在于灵魂的感知部分，审慎存在于灵魂的理性部分，因此记忆不是审慎的一部分。

（2）审慎是通过练习和经验获得的，记忆来自我们的天性，因此记忆不是审慎的一部分。

（3）记忆有关过去，而审慎有关未来，因此记忆不是审慎的一部分。

图留斯却不顾这些，仍将记忆列进审慎的要素中。

为了赞成图留斯的观点，阿奎那针对上述三条反对意见进行了驳斥：

（1）审慎将普遍知识运用于具体，而具体产生自感知，因此很多属于感知部分的东西属于审慎，其中也包括记忆。

（2）审慎既是一种与生俱来的能力，也能通过练习增强，记忆亦是如此。"因为图留斯（以及另一个权威）在他的修辞学中说，记忆不仅仅靠天赋完善，而且需要很多技艺和努力。"

（3）审慎运用过去的经验为未来做准备，因此记忆是审慎的一部分。

阿奎那与大阿尔伯特的意见既有一致之处，也有分歧；正如我们看到的，他并不是根据记忆与回忆的区别而将记忆放在审慎里的。另外，他比大阿尔伯特更清楚地指出，记忆属于审慎的一部分，其证据之一是艺造记忆，它是由技艺来训练和改善的记忆。引用的话语是对《献给赫伦尼》的转述，并称其来自"图留斯（和另一个权威）"。"另一个权威"很可能指亚里士多德，他关于记忆的论说被托马斯·阿奎那融入了"图留斯"的记忆规则之中。

阿奎那在回应第二点时提出了自己的记忆规则，论点如下：

图留斯（以及另一个权威）在他的修辞学中说，记忆不仅靠自然完善，而且包含很多技艺和努力；有四（点）可以提高人们的记忆力。

第一，为希望记住的事物找一些便捷的象征；这些象征不应该是很熟悉的东西，因为我们对不熟悉的东西更感好奇，灵魂会更强烈地被其吸引；所以我们对儿时所见过的事物记得更牢。另外，有必要创造出比喻和形象，因为简单的和精神的涵义很容易从灵魂溜走，除非它们与一些物质的象征连结，因为人类对可感知的事物的认知更强。因此，记忆力属于灵魂的感知部分。

第二，有必要将希望记住的事物根据深思熟虑后的顺序排列，以便从记得的一个点轻易移向另一点。因此，哲学家在他的《论记忆》一书中说："有些人从一步很快移向下一步，可见他们是根据场景记忆的。"

第三，对希望记住的事物必须保持热情关心，热爱执著；因为强烈地印记在灵魂上的东西比较不容易滑落。正如图留斯在他的修辞学中所说的，"热情关心使象征物的全部特征得以保存"。

第四，有必要常常沉思希望记住的东西。由此，哲学家在他的《论记忆》一书中说"沉思保全记忆"，因为"习惯似天性。我们很容易记住常常出现在脑海的东西，从一个东西联想到下一个东西，仿佛有一个自然的顺序"。

让我们来仔细地分析一下托马斯·阿奎那的四条记忆规则。概括地说，就是遵循艺造记忆的两大基本原理，即场景和形象。

他先讨论的是形象。第一条规则重复了《献给赫伦尼》的观点——鲜明异常的形象，因为它们最可能长久保留在记忆中。但是"物质象征"替代了艺造记忆的形象，通过物质象征来防止"简单的和精神的涵义"从灵魂中消失。他重申了使用"物质象征"的原因，这一点在他对亚里士多德的评注中已经提过，由于人类对可感知的事物认知更强，"微妙和精神的事物"在灵魂中因其有形的物质形式更容易被记住。

他的第二条规则从亚里士多德的顺序论发展而来。我们从他对亚里士多德的评注中得知，他将"起点"与图留斯的场景论相联（此处他引用了"起点"那一段）。因此第二条规则其实就是"场景"规则。

他的第三条规则看起来很奇怪，因为他错误引用了《献给赫伦尼》中的关于场景的规则——选择偏僻的地方，"因为人来人往会扰乱和减弱形象的印记，而独处使它们的轮廓鲜明"。阿奎那将"solitude"（僻静独处）变成了"solicitude"（热情关心），[69]将为了避免干扰而选择僻静的环境这一场景规则变成了"热情关心"，从某种程度上说这也没错，因为选择僻静的目的是对背诵记忆表示出热情与关心。但我认为两者终究是有区别的，阿奎那的"热情关心"同时还涉及了对要记住的事物的"热爱执著"，引入了一种虔诚的气氛，而这在古典记忆规则中是完全没有的。

阿奎那对场景规则的错误翻译和错误理解别具一番趣味，无独有偶，大阿尔伯特对场景规则也有相似的误解，他将"不太暗也不太亮"和"僻静"的场景规则变为某种神秘的退隐之所。

第四条规则来自亚里士多德的《论记忆》中关于沉思默想与重复的论说，《献给赫伦尼》中也提出了同样的建议。

总的来说，阿奎那的规则似乎是以艺造记忆的场景和形象为基础，但是已经发生了转换。罗马演说家受到中世纪的宗教虔诚的影响，他们根据形象的难忘特性选择艺术形象，这些形象转变为具有"微妙和精神意义"的"物质象征"。中世纪对场景规则或许也有某种程度的误解。比如大阿尔伯特和阿奎那很可能没有完全体会到场景规则的助记特征——彼此相异、采光合适、安静少干扰——都是为了有助于背诵记忆，他们反而从虔诚的角度来理解场景规则。特别是阿奎那，给人以顺序重于一切的印象。他的物质象征也许会按照规律的、"自然的"秩序排列，而不是按照刻意的非规律性安排，就像在"僻静—热爱"的转换中所看到的，他怀着一种强烈的虔诚态度，对艺造记忆进行了改造。

那么我们应该如何理解经院哲学派的艺造记忆？是否应该理解为，这种艺造记忆在某种程度上依据图留斯的规则，却经过道德和虔诚含义的转化？在这样一个记忆中，美得炫目和丑得刺眼的生动形象变成了什么？针对这个问题，比经院哲学派稍早一些的学者彭冈巴诺在其记忆系统给出了一种回答，他说美德和邪恶是"记忆提示"，我们通过这些记忆提示，在记忆的道路上指导自己认清通往天界或是地狱的途径。生动的形象会被道德化，成为美丽的或是丑陋的人物，作为通往天界或远离地狱的精神涵义的"物质象征"，在一座"庄严"的建筑物内排列有序，从而被记住。

正如我在第一章中所说，昆体良对助记术过程的清晰描绘，可以帮助读者阅读理解《献给赫伦尼》中有关记忆的部分。昆体良清楚地描绘了这一过程：环绕建筑选择地点场景、选择要在这些场景中记住的用来提醒演说要点的形象。《献给赫伦尼》的中世纪读者就没这么好运，他们在阅读那些奇怪的场景和形象规则时，无处寻觅相关的古典记忆术文献，况且，在一个古典演讲艺术已经消失的时代，也没有人实践古典记忆术。因此当时的读者没有任何生动的演说可以与之对照；更糟的是，这些规则还与图留斯在第一修辞学中伦理的教诲配套阅读。误解如何产生，可想而知。我在前文已经说过，还存有另一个可能性，即对古典艺术的伦理性、说教性和宗教性的使用，可能更早时就已出现，在某些早期基督教的转变中已经使用过，虽然不为我们所知，但可能已经传承至中世纪早期。因此，我所称的"古典记忆术在中世纪的变形"可能早就存在，而非大阿尔伯特和阿奎那造就的，他们只是重新燃起热情和关注。

经院哲学派对这一艺术的重新装饰和强烈推崇，是记忆术历史中一个非常重要的里程碑，记忆术在整个13世纪成为人们普遍研究的对象，标志着它的影响达到一个高峰。博学的多明我会修士阿奎那和大阿尔伯特就是著名的代表，他们将新亚里士多德学术吸纳进教会，从教会的角度，重新审视现存的知识。也正是阿奎那将亚里士多德从潜在的敌人变成了教会的盟友，以此来反驳那些异教徒的论辩，并且保全和捍卫教会。经院哲学派做的另一个努力是将亚里士多德的伦理观融入现存的美德和邪恶体系，虽然这一点在现代并不被研究者重视，但是对当时来说，即使不比前一点更重要，至少也处于同等地位。将美德的成分融入现存的图留斯体系、从亚里士多德灵魂论说的角度进行分析，还有阿奎那哲学和辩证学中我们更熟悉的部分，都是《神学大全》的一个组成部分，是努力吸纳哲学家思想的一个部分。

正如图留斯的美德论需要用亚里士多德的心理学和伦理学来彻底更新，图留斯的艺造记忆也需要来一次彻底更新。《论记忆和回忆》提及了艺造记忆，修士们便将该著作作为图留斯的场景和形象论说的辩护基础，借助亚里士多德论记忆和回忆的论说来重新审视场景和形象的心理依据。这种努力与从亚里士多德的角度对美德作新的评估是并行的，其努力成果也与之紧密相连，因为艺造记忆实际上是四个基本美德的一个部分。

经院主义强调抽象，将诗歌和比喻的地位放得很低，但这一时代也是宗教艺术中比喻与意象气象万千的时代，评论者对此往往感到惊讶。如果在托马斯·阿奎那的著作中寻找这一异常现象的解释，一般引用他为《圣经》中使用比喻和意象辩护的段落。阿奎那问："既然操纵相似物和代表物属于诗歌的领域，是所有教义中最低的等级"，为什么《圣经》还要使用意象？既然诗歌被归在人文技艺中最低的语法分支中，为什么《圣经》依然要使用这一最低级的知识？回答是，《圣经》在物质下谈精神，"通过感知达到理解，是人的天性，因为我们所有的知识都起源于感知"。[70] 这与为艺造记忆使用形象所作的辩护相同。奇怪的是，那些试图解释经院主义宗教艺术中为何使用形象的人，竟然没有注意到大阿尔伯特和阿奎那对此作过精准的分析。

他们一直忽略了一样东西，那就是记忆。记忆不仅对古代的人具有重要的现实意义，而在宗教和伦理上也有其重要性。伟大的基督教修辞学大师奥古斯都使记忆成为灵魂的三大力量之一，基督教出现之前的基督教之魂图留斯，使它成为审慎的三个部分之一，并且图留斯甚至亲自给出如何使"事物"更难忘的建议。恕我斗胆指出，古典记忆规则对基督教说教艺术的影响可能超乎我们的想象。基督教说教艺术需要以令人难以忘怀的方式论述其教义，必须令人印象深刻地展示构成德行和罪恶的"事物"，这些都建立在古典记忆规则之上，更何况我们已看到，那些来自修辞学教科书中的生动形象成群结队地走进经院哲学派的伦理著作中，可见其影响之大。然而人们从未以这个角度思考古典记忆规则。

欧文·潘诺夫斯基（Erwin Panofsky）曾指出，高耸的哥特式大教堂就像一部经院哲学大全，根据"一个由同源要素及其部分的组成要素构成的体系"排列。[71]由此产生了一个奇特的念头，如果托马斯·阿奎那按照《神学大全》各个部分的顺序，通过在场景上安放"物质象征"来记住自己的《神学大全》，抽象的《神学大全》就可能在记忆里被物化成哥特式大教堂那样的庞然大物，其中，井然有序的场景上摆满了形象。虽然不能做过多的推测，但毫无疑问，《神学大全》在一个不为人注意的部分，在推崇艺造记忆的时候，对使用形象和创造新形象持维护和鼓励的态度。

在佛罗伦萨的新圣玛丽亚多明我修道院的教堂墙上，有一幅14世纪的壁画，内容是颂扬托马斯·阿奎那的智慧与美德。托马斯坐于宝座之上，周围飞舞着代表三个神学美德和四个基本美德的人物形象。他的左右两边坐着教长前辈和圣贤，在他的脚下，是他用博学制服的异教徒。

再往下一排，十四个女性人物形象被放置在壁龛或座椅上，象征着圣人的广博知识。右边的七个代表了人文技艺。其中最右边的是等级最低的语法，旁边是修辞学，然后是辩证法，其后是音乐（该形象拿着风琴），等等。每一门艺术都有一位著名的代表人物坐在她前面；语法前坐的是多纳图斯（Donatus），修辞学前坐的是图留斯，画的是一位老人拿着一本书，右手高高举起；辩证法前坐的是亚里士多德，他戴着一顶大帽子，长着分叉的白胡子。然后是七个其他的女性形象，据说是代表神学的科目或是阿奎那学说中神学的各个方面，尽管没有人对她们作过系统研究与分析；在她们前面坐的是哪些学问分支的代表、主教以及

第三章 回忆的起点

其他人,具体是谁,尚未得到完全辨认。

显然这一系统并非完全独创。七大美德是再古老不过的主题,七大人文技艺与它们的代表同样如此(读者可能会想到沙特尔大教堂的著名门廊);另外七个学问的象征及其代表人物只是一种延伸。14世纪中叶,这一系统的设计者们并不希望展现出独创性。阿奎那运用广博的知识,其目的也只是维护和支持教会的传统,而非创新。

在本章中,我们讨论了图留斯对中世纪的影响,回头再看这幅壁画就会觉得画中的他更有趣,他谦恭地坐在自己的修辞学位置上,那是人文艺术中较低级的一个,只比语法高一级,在辩证法和亚里士多德之下。或许他的地位比表面看起来的更重要?比如那十四个女性的人物形象按照顺序各就各位,就像在教堂中一样,也许她们不仅象征托马斯的学问,而且象征图留斯的记忆方法?或者她们是"物质象征"———一部分以著名的人文艺术形象为原型,被改造后为个人所用,一部分是新创造的人物形象?

在此,我只提出一个问题,写出一种设想,只为了强调中世纪时图留斯在经院主义系统的格局中占有相当重要的地位。他在中世纪的古典记忆术转型的过程中是一个举足轻重的人物。记忆术是一种看不见的艺术,虽然我们必须非常谨慎地区分艺术和记忆术,但是两者的交界一定会有所重叠。在教导人们为了记忆而练习建构形象时,很难假设这种内在形象不会在某个时刻呈现出外在形象。换个角度说,当通过内在形象记住的"事物"与基督教说教艺术通过形象教诲的"事物"是同一种类型时,基督教真实艺术中的场景和形象就很有可能进入记忆之中,构成"艺造记忆"。

注释：

1 F. 马尔克斯(F. Marx)《献给赫伦尼》的序言，莱比锡，1984年，I；H. 卡普兰为洛布版的《献给赫伦尼》收入的序言，xxxiv。

2 《论反对卢菲尼的书》(*Apologia adversus libros Rufini*)，I, 16；《进入先知阿比迪亚》(*In Abdiam Prophetam*)（米涅，拉丁神父，XXIII, 409; XXV, 1098）。

3 马提诺斯·卡佩拉《文献学与墨丘利的婚礼》(Martianus Capella, *De nuptiis Philologiae et Mercurii*)，A.狄克(A. Dick)编，莱比锡，1925年，268–270。

4 见库尔提乌斯《拉丁中古时代欧洲文学》(Curtius, *European Literature in the Latin Middle Ages*)，36。

5 W.S. 豪厄尔《查尔曼与阿尔昆的修辞》(W.S. Howell, *The Rhetoric of Charlemagne and Alcuin*)（拉丁文本，英语翻译和介绍），普林斯顿和牛津，1941年，136–139。

6 见豪厄尔的介绍，22。

7 "关于获取记忆，很多人提出对地方和形象的观察，我觉得并无用处。"卡洛鲁斯·霍姆(Carolus Halm)《拉丁修辞》(*Rhetores latini*)，莱比锡，1863年，440。

8 阿尔昆(Alcuin)《修辞》(*Rhetoric*)，如前引，146。

9 见马尔克斯和卡普兰在他们的《献给赫伦尼》版本的序中的介绍。D.E. 格罗瑟(D.E. Grosser)在其未发表的论文中对《献给赫伦尼》的传播有精彩的研究，即名为"对《献给赫伦尼》和《论发明》的修辞学影响研究"("Studies in the influence of the Rhetorica *ad Herennium* and Cicero's *De Inventione*")的博士论文，康奈尔大学，1953年. 我有幸在缩微胶卷上阅读了这篇文章，在此想表达我的感激之情。

10 马尔克斯，见前面的注，51。D.E. 格罗瑟的论文中研究了传统手抄本中《献给赫伦尼》和《论发明》联系的现象，前面的注中提到过。

11 库尔提乌斯比较了"新""旧"两个修辞学的成对组合与新旧概要(*Digestum* vetus and *novus*)，亚里士多德的新旧是形而上学的(Aristotle's *Metaphysica* vetus and *nova*)，最终所有都是受《新约》《旧约》共同启示。

12 《君主国》(*Monarchia*)，II卷，第5章，引用《论发明》，I, 38, 68；参阅马尔克斯，见前面的注，53。

13 菲利亚瑞斯的鲁普斯(Lupus)在9世纪知道；见C.H. 比森(C.H. Beeson)"作为文牍和文本批评家的菲利亚瑞斯的鲁普斯"("Lupus of Ferrieres as Scribe and Text Critic")，《美国中古研究会》(*Mediaeval Academy of America*)，1930年，I。

第三章 回忆的起点

14 有关《论演说家》的传播，见J.E.桑蒂斯(J.E. Sandys)《古典学术史》(*History of Classical Scholarship*)，I, 648；R.萨巴蒂尼(R. Sabbadini)《拉丁文本的历史与批评》(*Storia e critica di testi latini*)，101。

15 有关昆体良的传播，见前引的桑蒂斯，I, 655；前引的萨巴蒂尼，381；普丽希拉·S·鲍思考夫(Priscilla S. Boskoff)"昆体良在中古时代晚期"("Quintilian in the Late Middle Ages")，《镜鉴》(*Speculum*)，XXVII(1952年), 71。

16 其中之一可能是索尔兹伯雷的约翰，他深谙古典知识，熟悉西塞罗的《论演说家》和昆体良的《雄辩术原理》。(见H.莱伯徐兹(H. Liebeschutz)的《约翰·索尔兹伯雷生活和著述中的中古人文主义》(*Humanism in the Life and Writings of John Salisbury*)，伦敦，沃尔伯格学院，1950年，88。)

在《元逻辑》(*Metalogicon*)(第1卷，第11章)中，约翰·索尔兹伯雷就"艺术"进行了讨论；在介绍艺造记忆(这是在引用《论演说家》或《献给赫伦尼》中的话)时重复使用了一些古典文本中的词语，但他没提到地点和形象及相关规则。他在后面一章(第4卷，第12章)中说记忆是审慎的一部分(这当然是在引用《论发明》)，但没有提到艺造记忆。我觉得约翰·索尔兹伯雷研究记忆的方法与中世纪《献给赫伦尼》的主要传统不同，而是更接近后来卢尔对记忆术的观点。卢尔的《论巩固记忆》(*Liber ad memoriam confirmandam*)似乎重复了《元逻辑》的一些术语。

17 E.H.坎托洛维兹(E.H. Kantorowicz)的"基托·法邑的'自传'"("An 'Autobiography' of Guido Faba")，《中世纪和文艺复兴研究》(*Mediaeval and Renaissance Studies*)，沃尔伯格学院 I (1943年)，261–262。

18 彭冈巴诺(Boncompagno)《最新修辞》(*Rhetorica Novissima*)，A.高藤修(A. Gaudentio)编。《中古时代法律图书馆》(*Medii Aevi*)波伦亚，1891年，255。

19 同上，275。

20 同上，275–276。

21 同上，277。

22 同上，278。

23 同上，279。

24 见R.戴维森(R. Davidsohn)《但丁时代的佛罗伦萨》(*Firenze ai tempi di Dante*)，佛罗伦萨，1929年，44。

25 见本书，103–104, 116–117, 122–123, 128–129(Pl.7)。

26 大阿尔伯特(Albertus Magnus)，《论善》(*De bono*)，出自《全集》(*Opera omnia*)，ed. H. Kuhle, C. Feckes, B. Geyer, W. Kubel, Monasterii Westfalorum in aedibus Aschendorff, XXVIII (1951年), 82。

27 同上，245。

28 同上，245–246。

29 同上，246–252。

30 第3点，同上，246。

31 第8点，同上，247。

32 结论，第8点，同上，250。

33 结论，第7点，同上，前面引过。

34 第10点，同上，247。

35 结论，第10点，同上，251。

36 第11点，同上，247。

37 第25点，同上，247。

38 结论，第15点，同上，251。

39 第12点，同上，247。

40 结论，第12点，同上，251。

41 第13点，同上，247。

42 结论，第13点，同上，251。

43 大阿尔伯特在他的《论灵魂》中讨论"涵义"（Intentiones）的时候举出此例；见大阿尔伯特《全集》，巴黎，1890年，V卷，521。

44 这是我的推论；此例不是大阿尔伯特举出的。

45 第16点，《论善》，前面引过，247–248。

46 结论，第16和18点，同上，251。

47 第17点，同上，248。

48 大阿尔伯特使用的文本中"旅行"（itionem）（在要记忆的诗中）读作"报仇"（ultionem）。马尔克斯在其《献给赫伦尼》（242页）做的注中表明，一些手抄本中有这类读法。

49 结论，第17点，《论善》，前面引，251。参阅亚里士多德《形而上学》（*Metaphysics*），982b, 18–19。

50 第20点，《论善》，前面引过，248。

第三章 回忆的起点

51 结论,第20点,同上,252。

52 同上,249。这是结论的开头。

53 大阿尔伯特《论记忆与回忆》(De memoria et reminiscentia),见《全集》IX,97。

54 有关大阿尔伯特的功能心理观,见M.W.邦迪(M.W. Bundy)《古典和中古思想中的想象理论》(The Theory of Imagination in Classical and Mediaeval Thought),伊利诺斯大学研究,XII(1927年),187。

55 鲍格奈(Borgnet),IX,108。

56 大阿尔伯特在《论善》中正确引用了这些规则,版本如前,247。

57 有关忧郁是产生好记忆的气质,见R.柯里班斯基、E.帕诺夫斯基和F.萨克瑟尔(R. Klibansky, E. Panofsky, F. Saxl)《萨杜恩与忧郁》(Saturn and Melancholy),耐尔森,1964年,69,337。大阿尔伯特在《论善》(见前面注,240)给出了常用的定义:"好记忆就在于干和冷,因此忧郁被称为对记忆最好。"参阅彭冈巴诺有关忧郁和记忆论述,见前面的注,59。

58 鲍格奈,IX,117。有关大阿尔伯特以及仿亚里士多德论题的"激情的"忧郁,见《萨杜恩与忧郁》,前面的注,69。

59 E.K.兰德(E.K. Rand)《圣托马斯·阿奎那的法庭里的西塞罗》(Cicero in the Courtroom of St. Thomas Aquinas),密尔沃基,1946年,72—73。

60 使用的版本,托马斯·阿奎那《评论亚里士多德论感觉和感情以及论记忆与回忆》(In Aristotelis libros De sensu et sensato, De memoria et reminiscentia commentarium, ed. R.M. Spiazzi),1949年,85。

61 同上,87。

62 同上,91。

63 同上,92。这个评论应该与阿奎那在对《论灵魂》的评论中阐述的心理联系起来读。

64 阿奎那《论记忆与回忆》版本如前,93。

65 同上,107。紧跟在这段之后是阿奎那解读亚里士多德有关从牛奶到白色,到空气,到秋天的过程(见前面),举例说明关联规则。

66 兰德,版本如前,26。

67 《神学大全》(Summa Theologiae) II, II,第XLVIII题,《论审慎的部分》(De partibus Prudentiae)。

68 第XLIX题。《论审慎的各个部分》(*De singulis partibus Prudentiae*: articulus I, *Utrum memoria sit pars Prudentiae*)。

69 《神学大全》，III，xix，31. 同上，23。

70 《神学大全》，I，I，I题，9条。

71 E.帕诺夫斯基(E. Panofsky)《哥特式建筑与经院主义》(*Gothic Architecture and Scholasticism*)，宾夕法尼亚，拉特洛布，1951年，45。

第四章

将想象力作为一种责任

有一种记忆术以排列有序的物质象征为形式,受到经院哲学伟大圣贤的极力推崇,这必定会产生深远影响。如果说西蒙尼戴斯是记忆术的发明者,图留斯是其启蒙教师,那么托马斯·阿奎那便是它的庇护圣人。以下只是大量资料中的一小部分,却足以说明阿奎那如何在后来的几个世纪中主导了记忆这门艺术。

15世纪中叶,雅各布·拉贡(Jacopo Ragone)写了一篇《记忆术》(*Ars memorativa*)专论,献给弗朗切斯科·贡萨加公爵(Francesco Gonzaga),题辞的开头是这样的:"最尊贵的王子,艺造记忆通过场景与形象得以完善,正如西塞罗所教诲、圣托马斯·阿奎那所肯定的那样。"[1] 在同一世纪的后期,1482年,威尼斯出现了一本漂亮的早期印刷书,是雅各布斯·普布里奇(Jacobus Publicius)写的论修辞学的著作,附录中包含了首度出版的《记忆术》专论。这本书看上去像是文艺复兴时期的制作，但内容处处是托马斯·阿奎那式的艺造记忆，形象规则如此开头："简单的和精神的涵义很容易从记忆中消失，除非与物质象征相关。"[2] 内容最全、被引用最多的一本记忆术专论印刷本是多明我会修士约翰尼斯·龙贝格（Johannes Romberch）于1520年发表的论著。关于形象规则，龙贝格说："西塞罗在《献给赫伦尼》中说，记忆不仅靠自然完善，还有很多帮手。圣托马斯在（《神学大全》）第二集第二部第49节中为此提供了解释。他说简单和精神性的涵义很容易从记忆中消失，除非与某种物质象征相关。"[3] 龙贝格的场景规则基于阿奎那对图留斯和亚里士多德的整合，他引用了托马斯·阿奎那对《论记忆与回忆》的评论。[4] 像龙贝格这样的多明我会修士以托马斯·阿奎那的理论为基础，是意料之中的事，但是认识到阿奎那与记忆传统有所关联这一点，并不局限于多明我会传统。托马索·加尔佐尼（Tommaso Garzoni）于1578年出版的《万友门廊》（*Piazza Universale*）是一本推广一般知识的书籍，其中一章有关记忆。在提到著名的记忆大师时，托马斯·阿奎那名列其中。[5] 在1592年出版的《智慧的财富》（*Plutosofia*）中，作者杰苏阿尔多（F. Gesualdo）在论及记忆时将西塞罗和圣托马斯并列。[6] 到了17世纪早期，有一本书，其拉丁语题目的英文译名就是《亚里士多德、西塞罗和托马斯·阿奎那论说的艺造记忆理论》。[7] 大约同时代，一位为艺造记忆辩护、驳斥攻击者的作者提醒读者关注西塞罗、亚里士多德和圣托马斯有关艺造记忆的论说，强调圣托马斯在《神学大全》第二集第二部第四十九节称艺造记忆为审慎的一部分。[8] 格拉塔罗洛（Gulielmo Gratarolo）也在其作品《记忆的城堡》（*The Castle of Memory*）中提到，托马斯·阿奎那建议在记忆中使用场景。这部作品的英译本于1562年由威廉·福尔伍德出版，[9] 1813年出版的《记忆的艺术》中引用了威廉·福尔伍德版的原话。[10]

由此可见，托马斯·阿奎那在记忆时代备受尊崇，直到19世纪初，仍然被人记颂。据我所知，现代托马斯·阿奎那派哲学家们对此只字不提。虽然论记忆术的学者都知道第二集第二部第四十九节是记忆历史中的一个重要文本，[11]但没有人对托马斯·阿奎那记忆规则所产生的影响的本质进行过严肃的研究。

大阿尔伯特和托马斯·阿奎那修改了记忆规则，他们将记忆作为审慎的一部分，其隆重推荐的结果如何？要研究这一点，我们得回溯至产生影响的源头。经院哲学派的记忆规则是在13世纪传播开来的，很快，它的影响达到了巅峰，到了14世纪仍然可以目睹其影响。在本章中我将提出两个问题：这一迅速形成的影响旋风的性质是什么？我们应该在何处探寻影响产生的效果？我不指望能够找到令人满意的结论，我能做的只是勾画出可能的答案，或可行的研究方向。或许我的有些观点听起来颇为大胆，实则是希望能抛砖引玉，至少可以激发人们的思考，尤其是对这一鲜少被重视的主题，即记忆术在意象形成过程中的作用。

经院哲学时代是知识增长的时代，也是记忆的时代，新的知识需要创造新的形象来记住。基督教教义的伟大主题和道德教诲基本不变，却变得更加复杂。特别是美德—邪恶的体系更加完备，定义更加严格，结构更加严谨。与早先更单纯的时代相比，道德之人要追寻美德，除了记住美德、远离邪恶，还有更多的东西需要铭记。

传道是多明我教会建立的主要目的，因此，教会修士们以布道的形式恢复了演说这一传统。演说在中世纪变形为布道，而艺造记忆的中世纪变形，想必主要被用来记住布道内容。

多明我教会经过努力将布道中的学识革新，其经院学者们则致力改造哲学和神学，双管齐下。大阿尔伯特和托马斯的《神学大全》提供了哲学和神学的抽象定义，并从伦理学角度进行了清晰的概念性陈述，例如对美德和邪恶加以区分和进一步的细分。但是，布道者更需要另一种"大全"，一本例子和象征[12]的《大全》，以便轻易地找到物质形式来包装布道的精神涵义，以此在听众灵魂和记忆中留下深刻印记。

这种布道的主要功用是谆谆教导信条，同时灌输一种严格的伦理观，其道德和邪恶的界定鲜明，两极对立，强调各人在来世会受到的奖赏或惩罚。[13]因此，演说家兼布道士需要记住的"事物"也具有这样的内在属性。

已知最早引用阿奎那记忆规则的正是一本给布道士使用的《象征例子大全》（*Summa of Similitudes*），由传道士会的乔万尼·达·圣·吉米亚诺（Giovanni di San Gimignano）写于14世纪早期。[14]虽然书中没有出现托马斯·阿奎那的名字，却简略引用了他的记忆规则：

有四件事可以帮人增强记忆：

第一，将想要记住的事物按照某种顺序排列；
第二，对这些事物保持热情执着；
第三，将它们简化成不寻常的象征；
第四，常常重复默想它们。[15]

第四章 将想象力作为一种责任

我们必须清楚地指出一个不同之处。圣·吉米亚诺精心为布道士可能需要处理的所有"事物"提供象征的样本,从某种意义上说,整本书都建筑在记忆原则之上。因为根据记忆原则,不寻常的象征比单纯的精神涵义更好记,所以要使人们牢记,布道士就得在宣讲中使用不寻常的象征,将精神涵义包裹在这种相似物里。但是,在布道时使用的象征,严格地说,不同于艺造记忆中使用的象征。艺造记忆中的形象是看不见摸不着的,深藏在使用者的记忆中。当然,这些藏在暗处的记忆形象反过来也可以成为外化形象的创造力。

第二个引用托马斯·阿奎那记忆规则的是巴尔托洛梅奥·达·孔高略(Bartolomeo da San Concordio,1262～1347年),他年轻时就加入了多明我会,人生的大部分时间在比萨的修士会度过,因编写了一本法律概论而闻名于世,但我们最感兴趣的则是他的《古训》(Ammaestramenti degli antichi),[16] 或者说有关道德生活的"古人的教诲"。这本书写于14世纪早期,1323年以前,[17] 其行文结构是先提出一条说教,然后引用一系列古人和教父的话来佐证。虽然这给他的论述带来了一种随意松散的风格且几乎具有早期人文主义的特色,但其根基仍是经院哲学。巴尔托洛梅奥跟从图留斯《论发明》伦理观的指领,行走在亚里士多德伦理观的道路上,采用大阿尔伯特和托马斯·阿奎那的方式进行这种说教。他引用的理论中一部分有关记忆,另一部分有关记忆术;紧接的章节大体上是有关理解和远见,可见,这位虔诚的多明我会作者也认为记忆是审慎的一部分。

由此,我们得到一个印象:对艺造记忆的热情正在多明我会中传播,这位博学的修士几乎可以说是这股热潮的源头。他的八条记忆规则主要根据托马斯·阿奎那的理论，借鉴了《神学大全》第二集第二部第四十九节，也采纳了托马斯·阿奎那对《论记忆与回忆》的评述。他没有称呼其为圣托马斯，也就证明这本书是成于1323年之前，那时托马斯·阿奎那尚未被封为圣人。下文是我翻译的巴尔托洛梅奥的规则，仍保留意大利文出处：

[论顺序]

亚里士多德论记忆（Aristotle in libro memoria）：本身有顺序的事物容易记住。有关这一点，托马斯·阿奎那评论说：我们更容易记住井然有序的东西，没有秩序的东西则不容易记住。因此，一个人若希望记住东西，他就得学习将这些东西按顺序排列。

托马斯·阿奎那的第二集第二部（nella seconda della seconda）：一个人希望在记忆中保留东西，则有必要考虑如何将它们排列有序，以便从一个事物忆到另一个。

[论象征]

托马斯的第二集第二部（Tommaso nella seconda della seconda）：一个人希望记住东西，则应该采用容易获取的象征，但不要太普通，因为我们对不寻常的事物更感兴趣，思想更容易被它们强烈感动。

托马斯的同一作品（Tommaso quivi medesimo）：[场景]找到形象对记忆既有用又必要，因为纯粹和精神的涵义会从记忆中消失，除非它们与物质象征相联。

图留斯第二修辞学的第三部分（Tullio nel terzo nuova Rettorica）：对于那些我们希望记住的事情，应该在场景里放置形象和象征。图留斯更深入地说，场景就像写字板或纸张，形象就像字母，放置形象就像书写，说话就像朗读。[18]

显然，巴尔托洛梅奥很清楚托马斯·阿奎那推崇记忆的顺序是基于亚里士多德的思想，他推崇使用形象和象征，是基于《献给赫伦尼》——"图留斯第二修辞学第三部"的阐述。

作为巴尔托洛梅奥伦理著作的虔诚读者，我们又被期望做什么呢？该著作依照经院哲学派的风格，安排秩序井然，有章有节。我们是不是应该审慎地使用艺造记忆，按顺序记住作品所涵盖的"事物"以及书中寻求美德、远离邪恶的精神涵义？我们是不是应该发挥想象，为"事物"构建物质的象征，如公正及其分支或是审慎及其组成要素？还有那些应该远离的"事物"，例如不公正、不忠实等恶习？这一任务不容易，因为我们生活在新时代，发现了更多古代的教诲，使原来的美德—邪恶系统变得更为复杂。然而用古代记忆术记住这些教诲是我们义不容辞的责任。那么，如果我们在记忆中构成物质象征，将古人和先贤们的教诲书写其上或其附近，或许会更容易记住它们。

一般来说，巴尔托洛梅奥所收集的古人道德教诲很适宜背诵记忆，这可以由两个15世纪的手抄本证实。[19] 两个抄本都将巴尔托洛梅奥的论作与《艺造记忆专著》（*Trattato della memoria artificiale*）相联系。后者还被摘入了《古训》的印刷版本，并被假定为巴尔托洛梅奥本人所著。[20] 当然这个假设是不成立的，因为《艺造记忆专著》并非独立原创著作，而是《献给赫伦尼》中有关记忆部分的意大利译本，它很可能是从13世纪博内·詹博尼（Bone Giamboni）译成意大利文的修辞学中抽离出来的。[21] 在这个译本中，以"修辞之花"（"Fiore di Rettorica"）为标题的记忆部分被放在作品的结尾，所以很容易独立成章。这种结构安排也许是受了彭冈巴诺的影响，他认为记忆不只属于修辞学，而是适用所有的科目。[22] 因此将记忆部分放在修辞学译本的末尾，易于利用，其他科目都可以取用，例如伦理学是对美德与邪恶的记忆。于是，詹博尼翻译的《献给赫伦尼》中的记忆相关部分就这样单独流传开来，[23] 成为记忆术专著的来源。

《古训》写就于较早的时期，用俗语书写成为其引人注目的特征。博学的多明我会修士为何用意大利文来表达他伦理学上的半经院哲学式论述？想必因为这是写给普通教徒看的，也就是那些很虔诚但不懂拉丁文又很想聆听古人道德教诲的人，并且神职人员也不是其写作对象，因此与《古训》并列相连的图留斯的著作也被翻译成意大利俗语。[24] 从此，艺造记忆开始进入俗世，被推荐给普通教徒做祈祷之用。这与大阿尔伯特的想法吻合，当初他首肯图留斯的记忆术时曾得意洋洋地总结道，艺造记忆既适用"有道德的人，也适用演讲者"。[25] 不仅布道士会使用它，而且任何被传道所感动、不惜一切以避免坠入邪恶的地狱、神往美德、希翼到达天界的"有道德的人"都会使用它。

《生活之玫瑰》（*Rosaio della vita*）是又一部主张人们使用艺造记忆的伦理学论著，这本书也使用意大利文，写于1373年，[26] 作者很可能是马提奥·迪·科西尼（Matteo de' Corsini）。书以神秘占星术开篇，其内容主要由美德和恶习的冗长列表组成，附带简短的定义。其中混杂了选自亚里士多德、图留斯、早期基督教教父和《圣经》等各种来源的"事物"。我随意列举几样：智慧、审慎、知识、轻信、友谊、诉讼、战争、和平、自豪、自

- 114 -

第四章 将想象力作为一种责任

负。《生活之玫瑰》必须与《艺造记忆术》配套使用,后者的卷首语便是"既然我们已提供了阅读的书,剩下的便是在脑袋中记住它们。"[27] 所谓"阅读的书"是指《生活之玫瑰》,后来在记忆规则的文本中直接提到了书名,表明记忆规则在这儿是用来记住各种美德和恶习的。

此处,艺造记忆术被用来记住《生活之玫瑰》中所列出的美德和恶习,它紧密追随《献给赫伦尼》的论点,但也有所扩展。作者称在乡村所记住的是"自然场景",例如田野中的树;在建筑物内所记住的是"人造场景",例如书房、窗户、箱子等。[28] 这表明他对助记术所使用的场景是有一些真知灼见的,不过,在这里使用艺造记忆来记住场景中的物质象征,目的是培养道德和虔诚。

《生活之玫瑰》与《古训》之间可能存在某种联系;前者几乎可以算是后者的节略和简化版。两部手抄本都互相提及与其相关的记忆规则。[29]

我们完全想象得出,普通教徒如何竭力依靠艺造记忆记住这两部意大利文伦理学著作的内容。这让我们看到一种可能性:在意象构建完成之后,很多人的想象和记忆仍在积极地活动。由此,艺造记忆开始成为一种对普通教徒的信仰训练,受到修士们的鼓励和推荐。可以想见,在那些虔诚而又具艺术天赋的信徒人的记忆中,为了记住新的、熟知的以及不寻常的美德与恶习,曾展示过多少异常而鲜明的形象啊!既然记忆术创造出如此丰富的形象,想必这些形象也会流溢入富有创造性的艺术作品和文学作品中。

虽然我们必须记住,正常艺术中的外化视觉形象不同于记忆中无形的图画，其实，单是外化这一点，便足以说明两者的差别。但是从记忆的角度来看14世纪初的一些艺术作品，可以让我们得到一种崭新的体验。例如，锡耶纳政府大厅里悬挂的意大利画家洛伦泽蒂（Ambrogio Lorenzetti）的《好政府与坏政府的寓言》（1337年和1340年间受委托制作），画中有一排道德高尚的人物形象。[30] 左边坐的是公正以及呈现其各要素的附属人物形象，构成一个综合的记忆形象。右边的沙发上坐着和平（以及坚韧、审慎、宽宏大量、节制）。在表示负面涵义的一边，头上长角魔鬼似的暴虐旁坐着象征暴虐恶习的丑陋形象，而战争、贪婪、骄傲和自负则像蝙蝠一样盘旋在这群丑恶形象的上方。

当然，这样的形象有很复杂的来源，研究的方法也多种多样，比如偶像学家、历史学家和艺术历史学家都有各自的见解。我想试着提出另一种角度：这幅画像体现的是关于正义与不公的论辩，各个论点穿着物质象征的外衣，按照顺序被展示出来。如果把它想象成托马斯·阿奎那式的艺造记忆在为道德"古训"创造物质象征，不是能赋予这幅画更多的涵义吗？那些形象异常美丽，头戴皇冠、衣着华丽，或异常丑陋、奇形怪状，在中世纪统统被道德化，冠上美德或邪恶之名，成为表达精神涵义的象征。这些形象背后是否隐藏了为恢复古典记忆形式及其生动形象而作出的努力呢？

我现在要做一件更大胆的事：请读者以记忆艺术的眼光看那些被艺术历史学家当作神圣不可侵犯的人物形象——帕多瓦的阿雷纳教堂里乔托（Giotto di Bondone）的画作《美德与邪恶》（大约是1306年间的作品）（见pl.4）。这些人物形象的盛名完全当之无愧，因为在伟大艺术家的笔下，他们多姿多态，栩栩如

pl.3 《好政府和坏政府的寓言》
  安布罗乔·洛伦泽蒂壁画（部分），锡耶纳市共和宫帕切厅。

pl.4a　左图是仁慈（Charity）。
pl.4b　右图是妒忌（Envy）。
　　　 乔托壁画，帕多瓦的阿雷纳大教堂。

第四章 将想象力作为一种责任

生；更妙的是，画家将二维的画面创造出三维的深度幻觉，让形象更为鲜明夺目，这在当时是非常新颖的表现形式。我认为在这两点上，记忆都功不可没。

图留斯说过，每个人都必须为自己构造记忆形象，这种努力促进了多样化和独特的创造发明。经院哲学对艺造记忆的强调，让人们重拾《献给赫伦尼》，对一个天才的艺术家来说，其推崇形象的戏剧性特征尤其有吸引力，乔托在画中显露的正是这种特征，例如"仁慈"（pl.4a）那迷人的美丽与举止，或"不忠"的疯狂手势。奇怪荒诞在记忆形象中很有用，这一点同样体现在画中的"愚蠢"和"妒忌"（pl.4b）上。而赏画人产生的纵深幻觉则有赖于画家将形象精细地放置在背景中，用助记术的语言来说，就是把它们放在场景中。在《献给赫伦尼》中，古典记忆最鲜明特征之一，就是用心良苦地使形象在场景中引人注意，具体到对空间、深度和光线感的规定，例如场景不能太暗，否则形象会被隐匿；也不能太亮，否则耀眼的光会使形象模糊不清。古典记忆还指示人们，事物的摆放不能太规律，不过托马斯·阿奎那已将这条稍作调整，他比较强调记忆的井然有序，就像我们看到乔托的画被整齐地挂在墙上。相对的，乔托对场景的多样性有自己独到的诠释，他为形象选择了各不相同的背景。我认为，他不遗余力地使那些人物形象在精心变化的场景中光彩夺目，是因为他相信这样才是对古典建议的遵从，才是在创造刻骨铭心的形象。

彭冈巴诺在他的修辞学中关于记忆的部分中再三强调，**我们必须坚持不懈地牢记天界无形的欢乐和地狱无尽的折磨**。他列出美德和邪恶的览表，"作为记忆的提示，时常在回忆的道路上引导我们自己"。[31]阿雷纳教堂两边的墙上画着美德与邪恶，衬托着正面墙上的末日审判图，占据整个建筑的中心地位。在修士们及其传道所唤起的强烈氛围中，美德与邪恶的形象具有重大的意义，记住它们，及时接受警告，是生死攸关的大事，确实大有必要遵照艺造记忆的规则为它们创造难以忘怀的形象。更准确地说，根据托马斯·阿奎那所理解的艺造记忆的目的，必须为它们创造充满精神涵义的物质象征，让人铭记在心。

乔托画笔下的形象丰富多样、充满活力、具有强烈的精神，并且以一种全新的方式从背景下凸显出来，所有这些卓越和独创的特性，可能都得归功于经院哲学的艺造记忆及其对艺造记忆作为审慎一部分的大力推行。

如彭冈巴诺所强调的，经院哲学派认为艺造记忆的宗旨是记住天界和地狱，这就解释了为什么后来经院哲学传统中有关记忆的论述常常包含对天界与地狱的记忆，以及这些场景的艺造记忆示意图。我在下一章将给出具体例子及其示意图。[32]鉴于我们现在讨论的时代，此处我必须提及德国多明我会教士约翰尼斯·龙贝格有关这一题目的论说。如前所述，龙贝格的记忆规则以托马斯·阿奎那的记忆规则为基础，况且作为一位多明我会教士，他自然属于托马斯·阿奎那式的记忆传统。

在《艺造记忆汇编》（*Congestorium artificiose memorie*，1520年第一版）中，龙贝格介绍了对天界、炼狱和地狱的记忆。他说，地狱分为很多场景，我们根据下面的文字记住它们。

> 正统宗教认为惩罚应以罪量刑，这边，骄傲的人被钉在十字架上……那边，贪婪、愤怒、懒惰、嫉妒、奢侈的人

第四章 将想象力作为一种责任

则分别受着硫磺、火、沥青等等的煎熬。[33]

这就提出了一个新观念，即根据所惩罚罪行的性质不同，地狱里的场景也各异，不同的地狱场景可以被看作形形色色的记忆场景。各场景的鲜明形象自然就是受罚之人的形象。现在让我们用记忆的眼光来看多明我会的新圣玛丽亚教堂里一幅14世纪的壁画（pl.9a）。画中的地狱被分成数个场景，每个场景都有文字标示（正如龙贝格建议的那样），说明其惩罚的罪行，场景里呈现正在该场景受罚者的形象。如果我们在记忆中反映出这幅画像，以此作为一种警醒，是否就是在实践中世纪所谓的艺造记忆？我相信答案是肯定的。

当卢多维科·多尔切（Ludovico Dolce）将龙贝格的论著翻译成意大利文（1562年出版）时，他对龙贝格有关地狱各场景的论述作了少许拓展：

> 有关这一点（记住地狱的各个场景），维吉尔和但丁绝妙的创作对我们会很有帮助，因为他们精确地根据罪行的性质区分惩罚。[34]

但丁的《地狱》可以被视为一种按照场景顺序、用鲜明突出的形象来记住地狱及其惩罚内容的记忆体系，这是我们始料未及的。对此我只能点到为止，因为从这个角度来理解但丁的诗歌，可能需要花费一整本书的篇幅。这种研究角度绝不简单，但也不是不可能。如果我们想象这首诗的结构按照地狱、炼狱和天界里的场景秩序布局，将这首诗理解为一个宇宙场景秩序，那么在这个秩序中,地狱是天界的对立面,诗歌就如同一个象征和寓言的大全,在宇宙间有序地呈现出来。如果在诸多象征中,人们将审慎视为诗歌的主题,[35]诗歌的三个部分就可以分别被看作:记忆——记住邪恶和地狱的惩罚、理解——在当前忏悔并获得美德、远见——向往天界。按照这种阐释,中世纪所理解的艺造记忆原理会激发大量象征被强烈形象化,因为人们需要尽可能地在脑中记住拯救灵魂的方法,记住有关美德与邪恶、回报与惩罚的复杂网络。这是具有审慎美德的人正在努力实践记忆是审慎的一部分。

因此《神曲》被从抽象汇总转换成象征和例子的集合,在这个最典型的例子中,记忆就是转换力,是抽象与形象之间的桥梁。这种转换还有另一个作用:即《圣经》也使用诗歌比喻,以便在物质象征下讨论精神的东西,托马斯·阿奎那在《神学大全》中也是如此解释物质象征被用在记忆之外的原因。如果我们将但丁式的记忆术当作一种与神秘的修辞学相连的神秘艺术,图留斯提出的形象便会变成精神事物的如诗般的比喻。并且我们可能还记得,彭冈巴诺在他的神秘修辞学中曾说过,比喻是在伊甸园里创造的。

这些有关虔诚地使用艺造记忆可以激发艺术和文学创作的观点,但仍然无法解释中世纪艺术是如何被当作一般意义上的助记术的。例如,布道师如何通过艺造记忆来记住一篇讲道的要点?或是一个学者如何使用艺造记忆记住他希望记住的文本?贝丽尔·史玛雷(Beryl Smalley)在研究14世纪的修道士时就对此展开过深入研究,[36]她注意到约翰·李德维尔(John Ridevall,圣方济各会教士)和罗伯特·霍尔科特(Robert Holcot,多明我会

第四章 将想象力作为一种责任

教士）的著作中有一个奇怪的特征，即他们详细描绘"图画"，将之用于记忆而非表述。这些不具形的"图画"为我们提供了无形的记忆形象的样本，将它们记在脑子里不是为了将其外化，而是有相当实际的助记目的。

例如，李德维尔描绘了一个妓女的形象，她双目失明，两耳伤残，脸部畸形，浑身是病，带着一个喇叭宣告其身份（她是罪犯）。[37]他将这称作"诗人笔下的偶像崇拜图像"。这一形象没有已知的来源，史玛雷女士认为是李德维尔自己创造的。毫无疑问，他创造这样的记忆形象是依据形象必须丑陋可怕的规则，以此来提醒偶像崇拜罪的要点：偶像崇拜被描画成一个娼妓，因为偶像崇拜者离开了真正的上帝，与偶像私通；她眼瞎耳聋，因为偶像崇拜产自谄媚，而谄媚使人盲目失聪；她被宣告为一个罪犯，因为作恶者企图通过崇拜偶像得到宽恕；她的脸丑陋又悲伤，因为偶像崇拜的起因之一是极度悲伤；她疾病缠身，因为偶像崇拜是一种无节制的爱。一首助记诗归纳了这个形象的特征：

一个名女人，两眼露伤神，
耳朵缺一只，喇叭嘟嘟响，
满脸尽疤痕，疾病缠满身。

这显然是一个记忆形象，通过鲜明生动的设计来激发记忆，仅仅是为了以隐蔽的形态保存在记忆中（助记诗帮助这种记忆的进行），这一形象被用于真正的助记目的，提醒有关偶像崇拜的布道要点。

这幅偶像崇拜的"图画"来自李德维尔的《福琴斯的比喻》

(*Fulgentius metaforalis*)序言，这本书将福琴斯神话道德化后给传道士使用。[38] 虽然它广为人知，但是我不确定我们是否完全懂得传道士们将如何使用这些没有图示的异教神"图像"。[39] 书中描绘的第一个形象是土星萨杜恩（Saturn），据说土星萨杜恩代表审慎的美德，这也间接表明了这些形象属于中世纪的艺造记忆；紧随其后的分别是代表记忆的天后朱诺（Juno）、代表智慧的海神尼普敦（Neptune）、代表远见的冥王普路托（Pluto）。读到这里，我们应该很清楚，如果记忆被认作审慎的一部分，也就证明了把艺造记忆当作伦理责任来使用是再正当不过的。大阿尔伯特教导我们，诗歌比喻，包括异教神的神话故事，都可以因为它们的感人力量而被用在记忆中。[40] 因此我们得出结论，李德维尔描绘"图像"是为了指示布道师如何在讲道时使用众神"感人的"内在记忆形象，以便记住有关美德与邪恶以及它们的要素。同偶像崇拜的形象一样，每个形象在书中都由助记诗精心描绘出需要记住的相关属性和特征。我认为，助记诗不仅是用来举例辅证有关美德的话语要点，更确切地说，是用来帮助记忆要点本身。

霍尔科特的《道德规范实例》（*Moralitates*）是一个供布道师们参考使用的材料集，里面用了大量的"画像"技巧。人们试图发掘这些"画像"的来源，不过都以失败告终。这不足为奇，因为和李德维尔的图像一样，这些本来就是原创的记忆形象，只是霍尔科特给这些形象包裹上了一层被史玛雷女士称作"假古董"的韵味，比如悔罪的"图像"：

据瑞密斯（Remigius）说，这是维丝塔（Vesta）女神的祭司们画的悔罪的形象。悔罪以前被画成一名男子,全身赤裸,手里拿着一个五梢的鞭子。鞭子上写着五首诗或是五句话。[41]

接着作者写下了刻印在鞭子上面的文字,在形象上或其周围使用文字是霍尔科特的惯用手法。例如,友谊的"画像"是一名身穿绿衣的少年,画上和周围有关于友谊的文字。[42]

《道德规范实例》抄本中没有图示,这也说明"画像"的目的并非外部表述,它们是非具象的记忆形象。不过也有例外,萨克斯尔在两个15世纪的抄本中发现了霍尔科特的一些画像,包括悔罪的画像(pl.5c)。[43]悔罪手持的鞭子上面有文字。形象上附带文字的技巧在中世纪抄本中是比较常见的,问题是,悔罪是非具象的记忆形象,本不该被具体地画出来。我猜测,可能是因为中世纪把"字词记忆"理解为记住放在或写在记忆形象上的字词和句子。

霍尔科特描述了记忆形象的另一个奇怪的使用方法。他在脑中想象着将形象放在《圣经》的书页上,提醒自己如何评论该段文本。比如,在关于先知何西阿的一页上,他想了一个偶像崇拜的人物形象(这是从李德维尔那儿借用过来的),用来提醒自己如何扩展何西阿有关偶像崇拜罪的论说。[44]他甚至在先知的文本上放一个带着弓箭的丘比特像。[45]爱神以及他的属性早已被教士们道德化,于是,这个"感人的"异教形象被用作一个记忆形象对经文进行道德化拓展。

如大阿尔伯特所允许的那样,这些英国教士更乐意用诗人的传说故事作为记忆形象,可以说,异教形象在中世纪得以幸存,

THE ART OF MEMORY

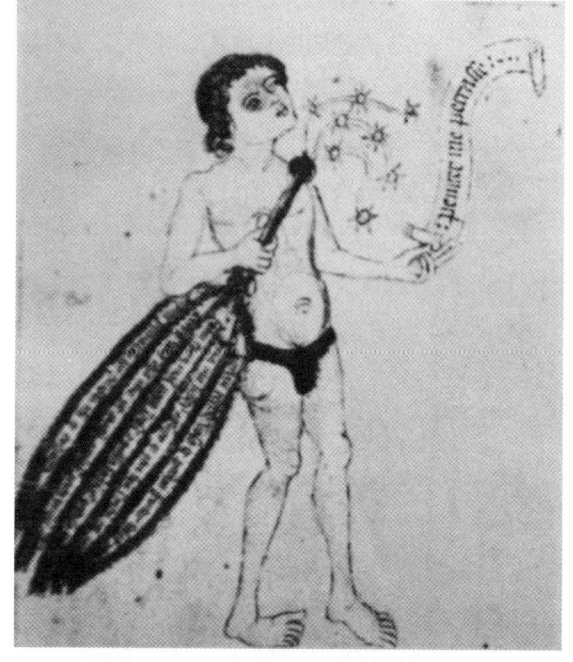

pl.5a　左上图是节制、审慎（Temperance, Prudence）。
pl.5b　右上图公正、坚韧（Justice, Fortitude）。
　　　　来自一本14世纪的意大利抄本，维也纳国家图书馆（MS. 2639）
pl.5c　下图是忏悔（Penance）。
　　　　来自一本15世纪德国抄本，罗马卡萨纳特图书馆（MS. 1404）。

第四章 将想象力作为一种责任

可能要感谢艺造记忆，虽然这一点迄今未得到人们的关注。

虽然示范了如何在文本上放置"图画"，但这些教士似乎没有表明该如何放置用于提示布道的综合记忆形象。不过如我在前文中所说，中世纪似乎修改了《献给赫伦尼》的场景规则。关于如何搁置形象，托马斯式规则的重点在于顺序，这一顺序实际上就是论点的顺序。只要材料是按照顺序排列的，我们就可以依序借由象征的排列来记住它们。因此要辨识托马斯·阿奎那式艺造记忆，我们不一定非要在以古典方式区分的场景中寻求人物形象，只要这些人物形象满足一点即可，即有规律地在场景中排列。

有一本14世纪早期的意大利抄本带有图示，其中代表三个神学美德和四个基本美德的形象坐成一排，胜利的美德俯视邪恶，邪恶蹲伏在美德面前；另外，七大人文技艺的形象也坐成一排，前面端坐着他们各自的代表。[46]尤利乌斯·冯·施洛瑟（Julius Von Schlosser）认为，这些代表美德和人文技艺的人物形象令人想起新圣玛丽亚教堂的壁画（pl.2），那幅赞美圣托马斯的壁画中也有一排神学科目和人文技艺的形象。本书复制的图示（pl.5a, b）是抄本中展示的四大基本美德的部分。有人用这些人物形象记住《神学大全》界定的美德。[47]画中，"审慎"拿着一个象征时间的圆圈，圈内写着托马斯·阿奎那界定的审慎美德的八个部分。"节制"的旁边是一棵构造复杂的树，树上写着《神学大全》中规定的节制的要素。坚韧的要素则写在"坚韧"的城堡上，"公正"手中的书含有对公正这一美德的定义。为了保存或记住所有繁复的材料，抄本把人物形象和他们的属性交代

pl.2 《托马斯·阿奎那的智慧》
安德烈亚·达·菲伦佐的壁画,佛罗伦萨新圣玛丽亚多明我会教堂。

第四章 将想象力作为一种责任

得清清楚楚。

研究偶像学的人会在这些微型像身上看到很多美德的常态属性。艺术史学家则会苦苦思索它们是否参照了一幅已经丢失的帕多瓦的壁画,又或许它们与新圣玛丽亚教堂的壁画里那排象征神学科目和人文技艺的形象之间存在某种关系。我认为可以把它们看作是记忆术中服饰华丽的生动形象。它们佩戴的皇冠本身自然象征美德战胜邪恶,而且这些皇冠如此巨大,想必也令人过目不忘。当我们看到,人们通过刻印的文字记住《神学大全》有关美德的部分(就像霍尔科特记住他记忆形象的鞭子上的文字一样)时,我们自问这些人物形象是否是类似托马斯·阿奎那式艺造记忆的事物?还是最接近个人的、无形的、内在的艺术的一种外部表述?

在广阔的记忆中,人物形象按序排列,他们分别代表了《神学大全》的分类和整个中世纪的知识百科(例如人文技艺),形象上还有相关的材料,这可能就是一些人非凡记忆力的基础。这种方法与塞浦西斯的麦阙多卢斯使用的方法大同小异,据说麦阙多卢斯在黄道带的形象上写下所有他想记住的东西。这种形象既是艺术性的、强有力的物质象征,能唤起精神涵义,同时也是真正的助记形象,为一些天生具有惊人的自然记忆力和强烈的内在视觉想象力的人所用,他们也可能一并使用其他记忆技巧,包括记住建筑中的不同场景。但是我们倾向于认为,托马斯·阿奎那式方法的基本规则还是依照精心准备的论辩顺序来记忆带有文字印记的形象。[48]

中世纪恢宏的内在记忆大教堂可能就是这样建成的。

讨论记忆从中世纪开始向文艺复兴的转变,我们应该从彼特拉克(Petrarch)开始。在记忆传统中,彼特拉克被当作艺造记忆的重要权威,不断被引用。多明我会教士龙贝格在他的记忆专著中引用托马斯·阿奎那的规则和构想,这不足为奇;但是令我们吃惊的是,彼特拉克也被作为一位权威提及,有时候甚至与托马斯·阿奎那相提并论。当讨论场景规则的时候,龙贝格提到彼特拉克警告说,场景的顺序不能被任何东西扰乱。在说到场景不能太大也不能太小、要与它们容纳的形象相称的规则时,他补充道,"被很多人当作模范"的彼特拉克说过,场景应该是中等大小。[49]有关应该运用多少场景,他说:

> 神圣的阿奎那在《神学大全》第二集第二部四十九节里建议使用多个场景,很多后来人都遵循这一建议,例如弗朗西斯克·彼特拉克……[50]

奇怪的是,托马斯·阿奎那在《神学大全》第二集第二部四十九节里并没有提到我们应该用多少个场景,而且,现存的彼特拉克的著作中也没有龙贝格所引用的包含场景细则的艺造记忆规则。

也许是受龙贝格《艺造记忆汇编》一书的影响,彼特拉克的名字在16世纪的记忆论述中不断被提到。杰苏阿尔多说:"在记忆问题上,龙贝格追随彼特拉克。"[51]格尔佐尼认为彼特拉克是著名的"记忆教授"之一。[52]亨利·科尼利厄斯·阿格里帕(Henry Cornelius Agrippa)在列举记忆术的古典文献后,将现代最高权威冠予彼特拉克。[53]在17世纪早期,兰贝特·申

第四章 将想象力作为一种责任

克尔（Lambert Schenkel）说记忆的艺术由彼特拉克"热心地恢复""勤奋地促进"。[54] 彼特拉克的名字甚至出现在狄德罗（Denis Diderot）的百科全书中有关记忆的词条下。[55]

彼特拉克一定在某个方面使他在讲究记忆的时代备受钦佩，却被现代学者忽略了，就像现代人忽视托马斯·阿奎那的记忆论述一样。彼特拉克的著作中究竟有什么内容值得后人屡屡提及呢？当然，他所写的记忆术论文可能没有完整地流传下来？然而，这种假设是不必要的，我们完全可以在他现存的著作中找到来源，问题出在我们没有按照应有的方式去阅读、理解和记忆它们。

彼特拉克很可能在大约1343至1345年写过一本书，叫作《铭心之事物》（*Rerum Memorandarum Libri*），这书名一目了然。在随后的历史中，当审慎及其三个部分——记忆、理解和远见被当作要记住的主要事物被提出时，研究艺造记忆的人便会意识到这本书讨论的是他们熟悉的事物。这部著作建构在西塞罗《论发明》中对审慎、公正、坚韧、节制的定义基础之上，但只完成了原计划的一小部分。[56] 书的开始部分是"美德的前奏"——闲逸、独处、思索和教义。其后是审慎及其要素，这部分一开始便讨论记忆。公正和坚韧的部分缺失，也可能从来就没写成过；有关节制的部分，只保留了其要素之一的片断。有关美德的章节后面大概会出现有关邪恶的章节。

我相信从未有人注意到这部著作与巴尔托洛梅奥的《古训》极为相似。《古训》开篇也是"美德的前奏"，然后，散漫而全面地重复了西塞罗的美德观，再讨论邪恶。如果彼特拉克完成了他的著作，想必结构也会如此。

两书还有一个相似之处，其意义更为重大，即巴尔托洛梅奥和彼特拉克都在谈记忆时提到艺造记忆。如我们所见，巴尔托洛梅奥在记忆的题目下提出托马斯·阿奎那的记忆规则。彼特拉克则是通过介绍古代以记忆力闻名的人及其与古典记忆术的联系来讨论这门技艺的。他所写有关卢库勒斯（Lucullus）和赫尔顿西乌斯的段落是这样开始的："记忆分两种，一种记忆事物，一种记忆词语。"[57]他说到年老的政治家塞内加能够将记住的东西倒背如流，并重复塞内加的评论，说拉特罗·波尔蒂乌（Latro Portius）的记忆"天赋和技巧都好"。[58]写到塞米斯托克利斯的记忆时，他重复了西塞罗在《论演说家》中塞米斯托克利斯（Themistocles）因为天生记忆力太好而拒绝学习"艺造记忆"的故事。[59]彼特拉克当然知道西塞罗是不赞赏塞米斯托克利斯的，因为西塞罗描绘的是自己如何运用艺造记忆。

我认为彼特拉克在论述审慎和其他美德时，把艺造记忆抬高并列为"铭心之事物"已经足以让他跻身记忆传统，[60]也足以将《铭心之事物》归入讨论记忆的伦理论文，就像《古训》一样。这很可能也是彼特拉克的意图。彼特拉克使用了《献给赫伦尼》有关艺造记忆的论说以及《论演说家》的论点，使他的著作带有人文主义风格。尽管如此，这部作品仍直接受经院哲学的影响，将艺造记忆视为审慎的一个部分。

若要为审慎以及其要素选择物质象征，那么在彼特拉克的记忆中，无形的"图画"会是什么样子呢？如果他出于对古人的强烈崇拜而选择异教徒的形象，因为对古典的热情而选择那些非常"感动"他的形象，那么他肯定会得到大阿尔伯特权威理论的支持。

第四章 将想象力作为一种责任

我们不禁想象,美德是否曾乘坐双轮战车奔驰过彼特拉克的脑海?美德的各个典范列队是否紧随其后,就像名作《凯旋》(Trionfi)所画的那样?

正如我在本章开头所说,本章对中世纪记忆的回顾只是一个庞大课题的局部和非结论性的探索,只是为他人的进一步探讨提供一些线索,而非一个终极的结束。我想要阐明的主题是记忆术与意象形成的关系。这一内在艺术鼓励将想象力作为一种责任来运用,想必是启发意象创造的一个主要因素。记忆是否能解释中世纪的人为何喜爱奇异独特的形象?在抄本上和所有中世纪艺术作品中,都可以看到奇怪的人物形象,这是否证明了中世纪的人在记忆时遵循了古典规则,因此他们是在创造令人难忘的形象而非披露受折磨的心理?13至14世纪新意象的大量出现是否与经院哲学重新强调记忆有关?本章试图说明这些问题的答案是肯定的,这正是当时的实际情况。研究记忆术的历史学家无法绕开乔托、但丁和彼特拉克,想必也能证明此课题极为重要。

虽然本书关注的重点是记忆术较晚时期的历史,但是强调记忆术在中世纪的发展历程也很有必要。记忆术的深刻源渊在于它的古老。它从那些幽深的神秘源头,带着中世纪宗教热情与助记细节奇怪融合的刻印,留传给后来人。

注释：

1 雅各布·拉贡(Jacopo Ragone)《艺造记忆规则》(*Artificialis memoriae regulae*)，写于1434年。摘自大英博物馆手抄本，增补10438，第2张反面。

2 雅各布斯·普布里奇(Jacobus Publicius)《演讲艺术小结》(*Oratoriae artis epitome*)，威尼斯，1482年和1485年；1485年版，G册第4张正面。

3 龙贝格(J. Romberch)《艺造记忆汇编》(*Congestorium artificiosa memorie*)，编，威尼斯，1533年，8。

4 同上，16等。

5 托马索·加尔佐尼(T. Garzoni)《万友门廊》(*Piazza universale*)，威尼斯，1578年。

6 杰苏阿尔多(F. Gesualdo)《智慧的财富》(*Plutosofia*)1592年，16。

7 约翰尼斯·帕坡(Johannes Paepp)《亚里士多德、西塞罗和托马斯·阿奎那的艺造记忆理论》(*Aritificiosae memoriae fundamenta ex Aristotele, Cicerone, Thomae Aquinatae, aliisque praestantissimis doctoribus*)，里昂，1619年。

8 兰贝特·申克尔(Lambert Schenkel)《宝库》(*Gazophylacium*)，Strasburg，1610年，5，38等等；(法语版)《科学杂志》(*Le Magazin de Sciences*)，巴黎，1623年，180，等。

9 威廉·福尔伍德(W. Fulwood)《记忆的城堡》(*The Castel of Memorie*)，伦敦，1562年，Gv册，第3张正面。

10 格力格·冯·菲奈格尔(Gregor von Feinaigle)《记忆的新艺术》(*The New Art of Memory*)，第三版，伦敦，1813年，206。

11 例如哈伊杜的《中世纪的助记术论述》(*Das mnemotechnische Schrifttum des Mittelalters*)，维也纳，阿姆斯特丹，莱比锡，1936年，68–69；保罗·罗西的《普世之钥》(*Clavis Universalis*)，Milan–Naples，1960年，12及下一页，讨论了大阿尔伯特和托马斯在《神学大全》以及对亚里士多德的评论中有关记忆的论述，但是他没有讨论生动形象的问题，也没有提出这些在中世纪是如何解读的问题。

12 有很多为传道者所用的类似文本被汇编成册；见J.T.维尔特(J.T. Welter)《中世纪宗教和说教文学的例子》(*L'exemplum dans la litterature religieuse et didactique du Moyen Age*)，巴黎–图卢兹，1927年。

13 见G.R.欧斯特(G.R. Owst)《中世纪英国的讲道》(*Preaching in Mediaeval England*)，剑桥，1926年。

14 见A.唐戴恩(A. Dondaine)"让·德·桑·吉米纳诺的生平与著述"，《传道修士档案》('la vie et les oeuvres de Jean de San Gimignano', *Archivum Fratrum*

第四章 将想象力作为一种责任

Praedicatorum),II(1939年),164。这部著作成书一定晚于1298年,并可能早于1314年,在当时声名大噪(同上,160-161)。

15 乔瓦尼·达·圣·吉米亚诺(Giovanni di San Gimignano)《相似物例子大全》(*Summa de exemplis ac similitudinibus rerum*),第VI卷,第xlii章。

16 我用的是米兰版,1808年。第一版是1585年在佛罗伦萨出版的。佛罗伦萨版,1734年,由库路斯卡学院的D.M.曼尼(D.M. Manni)编辑,该版本影响了后来的版本,见注释20。

17 几乎和桑·吉米纳诺的《大全》同时代,不晚于《大全》。

18 巴尔托洛梅奥·圣·孔高略(Bartolomeo da San Concordio)《古训》(*Ammaestramenti degli antichi*),IX,viii(版本如前,85-86)。

19 J.I.47和Pal.54,都在佛罗伦萨国家图书馆。参阅罗西的《普世之钥》16-17,271-275。

20 曼尼1734年第一次将《艺造记忆专著》和《古训》合集出版,后来的编辑重复他的错误,他们假定《艺造记忆专著》是巴尔托洛梅奥写的,在后来的版本中都被放在《古训》后面(在米兰版中,1808年,在343-356)。

21 《论构思》和《献给赫伦尼》这两本修辞学论述都属于最早被翻译成意大利文的古典著作。但丁的老师布鲁乃托·拉提尼(Brunetto Latini)用比较自由的方式翻译了第一修辞学《论构思》。1254及1266年,由波伦亚的格伊多托(Guidotto)出了一个第二修辞学《献给赫伦尼》的译本,题目是《修辞之花》(*Fiore di Rettorica*)。此版本没有收录关于记忆的部分。但是另一个翻译版本,也叫做《修辞之花》,几乎在同时期完成,由波诺·吉亚姆波尼翻译,该版本包括记忆的部分,放在书的最后一部分。

有关两个修辞学的意大利文翻译,见F.马吉尼(F. Maggini)的《拉丁经典的通俗语化》(*I primi volgarizzamenti dei classici latini*),佛罗伦萨,1952年。

22 这是我的建议。但是一般公认波伦亚的书令流派对早期修辞学的翻译有一定影响;见马吉尼,前面的注,I。

23 可以在15世纪梵蒂冈手抄本Barb.Lat.3929,f.52找到,一个现代的错误注解将它归属于布鲁乃托·拉提尼。

人们对布鲁乃托·拉提尼和修辞学的翻译有很多误解。事实是,他以较自由的方式翻译了《论发明》,但并没有翻译过《献给赫伦尼》。他肯定了解艺造记忆,并在《宝藏》的第三本书中提到"艺造记忆":"通过圣贤的教诲学会的艺造记忆。"(布鲁乃托·拉提尼《宝藏之书》(*Li Livres dou Tresor*),F.J.卡莫迪(F.J. Carmody)编,伯克利,1948年,321)

24 这种联系仅在15世纪的两个手抄本中出现过。《古训》最早的手抄本(国家图书馆,II. II. 319,源于1342年)不包括《专著》(*Trattato*)。

25 同上，78。

26 马提奥·迪·科西尼(A. Matteo de' Corsini)《生活之玫瑰》(*Rosaio della vita*)，佛罗伦萨，1845年。

27 用来记住《生活之玫瑰》的《艺造记忆术》，由保罗·罗西印刷出版，《普世之钥》，272–275。

28 罗西《普世之钥》，272。

29 Pal.54和J.I. 47(内容一样，除了J.I. 47最后加上了圣伯纳德的一些作品)，目录如下：
    (1)《生活之玫瑰》
    (2)《艺造记忆专著》(即波诺·吉亚姆波尼(Bono Giamboni)翻译的《献给赫伦尼》)
    (3)《雅科伯恩·达·科迪生平》(*Jacopone da Todi*)
    (4)《古训》
    (5)《艺造记忆术》，从"因为我们已经为这本书装备了能够记在脑子里的能力"开始，后来提到《生活之玫瑰》是要记住的书。
    在其他手抄本中，《生活之玫瑰》在一个或两个有关记忆专著中都有，但是没有《古训》(例如，利卡迪阿讷[Riccardiana]，1157，1159)。
    另一部可能被认为与记忆相符的是布鲁乃托·拉提尼的《宝藏》的伦理部分。这奇怪的卷册的题目是《亚里士多德的伦理学，布鲁乃托·拉提尼简论》(*Ethica d'Aristotele, ridotta, in compendio da ser Brunetto Latini*)，由Jean de Tournes 1568年在里昂根据一本手抄本出版，此外的都已佚失。里面包含八个项目，包括：(1)伦理部分，是《宝藏》里伦理部分的意大利译文；(4)是一个片断，好像是在试图将伦理部分结束时谈到的邪恶变成形象；(7)《修辞之花》，即波诺·吉亚姆波尼翻译的《献给赫伦尼》，记忆部分在结尾，版本很不准确。

30 这幅画的意象，见N.鲁宾斯坦(N. Rubinstein)的"锡耶纳艺术中的政治观念"("Political Ideas in Sienese Art")，*Journal of the Warburg and Courtauld Institutes* XXI(1958)，198–227。

31 同上，第三章。

32 同下，第五章(Pl.7)。

33 约翰尼斯·龙贝格《艺造记忆汇编》，威尼斯，1533年，18。

34 鲁多维科·多尔切(L. Dolce)《讨论扩展或保持记忆方式的对话》(*Dialogo nel quale si ragiona del modo di accrescere et conserver la memoria*)(1562年第一版)，威尼斯版，1586年。

35 这可以根据桑吉米纳诺(San Gimignano)的《大全》提供的审慎相似物推论出。我希望发表一份研究，以这部著作作为对《神曲》(*Divine Comedy*)中意象

第四章 将想象力作为一种责任

的指导。

36 贝丽尔·史玛雷(Beryl Smalley)《英国托钵修士与14世纪初的古风》(*English Friars and Antiquity in the Early Fourteenth Century*),牛津,1960年。

37 贝丽尔·史玛雷《英国托钵修士》(*English Friars*)114—115。

38 约翰·李德维尔(J. Ridevall)《福琴斯的比喻》(*Fulgentius Metaforalis*)1926年。参阅J.塞兹奈克(J. Seznec)的《异教神的存留》(*The Survival of the Pagan Gods*),1953年,94—95。

39 尽管最终作品配了图示(见塞兹奈克,Pl.30),但这并不是作者的初衷(见史茉丽,121—123)。

40 同上,78。

41 史玛雷,165。

42 同上,174, 178—180。

43 F.塞克瑟尔(F.Saxl)"中世纪晚期的精神百科全书"('A Spiritual Encyclopaedia of the Later Middle ages'),*Journal of the Warburg and Courtauld Institutes*, V(1942年), 102, Pl.23a。

44 史玛雷,173—174。

45 同上,172。

46 维也纳国家图书馆,手抄本。有关这些微型画可能反映了帕多瓦一个没有存留下来的壁画,见尤利乌斯·冯·施洛瑟(Julius von Schlosser)"乔斯托在帕多瓦的壁画和政府房间的先驱",《最尊贵皇室历史艺术收藏年鉴》('Giusto's Fresken in Padua und die Vorlaufen der Stanza della Segnatura', *Jahrbuch der Kunsthistorischen Sammlungen der Allerhochsten Kaiserhauses*),XVII(1896年),19及20。它们与尚蒂伊(Chantilly)一本手抄本中美德和人文七艺助记诗的插图有联系(见L.多瑞《美德和科学之歌》[L. Dorez, *La canzone delle virtu e delle scienze*],贝加莫,1894年)。佛罗伦萨国家图书馆还有一本,II, I, 27。

47 施洛瑟指出那些图画上的文字说明的是《神学大全》里定义的美德的各个部分。

48 见前面,127—128。

49 龙贝格《汇编》27—28。

50 同上,19—20。

51 杰苏阿尔多《智慧的财富》,14。

52 格尔佐尼《万友门廊》,话题LX。

53 阿格里帕《论科学的自负》(*De vanitate scientiarum*),1530年,第10章"论记忆术"(De arte memorativa)。

54 兰贝特·申克尔《宝库》(*Gazophylacium*),斯特拉斯堡,1610年,27。

55 在狄殴达提(Diodati)给卢卡(Lucca)版的"记忆"(Memoire)的注中,卢卡版1767年,X,263。见罗西《普世之钥》,294。

56 彼特拉克(F. Petrarca)《铭心之事物》(*Rerum memorandarum libri*),佛罗伦萨,1943年,序,cxxiv–cxxx。

57 同上,44。

58 同上,45。

59 同上,60。

60 虽然在彼特拉克的著述中,这一本最明显地可以解释为是关于艺造记忆的著作,但他的其他著作也可能被这样解读。

第五章

记忆之神

前两章谈及的时代，有关艺造记忆的实际资料极少，而本章要讨论的15世纪和16世纪则正相反。如果不希望被太多细节淹没，我们必须在大量的记忆专著[1]中作一些挑选。

我在意大利、法国和英国的图书馆参阅了很多手抄本，其中最早论述记忆的手抄本来自15世纪。当然，有一些可能是更早的原文抄本。例如，坎特伯雷主教托马斯·布莱德沃尔丁（Thomas Bradwardine）的专著，现有15世纪的两个抄本存世，但是该书一定是作于14世纪，因为布莱德沃尔丁1349年就去世了。1482年，第一本印刷体的记忆专著横空出世，[2] 讨论这一主题的热度一直延续到整个16世纪至17世纪初。几乎所有的记忆专著，无论是手抄本还是印刷本，都是按照《献给赫伦尼》的结构——先场景规则，后形象规则等——写成。只是在阐释这些规则时有所差异罢了。

继承经院哲学派传统的专著，延续了前一章所研究的对艺造记忆的阐释。这类专著也描绘古典式的助记技巧，这些技巧比"物质象征"更呆板，几乎可以确定它们来自更早的中世纪。除了承袭经院派传统主流的记忆专著外，可能来自不同起源的其他种类的记忆专著也如雨后春笋般纷纷出现。在这一时期，记忆传统经历了重大变革，受到人文主义的影响而发展出了文艺复兴式的记忆术。

这是一个颇为棘手的论题，在把资料搜集完整并且分析整理完之前，是无法彻底解答疑问的。本章的目的是阐明记忆传统的复杂性，从中引出一些关于继承和变革的主题，对我来说，它们很重要。

有一种记忆专著可以被归入"德谟克利特"（Democritus）类型，这类专著认为记忆的发明者是德谟克利特，而非西蒙尼戴斯。在形象规则方面，他们不提《献给赫伦尼》中的鲜明人物形象，而专注于亚里士多德的联想规律。通常，托马斯·阿奎那也不在其考虑之列，其他系统阐述的规则也不会被引用。这类专著的一个典型，是圣方济会教士罗多维科·达·皮亚诺（Lodovico da Pirano）的专著，[3] 大约从1422年开始，他就在帕多瓦教书，懂一点希腊文。我推测，这种德谟克利特类的专著之所以会偏离中世纪的主要传统，可能是受到了15世纪大量拜占庭文化的影响。在拜占庭时期，艺造记忆是广为人知的，[4] 或许还与遗失的希腊传统有着联系。无论其来源于何处，在记忆传统的大汇集中，"德谟克利特"类的教诲都已经与其他种类融为了一体。

早期的记忆专著有一个特征，就是喜欢列出很长的物品清

第五章 记忆之神

单，常常以"祷文"开头，接着是熟悉的物品，例如砧、头盔、灯、三脚架，等等。罗多维科·达·皮亚诺就列了这样一个物品表，在以"尊敬的神父，艺造记忆术……"开头的论文中常常可以看到，表单的加入是为了建议阅读论文的神父在艺造记忆中使用这些物品。[5] 我认为它们就像预制的记忆形象，要放在一系列记忆场景中使用，几乎就是古老中世纪传统中的象征杂锦，据说这种列表是13世纪的彭冈巴诺提出的，他认为这对记忆有用。[6] 在龙贝格书中的插图里，也可以看到这种集合在发挥作用，先是一个大修道院和相关的建筑（pl.6a），陆续在院子、图书馆和小教堂里出现了需要记住的物品单（pl.6b）。根据《献给赫伦尼》中有关区分第五和第十个位置的指示，每五个位置用一只手标记，每十个位置就有一个十字架标记。显然这种间隔设置与人手的五根指头有关，即记忆沿着场景前进，放置在手指上的场景被一一勾消。

龙贝格的"物质象征"形象理论，全然承继了经院哲学派传统。他的论述蕴含比较机械的记忆方式——用记忆物品作为形象，说明人们在更早的时代就已经开始运用这种方法，并将其理解为艺造记忆，原理与更高层次地使用精神化人物形象一样。据龙贝格的描绘，这种在大教堂里得到实践的方法，完全就是古典助记术，不过可能主要用于背诵圣诗和祷词等宗教目的。

在经院派传统专著的手抄本中，有雅各布·拉贡[7]和多明我会教士维罗纳的马修[8]的论述。还有一篇很可能也是多明我会教士匿名写的论文[9]，非常庄重严肃地描绘了如何用艺造记忆记住整个宇宙的秩序以及通向天界和地狱的道路。[10] 这一论述的结构，与龙贝格在印刷本中讨论相似问题时的结构几乎一模一样，这一结构应该可以追溯到中世纪的手抄本传统。

无论是手抄本还是印刷本的记忆专著，都很少有插图说明，用于记忆的人物形象。想必这是根据《献给赫伦尼》的规定——学生必须依靠自己建构形象。15世纪中期，[11] 维也纳的一个手抄本成了例外，它粗糙地描画了一组记忆形象。福尔克曼复制了它们，并称其为"艺造记忆"，事实上，画中的最后一个形象上也的确写着："图留斯说，记忆术包括场景和形象。"[12] 但除此之外，他没有打算解释它们代表的意思或使用方式。这一系列人像的第一个是一位女士，大致可以肯定她代表审慎[13]，其他人物形象则很可能代表美德与邪恶。毫无疑问，根据规则，这些人物形象应该既有非常美丽的，也有十分丑陋的（其中之一是魔鬼）；不幸的是，艺术家把他们都画得很丑。但很明显，这些人物形象是用来帮助记忆通向天界和地狱的途径，因为画的中间是基督，地狱之门在他的脚下。[14] 每个人物形象上有题字，周围也有很多附属形象，很可能用作"词语记忆"。不管怎样，作者告诉我们，"事物"和"词语"都可以通过这些形象来记忆。这可能是中世纪的艺造记忆的一种降格形式。

这个手抄本还显示了记忆房间的布局，标示着五个用来记住形象的场景——四个在角落，一个在中间。类似的记忆房间的图解，在其他手抄本和印刷本论文中也可以找到。在记忆房间中，场景的排列是有规律的（不像古典规则所建议的互不相似也不规则），我认为中世纪及其后时代如此理解场景是正常的。

1482年，雅各布斯·普布里奇（Jacobus Publicius）的《演说艺术小结》（*Oratoriae artis epitome*）在威尼斯印刷出版；[15] 里面附有一篇"记忆术"。我们预想这本漂亮的印刷本一定会带

第五章 记忆之神

领我们进入一个新世界,在这个世界里,即将到来的文艺复兴会对古典修辞学重燃兴趣。但普布里奇是否真的这么现代呢?他将有关记忆的部分放在修辞学一书的结尾,使我们想到13世纪的《修辞之花》,有关记忆的部分同样出现在结尾,而且可以独立成篇。此外,《记忆术》的神秘导语也让人联想起13世纪彭冈巴诺式的神秘修辞学。

普布里奇在导语中称,如果思想因为被世俗的樊篱所围困而失去敏捷性,那么下面这些"新规则"会有助于解放思想。"新规则"就是场景和形象的规则。普布里奇对这些规则的解释包括建构想象的场景,即宇宙的领域——元素、行星、恒星或更高的领域,而顶端是天界(见图1)。在他的形象规则中,开篇便说"简单的和精神的涵义很容易从脑中消失,除非与物质象征相联系",这显然是根据托马斯·阿奎那的理论。他详细讨论了《献给赫伦尼》的要求:记忆形象要鲜明突出,行动应该可笑,手势夸张惊人,或充满难以抑制的悲伤或严厉。[16] 奥维德将不快乐的"嫉妒"描绘成脸色乌青、牙齿漆黑、头发如蛇的形象,这便是塑造记忆形象的一个好范例。

普布里奇没能将我们领入一个复兴古代修辞学的现代世界,相反,他的记忆部分似乎带我们返回了但丁式的世界——在宇宙的领域里记住的是地狱、炼狱和天界;又或是乔托式的世界——美德与邪恶,记忆形象更加分明,表现性更强。使用奥维德的"嫉妒"作为感人的记忆形象,并不是新古典的特征,而是继承了大阿尔伯特所论述的更早的记忆传统。简言之,这第一本印刷本记忆专著并未表现出文艺复兴时代重振修辞学带来的古典记忆术的复兴,而是直接继承自中世纪传统。

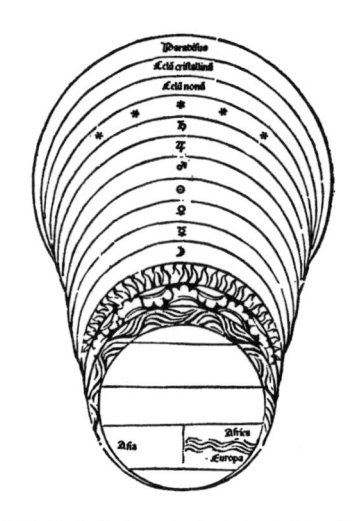

图1 作为记忆系统的宇宙球域。来自雅各布斯·普布里奇《演讲艺术小结》（Jacobus Publicius, Oratoriae artis epitome），1482年

这部看上去特别像文艺复兴和意大利式的印刷本，其实在付印之前多年已经为一个英国隐修士所了解。这个重要证据现保存在大英博物馆，也就是福尔克曼发现的《演讲艺术小结》手抄本的一部分，是托马斯·斯瓦特维尔（Thomas Swatwell）于1460年所写，他很可能是当时英国达勒姆郡的一个修士。[17]这位修道士非常认真地抄写了普布里奇论记忆的部分，并在幽静的修道院里以其巧思拓展了普布里奇的一些幻想。[18]

然而，时代在变，人文主义者逐步对古典时代的文明有了更准确的理解；古典文本开始以印刷本流传。当时有很多修辞学文本可供学习参考，以艺造记忆与审慎作为基础的第一修辞学和第二修辞学独霸的局面已经被打破。1416年，波焦·布拉乔利尼发现了昆体良的《雄辩术原理》全本，1470年，其在罗马首次出版，很快又有了其他版本。我前面已强调过，在古典记忆术的三个拉丁文来源中，昆体良对这个艺术作为一种助记术的描绘最清楚。在昆体良看来，这门艺术可以作为一门世俗的助记术，脱离中世纪逐渐在《献给赫伦尼》规则周围发展出来的联系。这为有魄力的人开辟了一条新的道路，使他们可以采用新的方式，将记忆作为一种成功的技巧来教授。因为通晓一切的古代人知道如何训练记忆，而受过记忆训练的人比其他人更容易在充满竞争的世界中成功。更好地理解了艺造记忆的实用性之后，对它的需求与日俱增。于是，一位有眼光的人抓住了这个机会，他就是拉文纳的彼得。

彼得的《凤凰或艺造记忆》（*Phoenix, sive artificiosa memoria*, 1491年，第一版在威尼斯出版）成了所有记忆术教科书中最著名的一本。它在很多国家出版，[19]被翻译成多国文字，[20]并被收入格里高·瑞西（Gregor Reisch）的普及知识手册，[21]更有许多热心人士手抄其印刷本。[22]彼得十分擅长自我宣传，这本身就有助于对他的推广，但是他能够成为著名的记忆术老师，主要原因在于他把助记术带入了世俗世界。如果你想要学习有实际作用的记忆术而不是为了记住地狱之类的事物，那就去找拉文纳的彼得的《凤凰》来读。

彼得的建议很实用：论及记忆场景应该是安静的地方，他说最好的建筑物是空旷的教堂。他叙述自己绕着所选的教堂走了三四圈，然后在脑子里将之记住的过程。他选的第一个场景靠近门口，下一个是进去五六尺处，如此等等。年轻的时候，他曾记住十万个场景，后来又陆续增加了许多，旅行时见到的隐修院或教堂也不断成为新的记忆场景，他通过这些场景记住历史、传说或大斋节的布道。他也用同样的方法记住《圣经》、教会法规以及很多其他事情。他可以记诵教会法规的全文，包括文本和注解（他在帕多瓦接受过法学方面的训练），还有西塞罗的200篇演说、哲学家们的300篇论说、20,000个法律要点。[23] 也许彼得天生记忆力就很强，加之他用古典技巧训练自己，因此才有这般惊人的记忆力。我确定，彼得描述他那大量的场景时受到了昆体良的影响，因为在古典来源中，只有昆体良说过，在旅行的时候可以构建记忆场景。

至于形象，彼得运用的则是古典原理，即记忆形象应该尽可能与自己所熟悉的人相像。他提到了一个女士的名字，叫皮斯托娅的朱妮帕（Juniper of Pistoia），他们在年轻时很亲密，她的形象激发了彼得的记忆，这可能也是彼得改变古典诉讼案形象的原因。彼得说，要记住一个遗嘱，若是没有七个见证人便没有效力，我们需要构建这样一个场景——"一个人当着两个见证人的面立遗嘱，然后由一个女子将遗嘱撕毁"。[24] 我们无法理解的是，即使这个撕坏遗嘱的女子是他所熟悉的朱妮帕，可是为什么需要这样一个形象，难道仅仅是为了帮助彼得记住见证人这一简单要点？

彼得将记忆世俗化和大众化，强调纯粹的助记术。然而，在彼得的助记术中，有些地方解释混乱，还有很多古怪的细节，表明他并未完全脱离中世纪的传统。随着时间的推移，他的书逐渐被正规的记忆传统认可。后来，大多数论述记忆的作者都会提到他，多明我会教士龙贝格也不例外，他不仅引用了图留斯和昆体良、托马斯·阿奎那和彼特拉克的学说，还引用了"拉文纳的彼得"。

- 148 -

第五章 记忆之神

我无法将所有印刷版的记忆专著一一展现，其中的许多专著将在以后的相关章节中讨论。有些专著传授被我称为"纯助记术"的东西，也许昆体良的论述能帮助对它的理解。在很多专著中，可以看到中世纪运用这门艺术所存留的影响，有些专著中，留下被中世纪魔法记忆形式渗透的痕迹，例如"符号艺术"；[25]有些专著则受到文艺复兴赫尔墨斯的和玄秘转化的影响，这是本书其余部分主要探讨的问题。

在此我们应该特别关注16世纪的多明我会教士们的专著，我认为，承袭了经院主义而强调记忆的分支是这门艺术历史中最重要的一支。多明我会教士自然是这一传统的主角，有两个多明我会教士著有论述记忆的作品：德国人约翰尼斯·龙贝格以及佛罗伦萨人考斯马斯·罗塞留斯（Cosmas Rosselius），他们的著作版式虽小，但细节丰盈，目的显然是推广多明我会的记忆术。龙贝格说他的书对神学家、布道师、告解神父、法学家、辩护师、医生、哲学家、人文技艺的教授以及外交使节等都有用。罗塞留斯也如此推广自己的书。前者的书是近16世纪初出版的；后者则是将近16世纪末。两部著作跨越整个世纪，两位作者都成了非常有影响力的记忆大师，其论述也常常被引用。事实上，普布里奇、拉文纳的彼得、龙贝格和罗塞留斯，都可以说是主要的记忆专著作家。

约翰尼斯·龙贝格的《艺造记忆汇编》[26]取了一个很恰当的书名，因为这部记忆术论著内容非常丰富。三部拉丁文经典论著，龙贝格全都拜读过，他不仅知道《献给赫伦尼》，而且对西塞罗的《论演说家》和昆体良的论述也很了解。通过频繁引用彼特拉克的名字，[27]他将这位诗人纳入了多明我会的记忆传统；拉文纳的彼得及其他人也被他吸收进来。可是龙贝格的论述仍然是建立在托马斯·阿奎那的基础之上,几乎在每一页,他都引用了托马斯的《神学大全》及其对亚里士多德的评述。

《艺造记忆汇编》分成四个部分;分别为前言、场景、形象和百科全书式的记忆体系。

龙贝格设想了三种不同的场景体系,都可用于艺造记忆。

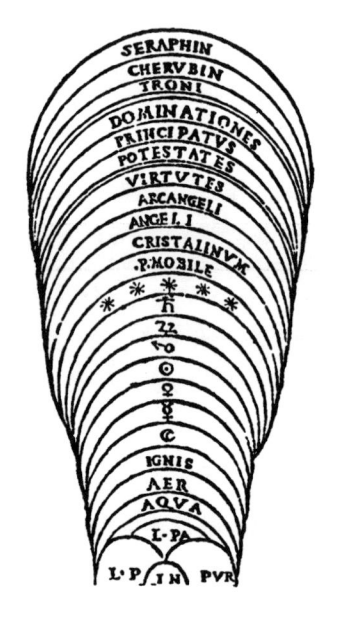

图2 作为记忆系统的宇宙球域。来自雅·龙贝格的《艺造记忆汇编》,1533年版

第一种用宇宙作为一种场景体系,如图解(见图2)所示。在这儿我们看到元素、行星和恒星的领域,在它们上方是天体领

域和九个等级的天使。我们在这些宇宙秩序中要记住什么呢？在图解的下部标有字母"L.PA; LP; PVR; IN"，它们代表天界、伊甸园、炼狱和地狱。[28] 以龙贝格的观点来看，记住这样的地方属于艺造记忆的范畴。他称这些领域为"想象的场景"。我们要在记忆中为天界里无形的事物构建场景，在这些场景我们放上九级天使、享受天界之福的诸位、主教、先知、使徒、殉道者。炼狱和地狱也会做类似的安排，这些场景是"普通的场景"或者说包容性的场景，细分为很多依序排列的具体地点，可以根据上面的题印文字来记住它们。地狱的场景中包含罪人依照其罪行的性质而受罚的形象。[29]

这种艺造记忆也可以称作"但丁式的"，这并不是因为多明我教会的论述受到《神曲》的影响，相反，恰是但丁受到了这种对艺造记忆理解的影响，对此我在上一章中已有说明。

龙贝格设想的另一种场景体系则是使用黄道带的十二宫作为容易记忆的场景秩序。他称麦阙多卢斯为此体系的权威。[30] 他是在西塞罗的《论演说家》和昆体良的著述中发现麦阙多卢斯的黄道带记忆系统的。他补充道，如果需要一个更广大的以星星为序的记忆场景，可以借用希吉诺斯（Hyginus）提供的有关天空中所有星座的形象。[31]

至于他想在这些星座形象上记住什么样的资料，他并没有说明。既然他对记忆的研究主要是神学和道德说教性质的，我们不难想到他将星座秩序当作一种场景系统是为了供布道师记住布道内容的顺序，其内容一定与天界和地狱里的美德与邪恶有关。

THE ART OF MEMORY

pl.6a 上图是修道院记忆系统。
pl.6b 下图是在修道院里使用的记忆形象。
来自约翰尼斯·龙贝格《艺造记忆汇编》,维也纳版,1533年。

- 152 -

第五章　记忆之神

他的第三种场景系统是更普遍的助记方法，也就是记住真实建筑中的真实地点，[32] 如附图说明的修道院及其相关建筑（pl.6a）。我们已经提过，他在这座建筑（pl.6b）里摆放的形象是"记忆事物"的形象。此处属于"纯助记术"的范畴，根据书中这一部分所提供的指导，读者可以把这门艺术作为纯粹的助记术来学习，也就是昆体良笔下较机械的那种方法。书中还对奇怪的、与非古典传统有关的"按字母顺序"作了详细阐述，要使用这个系统，我们可以创建一个按字母顺序排列的动物、鸟和人名的列表。

龙贝格增加了不少场景规则，其中有一条并非他的原创，而是借鉴拉文纳的彼得，真正的来源可能更早。这条规则就是，存放记忆形象的记忆场景不得大于一个人伸展手臂所能够到的空间。[33] 附图进行了说明（见图3），图中一个人站在场景里，一手向上，一手向侧伸出，以此示范场景与形象相对的正确大小。这一规则是从古典规则中空间、光线、距离对记忆的影响发展而来的，如本书前面所说，这对乔托的壁画中的场景也产生了影响。显然这一规则只适用于人物形象，而非记忆事物的形象，或许我们应对场景规则作出类似的解释（使排列有序的形象在背景的映衬下显得更醒目）。

讲到形象，[34] 龙贝格介绍了有关形象须鲜明突出的古典规则，并添加了很多细节，大量引用托马斯·阿奎那有关物质象征的论述。他遵循惯例，没有给出记忆形象的图示，描绘也不太清楚，我们只能根据其规则本身来自行构建形象。

图3　一个记忆场景里的人的形象。来自雅·龙贝格的《艺造记忆汇编》，1533年版

在这一部分，书中倒是出现了一些插图，但这些插图都是"视觉字母表"。视觉字母表是通过形象来代表字母的方法，有各种不同的构成方式；例如，一种方法是，用形状类似字母的形象来代表，例如指南针或是梯子可代表A，一把锄头代表N。另一种方法是按照动物或鸟的名字首字母的顺序来排列其图像（pl.7b），例如A代表Anser（鹅），B代表Bubo（猫头鹰）。在记忆论述中，视觉字母表的使用是很普遍的，几乎可以确定是来自古老的传统。彭冈巴诺就曾谈到过用来记名字的"想象的字母表"。[35]这种字母表在抄本论述中被频繁使用。第一本用图示解说字母表的印刷本就普布里奇的专著；[36]从那以后，它们成为大多数记忆论述印刷本的一个普遍特征。福尔克曼复制了来自不同论述的视觉字母表，[37]但没有讨论它们的来源或用途。

《献给赫伦尼》里记录了艺造记忆的能手们如何在他们的

记忆中使用形象，视觉字母表很可能就源自对其的理解。根据艺造记忆的一般规则，我们应该将想要固定在记忆里的内容放在形象中。把字母表的字母与形象结合是因为形象能辅助字母记忆。视觉字母表的设计原理简单得像教幼儿识字，比如通过一只猫（Cat）的形象来教一个孩子记住字母C。比如罗塞留斯就很郑重地建议我们应该通过一头驴（Ass）、一头大象（Elephant）和一只犀牛（Rhinoceros）的形象来记住AER这个单词！[38]

我认为有一种视觉字母表的变体是受《献给赫伦尼》的启发，特别是将熟人排列成行来记住的技巧。借由这种视觉字母表，艺造记忆的实践者将认识的人按照他们名字的字母顺序排列。拉文纳的彼得提供了一个绝妙例子，为了记住ET这个单词，他想象尤西比乌斯（Eusebius）站在托马斯（Thomas）的前面，若要记住TE，只需将两人的站序颠倒过来就行了！[39]

我相信，记忆论述中图示的视觉字母表被用于在记忆里形成文字印记。事实上，这点已经由《艺造记忆汇编》的第三部分证明。书中有一个罕见的记忆形象的图例，这个记忆形象上布满用视觉字母印记的文字。大家对这个形象应该不陌生，她就是人文七艺之首语法老妪，附带该形象的知名特征，如解剖刀和梯子。图中的她不仅是语法的拟人化，也是用于记忆的形象，人们从她身上的题词来记住语法的内容。她胸前的题词、附着在她身上和附近的形象都衍生自龙贝格的视觉字母表，既有"物品"的，也有"禽鸟"的。龙贝格解释说，这是记忆在解答语法是属于普遍的科学还是专门的科学；回答中涉及predicatio（立论）、applicatio（展开）、continentia（联结）三个词。[40] 老妇手里拿着开头字母是P的鸟（pica or pie，喜鹊），物品字母表上也有相

pl.7a 《记忆形象的文法》
来自约翰尼斯·龙贝格《艺造记忆汇编》，维也纳版，1533年。

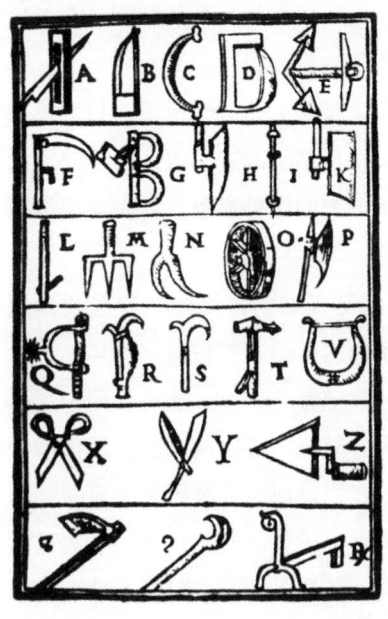

第五章 记忆之神

pl.7b，pl.7c 用在文法身上的视觉化字母。来自约翰尼斯·龙贝格《艺造记忆汇编》，维也纳版，1533年。

关的物品，用以记住Predicatio；applicatio则借由Aquila（鹰）[41]以及她胳膊上的物品来记忆；continentia通过她胸前的文字在物品字母表中记忆（参见"物品"字母表中代表C、O、N、T的物品，Pl. 7c）。

虽然缺乏美学魅力，龙贝格的语法对研究艺造记忆的人来说仍很重要。它证明了拟人在记忆中反映时能成为记忆形象，例如熟悉的人文七艺的人物形象。这些人物形象身上的文字被用来记忆其化身的对象的材料。龙贝格用语法例证的原则适用于所有其他化身，像是被用作记忆形象时的美德与邪恶的化身。我们在上一章中就曾猜测，霍尔科特的"悔改"记忆形象所持鞭子上有关悔改的题词很可能是"记忆词语"；按照托马斯·阿奎那《神学大全》的界定，那些在基本美德身上刻印的题词可能也是"词语记忆"。形象本身使人想起"事物"，它们身上的题词是有关这些"事物"的"词语记忆"。这便是我的观点。

在龙贝格的笔下，"语法"无疑是一个记忆形象，目的是向人们展示方法的实际运用。龙贝格还精心改进了题词，他使用的不是普通书写，而是来自视觉字母表的字母形象，使人无法轻易忘怀（这应该是他的本来意图）。

龙贝格在书的最后一部分讨论了如何记忆语法、其要素及其相关论述。他提出一个雄心勃勃的计划，要将所有的科学、神学、玄学、道德，还有人文七艺都记在脑子里。他说，用于"语法"的方法（上述描绘已将其大大简化）可以用于所有的科学和人文技艺。例如，要代表神学，我们可以用一个完美杰出的神学家形象；他的头上放置有认识、爱、成熟的形象，四肢上则摆放神性、行动、形式、关系、规则、圣礼以及所有附属于神学的东

第五章 记忆之神

西。[42] 接着，龙贝格将它们排成纵列，包括神学、形而上学（包括哲学和道德哲学）、法律、天文、几何、算术、音乐、逻辑、修辞学和语法的各个要素和子要素。为了记住所有科目，形象必须由相关的形象和提示词联合构成。每一个科目都被放在一个记忆的房间里。[43] 龙贝格构建形象的指示非常复杂，他设想了如何记住最抽象的形而上学的主题，甚至逻辑论证的主题。看来龙贝格是在以某种高度缩减的、却又无疑是衰败而低劣的形式（视觉字母表应属低劣的形式）描述一种系统，过去的伟人使用过这种系统，多明我教会也将其传承给他。鉴于龙贝格书中不断引用托马斯·阿奎那有关物质象征与秩序的论述，这部多明我会的晚期记忆论述，很可能是受到托马斯·阿奎那的记忆系统的影响。

回想新圣玛丽亚教堂牧师会室里的壁画，再细看那十四个物质象征，七个人物形象代表人文七艺，另外七个人物形象则显示了托马斯·阿奎那更为高尚的领域的学问。龙贝格不仅要为人文七艺而且要为最高尚的科学构建记忆人物形象，他正在以某种超凡的努力，通过一系列形象在记忆中存储知识的大全。本书的前部分曾做过推测，那些壁画上的人物形象可能不仅象征托马斯·阿奎那的学问，也是在暗喻他通过自己所理解的记忆术来记住这些学问的方法，这种猜测如今得到了龙贝格的某种程度上的证实。

1579年，罗塞留斯的《艺造记忆之宝库》（*Thesaurus artificiosae memoriae*）在威尼斯出版。书的扉页上写着作者是佛罗伦萨人，是多明我会的教士。这本书的观点与龙贝格的书相似，可以清楚地看到对艺造记忆的几种主要理解。

但丁式的艺造记忆在书中占了主导地位。罗塞留斯将地狱分

- 159 -

成11个场景,如在他的记忆场景系统中地狱的图示(pl.8a),中间是一口可怕的井,通往井的台阶是惩罚异教徒、犹太异端、偶像崇拜者和虚伪人士的场景。井的周围有七个其他场景,用来惩罚七大罪行。面对如此可怖的场景,罗塞留斯却语调轻松地指出,"根据罪行的不同性质施加多样的惩罚,打入地狱的人各有不同处境以及千姿百态的手势,都会有助于记忆并提供众多场景"。[44]

想象中的天界场景(pl.8b)被缀满灿烂珠宝的围墙圈住。场景中央是基督的宝座,下面排列着天界各个等级的场景,包括使徒、主教、先知、殉道者、认信者、童贞者、希伯来圣人以及无数的圣人群体。除了被归类为"艺造记忆"以外,罗塞留斯的天界场景没有任何不寻常之处。我们运用技巧、精力和热烈的想象力去想象这些场景。我们可以想象基督的宝座,受其感动,从而激发记忆。我们在脑中想象神灵的团体,就好像画家作画一般。[45]

罗塞留斯也考虑过将星座当作记忆场景系统,自然也提到了麦阙多卢斯的与黄道带相连的场景系统。[46]罗塞留斯的一个特点是他采用助记诗节来帮助记忆场景的顺序,无论是地狱里的场景顺序,还是黄道带十二宫的顺序。这些诗节是一位多明我会教士提供的,他也是个宗教法庭的审判官,于是这些诗歌也赋予了艺造记忆一种正统的严肃气场。

罗塞留斯还描绘了在修道院、教堂等地方构建的"真实"场景,也讨论到人物形象可以作为记住附属形象的场景。在有关形象的内容中,他提出了一般规则以及与龙贝格书中相同类型的视觉字母表。

从如何记忆建筑中"真实"场景的描绘中,学习艺造记忆的人可以学到"纯助记术",只是他们学习的背景是残余的中世

第五章 记忆之神

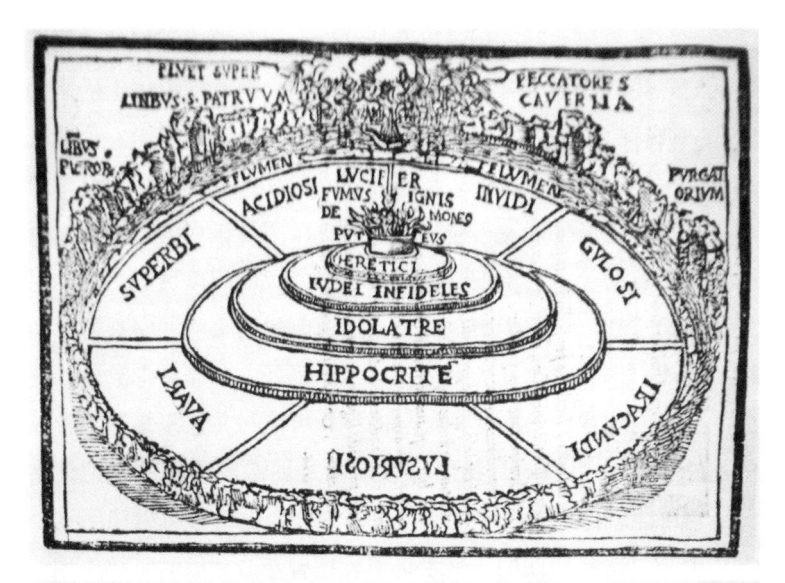

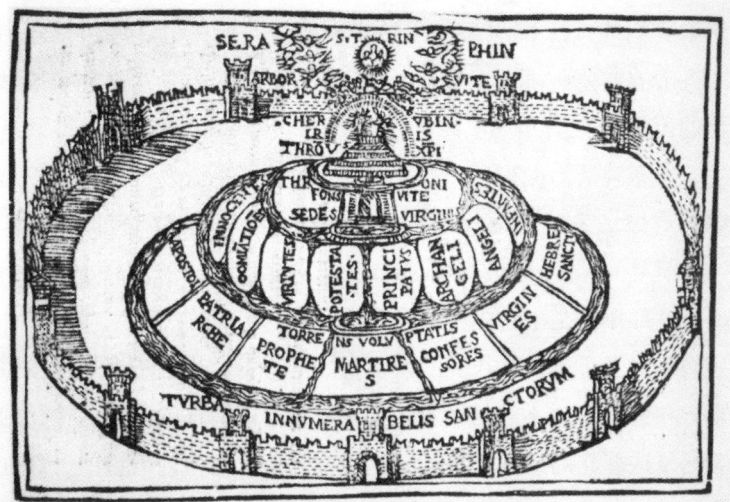

pl.8a 上图是作为艺造记忆的地狱。
pl.8b 下图是作为艺造记忆的天界。
来自考斯马罗塞留斯,《艺造记忆之宝库》,威尼斯1579年。

纪传统、天界与地狱的场景以及托马斯·阿奎那式记忆的"物质象征"。尽管这些专著中仍有过去的痕迹,但它们更属于后来的时代。彼特拉克的名字和多明我会的记忆传统相互交织,说明人文主义的影响在不断增长。在新影响日益壮大的同时,记忆传统却在衰退。记忆规则变得越来越琐碎;按字母排列的一览表以及视觉字母表助长了过于细微的详细解释。我们阅读这些论述的时候,常常感到记忆已经堕落成为在修道院里用来消磨漫长岁月的填字游戏;作者的建议大多都没有实际用处;字母和形象仿佛变成了孩童的游戏。然而这种详尽的注释可能与文艺复兴热衷神秘的趣味相投。如果不是我们已经知晓龙贝格对语法的助记性解释,它可能就像喻意模糊的类型符号,让人觉得不可思议。

但是,这些后期的记忆术仍然发挥着塑造意象的隐秘作用。如果我们能按照15世纪的手抄本中建议的那样记住波伊提乌的《哲学的慰藉》(*Consolation of Philosophy*),[47]那么想象所触及的范围将会有多大!"哲学"夫人会不会在这过程中得到重生,像充满活力的审慎一样,在记忆的殿堂里游荡呢?也许正是在艺造记忆失控、任凭想象力天马行空的环境下,《波里菲罗寻爱绮梦》(*Hypnerotomachia Polyphili*)这样的作品才得以出现。这部作品是一位多明我会教士在1500年之前写的。[48]其中,我们不仅会看到彼特拉克式鲜活奇妙的考古,也会遭遇地狱按照罪行和惩罚分成不同的场景,上面还带有解释性的题词。神秘的题词是这部作品的明显特征,这种将艺造记忆作为审慎的一部分的做法,使我们怀疑它是否受视觉字母表和记忆形象的一些影响,也就是说,这是否是一个人文主义的梦幻考古与梦幻记忆系统混合而成的奇异梦幻曲。

第五章 记忆之神

文艺复兴时期培养意象的惯常手法是使用寓意画和题铭画，但没有人从记忆的角度审视过这些现象，它们显然是属于记忆的。尤其是题铭画，本质上，它就是通过一个象征来记住一个精神涵义，托马斯·阿奎那的定义在此就非常恰当。

确实，当时的记忆专著已变得令人厌倦，就像科尼利厄斯·阿格里帕（Cornelius Agrippa）在"记忆术的自负"章节中所指出的那样。[49]他说，这门艺术是西蒙尼戴斯发明创造的，由麦阙多卢斯完善，不过昆体良说麦阙多卢斯是个自负而爱吹嘘的人。阿格里帕随后否定了一系列现代记忆专著，称它们是"一批无名之辈编辑的微不足道的览表"，任何不得不啃完大量此类作品的人都可能赞同他的话。这些论述无法再现过去那广大的记忆，印刷书本的出现，使得借助记忆保存知识的时代宣告结束。为了便于记忆而出现了手抄本只作扼要的布局、将总结性论文按顺序排列结合的做法，所有这些努力都随着印刷术的出现而消亡，自从有了印刷术，书本可以复制，就不再依靠头脑记忆并延续知识。

维克多·雨果的《巴黎圣母院》一书中有这样一个场景：一位学者正在大教堂的书房里盯着第一本印刷本沉思，由于它的出现，他的手抄本计划被全盘打乱，于是他打开窗户，凝视着映衬在星光闪烁夜空下的宏伟教堂，此刻的教堂就像巨大的带翼狮身女怪斯芬克斯一般匍匐在城市中央。他说："此乃彼之克星也"，意思是印刷本会摧毁这座建筑。雨果将一本送到书房的印刷书与充满了形象感的建筑物作比较，这个小插曲也从侧面说明印刷术的普及对过去无形的记忆大教堂造成了巨大的冲击。印刷书籍使得用大量影像堆砌的巨大记忆失去意义。它摈弃了古老习惯：赋予"事物"以形象，并将之储存在记忆场景里。

- 163 -

对中世纪普遍接受的记忆术形式造成严重打击的还有现代语言学。1491年，拉菲尔·瑞吉斯（Raphael Regius）用现代语言学的新批评技巧来研究《献给赫伦尼》，提出科尼费希思（Cornificius）是其作者的观点。[50] 就在之前不久，洛伦佐·瓦拉已经开始研究这个问题，并赌上他著名语言学学者的声望，对这部作品是西塞罗之作的观点提出质疑。[51] 虽然归属之讹误在印刷版本中又遗留了一段时间，[52] 但最终《献给赫伦尼》不是西塞罗之作这一点逐渐被公认为事实。

这样，图留斯的第一修辞学和第二修辞学之间的关联被切断了。图留斯确实是《论发明》的作者，在这第一部修辞学中他也确实提出记忆是审慎的一部分；但人们对利落的续篇的认知——图留斯在第二修辞学中提出记忆可以通过艺造记忆训练而提升——不再成立，因为图留斯并非第二修辞学的作者。这对承袭了中世纪错误归属的记忆传统影响深远，该传统的作家忽略人文主义语言学家的发现，且坚持秉承错误，可见归属问题的重要性。龙贝格总是将他引用的《献给赫伦尼》归属于西塞罗[53]，罗塞留斯也是如此。[54] 乔达诺·布鲁诺在1582年出版的一本论记忆的著作中，仍对人文主义批评学术的发现置之不理，在引用《献给赫伦尼》时他说："听听图留斯怎么说。"[55] 由此可证，这位曾经的多明我会修士坚定地继承了多明我会的记忆传统。

随着世俗演说在文艺复兴时期的重新兴起，可以预期，记忆术在与中世纪脱钩之后，会被当作俗世技巧而重新唤起对它的热情。在文艺复兴时期，非凡的记忆力就像在古代一样受到钦佩；同时也出现对记忆术作为助记技巧的世俗需求，由此也涌现了如拉文纳的彼得等作家来满足这种需求。我们在奥布赖特·丢勒（Albrecht

- 164 -

第五章 记忆之神

Dürer）给他的朋友威里巴德·皮科海尔姆的一封信里，可以窥见一位人文主义者准备用这一艺术记住演讲的有趣场景：

> 一个房间必须有四个以上的角落，才能容纳所有的记忆之神。我不打算塞满自己的脑子；那留给你去做就行了；因为我相信，不管头脑里有多少个房间，你都有足够的东西装满它们。伯爵恩准的接见时间可没有那么长。[56]

对于文艺复兴时模仿西塞罗的演说家来说，西塞罗不再是《献给赫伦尼》的真正作者这一点，并不会减弱艺造记忆的权威性，因为在同样受追捧的《论演说家》中，西塞罗已经提到了艺造记忆，并说他自己也使用艺造记忆。因此西塞罗的崇拜者们依旧可以鼓励他人对这一艺术重燃热忱，不过如今对记忆术的理解已还原到古典意义上，即记忆术是修辞学的一部分。

然而，即使社会环境对助记术的需求在增长，也需要很多具有良好记忆力的演说者，文艺复兴人文主义中仍存在着贬低记忆术的不利因素。其中之一是人文主义学者和教育家对昆体良的重点研究。事实上，昆体良并不完全推崇艺造记忆。他十分明确地将这门艺术描绘成纯粹的助记术，其口吻颇为居高临下，并且不乏批评性。他不像《论演说家》的西塞罗那样充满热情，也不同于《献给赫伦尼》的作者那样全然接受，与中世纪对图留斯的场景和形象的虔诚信仰更是有天壤之别。一个理性的现代人文主义者，即使知道西塞罗十分推崇这种奇怪的艺术，还是会倾向于听取昆体良温和理性的声音。昆体良认为场景和形象对某些目的有用，但总的来说，他更推崇直截了当的记忆方法。

虽然我不否认场景和形象有助于记忆，但是最好的记忆有赖三个非常重要的东西，即学习、顺序和专注。[57]

这里引用的是著名人文主义哲学家伊拉斯谟（Erasmus）的话，但是在这位伟大的批评学者的言论背后，我们可以听到昆体良的声音。伊拉斯谟对艺造记忆持冷静态度，这种昆体良式的态度在后来的人文主义的教育家中发展成强烈的反对态度。比如，梅兰希顿（Melanchthon）就禁止学生使用任何助记术技巧，并告诫他们用平常的方式学习是唯一的记忆术。[58]

我们必须记住，伊拉斯谟信心十足地出现在一个崭新的现代人文主义学术世界里，对他来说，带有中世纪特色的记忆术属于野蛮人时代；僧侣们脑子里那些陈腐的方法是必须用新扫帚彻底清除的蜘蛛网。伊拉斯谟不认同中世纪，这种反感后来在改革运动中发展成为对这种中世纪和经院式记忆艺术的强烈敌意。

因此，在16世纪，记忆术似乎正在衰败。印刷书籍正在摧毁古老的记忆习惯。虽然中世纪对这门艺术的传承仍然存在，对这门艺术的需求也仍然存在，但是正如那些专著所表明的，它可能已经失去古老的力量，沦落为奇怪的记忆游戏。人文主义学术和教育追逐现代潮流，已然失去对这门古典艺术的热忱，或者说越来越怀有敌意。虽然有关如何改善记忆的小册子就像现在一样仍然很流行，但是记忆术可能正在移出欧洲传统的神经中枢，逐渐被边缘化。

然而，记忆术没有从根本上衰落，而是开始了另一段崭新而奇特的历程，它被融入文艺复兴时期的主要哲学潮流，与马奇里

第五章 记忆之神

奥·菲奇诺（Marsilio Ficino）和皮科·德拉·米兰多拉（Pico della Mirandola）在15世纪晚期开始的新柏拉图主义运动结合。文艺复兴时期的新柏拉图主义者不像一些人文主义者那么反对中世纪，他们没有贬低记忆术这门古老艺术。中世纪的经院哲学采纳了记忆术，文艺复兴时期的哲学主流同样如此。通过文艺复兴时期的新柏拉图主义及其赫尔墨斯学说的核心，记忆术再次转变，这次它蜕变为一种赫尔墨斯的或玄秘的艺术，并以这种形式在欧洲主要传统中占据了核心地位。

我们终于可以开始研究文艺复兴时期记忆术的变革，那么，就从一桩重大的变革——朱利奥·卡米罗的记忆剧场开始。

注释：

1 现代包含记忆论述材料的主要著作有：哈伊杜的《中世纪的助记术论述》(*Das Mnemtechnische Schrifftum des Mittelalters*)，维也纳，1936年；拉德维格·福尔克曼(Ludwig Volkmann)的"记忆术"，《维也纳历史艺术集年鉴》('Ars Memorativa', *Jahrbuch der Kunsthistorischen Sammlungen in Wien*)，1929年，111–203(唯一有图示的著作)；保罗·罗西"14和15世纪形象和记忆场景"，《哲学史批评杂志》('Immagini e memoria locale nei secoli XIV e XV', *Rivista critica di storia della filosofia*), II. (1958), 149–191，"文艺复兴时代艺造记忆专著的形象建构"("La costruzione delle immagini nei trattati di memoria artificial del Rinascimento")，《人文主义与象征主义》(*Umanesimo e Simbolismo*)，1958年，161–178(这两篇文章都在附录中收录了一些手抄版记忆术的专著)；保罗·罗西《普世之钥》，米兰，1960年(也在附录中收录了记忆术专著的手抄版，在引文中也是)。

2 大英博物馆，斯隆(Sloane)手抄本收藏，3744；菲兹韦廉(Fitzwilliam)博物馆，剑桥，麦柯里恩(McClean)女士，169, 254–256。

3 罗多维科·达·皮亚诺(Lodovico da Pirano)的专著印刷本由巴齐奥·兹利奥拓(Baccio Ziliotto)作序，"罗多维科·达·皮亚诺修士与他的《艺造记忆规则》"，《伊斯特拉考古和国家历史学会记录汇编》('Frate Lodovico da Pirano e le sue *regulae memoriae artificialis*', *Atti e memorie della societa istriana di archeologia e storia patria*) (1937年)，189–224，兹利奥拓根据马尔修阿纳(Marciana)的版本印刷了这本论述，VI.274，里面没有包含用来"增加场景数目"的排塔图示，其他手抄本有，例如马尔修阿纳的手抄本，XIV, 292及下一页，182及下一页。梵蒂冈图书馆抄本Lat.5347, 1及下一页。只有马尔修阿纳说明罗多维科·达·皮亚诺是作者，VI, 274。参看F.托科(F. Tocco)的《乔达诺·布鲁诺拉丁文集》(*Le opera latine di Giordano Bruno*)，佛罗伦萨，1889年，28及下一页；罗西《普世之钥》，31–32。

还有一部著述提到德谟克利特，由鲁克斯·布拉嘎(Luca Braga)于1477年在帕多瓦所著，大英博物馆有一份，附录10, 438及下一页，19及下一页。布拉嘎同时也提到了西蒙尼戴斯和托马斯·阿奎那。

4 《献给赫伦尼》中关于记忆的部分有希腊文翻译，可能是马克西姆斯·普拉努蒂斯(Maximus Planudes) (14世纪早期)翻译的，或是嘎泽的提奥多罗(Theodore) (15世纪)翻译的。见卡普兰在洛布版的序言，xxvi。

5 罗西在《普世之钥》里引用了一篇"尊敬的神父"所著专著的场景和形象规则，22–23。形象规则强调，形象必须像我们认识的人。罗西没有引用记忆物体列表，但是皮亚诺的论述中有一个典型例子，在前引的印刷本里。罗西的注释中，还可以加入数本含有"尊敬的神父"专著的手抄本(《普世之钥》, 22)。

6 彭岗巴诺《最新修辞》，高藤修编，《中古时代法律图书馆》，1891年，

第五章　记忆之神

277–278。

7 有关拉贡的论文，见罗西的《普世之钥》19-22，以及M.P.谢利登(M.P. Sheridan)的"雅各布·拉贡与他的艺造记忆"，《手抄本》('Jacopo Tagone and his Rules for Artificial Memory', in *Manuscripta*)（圣路易大学图书馆出版），1960年，131及下一页。大英博物馆(加部10, 438)的一本拉贡的论文里有一张用来建构记忆场景的大楼的画。

8 马尔修阿纳，XIV, 292及下一页, 195, 209。

9 马尔修阿纳，VI, 238及下一页, I及下一页，"论艺造记忆"。这篇论述很重要也很有意思，其完成日期可能比所记载的15世纪更早。作者强调记忆术用于虔诚的沉思和精神安慰；他说自己在记忆术中只采用"虔诚的形象"和"神圣的故事"，而不采用传说故事或"幻想的做法"（I 正面及下一页。）。他似乎认为圣人的形象以及他们的属性是虔诚的人放在记忆场景上并记住的(7反面)。

10 同上，1正面及下一页。

11 维也纳国家图书馆，抄本5395；见福尔克曼，上面引用的文章，124–131, Pls.115–124。

12 同上，128, Pl 123。

13 同上，PL.113.除了(理应是)非常漂亮、带着皇冠以外，这位女士的形象还符合另一条记忆规则，即与艺造记忆实践者的熟人相像。论文的作者说，这个记忆形象的脸可以当作"玛格里塔(Margaretha)、多瑞丝(Dorothea)、阿波罗妮娅(Appolonia)、卢西娅(Lucia)、阿纳斯塔西娅(Anastasia)、埃格娜斯(Agnes)、白尼娜(Benigna)、贝阿特瑞丝(Beatrix)或是任何你认识的贞女。"同上，130。其中一个男性形象被标为"布鲁埃德·奥特尔(Brueder Ottell)"，据说是修道院的一位修士，他的一位同事在记忆系统中使用了他的形象。(Pl. 116)

14 同上，Pl 119。

15 第二版，威尼斯，1485。

16 威尼斯版，1485，G册8正面。参看罗西《普世之钥》，38。

17 大英博物馆，增加收藏部28, 805，参阅福尔克曼，145及下一页。

18 英国修士的记忆图表之一（福尔克曼复制，Pl.145），很可能有魔法性质。

19 其中有波伦亚的，1492年；科隆，1506年，1608年；威尼斯，1526年，1533年；维也纳，1541年，1600年；维琴察，1600年。

20 英语翻译者是罗伯特·卡普兰(Robert Copland)，《记忆的艺术，或是也称作凤凰》(*The Art of Memory that is otherwise called the Phoenix*)，伦敦，约1548年。见下，255。

21 格力格·李奇(Gregor Reich)《哲学的珍珠》(*Margarita Philosophica*)，第一版，1496年，后有很多版本。拉文纳的彼得的记忆术在第III卷，第II篇，第XXIII章。

22 参看罗西《普世之钥》，27注。除了罗西提到的拉文纳的作品以外，还可以加上Vat. Lat. 5347, 60, 以及巴黎，Lat.8747, 1。

23 彼特拉斯·托马(拉文纳的彼得)(Petrus Tommai[Peter of Ravenna])《凤凰》(*Foenix*)，威尼斯，1491年，b册 iii-b册 iv。

24 同上，c册 iii 正面。

25 可能的例子是亚多克斯·维则多夫(Jodocus Weczdorff)的《新秘密记忆术》(*Ars memorandi nova secretissima, circa*)，约1600年，和尼科拉·西蒙·奥·维达(Nicolas Simon aus Weida)《遗忘的人工游戏》(*Ludus artificialis oblivionis*)，莱比锡，1510年。福尔克曼复制了这些魔法味浓重的卷首插画和图表，Pls.168-71。

26 我用的是威尼斯版，1533年。鲁多维科·多尔切的意大利译文版更有助于研究龙贝格的论述，见上面，165–166，104。

27 龙贝格2反面，12反面，14反面，20正面，26反面等等。

28 同上，17正面及下一页，31正面及下一页。

29 同上，18正面和反面. 见上103。

30 同上，25正面及下一页。

31 同上，33反面。

32 同上，35正面及下一页。

33 同上，28反面。

34 同上，39反面及下一页。

35 彭冈巴诺《最新修辞》(*Rhetorica novissima*)，上引版本，278，"论想象的字母表"(De alphabet imaginario)。

36 普布里奇的"实物"字母表是龙贝格的一个实物字母表的基础，福尔克曼复制了这个实物字母表，1146。

37 福尔克曼，Pls. 146–7, 150–1, 179–88, 194, 198。另一个方法是用实物形成数字图像。福尔克曼复制了来自龙贝格、罗塞留斯、波特的例子，Pls. 183–5, 188, 194。

38 考斯马斯·罗塞留斯的《艺造记忆之宝库》，威尼斯，1579年，119 反面。

第五章　记忆之神

39　彼特拉斯·托马(拉文纳的彼得)《凤凰》，上引版本，c册 i 正面。

40　龙贝格，82反面-83正面。

41　如果龙贝格坚持按照自己的"鸟形"字母，字母A的鸟应该是鹅(Anser)(见 Pl.6c)；但是文本(83正面)说是鹰(Aquila)。

42　龙贝格，84正面。

43　同上，81正面。

44　罗塞留斯，《宝库》，2反面。

45　同上，33正面。

46　同上，22反面。

47　维也纳，抄本5393，福尔克曼引用，130。

48　现在已经确定这个作品是弗朗西斯克·克伦纳之作，他是多明我会修士，见M·T·卡塞拉赫G·柏兹的《弗朗西斯克·克伦纳生平与著作》(*Francesco Colonna, Biografia e Opere*)，1959年，I. 10及下一页。

49　《论科学的自负》(*De vanitate scientiarum*)，第10章。

50　拉菲尔·李吉尤斯(Raphael Regius)《曲解昆体良的雄辩术原理的200个问题》(*Ducenta problemata in totidem institutionis oratoriae Quintiliani depravationes*)，威尼斯，1491.其中有一篇文章是关于"修辞艺术《献给赫伦尼》归属西塞罗是否错误"(Utrum ars rhetorica *ad Herennium* Ciceroni falso inscribatur)。参看马尔克斯对他的《献给赫伦尼》版本中的序言，lxi。常有人提出考尼菲修斯为原作者，现在已不被接受；见卡普兰给洛布版写的序言，ix及下一页。

51　L.瓦拉(L. Valla)《作品集》(*Opera*)，巴勒版，1540年，510，参看马尔克斯，loc.cit.，卡普兰，见前面的注loc.cit.

52　见前面，67。

53　龙贝格，26反面，44正面，等等。

54　罗塞留斯，序言，1反面，等等。

55　乔·布鲁诺，《文集》(G. Bruno, *Opere latine*) II(i)，251。

56　《阿尔布赖特·杜瑞的文学遗迹》(*Literary Remains of Alvrecht Durer*)，剑桥，1899年，54-55(信的日期是1506年9月)。这个参考信息应归功于O·科兹(O. Kurz)。

57 伊拉斯谟(Erasmus)《论学习方法》(De ratione studii)，1512年(《著作集》，弗洛本版，1540年，I. 466)，参阅哈伊杜，116；罗西的《普世之钥》，3。

显然，伊拉斯谟强烈反对用魔法这条捷径来帮助记忆。他在《谈话》中警告自己的教子，《著名法术》(Ars Notoria)是有害读物；见克雷格·托普森(Craig R. Thompson)翻译的《伊拉斯谟的谈话》(The Colloquies of Erasmus)，芝加哥大学出版社，1965年，458–461。

58 梅兰希顿(F. Melanchthon)《基本修辞》(Rhetorica elementa)，威尼斯，1534年，4反面，参阅罗西《普世之钥》，89。

第六章

卡米罗的记忆剧场[1]

朱利奥·卡米罗，全名朱利奥·卡米罗·德尔米尼欧，是16世纪最著名的人物之一。[2]同时代的人敬称他为"神圣的卡米罗"，认为他潜能无限。当时，整个意大利和法国都在热议他的剧场；其神秘的名声日渐兴盛。那么，卡米罗的剧场究竟是什么样呢？据说是一个木制的剧场，里面摆满了形象。卡米罗曾在威尼斯亲自将之展示给一位与伊拉斯谟通信的人，之后有人在巴黎也见到类似物品。其运作机密只有一人知晓，那就是法国国王。卡米罗总是说他的伟大著作快要完成了，书中将会介绍这一崇高的设计，但一直都是只闻雷声响不见雨点来，这部伟大的著作从未面世，也难怪后人会把他抛诸脑后。18世纪的人们对他还算稍有了解，[3]但是看待他的态度已经有点屈尊俯就的意味，那之后他就完全消失在人们的视野中，直到近年，人们才开始重提朱利奥·卡米罗[4]。

卡米罗约生于1480年，曾在波伦亚任教授，但一生大部分时间都投身在剧场的深奥工作上，为此总是资金拮据。法国国王弗兰西斯一世从法国驻威尼斯大使拉扎赫·德·巴夫（Lazare de Baif）处得知此事。[5]于是，当卡米罗1530年前往法国时，国王给了他一笔项目资金，并许诺了进一步的资助，接着，卡米罗又回到意大利去继续这项工程。1532年，维吉里·祖伊科姆斯（Viglius Zuichemus）在帕伦瓦写信给伊拉斯谟说，大家都在谈论一个叫朱利奥·卡米罗的人。"他们说这个人造了一座圆形剧场，一件技艺精湛的作品，无论谁进去观看，都能像西塞罗一样口若悬河。我刚开始时以为这纯属无稽之谈，但是我从巴坡提斯塔·俄格纳修（Baptista Egnatio）那儿了解到了更详细的情况。据说这位建筑师在一些场景中列出了有关西塞罗的一切……按照某种秩序或等级排列人物形象……付出了极大的辛劳，展现了非凡的技巧。"[6]据说卡米罗正在复制这美妙的发明物，将其敬献给法国国王，而国王给了他五百达科特金币，督促他完成复制工作。

当维吉里再次给伊拉斯谟写信时，他已经在威尼斯见过卡米罗，卡米罗向他展示了那座剧场（那是一座剧场，不是"圆形剧场"，后文说的也是这个剧场）。"有一件事你必须知道，"他写道，"我进入了圆形剧场，很认真地参观了一切。"显然他看到的不仅是一个小模型，而是一座真实的建筑，足够容纳至少两个人，因为维吉里和卡米罗一起踏入了那个剧场。维吉里接着说：

> 这作品是木制的，标示有很多形象。小盒子随处可见，里面有各种不同种类和阶层。每个人物形象和装饰皆有

第六章　卡米罗的记忆剧场

一个空间位置。他给我看了大量文卷，虽然我常听说西塞罗就像一口最丰沛的源泉，雄辩之语从中源源不绝，但我绝没想到一个作者能有如此之多的观念，或者说，他的思想竟可以拼拢出如此多的卷册。我曾写信告诉过你，他的名字叫朱利奥·卡米罗。他说话结巴，拉丁文说得不好，借口是因为不停地用笔，故几乎丧失了说话的能力。不过，据说他的俗语（意大利文）很好，曾一度在波伦亚教意大利文。当我询问这个作品的内容、计划和意图时，他的态度十分虔诚，好像自身已被这个奇迹震慑，他在我面前抛出一些文字，背诵它们，表达数字、字句和意大利风格的巧妙之处，但由于结巴而略显不够流畅。据说法国国王催促他带着这辉煌的作品去法国，而且国王希望所有的文字都译成法文，因此他试用了一位口译和一个抄写员，他觉得宁可推迟日程也不能交出有瑕疵的作品。他用很多名字称呼自己的这个剧场，有时说这是一个建造出的或是构造出的思想和灵魂，有时说是一个有窗户的思想和灵魂。他相信凡是人类思想能够想象的、我们肉眼无法看见的一切，经过勤勉沉思，并加以收集整理，都可以用某些物质的符号表达，其表达方式足以让观者看到深藏在人类头脑里的一切。这种物质上有形的观看，他称之为"剧场"。

当我问他既然当今有很多人不赞成这股模仿西塞罗的潮流，他是否写了点什么来为自己的观点辩护，他回答说写了很多，但是发表的很少，只有几篇用意大利文写的小文章，是献给国王的。他打算先完善眼前这个投入了全部精力的工作，等一切安静下来，再发表对这个问题的看法。他说

- 177 -

自己已经花费了一千五百金币，而国王只给了五百金币，不过他期望着国王在亲睹作品的成果之后会付给他更丰厚的酬劳。[7]

可怜的卡米罗！他的剧场一直没能臻于完美；他的伟大著作也一直没有面世。即使对普通人来说，这恐怕也会引起极度焦虑。何况当你是一个公认的天才，人们都期盼你做出神圣伟大的事情时，这负担该是多么沉重啊！更何况，当一个作品的终极秘密如此奇妙、神秘又属于玄秘的哲学，那是无法对一个理性的询问者作出解释的，就像无法对伊拉斯谟的这位朋友解释一样，在他的眼里，记忆剧场的概念已经沦为口吃般的语无伦次。

对伊拉斯谟来说，古典记忆术是理性的助记术，适量使用可能有效，却比不上更普通、更现代的方法。他强烈反对任何魔法记忆的捷径。那么他又如何看待这种神秘的记忆系统呢？维吉里显然很了解他博学的朋友会有何想法，因此他在信的开头就为自己小题大做、打扰伊拉斯谟严肃的思考而致歉。

卡米罗在与维吉里于威尼斯会面后曾回到法国。我们无从得知他抵达法国的确切日期，[8] 但可以肯定，1534年，他在巴黎，因为同年，雅克·鲍丁（Jacques Bording）写信给艾提耶纳·多雷（Etienne Dolet）时说卡米罗最近拜见过国王，又说"他在这儿为国王建造一个圆形剧场，目的是划分记忆的区段"。[9] 在1558年的一封信中，吉尔伯特·库辛（Gilbert Cousin）说他在法国宫廷里看见过卡米罗的"剧场"，是木头结构的。库辛写信的时候卡米罗已经过世十年，他对剧场的描绘是从维吉里的信中抄来的，当时维吉里的信还未发表，但是作为伊拉斯谟的秘书，库

第六章 卡米罗的记忆剧场

辛接触得到这些信件。[10] 如此一来,库辛的信作为他在巴黎的第一手见闻的价值被大大削弱了。但是也不排除一种可能,即在巴黎建造的剧场忠实地重现了维吉里在威尼斯见到的模型。法国版的剧场似乎很早就消失不见了。17世纪时,法国著名古董收藏家蒙特福贡(Montfaucon)曾四处探寻,但未见任何踪迹。[11]

就像在意大利一样,卡米罗和他的剧场在法国的宫廷里再次成为谈论的焦点,各种关于他在法国的故事相继出现。最神奇的是狮子的故事,其中一个版本出现在贝图西(Betussi)于1544年发表的对话录中。他说,有一天在巴黎,朱利奥·卡米罗与洛林红衣主教路易吉·阿拉曼尼(Cardinal of Lorraine)等人,包括贝图西本人,一起去看野生动物。一只狮子逃出园子,朝这群人走来。

> 这群绅士们大为惊慌,四处逃散,只有朱利奥·卡米罗先生原地不动。他不逃跑并不是为了逞勇,而是因为他实在是太胖了,行动比其他人迟缓。野兽之王绕着他兜圈,抚摸他,却不伤害他,直到它被赶回园子里。你说这是怎么回事?他为什么没有被咬死?所有的人都认为,他毫发无伤是因为有太阳的庇佑。[12]

卡米罗也自鸣得意地反复传诵这个故事,[13] 以此来证明他具有"太阳的力量",但他绝口不提事实的真相,其实正如贝图西所说,只是因为他没有别人跑得快罢了。太阳兽狮子的行为为这位神秘记忆系统的巨人作了很有效的宣传,正如我们后面将看到的,他的记忆系统就是以太阳为中心的。

据卡米罗的朋友兼弟子吉罗拉·摩修奥（Girolamo Muzio）说，他在1543年回到意大利。[14]伊拉斯谟在给维吉里的一封信中透露，法国国王的资助没有像他所希望的那样源源而来。[15]卡米罗回到意大利后，似乎便没有了工作，或者说是失去了庇护人。戴尔·瓦斯托侯爵（Marchese del Vasto，米兰的西班牙总督阿方索·达瓦达斯[Alfonso Davalos]，曾是意大利诗人阿里奥斯托[Ariosto]的庇护人）询问摩修奥，法国国王是否兑现了卡米罗的希望。如果希望落空，而卡米罗又愿意告诉他"那个秘密"，[16]他愿意给卡米罗一份年金。卡米罗接受了这一交换条件，余生一直领取戴尔·瓦斯托侯爵的奉禄，跟侯爵讨论，或是在各个不同的学院里演说，直到1544年在米兰去世。

1559年，有一本关于米兰附近的别墅以及富有主人收藏品的旅游指南出版了。在这本小册子里，我们读到一个品性高尚、名叫彭姆波尼奥·考塔（Pomponio Cotta）的先生，他有时为了逃避嘈杂和束缚（换言之，逃避城市生活的压力），回到他的别墅隐居，为的是找回自己，躲避他人。他在这儿有时打猎，有时阅读论述农业的书，有时则让人为题铭作画，他智力非凡，故画上的箴言写得十分微妙而深邃。

> 在这些奇异的画中，可以看到非凡的朱利奥·卡米罗剧场，以及那高尚而不可比拟的构造。[17]

遗憾的是，接下来对剧场的描述则原文引用了1550年出版的印刷版《剧场的观念》（*Idea del Theatro*），因此不能当作对别墅里实际物品的可靠描述。这个别墅主人的珍稀物品收藏中，到底有没有卡米罗的"剧场"模型或是其版本之一？提拉伯奇（Tiraboschi）认为这些画只是根据剧场的形象主题而作的壁画，[18] 他不相信剧场作为真实物品存在过，虽然这一想法是错误的（因为我们知道它确实存在过），但是他对这些画的源头作出的解释可能是正确的，因为《剧场的观念》序言里说道，"如此壮丽的建筑物，它的整个构造现已无法看到。"[19] 看来，在1550年的意大利，剧场实物已经无迹可寻。

朱利奥·卡米罗没有能够成就他的完美，尽管如此，或者说正因为其不完整性，使得他去世之后名望不减反增。1552年，有一位叫鲁多维科·多尔切（Ludovico Dolce）的流行作家，他对公众感兴趣的事物嗅觉灵敏，他为卡米罗的小作品集写了一个序，序中哀悼这位天才的英年早逝，感叹卡米罗就像皮科·德拉·米兰多拉一样，没能完成他的巨作，展现他"超人而非凡的智力"的全部成果。[20] 1588年，摩修奥在波伦亚的一次演讲中，赞美特里特米乌斯（Mercurius Trismegistus）、毕达哥拉斯、柏拉图、皮科·德拉·米兰多拉的哲学，他将卡米罗的"剧场"与这些伟人相提并论。[21] 1578年，托斯卡努斯（J. M. Toscanus）在巴黎发表了一系列有关意大利著名人物的拉丁诗歌《意大利之赞》（Peplus Italiae），其中有一首就是赞美卡米罗的，诗歌中称世界七大奇迹都必须向他那奇妙的剧场致敬。这首诗的一个注解称，卡米罗在希伯来神秘哲学方面学识渊博，对埃及、毕达哥拉斯派和柏拉图主义的哲学都有精深研究。[22]

在文艺复兴时期，"埃及人的哲学"主要指归属为赫尔墨斯（Hermes，也称作墨丘利·特利斯墨杰斯忒斯）的论述，即《秘文集》（Corpus Hermeticum）和《阿斯克勒庇俄斯》

（*Asclepius*），菲奇诺对这两本著作做过深刻的思考研究。除此以外，皮科将犹太希伯来神秘哲学也加入了这一传统。卡米罗的崇拜者如此频繁地将他的名字与皮科相连并不是出于偶然，因为卡米罗完完全全就是属于皮科建立的赫尔墨斯–希伯来神秘传统，并且热情地沉浸其中，[23]将毕生精力都投入到对这个传统的改造，使它能为古典记忆术所用。

卡米罗晚年生活在米兰，效力于戴尔·瓦斯托（Del Vasto），他曾花了七个上午向吉罗拉·摩修奥口授他剧场的大纲。[24]他去世以后，文稿传到别人手里，于1550年在佛罗伦萨和威尼斯以《杰出的朱利奥·卡米罗先生的剧场观念》为题发表。[25]正是这部作品，使后人得以在某种程度上重建这个剧场，我们的示意图也以这部作品作为蓝图。

剧场有七级或七阶高，由代表七颗行星的七条通道划分开。研究者就像是观众，在他面前展现着世界七大范畴的景象。古代剧场中，最尊贵的人按惯例坐在最下面一层的位置，因此，这个剧场里，最伟大和最重要的事物也安排在最下面的一级/阶。[26]

有些同时代的人只粗略地将卡米罗的作品描述为圆形剧场，上述说明更进一步表明他设想的一定是维特卢威（Vitruvius）笔下的罗马剧场。维特卢威说过，剧场大厅的座位被七条通道隔开，也提到过上等人坐在最下面一层的座位。[27]

然而，卡米罗的记忆剧场与真正的维特卢威剧场不尽相同。记忆剧场的七条通道各有七级，每级上分别有扇大门，也就是说共有四十九扇门，上面装饰着很多形象。从本书的示意图看，门上有代表它们的图式以及描述这些形象的英文译文。在这些巨大且装饰过度的通道大门之间，完全没有观众的位置。这是因为卡

第六章 卡米罗的记忆剧场

米罗剧场的功能与其他一般剧场正相反,它不是用来供观众观看舞台上的演出。剧场唯一的"观众"站在理应是舞台的位置,面向大厅,眼观那四十九扇大门上的形象。

卡米罗从未提到过舞台,因此我也没有在示意图上标明。在一个正常的维特卢威式剧场,舞台背后会有五扇门,演员穿过这些门上下场。这些装饰丰富的门[28]被卡米罗从舞台背后移到了观众席上,因此那里没有座位。他参照了一个真正的维特卢威式古典剧场的设计,将其修改后用于助记。想象的门是他的记忆场景,存放着形象。

请看本书的示意图,可以看到剧场的整个系统基本依赖于七根柱子,即所罗门智慧圣殿的七根柱子。

> 所罗门在《箴言》第九章中说,智慧为自己建造了一座宫殿,以七根柱子为根基。这些柱子象征最稳定的永恒,透过它们,我们可以理解超天界的神源体,这是天界世界和低级世界组织结构的七大范畴,其中包含着天界世界和低级世界中一切事物的理念。[29]

卡米罗所说的世界组织结构,源于皮科·德拉·米兰多拉所阐述的希伯来神秘哲学的三个世界,分别为神源体的或神圣流溢的超天界世界、位于中间的星辰的天界世界以及尘世或基本的世界。三大范畴贯穿三个世界,虽然它们的呈现各有不同。在此,超天界世界的神源体等同于柏拉图式的真实理念。卡米罗将自己的记忆系统建筑在初因(first causes)、神源体(Sephiroth)和理念(Idea)之上;这些都是他记忆的"永恒场景"。

既然古代演说家在存放日常需要背诵的演讲内容时，主张将脆弱的东西放到脆弱的地方，那么理所当然的，若我们希望永久保存演说所表达的永恒事物，便应该将它们放到永恒的地方。因此，我们的神圣任务是在这七个宽广开阔而各不相同的范畴中找到一个秩序，以保持思维清晰，激发记忆。[30]

从这些话语中可以看出，卡米罗从来没有忘记他的剧场源于古典记忆术原理之根，但他的记忆建筑代表的是永恒的真理秩序。在剧场里，宇宙及其组成部分与根本的永恒秩序被有机地联系起来，从而被记忆。

因此，卡米罗解释说，宇宙的最高原则——神源体离我们的知识很遥远，先知们也只是很神秘地稍稍触及这一方面。于是他将七个行星代替神源体放在剧场的第一级，因为相较之下，行星离我们更近，它们的形象特征分明，是较容易掌握的记忆形象。尽管这些行星的形象及其属性被放在第一阶（也就是最高等级），但不应将之理解为无法逾越的终点，它们同时还代表了高于其等级的七大天界范畴。[31] 这一观念也显示在示意图上，在第一级也就是位于最下方的七扇门上，展示了行星的人物形象、行星人物的名字（代表它们的形象），还有与每个行星各自相连的神源体和天使的名字。为了体现太阳神的神圣地位，卡米罗改变了排序，在第一级上用金字塔的形象代表太阳本身，而将行星的形象——阿波罗放到第二级。

第六章 卡米罗的记忆剧场

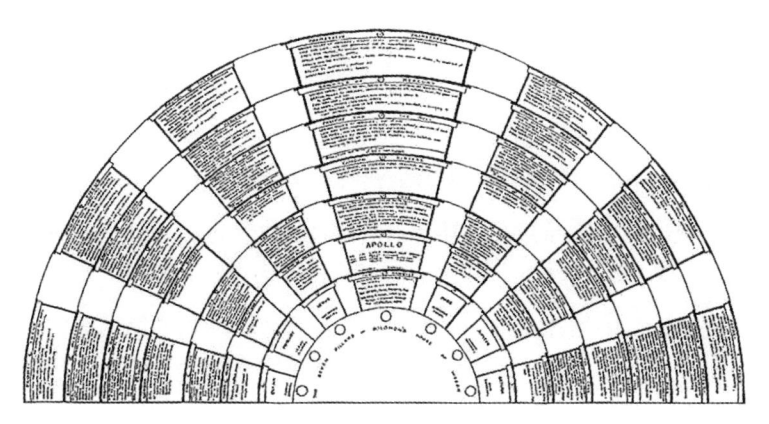

朱利奥·卡米罗的"记忆剧场"

古代剧场总是将最底下的位子留给位高权重的人，为了沿袭这一惯例，卡米罗将七大根本范畴，即七个行星放在最下面一阶/级。根据魔法神秘理论，一切事物都以这七个根本范畴为基础。一旦系统地掌握基本范畴，它们的形象和特征便印记在我们的记忆里，思想便可以在中间的天界世界朝任何方向移动；既可以上升到超天界的理念、神源体和天使的世界，进入所罗门的智慧圣殿，也能下降到世俗和基本的世界。世俗和基本的世界根据其受到的不同星际影响，自行有序地排列在剧场上方的阶/级（实际上是剧场中较低等的位置）。

第一级之上的六个等级也各有七扇门，同级的门上都有一个相同的形象，表示该等级总体的象征意义。示意图中，我们在每扇门的上方都写上该等级总体形象的名称，也安置了行星标记，表明每扇门所属的行星系列。

因此，在第二级上，读者会看到每扇门上都写着"宴会"，它表述这一等级总体意义的形象（但太阳那一列例外，"宴会"

被写在第一级上,顺序倒置以示太阳系列与其他系列的区别)。剧场的第二级描述了宴会的景象。在诗人荷马的想象中,海神大摆宴席招待所有的神祇,"这位崇高的诗人创造这个故事有其崇高神秘的意义。"[32] 卡米罗解释说,大海是智慧之水,在造物主出现之前就已经存在;被邀请的神是理念,存在于神圣的典范中。或者说是荷马盛宴令他想到圣约翰的福音"太初有道",或《创世记》中的开首语:"太初。"简言之,剧场的第二级实际上是创世的第一天,以大海为众神设宴的景象表示,此处,创世元素尚处在简单而未混合的形式。

"第三级的门上都画着一个洞穴,我们称它为'荷马式洞穴',与柏拉图在《理想国》里描绘的洞穴相区分。"《奥德赛》所描画的仙女洞里,仙女们在织布,蜜蜂进进出出。卡米罗说,这些活动象征着混合元素形成初级物质,"我们希望这七个岩洞都各自保存这种混合物以及根据其行星的性质归属于它的初级物质"。[33] 因此洞穴等级代表了创世的下一阶段——元素的综合,创造出事物或形成初级物质。图中,这一阶段引用了犹太希伯来神秘哲学有关《创世记》的评论来辅助说明。

第四级是关于人的创造,或者说是人内在的创造,也就是思想和灵魂的创造。"现在让我们上升到第四等级,这属于内在的人,是上帝最高尚的造物,上帝按照自己的形象和象征将其创造。"[34] 为什么这一等级的主导形象是希腊诗人赫西奥德(Hesiod)[35]笔下合用一只眼睛的三姐妹蛇发女怪戈尔工(Gorgon Sisters)呢?想必卡米罗采纳了犹太希伯来神秘哲学的观点,即人有三个灵魂。将三姐妹合用一只眼睛的形象用于第四级,代表"根据每个行星的性质而归属于内在的人"的事物。[36]

第五级中，人的灵魂融入了人的身体，由帕希法厄（Pasiphe）与公牛的形象来象征。这一形象是该等级的主导形象，"她（帕希法厄）倾心于公牛，按照柏拉图主义者的观点，这象征着灵魂处于一种渴望融入身体的状态。"[37] 灵魂从高处下降的过程中经过所有的领域，从纯洁似火的媒介变成大气的媒介，灵魂在大气中获得能力，得以与粗俗肉体的物质形式结合，这以帕希法厄与公牛的结合作为象征。因此，剧场第五级门上帕希法厄的形象"包罗了（此等级所有门上的）所有其他形象，该形象附带大量事物和语言，它们不仅属于内在的人，而且属于外在的人，并且涉及每个行星的不同性质所对应的身体不同部位"。[38] 这一级每扇门上的最后一个形象都是公牛，这些公牛代表了人的身体各部分及其与黄道带的宫宿相连的关系。因此，我们可以看到示意图上第五级所有门的下方都写有公牛、其代表的身体部分以及相关的黄道带宫宿。

"第六级的行星门上全都画有飞行鞋和其他装饰物，在荷马的诗中，墨丘利（Mercury）穿上飞行鞋为众神传递消息。借着这个形象，记忆被唤醒，想到人可以自然地、不借助科学艺术开展所有活动。"[39]

"第七级代表所有高尚和邪恶的艺术。每一扇门都绘有普罗米修斯举着点燃的火炬。"[40] 普罗米修斯偷取圣火，教诲人类神的知识和所有科学艺术，因此他的形象成为最顶端的形象，出现在剧场最高一级的门上。这一级不仅涵盖所有艺术和科学，还囊括了宗教与法律。[41]

一言以蔽之，卡米罗的"剧场"代表宇宙从初因扩展、经历创世的各个阶段。首先，宴会等级中，从水而来的简单元素的出现；然后在洞穴中混合；接着在戈尔工姐妹等级上按照上帝的形象创造人的灵魂；随后在帕希法厄与公牛的等级上，人的灵魂与身体结合；之后，人类活动的整个世界便出现了：墨丘利飞行鞋的等级上人的自然活动；以及普罗米修斯等级上人的各门艺术、科学、宗教与法律。纵然卡米罗的系统有一些非正统的成分（后面将要讨论），但这些等级排列显然令人联想到正统宗教中的天创世记。

然而如果我们沿着七大行星的通道向上，整个建筑物随着七大范畴的发展形成了一种秩序。以木星朱庇特（Jupiter）的系列为例，木星与气的元素相联，在木星系列中，宴会等级上悬浮着神后朱诺（Juno）的形象，[42] 表示气是个简单的元素；在洞穴等级上，同样的形象则意味着混合的元素；在墨丘利飞行鞋的等级上，它代表着呼吸、叹息的自然运作；在普罗米修斯等级上，则是技巧性地应用大气，例如风车的使用。木星朱庇特是个仁慈的行星，它产生的影响是宽容温和的。在木星系列中，戈尔工的形象在洞穴下表示有用之物；在帕希法厄与公牛的等级上，她们代表了慈善的性质；在墨丘利飞行鞋的等级上，是行善的举动。在不同等级上，形象的意思会随之改变，但基本主题仍保持不变。而且这些剧场的形象特征都经过深思熟虑。在戈尔工姐妹的等级上，精致的白鹳与墨丘利的节杖代表了木星朱庇特纯粹精神的或思想的外在形式，也代表平静的灵魂飞向天界……选择、判断、告诫。在帕希法厄与公牛相连的等级上，木星朱庇特的个性由代表善良、友好、好运和财富的形象表示。木星的自然活动出现在墨丘利飞行鞋的等级上，其形象代表行使美德、开展友谊的活动。在普罗米修斯的等级上，木星的特征则由代表宗教和法律的

第六章 卡米罗的记忆剧场

形象呈现。

再比如土星农神萨杜恩系列。[43]土星与土的元素相连，在宴会等级上是西布莉女神，表示土作为简单的元素；西布莉在洞穴下代表一个混合的元素；在墨丘利飞行鞋的等级上，是与土相关的自然活动，比如几何、地理、农业。悲伤与寂寞的土星（农神萨杜恩）气质由单个麻雀的形象表述，这一形象在洞穴、帕希法厄和墨丘利的飞行鞋等级中重复出现。土星的精神特性在戈尔工姐妹等级以赫拉克勒斯与安泰俄斯的形象出现，两人在大地上的搏斗被上升到沉思的高度（与之相比较，同一等级上的木星系列则是采用轻松简易、在空中上升的形象）。在洞穴等级下，土星（农神）与时间的联系由狼、狮子和狗三种动物的头部表示，它们分别象征过去、现在和未来。[44]在洞穴、帕希法厄和墨丘利飞行鞋的等级中，潘多拉这一形象的出现意味着土星与厄运以及贫困也有联系。另外，搬运是土星最卑微的"工种"之一，因此驴子的形象出现在普罗米修斯等级中。

一旦理解了这种构成，便可以将其应用于其他的行星系列中。在盛宴等级中，湿润的月球借用尼普顿（Neptune）来代表简单的水元素，其他等级也分别使用了同样的形象，通过其常见的变化来暗指月神的气质与活动。水星系列则是巧妙地展示了墨丘利的天才和能力。代表爱与美的金星维纳斯（Venus）系列以同样方式呈现生活的性爱方面。同理，火星系列在不同等级上用火与锻冶之神伏尔甘作为火的形象，意指战神马尔斯的气质和职责。

最重要的部分是居于中心位置的太阳神阿波罗的伟大系列，我们留到后面再做讨论。

从上述分析中，我们可以看出，卡米罗记忆剧场反映了多么

- 189 -

广博非凡的领域及范围,引用他自己的话说:

> 这一崇高而无与伦比的设计不仅履行保管的职责,使我们在需要时能立即找到存放在那儿的事物、词语和艺术,同时它也传授给我们真正的智慧,让我们从智慧的源头而非结果处获得知识。下面的例子可以让我们更清楚地认识到这一点。设想我们身处一片巨大的森林,要站在自己的位置看到整片森林,那是不可能的,因为我们的视线被局限于一个很小的范围,四周的树会遮挡远处的景色。但是如果这片森林附近有一个山坡通向一座高山,我们走出森林上了山坡,便应该看得到森林的大部分,从山顶我们才可以看到整片森林。森林代表我们的世俗世界;山坡代表天界,山顶代表超天界。要理解较低世界的事物,只有到较高的地方,从高处俯瞰,这样我们才能对低级世俗的事物有更确切的认识。[45]

因此,卡米罗记忆剧场展示的世界和事物本质是从高处看到的,是从星星本身甚至是超越星星的超天界的智慧源泉看到的。

然而,这一景象使用了传统记忆术的术语,被置于古典记忆术框架之内。剧场是一个记忆场景的系统;虽然它"崇高而无与伦比",却仍然行使古典记忆术的职能——为演说家们保管"存放在那儿的事物、词语和艺术"。古代的演说家将他们希望记住的演讲存放在"脆弱的地方",而卡米罗则"希望永久保存演说所表达的永恒的事物",因此将它们分配到"永恒的场景"。

剧场里的基本形象是行星之神。根据记忆规则,一个好的记

第六章 卡米罗的记忆剧场

忆形象要具备感情或感染力,而这些形象恰好充分表达了主神朱庇特的平和、火星马尔斯的愤怒、土星萨杜恩的忧郁和金星维纳斯的爱。剧场从初因开始,从各种情感的行星原由开始,不同的情感热流从行星的源头涌出,穿过分为七层的剧场。以情感激发记忆,正是古典记忆术所推崇的,但在卡米罗的剧场里,这种作用是在与初因有机结合的情况下发生的。

根据维吉里对剧场的描绘,这些形象之下有许多抽屉、盒子或某种柜子,里面藏着大量纸片,纸上是据西塞罗著作所拟的演讲辞,与形象所提示的内容有关。《剧场之观念》中不断提到这种结构系统,例如某一个段落说到,第五级门上的形象附有"大量事物和词语,不仅属于内在的人,而且属于外在的人"。维吉里似乎看到卡米罗激昂地操纵着剧场里的"纸片",从储藏处拉出很多"书卷"来。卡米罗想到了"事物"记忆和"词语"记忆的崭新方式,那就是将书写的演讲放在形象之下(现在,这些理应放在剧场"储藏处"的书写资料似乎都已丢失,有人怀疑是被亚历山大·希托利尼偷走并以自己的名义发表了)。[46]如今提起这些剧场里的抽屉和保险箱时,人们以为它们只是装饰华丽的档案柜,如果这么想,便忽略了一个宏伟的观念——记忆是与宇宙有机连结的。

虽然记忆术仍然按照规则使用场景和形象,其背后的哲学和心理已然发生了剧烈变化。它不再属于经院哲学,而成了新柏拉图主义。卡米罗的新柏拉图主义受到神秘哲学的强烈影响,而神秘哲学是马奇里奥·菲奇诺开创的运动的核心。15世纪,统称为《秘文集》的一批论述被重新发现,并且由菲奇诺翻译成拉丁文。他和很多人一样,相信这是古代埃及圣贤赫尔墨斯（Hermes，或称墨丘利[Mercurius]）·特利斯墨杰斯忒斯（Trismegistus）的著作。[47]这些作品代表了一种早于柏拉图的古代智慧，是柏拉图和新柏拉图主义者的灵感来源。在教会神父的鼓动下，菲奇诺将神秘哲学的论述阐释为预言基督教来临的异教论说，为其添加了尤为神圣的性质。《秘文集》作为有关最古老智慧的神圣书籍，对文艺复兴时期的新柏拉图主义来说，几乎比柏拉图更加重要。与它相连的是特利斯墨杰斯忒斯的另一本在中世纪同样为大家所熟悉的灵感之作《阿斯克勒庇俄斯》，神秘哲学的地位在文艺复兴时期日渐重要，卡米罗的"剧场"也彻底地受到这些影响的浸润。

记忆术的旧瓶里装进了文艺复兴"神秘哲学"思潮的新酒，以15世纪晚期菲奇诺在佛罗伦萨开辟的运动为源头流淌而来，新鲜而浓烈，进入16世纪的威尼斯。卡米罗接触到一些神秘哲学教义的论述，包括菲奇诺翻译的《秘文集》拉丁文译本中的前十四篇，还有《阿斯克勒庇俄斯》的拉丁文译本，他大量引用了归属为"墨丘利·特利斯墨杰斯忒斯"的论述。

《秘文集》第一篇为《牧者》（*Pimander*），其中有关于创世的神秘描述，卡米罗从中读到造物主如何塑造了"七个统领，用它们自己的圆圈围绕感官世界"。他引用了菲奇诺的拉丁文译本，并说是在引用"墨丘利·特利斯墨杰斯忒斯在《牧者》中的话"，并附加了他自己的评语：

> 神性诞生自这七个范畴，反过来也表明七大范畴一直隐含在神性的深渊之中。[48]

第六章 卡米罗的记忆剧场

《牧者》的七个统领指的就是卡米罗建立剧场的七个范畴，随后被衍伸至神源体，进而衍伸到神性的深渊。它们不仅是占星术意义上的七颗行星；也是神圣的星灵。

七个统领被放入运动轨迹后，《牧者》对人类的创造进行了描述，与《创世记》中的描述大为不同。神秘哲学的人是按照上帝的形象创造的，从这个意义上说，人被赋予了神圣的创造力。当人看到被创造出的七个统领时，他希望自己也能创造一个作品，"圣父便应允了他"。

> （人）便进入了造物主的领域，人在其中享有全权，统领们爱上了他，每一位都让他在自己的领域内占一席之地。[49]

人的灵魂是神灵的直接反映，拥有七大统领的全部力量。当它降临进入人的身体时，并不会失去思想的神圣性，而且这种神圣的本质可以通过对神秘哲学的体验而得到完全的复元，这种体验会向人类披露其自身内在的神光以及生命。这也是《牧者》接下来所阐述的内容。

在剧场里，人的创造经历了两个阶段。身体和灵魂并非同时创造的，这一点与《创世记》不同。首先，在戈尔工姐妹的等级上出现了"内在的人"，他是上帝最高尚的创造物，是按照上帝自己的形象和样子创造的。然后在帕希法厄与公牛的等级上，人接纳了一个身体，受黄道带的管辖。这就是《牧者》里所描绘的情况：内在的人，其思想在被创造时就带有神圣性，具有星辰统治者的力量，随着进入身体，开始受星辰的统治，从那以后，人便要在神秘哲学的宗教升华经验中穿过重重天界,重新恢复自己的神性。

在戈尔工姐妹的等级上,卡米罗讨论了"按照上帝的形象和象征创造人"意味着什么。他引用了《光辉之书》(Zohar)的一段话,意思是说,内在的人实际上不是神圣的,虽然它的形象与上帝相像。卡米罗用神秘哲学的描述反驳《光辉之书》里的这段话:

> 但是墨丘利·特利斯墨杰斯忒斯在《牧者》中指出,形象和象征是同一事物,属于神圣等级的全部。[50]

随后他引述《牧者》开头有关造人的段落,以支持特利斯墨杰斯忒斯的观点,即内在的人是在"神圣的等级上"创造的。接着他引用了《阿斯克勒庇俄斯》中的话:

> 啊,阿斯克勒庇俄斯,人是多么伟大的奇迹啊,一个值得崇拜和尊敬的存在,因为他融入了神的天性,就像他自己也是神一样;他与神仙熟识,知道自己出自同门;他鄙视自己天性中人性的那部分,而将希望寄托在神圣的那部分。[51]

这又一次肯定了人的神性,肯定了人与具创造力的星辰神仙是同一种类。

《秘文集》第十二篇再次肯定了人的智慧具有神性,这是卡米罗最喜欢并频繁引用的论文。它说智慧来自上帝的本质。在

第六章 卡米罗的记忆剧场

人身上，智慧是上帝；有些人是神圣的，因为他们的人性接近神性。世界也很神圣；它是一个伟大的神，是一个更伟大的上帝的形象。[52]

这些有关人的思想是神圣的神秘的哲学教义渐渐影响了卡米罗，并反映在他创造的记忆系统里。卡米罗相信人的神性，因此他惊人地声称能够记住整个宇宙，从上往下看，从初因开始，就像上帝一样。[53]至此，微观宇宙的人与宏观宇宙的世界之间的关系有了新的意义：微观宇宙能够完全理解和记住宏观宇宙，能够将宏观宇宙纳入其神圣的思想或记忆。

对现今的使用者来说，这样的记忆系统尽管使用了古老的场景和形象，却拥有与古代大不相同的含意，前人被允许在记忆中使用形象，这是对人的弱点让步。

皮科·德拉·米兰多拉采用基督教的形式将犹太希伯来神秘教大众化，并将它融入颇具影响的菲奇诺的神秘哲学。这两种宇宙的神秘主义有密切的共通性，共同构成了赫尔墨斯-希伯来传统，成为继皮科以后文艺复兴时期非常强盛的势力。

显然，卡米罗的剧场受到希伯来神秘哲学体系的极大影响。该体系中，代表超天界里神圣范畴的十个神源体与宇宙的十个领域相对，皮科·德拉·米兰多拉采纳了这一点。对卡米罗来说，正因为天界的行星七大范畴与超天界的神源体相对应，才使得剧场向上伸展可以进入超天界世界、神圣的智慧深处以及所罗门庙的奥秘。不过，卡米罗改变了惯常的排列，其剧场系统的行星之领域与犹太的神源体、天使间的相互对应如下：

行星	神源体	天使
月神（Luna，黛安娜[Diana]）	马卡塔（Marcut）	加百列（Gabriel）
水星（Mercury）	耶索得（Iesod）	米迦勒（Michael）
金星（Venus）	浩得、尼萨克（Hod and Nisach）	霍尼尔（Honiel）
太阳神（Sol）	提法拉（Tipheret）	拉弗尔（Raphael）
火星（Mars）	格布拉（Gabiarah）	卡迈尔（Camael）
木星（Jupiter）	查斯得（Chased）	查德凯尔（Zadchiel）
土星（Saturn）	比纳（Bina）	查菲尔（Zaphkiel）

他刻意漏掉两个最高的神源体——可撒尔（Kether）和浩可曼（Hokmah），而将自己的系列止于比纳-萨杜恩（Bina-Saturn）的等级，由于摩西也只上升到比纳级，因而卡米罗解释自己并不打算超越这一等级。[54] 这些对应关系也存在一些混乱和异常，比如金星拥有两个神源体。萨克瑞特（F. Sacret）指出卡米罗对神源体的名字也作了微调，并认为奥古斯丁派修士、维泰博的伊吉迪乌斯（Egidius of Viterbo）很可能是造成变动的缘由。[55] 除此之外，他的神源体—行星的相互关联并无反常之处，七个天使与神源体—星辰的关联也符合常态。

除了采纳犹太教的神源体、天使以及它们与行星领域的关联，希伯来神秘哲学的影响也萦绕在剧场中，其中最值得注意的是，卡米罗引用了《光辉之书》有关三个灵魂的说法——乃萨玛（Nessamah）是最高的灵魂，鲁阿奇（Ruach）是中间的灵魂，乃菲斯（Nephes）是最低的灵魂。[56] 他将戈尔工的形象赋予这一希伯来神秘哲学的概念，三人合用一只眼睛，成为"内在的人"等级的主导形象。和特利斯墨杰斯忒斯一样，他迫切希望将内在

第六章 卡米罗的记忆剧场

的人完全神圣化,尤其强调最高灵魂。卡米罗将希伯来神秘主义、基督教与哲学奇异地混合在一起,以此来支持自己的理念,这种混合也体现在《人致上帝之信》(*Lettera del rivolgimento dell'huomo a Dio*)中对剧场里戈尔工的解释。这封信看似有关人回归上帝的主题,实质上是对剧场的评论,就像卡米罗其他次要的论述一样。在提到剧场以戈尔工象征人的三个灵魂——乃萨玛、鲁阿奇和乃菲斯之后,他阐述了最高灵魂的意义:

> 我们有三个灵魂,墨丘利·特利斯墨杰斯忒斯和柏拉图把最靠近上帝的灵魂称作"心灵"。摩西称其为"生命的精神";圣奥古斯丁称之为"更高尚的部分";大卫王称作"光",说"在您的光中我们会看到光";毕达哥拉斯也附和他说"人谈神必有光"。亚里士多德称这一光为主动理性,据研究象征的神学家们说,那便是戈尔工三姐妹共用的一只眼睛,墨丘利说,如果我们将自己与这个心灵相联,便可以通过其中上帝的光芒来理解一切事物,无论过去、现在和未来,也就是天界和世间的一切事物。[57]

现在再来看剧场戈尔工姐妹等级中的金枝,我们可以将之理解为主动理性、乃萨玛或灵魂的最高部分、一般意义上的灵魂或理性的灵魂、精神和生命。

卡米罗将他的剧场植根于皮科·德拉·米兰多拉的精神世界,这是皮科的《论题》《论人的尊严》(*Oration on the Dignity of Man*)和《七天》(*Heptapus*)的精神世界,在这个精神世界里,天使的领域、神源体、创世纪的天数,与墨丘利·

特利斯墨杰斯忒斯、柏拉图、普罗提诺（Plotinus）、圣约翰的福音、圣保罗的使徒书信混合在一起。在千式百样的参考中，不论是异教的、希伯来的，还是基督教的，皮科都自如地纵横其中，好像有把万能钥匙一般。皮科的理解引起卡米罗的共鸣，在这个世界里，人的思想是按照上帝的形象创造的，占据着中间的位置（就像戈尔工等级占据剧场的中间位置）。人用思想理解这个世界并在其中游走，使用微妙的宗教魔法——赫尔墨斯和卡巴拉的神秘宗教魔法，将世界吸入自己的内在，从而让自己回归到那个理应属于他的神圣等级。人类与七个行星统领相连（皮科在《论人的尊严》开篇惊叹道，"啊，人是多么了不起的奇迹！"他引用了墨丘利·特利斯墨杰斯忒斯的话），可以与之交流。人还可以超越他们，通过希伯来神秘哲学，秘密地与天使交流。人的神圣思想在超天界、天界和俗世这三个世界里移动。[58] 在剧场里，卡米罗的思想也是这样在所有的世界中漫游。皮科提醒道，这些都必须掩藏在面纱之下。埃及人在他们的寺庙中雕刻狮身人面像斯芬克斯，象征着秘藏神圣不可侵犯；摩西的最高启示也隐藏在希伯来神秘哲学中。卡米罗在《剧场的观念》的开头几页，以同样的论调谈到他隐藏的秘密。"墨丘利·特利斯墨杰斯忒斯说宗教演说充满着上帝，因为庸俗的入侵而受到亵渎。由于这个原因，古人……在寺庙雕刻了狮身人面像斯芬克斯……伊西结因为披露自己的所见，遭到希伯来神秘哲学家的训斥……现在让我们以上帝的名义接着谈我们的剧场吧。"[59]

卡米罗使记忆术与文艺复兴时期的新潮流得以和谐共生，他的记忆剧场容纳了菲奇诺和皮科、魔法和希伯来神秘主义、文艺复兴时期新柏拉图主义中包含的赫尔墨斯神智学和希伯来神秘哲

第六章 卡米罗的记忆剧场

学。他将古典记忆术变成了一种玄秘艺术。

这个玄秘记忆系统的魔法何在？如何起作用？应该如何起作用？在这里，卡米罗受到菲奇诺的星象魔法[60]的影响，并引以为己用。

菲奇诺的精神魔法依据了赫尔墨斯神智学代表作《阿斯克勒庇俄斯》中描绘的魔法仪式，据说通过这些仪式，埃及人或严格地说是赫尔墨斯派的伪埃及人，凭借宇宙的神圣或恶魔力量激活他们的雕像。菲奇诺在他的《论从天界获得生命》（*De vita coelitus comparanda*）里描绘了人们从星辰吸纳生命力、捕获坠下的星辰的力量，将之用于生活和健康。据赫尔墨斯神智学的论说，天界的生命来自空气或精神，在太阳下最强烈，同时太阳也是它的主要传播者。菲奇诺因此专注于太阳，他的治疗式星辰崇拜，乃是对太阳崇拜的复兴。

卡米罗的"剧场"里，虽然菲奇诺的影响比比皆是随处可见，但最明显的是它占据了太阳系列的中心。菲奇诺有关太阳的观念虽然也出现在他的其他作品中，但相关的阐述还是以《论太阳》（*De sole*）为主。[61] 在《论太阳》中，太阳被称作"上帝的形象"，被比作三位一体。在太阳系列的等级上，卡米罗放置了一个金字塔的形象，代表三位一体。在上一级阿波罗作为主要形象，卡米罗在门上陈列"光"的系列：太阳、光明、光亮、光辉、光热、创造。菲奇诺在《论太阳》里有一个相似的光系列：太阳代表的事物依等级递减，分别是上帝、天界里的光、作为一种精神形式的光亮、光热、光的生成，这与卡米罗的系列不完全相同；菲奇诺在不同著作中描绘光的等级也不一致。但归根结底，卡米罗的排列在精神上完全是菲奇诺式的，表明了一种等级高低，从太阳是上帝开始，依次下降到较低领域的其他光和热的形式，在光线中传播精神。

沿着太阳系列向上，我们发现岩洞的等级上有百眼巨人的形象，表示整个世界由于星辰的精神而充满活力，令人想起菲奇诺魔法的基本原理之一，即星辰的精神主要凭借太阳传播。在墨丘利飞行鞋等级上，金链花的形象表达了面向太阳、吸收太阳能量、伸手朝着太阳的姿态，让人联想到菲奇诺式的太阳魔力的运作。卡米罗的太阳系列融合了典型的菲奇诺式太阳神秘主义和魔幻日光浴主义。

卡米罗在岩洞等级上放置了公鸡与狮子的形象，以此重复狮子的故事。我们已经在别处听过这个故事，都比不上这则如此恭维：

> 当这个剧场的作者在巴黎时，曾去过一个叫透乃洛的地方，当时他与很多绅士在一个房间里。房间的窗户面对一座花园。一只狮子从园子里逃了出来，迈入这个房间，来到他身后，咬住他的大腿，却没有伤害他，只是用舌头舔他。当他察觉它的触摸和呼吸而扭过头来时——此时其他人早已逃之夭夭——这头狮子跪倒在他面前，仿佛在乞求他原谅。这只能传达一个意思，即这只野兽惧怕他身上来自太阳的强大力量。[62]

这只可怜的狮子不仅向旁观者们也向卡米罗本人证明了剧场的作者是个太阳魔法师。

读者可以对这则故事付之一笑，却不能太轻视剧场里的太

第六章 卡米罗的记忆剧场

阳系列。要知道，哥白尼在介绍太阳中心假设时就引用了墨丘利·特利斯墨杰斯忒斯在《阿斯克勒庇俄斯》中关于太阳的论说；[63] 乔达诺·布鲁诺在牛津详细陈述哥白尼的日心说时，将它与菲奇诺的《论从天界获得生命》相连；[64] 卡米罗在太阳系列岩洞等级的百眼巨人形象中引用了赫尔墨斯神秘观点，即地球并非静止的，而是活动的，[65] 这曾被布鲁诺取用，为自己的地球运动说作辩护。[66] 剧场的太阳系列表明，在文艺复兴时期人的思想和记忆中，太阳具有新的重要性、神秘性、情感性、魔法性，太阳占据了重要的中心地位。也就是说，内在的想象世界朝向太阳运转，日后如要讨论激发日心革命的因素，我们也必须将这一点纳入考虑。

卡米罗同菲奇诺一样，是个基督教赫尔墨斯神秘主义者，他竭力将赫尔墨斯神智学的教义与基督教相连。在这个圈子里，赫尔墨斯·特利斯墨杰斯忒斯是神圣人物，因为他提到了"上帝之子"，[67] 于是人们认为他预言了基督教。赫尔墨斯·特利斯墨杰斯忒斯被视为一个神圣的异教先知，占星家保持了基督徒身份。前文已提到，对卡米罗以及菲奇诺来说，太阳是最强大的星神和主要的精神传播者，其最高的表现形式是三位一体的形象。然而，卡米罗不认为来自太阳的精神是圣灵，他视其为"基督的精神"，这一点非同寻常。卡米罗引用《秘文集》卷五——"上帝既隐蔽也显见"，由此将该论述的主题、创世中潜在的神圣精神与基督的精神等同起来。他引用了圣保罗的话——"基督之精神是赋予生命的精神"，并补充道："有关这一点，墨丘利写了一本书，《既隐蔽又显见的神》（*Quod Deus lateens simul, ac patens sit*，即《秘文集》卷五）。"[68] 卡米罗把精神世界作为基督的精神，使他在热情接受菲奇诺的精神魔法的同时，给弥漫着精神魔法的剧场注入了基督教的基调。

在使用古典方式场景和形象的记忆术系统中，菲奇诺式的魔法力应如何发生作用？我认为，其秘诀在于，记忆形象可以被当作一种内在的护符。

这种护符是上面印有形象的物品，传说，形象按照某些魔法规则制作，因而被赋予了魔力或具有魔法效力。护符的形象通常是星辰，例如，维纳斯的形象代表行星金星之神，阿波罗的形象代表行星太阳之神。一本名为《圣贤目标》（Picatrix）的避邪魔法手册在文艺复兴时期广为流传，其中描绘了如何将星辰的精神注入护符以赋予它们魔力。[69]这本有关避邪魔力理论基础的赫尔墨斯神智学著作正是描绘埃及魔力的《阿斯克勒庇俄斯》（Asclepius）。据其作者所说，埃及人知道如何赋予他们的神像以宇宙和魔法的力量；他们通过祷告、念咒以及其他方法，赋予这些雕刻生命力；换言之，埃及人通晓如何"造神"。《阿斯克勒庇俄斯》中描绘的埃及人将塑像变成神的过程，与创造避邪护符物的过程相似。

菲奇诺在他的魔法中使用了一些护符，他在《论从天界获得生命》（De viat coelitus Comparanda）中引用了对护符形象的描写，有些很可能引自《圣贤目标》（Dicatrix）。已经有研究证明，菲奇诺书中有关护符物的描写来自《阿斯克勒庇俄斯》中有关埃及人如何赋予他们神像宇宙和魔法力量的段落，只是略有改动。[70]菲奇诺使用这种魔法时相当谨慎，尽量掩饰其来源为《阿斯克勒庇俄斯》。尽管如此，他此举无疑是向神圣的老师墨丘利·特利斯墨杰斯忒斯表达尊敬与崇拜。

- 202 -

第六章 卡米罗的记忆剧场

像运用其他魔法一样，菲奇诺对护符的使用显示出高度的主观性和丰富的想象力。他的魔法实践，无论是诗歌或音乐的咒语，还是魔幻化的形象，其真正的目的都是让想象力处于准备接受天界影响的状态。而他的护符形象渐渐演变成文艺复兴式的美丽形式，是为了便于将其保存在内心以及使用者的想象中。他描绘如何将一个来自星宿神话的形象深刻地印在脑子里，当这些想象中的印象来到外在的世界时，两者便通过来自更高世界的内在形象力量合而为一。[71]

这种内在的、富于想象力地使用护符意象的方法，毫无疑问会在记忆术的玄秘版本中找到非常合适的载体。在这样一个记忆系统中，如果使用的基本记忆形象具有或假定具有护身的能力，以及从记忆中吸收天界影响和精神的能力，它便会成为与宇宙神圣力量密切相连的、"神圣"的、人的记忆。这样的记忆凭借来自天界的形象而具有或假定具有统一记忆内容的能力。卡米罗剧场的形象似乎具有相当于这种能力的力量，使"观者"在"观察这些形象"时，一眼便能读出整个宇宙的内容。我认为，剧场的秘密或秘密之一，是基本行星形象被当作护符，或是具有护符的效力，来自它们的星宿力量也贯穿其附属形象。例如，木星的力量会贯穿木星系列的所有形象，太阳的力量会贯穿太阳系列的所有形象。这样就可以假设，基于宇宙的记忆，不仅从宇宙中汲取力量，还可以统一记忆。反映在记忆里的所有感官世界的细节，被纳入和统一到更高的天界形象里，即它们的"初因"的形象里，继而在记忆中有机地统一起来。

如果上述理论成立，那么，卡米罗玄密记忆系统的理论基础便是《阿斯克勒庇俄斯》中有关魔法的论述。《剧场的观念》里没有引用或提到该著作中"造神"的段落，但是在另一个有关剧场的演讲中（很可能是在威尼斯的一个学院里所作的演讲），卡米罗确实提到了《阿斯克勒庇俄斯》的魔法塑像，并对它们的魔力做了微妙的解读。

> 我在墨丘利·特利斯墨杰斯忒斯的著述中了解到，埃及有非常杰出的雕塑家，当其雕塑的比例达到完美时，雕塑便充满了天使般的精神，因为如此完美的雕像不可能没有灵魂。与这些雕塑相似，我发现字词的构成，其功能是将所有的字词按照悦耳的节奏分配……这些字词，一旦被放在合适的地方，朗读时，它们就好像被注入了生命，充满了和谐。[72]

卡米罗从艺术的角度解释了埃及雕塑的魔力：一个比例完美的雕塑会被注入精神活力，从而成为一个有魔力的雕塑。

对我来说，这是卡米罗献给我们的一颗价值连城的珠宝，他用完美比例的魅力来解释《阿斯克勒庇俄斯》的魔法雕塑。这一发展也许受到《阿斯克勒庇俄斯》的启示，因为后者曾提过埃及巫法师用天界的仪式来维护他们魔力雕塑的天界精神，反映天界的和谐。[73] 文艺复兴时期的比例理论以"宇宙和谐"论为基础，讲述宏观宇宙世界的和谐比例如何匀称地反映在人体这个微观宇宙上。根据比例的规则制作的雕塑，会被注入天界的和谐，从而拥有一种魔幻的活力。

将之运用到一个玄秘系统的内在护符形象上，便意味着这种形象的魔力存在于它们的完美比例之中。卡米罗的记忆系统反映了文艺复兴艺术比例完美的形象，这正是它们的魔力所在。这

第六章 卡米罗的记忆剧场

使我们不由产生一种强烈的欲望,希望能够目睹剧场里的那些形象,可惜伊拉斯谟的朋友白白浪费了那次千载难逢的观赏机会。

这些精妙之处并没有使卡米罗免受涉猎危险巫法术的谴责。1614年,一个叫彼特罗·帕西(Pietro Passi)的人在威尼斯出版了一本有关自然魔法的书,警告人们小心《阿斯克勒庇俄斯》中的塑像,他说:"科尼利厄斯·阿格里帕胆敢在他的《论玄秘哲学》中断言天界的影响赋予它们(塑像)活力。"他认为:

> 总的来说,朱利奥·卡米罗是个明智、讲礼貌的人,但是他在《论剧场》中却犯了迷糊,他在书中谈到埃及塑像时,竟说天界的影响会下降到构造比例完美的雕塑里。在这点上,他和其他人都是错误的……[74]

卡米罗因此被谴责为魔法师,任何涉猎《阿斯克勒庇俄斯》中魔法段落的人都会受到类似谴责。从帕西的指责中可以判断,剧场背后的"秘密"可能确实与魔法有关。

卡米罗剧场代表了记忆术的非凡变迁。记忆术的规则在其中被清晰地描绘:一座建筑物划分成记忆的场景,并分别安排了记忆形象。但其形式是文艺复兴时期的,因为记忆建筑不再是一个哥特式的教堂或主教座堂;整套系统的理论也是文艺复兴时期的。古典记忆中情感鲜明的形象在虔诚的中世纪变成物质的象征,然后再次被改变,成为魔力强大的形象。与中世纪相连的宗教热情已转向新的、大胆的方向。人的思想和记忆此时是"神圣的",通过具有魔活力的想象力,拥有了理解更高深现实的能力。赫尔墨斯神智学的记忆术成为造就魔法师的工具和想象的手段，神奇的微观世界通过这些手段折射出神圣的宏观世界，人的思想可以理解天界的含义，因为它本来就属于那个神圣的等级。记忆术变成了一种玄秘的艺术，一种赫尔墨斯神智学的秘密。

当维吉里站在剧场里询问卡米罗这一作品的寓意时，卡米罗说它代表了思想能够涉及的一切和掩藏在灵魂中的一切，这些都可以通过剧场里的形象一目了然地表现出来。卡米罗试图告诉维吉里剧场的"秘密"，但是由于两人之间存在着一个巨大的、无法跨越的意识鸿沟而作罢。

其实，两者都是文艺复兴时期的产物。维吉里代表人文主义的学者伊拉斯谟，基于个性气质的差别以及他所受过的思想训练，他反对卡米罗所属的文艺复兴时期神秘玄奥的一面。维吉里和卡米罗在剧场会面时，科尼利厄斯·阿格里帕已经撰写了《论玄秘哲学》，已将玄秘哲学传遍欧洲北部各处，因此两人的会面并不代表当时欧洲南部与北部之间的冲突。此次会面代表的仅是两种不同思想种类的冲突，代表了文艺复兴的不同方面。伊拉斯谟与维吉里是理性的人文主义者，而卡米罗则是非理性主义者，承袭的是文艺复兴玄秘的一面。

对于伊拉斯谟这一类的人文主义者来说，记忆术正走向消亡，被印刷书本所取代，记忆术因其与中世纪的关联而显得过时，是现代教育家都在摒弃的笨拙艺术。但是在玄秘传统中，记忆术仍在发展，并被扩展出新的形式，注入新的活力。

理性的读者如果对思想史感兴趣，应该听听当时所有能感动人们的思想。卡米罗的记忆系统向我们展示了心灵方向发生的基本改变，与即将发生的新运动世界观的改变有着极其重要的联系。赫尔墨斯神智学对世界起着推动作用，是促使人的思想转向科学的因素之一。事实上，卡米罗在精神上比伊拉斯谟更接近科学发展运动，因为当时这些运动仍然掩藏在魔法的面纱之下，在威尼斯的学院里暗暗涌动。

要理解文艺复兴时期所创造的艺术成就的推动力，理解非凡神圣的艺术家和诗人如何为自己作品注入比例完美、来自天界的和谐元素，我们可以从神一般的卡米罗及其微妙的艺术魔力中获得指点。

注释:

1 此时记忆术进入了受文艺复兴神秘学影响的阶段。我在《乔达诺·布鲁诺与赫尔墨斯神秘传统》(*Giordano Bruno and the Hermetic Tradition*)(伦敦和芝加哥,1964年)一书的前十章中勾画了从马奇里奥·菲奇诺和皮科·德拉·米兰多拉到布鲁诺出现的文艺复兴赫尔墨斯-希伯来神秘主义传统的历史。虽然该书没提到卡米罗,但为其记忆剧场的观点提供了背景,后面提到的时候简称G.B.和H.T.

　　D.P.沃克(D.P. Walker)的《从菲奇诺到坎帕内拉的精神和魔力的法术》(*Spiritual and Demonic Magic from Ficino to Campanella*)(沃尔伯格学院,伦敦,1958年)对这问题有更详尽地论述,这本书后面简称沃克《魔法》(Walker, *Magic*)。

　　关于卡米罗使用的赫尔墨斯论著,最好的现代版本是A.D.诺克和A.J.法斯图季埃若(A.D. Nock and A.J. Festugiere)的《秘文集》(*Corpus Hermeticum*),巴黎,1945年和1954年,四卷(带法文翻译)。

2 这句话来自《意大利百科全书》的文章"朱利奥·卡米罗",并没有夸大其词。

3 18世纪出版了两篇卡米罗的回忆录:F.阿尔塔尼迪 塞尔维罗洛(F. Altani di Salvarolo)的"回忆卡米罗的生平和著述",《科学与语言文献学论文新文集》('Memorie intorno alla vita ed opera di G. Camillo Delminio' in *Nuova raccolta d'opuscoli scientific e filologici*),威尼斯,1755-84,XXII卷;G.G.李如提(G.G. Liruti)的《弗留利文人生平与著作笔记》(*Notizie delle vite ed opera...da' letterati del Friuli*),威尼斯,1760年,卷III,69及下一页;也请看提拉伯奇(Tiraboschi)的《意大利文人记》(*Storia della letteratura italiana*),VII(4),1513及下一页。

4 E.盖林(E. Garin)《人文主义修辞文本》(*Testi umanistici sulla retorica*),罗马-米兰,1953年,32-35;伯恩海尔墨,"世界剧场"(R. Bernheimer, 'Theatrum Mundi'),《艺术期刊》(*Art Bulletin*),XXVIII(1956年),225-231;沃克《魔法》(Walker, *Magic*),1958年,141-142;F.塞克里特,"希伯来神秘主义哲学在文艺复兴时的发展;朱利奥·卡米罗的世界剧场及其影响"('Les cheminements de la Kabbale a la Renaissance; le Theatre du Monde de Giulio Camillo Delminio et son influence'),《哲学历史批评论刊》(*Rivista critica di storia della filosofia*),XIV(1959年),418-436(也见塞克里特的书,《文艺复兴时的基督教希伯来神秘主义哲学》(*Les Kabbalistes Chretiens de la Renaissance*),巴黎,1964年,186,291,302,310,314,318);保罗·罗西,"卢尔主义与记忆术研究"('Studi sul lullismo e sull'arte della memoria: I teatri del mondo e il lullismo di Gilrdano Bruno'),《哲学历史批评论刊》(*Rivista critica di storia della filosofia*)XIV(1959年),28-59;保罗·罗西,《普世之钥》,米兰,1960年,96-100。

　　1955年1月的讲座中,我展示了卡米罗剧场规划图的幻灯片,现在将其重现,并和布鲁诺、坎帕内拉和弗洛德的记忆系统作比较。

5 李如提(Liruti), 120。

6 伊拉斯谟,《通讯录》, P.S.艾伦等编, (Erasmus, *Epistolae*), IX, 479。

7 同上, X, 29–30。

8 现在了解的关于卡米罗运动的小结在伊拉斯谟的《通讯录》的注中, IX, 479。

9 R.C. 克里斯蒂(R.C.Christie)《艾迪恩·多雷》(*Etienne Dolet*), 伦敦, 1880年, 142。

10 见伊拉斯谟《通讯录》的注, IX, 475。库辛引维吉里有关卡米罗剧场话见《全集》(*Cognati opera*), 巴勒, 1562年, I, 217–218。302–304, 317–319。

11 李如提, 129。

12 贝图西(G. Betussi)《爱情对话》(*Il Raverta*), 威尼斯, 1544年; G.宗塔(G. Zonta)编, 巴里, 1912年, 133。

13 见前面, 156。

14 吉罗拉·摩修奥(G. Muzio)《书信集》(*Lettere*), 佛罗伦萨, 1590年, 66及下一页。

15 《通讯录》, X, 226。

16 摩修奥《书信集》, 67及下一页。

17 巴托洛缪·泰吉欧(Bartolomeo Taegio)《别墅》(*La Villa*), 米兰, 1559年, 71。

18 提拉伯奇(Tiraboschi), VII(4), 1523。

19 这个前言的作者L.多米尼奇(L. Dominichi)说他发表有关剧场的这个描述, 但"无法发现这一奇妙建筑的结构"。

20 乔·卡米罗(G. Camillo)《全部著述集》(*Tutte le opere*), 威尼斯, 1552年, 前言的作者是卢多维科·多尔契(Luudovico Dolce)。1554年到1584年间, 至少有九个版本问世, 都出版于威尼斯。见W.E. 李伊(C.W.E.Leigh)的《克里斯提系列目录》(*Catalogue of the Christie Collection*), 曼彻斯特大学出版社, 1915年, 97–80。

21 李如提, 126。

22 J.M.托斯卡努斯(J.M. Toscanus)《意大利之赞》(*Peplus italiae*), 巴黎, 1578年, 85。

23 见G.B.和H.T., 84及下一页。

24 摩修奥,《书信集》,73;李如提,104;提拉伯奇,引用过的卷,1522。

25 本章中所指的《剧场的观念》(L'Idea del Theatro)的页数都是佛罗伦萨版本的页数。《剧场的观念》也收进所有《全部著述集》中。

26 《剧场的观念》,14。

27 维特卢威(Vitruvius)《论建筑》(De architectura),第5卷第6章。卡米罗剧场位于中间的通道比其他通道宽。卡米罗对此没有说明,但是在古代的剧场设计中有一个根据。L.B.阿尔贝蒂(L.B.Alberti)在他的《论建筑之艺术》(De re aedificatoria)(第8卷第7章)中称这较宽的通道为"皇道"。

28 见上,171。

29 《剧场的观念》,9。

30 同上,10–11。

31 同上,11。

32 同上,17。参看荷马的《伊利亚特》I, 423–425。卡米罗可能想到马科洛比厄斯(Macrobius)对这个神话的解释,与朱庇特一起去参加海洋之宴的是大行星。见马科洛比厄斯的《西庇阿之梦评注》(Commentary on the Dream of Scipio),W.H.施达尔(W.H.Stahl))翻译,哥伦比亚,1952年,218。

33 《剧场的观念》,29。参看荷马的《奥德赛》,XIII, 102及下一页。将仙女洞解释为元素混合,这来自波菲利(Porphyry)《论仙女洞》(De antro nympharum)。

34 《剧场的观念》,53。

35 赫西俄德(Hesiod)《海格力斯的盾》(Shield of Hercules),230。

36 《剧场的观念》,62。

37 同上,67。

38 同上,68。

39 同上,76。

40 同上,79(文本中错标成71)。

41 同上,81。

42 荷马的《伊利亚特》,18及下一页。这个形象在古代被解释为有关四大元素的寓言,朱诺脚上的两个重物代表两个重的元素:土和水;她自己代表气;朱庇特代表最高的火气和以太气。见F.布菲耶热的《荷马的神话与希腊思想》(Les mythes d'Homere et la pensee grecque),巴黎,1956年,43。

第六章 卡米罗的记忆剧场

43 有关萨杜恩(Saturnian)的联想和特性，见R.科利班斯基，E.潘诺夫斯基和F.塞克斯尔的《萨杜恩与忧郁》，伦敦，1964年。

44 这是马科洛比厄斯(Macrobius)描绘的、与塞拉皮斯(Serapis)有关的时间象征。参看潘诺夫斯基的"三意形象：文艺复兴时艺术的一个希腊玄秘象征"("Signum Triciput: Ein Hellenistisches Kultsymbol in der Kunst der Renaissance")，《十字路口的海格力斯》(Hercules am Scheidewege)，柏林，1930年，1–35。

45 《剧场的观念》，11–12。

46 见后面，第十章。

47 见G.B.和H.T.，6及下一页。

48 《剧场的观念》，10。这一段引用在菲奇诺的拉丁译文《秘文集》中(菲奇诺，《全集》巴勒编，1576年，1837)。

49 引用在G.B.和H.T.的译文，23。

50 《剧场的观念》53。

51 同上。

52 《剧场的观念》中引用的《秘文集》的"论普通理性"('On the common intellect')，51。

53 想必他的灵智穿过各个球圈上升，回到自己神圣的根源。据马科洛比厄斯说，灵魂穿过巨蟹座下降，在那儿喝酒忘记高等世界，穿过摩羯座上升回到高等世界。参阅剧场结构，萨杜恩系列，格利伊蛇发女怪等级上，"女子穿过摩羯座上升"，月神系列，格利伊蛇发女怪等级上，"女子喝巴库斯的酒"。

54 《剧场的观点》，13。

55 《秘密》引用过，422。

56 《剧场的观念》56–57；《光辉之书》(Zohar)，I, 206a; II, 141b; III, 70b, G.G.西罗姆(G.G. Scholem)的《犹太神秘主义中的主要趋势》(Major Trends in Jewish Mysticism)，耶路撒冷，1941年，236–237。

57 卡米罗(Camillo)《全部著述集》(Tutte le opere)，威尼斯，1552年，42–43。

58 皮科德拉·米兰多拉(Pico della Mirandola)《论人的尊严》(De hominis dignitate)，佛罗伦萨，1942年，157, 159。

59 《剧场的观念》，8–9。

60 有关菲奇诺的魔法，见沃克的《魔法》，30及下一页；叶芝(Yates)，G.B.和H.T.，62及下一页。

61 菲奇诺《著作全集》，编者前面引过。965–975；也见《论光明》(De lumine)，同上，976–986；参看G.B.和H.T.。

62 《剧场的观念》，965–975；"公鸡与狮子"可能是受到普洛克鲁斯的《论神圣与魔法》的影响，其中说这两个是太阳的动物，公鸡比狮子更具有太阳的性质，因为它向升起的太阳唱赞歌。参看沃克的《魔法》，37注2。
公鸡也可能是隐指法国国王。参看布鲁诺有关法国公鸡的话，被引在G.B.和H.T., 202。

63 参看 G.B.和H.T., 154。

64 同上，155, 208–211。

65 《剧场的观念》，38，引用《秘文集》，XII。

66 参看G.B.和H.T., 241–243。布鲁诺在《圣灰星期三的晚餐》(Cena de le ceneri)中为地动说辩护的时候引用了《秘文集》的同一段话。

67 参看G.B.和H.T., 7及下一页。

68 《剧场的观念》，20–21。

69 参看G.B.和H.T., 49及下一页。

70 参看沃克《魔法》，1–24，以及其他地方。

71 参看G.B.和H.T., 75–76。

72 朱利奥·卡米罗《有关剧场材料的讨论》(Discorso in material del suo Teatro)，收入《全部著述集》，编者前面已引过，33。

73 在G.B.和H.T.作过引用，37。

74 彼特·帕希(Pietro Passi)《论艺术魔法，自然魔法》(Della magic'arte, oueto della magia Naturale)，威尼斯，1614年，21。参看《秘密》前面引过的文章，429–430。18世纪德国的古怪雕塑家F.X.马瑟施密特综合了赫尔墨斯那浓重的玄秘气氛，以及一本仔细研究有关比例的"旧意大利书"(见R–维特科俄和W–维特科俄(R. and M. Wittkower)著《生在萨杜恩下》(Born under Saturn)，伦敦，1963年，126及下一页)，我们怀疑他是否继承了威尼斯学院流传下来的一些传统。

第七章

文艺复兴与魔法记忆

卡米罗的剧场曾如此著名，又被遗忘如此之久，足见有很多待研究的问题，用一整本书来讨论也不为过，本章只是简要讨论其中几个：卡米罗对记忆艺术的重大改变是他自己的创新，还是受佛罗伦萨运动所勾勒方向的启发？这种记忆观与更老的记忆传统是完全断裂的，还是有所传承？此外，卡米罗在16世纪早期的威尼斯文艺复兴中竖立的记忆丰碑与当时当地的其他文艺复兴表现形式之间有何联系？

菲奇诺肯定知道记忆术，他在一封信中就提出过一些改善记忆的规则，并如此说道：

> 亚里士多德和西蒙尼戴斯认为，按照某种顺序记忆事物是很有用的。顺序包含了比例均衡、和谐与连贯。若把事物归为一个系列，你想到其中的一个，其余的自然跟随而来。[1]

讨论记忆时提到西蒙尼戴斯的名字,表明他所涉及的一定是古典记忆术;而亚里士多德的出现则表示其所指的是经院哲学传统传播的古典记忆术。至于比例与和谐,据我所知,是菲奇诺对记忆传统的重要新发展。可见,菲奇诺具备了卡米罗建造"剧场"的那一组材料,他可以在一座记忆建筑里容纳赫尔墨斯神秘哲学的记忆术,储存他善长创造的护符和星宿化的神话意象。在《论从天界获得生命》里,他谈到构建一个"世界的形象"。[2] 如此看来,在艺术性建筑的框架内构建这样一个形象,精心排列着天界星辰的记忆图像,可能会合菲奇诺的心意。而且,菲奇诺的意象不乏奇怪之处,同一形象代表的意思不断变动,例如戈尔工的形象[3]。我们猜想,如果将这视作不同等级上的同一形象,就像在卡米罗的"剧场"中那样,也许这种意思的变化就可以得到解释。

就我所知,皮科·德拉·米兰多拉的著作中没有明确提到记忆术,但其《论人的尊严》的序言开头,可能对理解卡米罗记忆建筑的形式是一个启示:

> 我读过阿拉伯人的论述,有人问撒拉森人阿布达拉(Abdullah),对他个人而言,什么是这个世界剧场里最奇妙的东西?他回答说,没有什么比人更奇妙。这与墨丘利·特利斯墨杰斯特斯的名言一致,"啊,阿斯克勒庇俄斯,人是多么了不起的奇迹啊!"[4]

皮科把世界当作一个剧场,当然只是一般意义上的说法,是人们所熟悉的概念。[5]然而,当我们看到卡米罗剧场内充满《论人的尊严》的回响,其序言开头暗指赫尔墨斯神秘哲学派的人是世界剧场的主导者,或许可以理解为赫尔墨斯神秘哲学记忆系统提示了"剧场"这一形式。[6]但是我们不知道皮科本人是否设想过建造一个"世界剧场",实现他在《七天》中的思想布局,就像卡米罗的"剧场"所展示的那样。

尽管是些零星的提示,但我相信玄秘记忆系统不太可能是卡米罗自创的。极有可能是,卡米罗在威尼斯的大环境下,凭借菲奇诺和皮科勾勒出的一些轮廓,在古典记忆术的框架内进一步发展了赫尔墨斯神秘哲学和希伯来神秘主义势力在内心的运用。话虽如此,他的剧场受到如此广泛的认可,被认为是崭新的杰出成就,这说明是卡米罗率先稳固地建立起文艺复兴时期的玄秘记忆。从记忆术历史学家的角度来看,记忆术受到文艺复兴时代的新柏拉图主义中包含的赫尔墨斯神秘哲学和希伯来神秘主义影响而发生改变。在这一变化的历史中,卡米罗的"剧场"是第一个伟大的里程碑。

有人可能会认为,艺造记忆的玄秘转化型态与早先的记忆传统之间不可能有任何联系。那么,让我们再一次观察剧场的结构。

土星萨杜恩是忧郁的行星,良好的记忆力属于忧郁的气质,而记忆是审慎的一部分,所有这些都标明在剧场的土星萨杜恩系列中。在洞穴等级上,一个狼头、一个狮子头和一个狗头组成著名的时间形象,象征过去、现在和将来。它可以用来象征审慎及其三个成分——记忆、理解和远见,这与提香的名画《审慎》

THE ART OF MEMORY

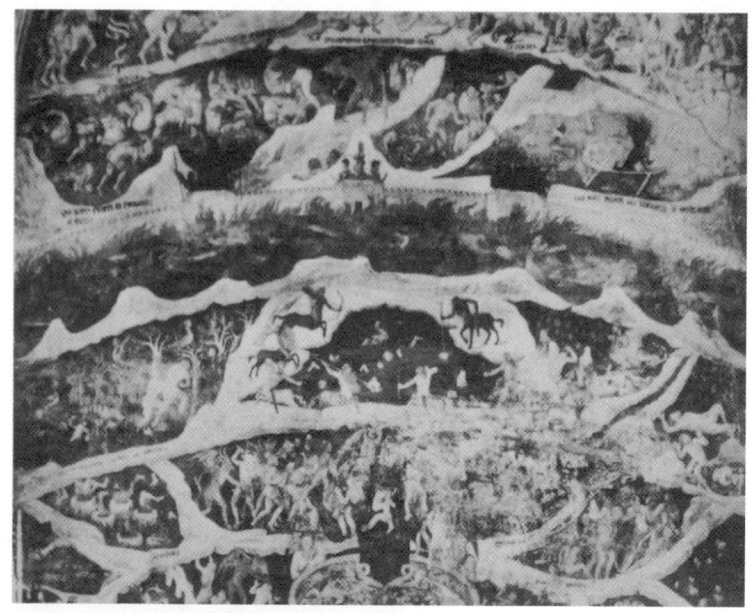

pl.9a 上图是地狱里的场景。
　　　　纳多·德·奇奥内壁画（部分），佛罗伦萨新圣玛丽教堂。
pl.9b 下图是提香的审慎三部分的寓言。

第七章 文艺复兴与魔法记忆

（pl.9b）异曲同工，画中有一张人脸，下面绘有三个动物的头。卡米罗当时活跃在威尼斯艺术和文学的主流圈内，据传他认识提香，[7]无论是真是假，他都应该知晓三个动物头的形象代表审慎的时间范畴。现在再回到剧场的土星萨杜恩系列，我们可以看到在宴会等级上，西布莉（Cybele）喷着火，其意指地狱，用来表述记住地狱是审慎的一部分。另外，在木星朱庇特的宴会等级上，欧罗巴和公牛代表真正的宗教和天界；在火星马尔斯的宴会等级上，塔尔塔罗斯之口的形象表示炼狱；而在金星维纳斯的宴会等级上，一个球体上面有十个圆圈则代表伊甸园。

在剧场辉煌的文艺复兴外表背后，但丁式的艺造记忆仍清晰可见。那么，剧场里的地狱、炼狱、伊甸园和天界形象下的保险柜和盒子里存放的是什么呢？想必不全是西塞罗的演说吧，里面一定也有讲道文或《神曲》的篇章。无论如何，这些形象中，肯定有艺造记忆在以往时代的用法和解读。

另外，卡米罗剧场之所以会引起轰动，也许与多明我会记忆传统在威尼斯的复兴有一些关系。如前文所说，那位对文学流行趋势很敏感的卢多维科·多尔切在为卡米罗的文集（1552年出版）所写的序中称赞卡米罗"比人类智慧更神圣"（文集包括《剧场的观念》）。十年后，多尔切出版了一部论述记忆的意大利文著作，[8]其文字优雅，采用时髦的对话体，模仿西塞罗《论演说家》的风格；书中对话双方之一是赫尔腾西，令人想起西塞罗笔下的赫尔顿西乌斯。从表面上看，这本小书属于通俗的威尼斯式西塞罗主义、意大利文的古典修辞学，这正是卡米罗所属的（后面将谈到）班波学派（Bembist）风格。身为卡米罗的崇拜者，多尔切写下这本看似现代的论记忆对话录，其实只是翻译或改编了德国多明我会教士龙贝格的《艺造记忆汇编》，其晦涩的拉丁文论文被转化成优雅的意大利对话，些许例子也被更新，但实质内容仍离不开龙贝格的著作。在多尔切甜美的"西塞罗式的"意大利文语调下，我们听到的是经院哲学派阐明记忆中使用形象的缘由。多尔切甚至原封不动地复制了龙贝格的简图：我们再次看到他但丁式的艺造记忆宇宙图示以及古老的语法人物形象，上面依旧贴满了视觉字母。

多尔切对龙贝格的文本进行了扩展，在论及如何记住地狱[9]时，他提到了但丁。同时，他还改良了龙贝格有关记忆的指示，引进了现代的画家，将他们的画当作有用的记忆形象。例如：

> 如果我们熟悉画家的作品，就能更熟练地构造记忆形象。如果你希望记住欧罗巴的故事，可以将提香的画作为你的记忆形象；至于阿多尼斯或其他传说历史，无论世俗的还是神圣的，都可以选择令人愉悦从而可激发记忆的人物形象。[10]

因此，多尔切建议使用但丁式意象来记住地狱的同时，也推荐画家笔下的神话式意象，从而将记忆形象现代化。

1579年，罗塞留斯（Rossellius）的书在威尼斯出版，再次证明了古老的记忆传统正在流行。除了为但丁式的艺造记忆提供雄辩强据，这本书还反映了一些现代的流行趋势。例如，罗塞留斯将艺术家与科学家作为其专业领域的记忆形象放入记忆。这一传统可以追溯到遥远的古希腊，那时人们用伏尔甘的形象代表冶金；到了中世纪修道院教堂里赞美托马斯·阿奎那的壁画上，

第七章 文艺复兴与魔法记忆

艺术和科学面前放置了一排人物形象。罗塞留斯延续了这一古老的传统：

> 我放置洛伦佐·瓦拉（Lorenzo Valla）或普里西安（Priscian）的形象代表语法；图留斯·西塞罗代表修辞学；亚里士多德代表辩证法，也代表哲学；柏拉图代表神学……菲迪亚斯或宙克西斯代表绘画；阿特拉斯、琐罗亚斯德或托勒密代表占星术；阿基米德代表几何；阿波罗、奥菲斯代表音乐。[11]

我们是否也在将拉斐尔的名作《雅典学派》（School of Athens）视为对记忆有用的事物，并且"放置"他的柏拉图代表神学、亚里士多德代表哲学？在同一段落里，罗塞留斯"放置"毕达格拉斯（Pythagoras）和琐罗亚斯德（Zoroaster）代表"魔法术"，这些都出现在罗塞留斯用来记住美德的人物形象一览表中。有趣的是，我们发现"魔法术"被提升到了美德的高度。除此之外，罗塞留斯的书中还有多种迹象表明多明我会的记忆传统正朝着现代方向前进。

1592年，圣方济各会教士杰苏阿尔多[12]在帕多瓦出版了《丰富的智慧》（Plutosofia）一书，其中也有新柏拉图主义渗入记忆传统的迹象。杰苏阿尔多在记忆术一章的开头就引用了菲奇诺在《生活三书》（Libri de vita）中的论述（杰苏阿尔多也许可以用在将来解决菲奇诺与记忆的问题）。他从三个层次来看记忆：记忆像水之源头的大海，从中流淌出所有的词语和思想；记忆像天空，它代表光明和运动；记忆是人的神圣之所，它是上帝在灵魂中的形象。在另一段中，他将记忆比作最高天体（黄道带）与最高的超天体（炽天使萨拉弗的领域）。显然，此处的记忆在三个世界中上下移动，与卡米罗剧场的布局形态相似。不过，在介绍了菲奇诺和卡米罗后，杰苏阿尔多的大部分讨论仍集中在老式的记忆材料。由此看来，新老记忆传统正在整合重组，在新式记忆安排的新式演讲风格的表面之下，似乎仍然听得到修士有关奖惩的厉声布道或《神曲》发出的警告。我们在卡米罗的"剧场"里也看到了地狱、炼狱和天堂，与新旧记忆传统风格混杂的氛围也十分相称。文艺复兴时期的神秘哲学家很善于求同存异，菲奇诺美滋滋地将托马斯·阿奎那的《神学大全》与自己的柏拉图神学结合起来。菲奇诺及其追随者都没有意识到托马斯·阿奎那所推崇的"物质象征"与神秘记忆的星辰形象之间存在本质区别，也是因为当时普遍存在混杂现象。

卡米罗不属于15世纪晚期的佛罗伦萨，而属于16世纪早期威尼斯的文艺复兴运动。这个阶段的文艺复兴早已受到了佛罗伦萨的影响，开始呈现出典型的威尼斯形式，其特色之一就是西塞罗式的演说。《论演说家》是西塞罗主义者虔诚的模仿之作，书中推崇的艺造记忆在这些时髦的圈子里将会很有分量。卡米罗是个演说家，也是西塞罗主义领袖红衣主教班波的崇拜者，他曾将自己写的一首有关剧场的诗献给主教大人。[13] 作为想要用俗语发表西塞罗式演说的西塞罗主义者，卡米罗的剧场记忆系统就是用来记住西塞罗的所有观念，形象附属的抽屉里还放着西塞罗式的演讲，那正是卡米罗激昂地背诵给维吉里听的素材。这一记忆系统带有赫尔墨斯–希伯来神秘主义元素，隶属于威尼斯演说世界。

第七章 文艺复兴与魔法记忆

随着卡米罗剧场的出现，记忆术回归它在修辞中的古典地位，复原为伟大的西塞罗所使用的艺术。然而，威尼斯的西塞罗主义者并没有将它作为一个"纯粹的助记术"来使用。表面上看，复兴西塞罗式的演说是最纯粹的古典式文艺复兴现象之一，但如今却发现，它与具有魔法色彩的神秘艺造记忆相连。伊拉斯谟曾在其《西塞罗主义者》(*Ciceronianus*, 1528年)中对意大利的西塞罗主义者进行抨击，当时非常知名，而发现威尼斯演说家的记忆之样貌，将会有助于对它的研究。1531年出现过一篇措辞激烈的匿名文章，为西塞罗主义者辩护的同时也对伊拉斯谟发起人身攻击。当时人们并不知道其真正的作者是尤里乌斯·凯撒·斯卡利杰尔(Julius Caesar Scaliger)，于是朱利奥·卡米罗成为了最大的嫌疑。维吉里也以为卡米罗攻击了他的知名友人，为此他才向伊拉斯谟写信报告剧场的情况。[14]

没有人注意到，伊拉斯谟反对西塞罗主义者的原因可能也包括他厌恶神秘主义。无论真假，在研究对西塞罗主义者的评价时，卡米罗及其剧场、威尼斯学院中的相关讨论都必须考虑在内。威尼斯文艺复兴时期的一个显著现象便是学院数量的激增，作为一个典型的威尼斯学者，据说卡米罗也成立过一个学院，[15]在他存世的文字中，有几篇或许就是原来为学院所作的讲演稿。直到他去世四十多年后，威尼斯的乌拉尼西学院仍在谈论他的剧场，该学院建于1587年，创立者为法比欧·鲍利尼(Fabio Paolini)。他出版过一本大部头著作，题目是《七天》(*Hebdomades*)，反映学院里讨论的内容。此书分为七部，每部有七章，"七"这个数字就是全书的神秘主题。沃克(D. P. Walker)对这本书进行了研究，[16]认为它代表了文艺复兴时期新柏拉图主义的神秘核心，当时的新柏拉图主义正处于从佛罗伦萨向威尼斯转移的发展过程中。从书中可以看到赫尔墨斯神秘主义如何在威尼斯背景下发挥其影响。在七重式的布局下，鲍利尼不仅完整介绍了"菲奇诺魔法的整体理论，还讲解了其构成的复杂理论网络。"[17]他引用了《阿斯克勒庇俄斯》中有关魔力塑像的段落，大胆向魔法的方向推进。与此同时，他对希伯来神秘主义和特里特米乌斯的天使魔法也十分感兴趣，他引用了希伯来神秘主义天使的名字，与卡米罗剧场的形式一样。[18]文中，他披露成立学院的主要目的之一就是将魔法术的理论应用到威尼斯人最热衷的演说中。菲奇诺有关"行星音乐"的理论，原本是通过音乐交流吸收行星力量的理论，鲍利尼将其移植到演说方面。沃克说，"他相信适度地混合音调可以赋予音乐一种行星的力量，所以'形式'的适当混合也可以使演说产生一种来自天际的力量……这套形式与七这个数字有一定关系，七指的是优秀演说的一般特征，包括字词的声音、修辞手段，以及赫莫吉尼斯（Hermogenes）的七个理念"。[19]

显然，鲍利尼的魔法演说观与"七"挂钩，与卡米罗为演说家设计的记忆系统之间有密切联系。实际上，鲍利尼大段引用了卡米罗在《剧场的观念》里的话，包括对七个行星的七层结构的描述，[20]《七天》几乎可以替代卡米罗那部从未公开的介绍剧场的伟大著作。我们从这本书中得知，他设想了一种"行星演说法"，演讲者吸取行星力量而启动话语，进而对听众产生作用，就像传说中的古代音乐。

《七天》揭示了一个在卡米罗剧场中我们永远无法猜到的"秘密"：由于剧场的根基是魔法"七"，不仅使得演说家得到

第七章 文艺复兴与魔法记忆

一个由魔力启动的记忆系统剧场,而且剧场的魔法也激活了演说家通过记忆系统记住的演讲辞,为演讲辞注入行星的气韵,从而对听众产生神奇的效果。在此,卡米罗对《阿斯克勒庇俄斯》魔力塑像的阐释变得很重要。他认为这些雕塑具有魔力是因为它们正确完美的比例反映了天界的和谐,这或许可以帮助解释因正确、完美而具有魔力的演讲与具有神力的记忆形象之间的联系。例如,拥有完美比例的阿波罗形象会产生有关太阳的演讲辞,而这个演讲一定结构完美又充满法力。为此,威尼斯的魔法师精细地向我们展示了文艺复兴的魅力。

如此一来,卡米罗剧场享有盛名的原因也昭然若揭。对非文艺复兴神秘传统的人来说,它只是冒充者和江湖骗子所作。而对那些身处其间的人来说,它却散发着无限魅力,展示了人这一伟大奇迹。皮科在《论人的尊严》(The revival of Vitruvius)的引言中写道,人可以利用魔法术和希伯来神秘主义驾驭宇宙的力量,其记忆与世界和谐比例相连,凭借这样的记忆演说,便能发挥出演说的魔力。正因为如此,费拉拉城的赫尔墨斯神秘哲学家弗朗西斯科·巴特里(Francesco Patrizi)曾激动地表示,卡米罗将修辞大师的规则从狭隘的范围内解放出来,扩展到"整个世界剧场的尽头"。[21]

古代修辞理论中,演说与诗歌的关系密不可分,作为一位彼特拉克体诗人,卡米罗非常明白这一点。16世纪两位最著名的意大利诗人都赞扬过他:阿里奥斯托(Ariosto)在《疯狂的奥兰多》里称颂朱利奥·卡米罗"指引人们通往诗歌灵感高峰的捷径"。[22] 塔索(Tasso)在对话录中分析卡米罗透露给法国国王的秘密时,称卡米罗为但丁以来首个证实修辞属于一种诗歌的人。[23]

卡米罗的大量崇拜者中包括伟大的诗人阿里奥斯托和塔索,足见卡米罗剧场在历史上的重要性。

文艺复兴的另一个表现是用题铭或图案作为象征性表述,这与剧场的格调相得益彰。剧场的有些记忆形象本来就酷似题铭图案,而题铭图案这一时尚也风起于卡米罗时代,尤其是在威尼斯。如前所述,题铭图案与记忆形象有关,在有关题铭图案的解说中,频繁出现赫尔墨斯神秘哲学与希伯来神秘主义的混杂,正是这种混合激发了剧场的灵感。例如罗西里有一副题铭图为一株面朝太阳的天芥花,在对它的解释中多处提到了墨丘利·特利斯墨杰斯特斯和希伯来神秘哲学。[24] 同时期的很多象征、题铭图作家都归属于著名的卡米罗的阵营,阿基里·波克西斯(Achilles Bocchius)也不例外,在他的象征图案中有一个明确标为墨丘利·特利斯墨杰斯特斯的人物形象(pl.1),头戴墨丘利的带翼帽子,一根手指放在嘴唇上责令人们安静,另一只手里拿的却不是墨丘利的节杖,而是《启示录》中的七枝金蜡扦。[25] 这个人物形象作为卡米罗剧场具象化的象征会十分恰当,尤其是它充满了赫尔墨斯式的玄秘以及奥妙的魔力"七"。

就这样,卡米罗剧场立于威尼斯文艺复兴,与其最典型的产物——演说、意象以及建筑有机相连。威尼斯建筑师维特卢威式风格的复兴应该是文艺复兴最显著的特征,其中成就最高的是建筑师帕拉迪奥(Palladio)。另一方面,卡米罗改造维特卢威式剧场用于助记术,同样成为了威尼斯文艺复兴的焦点。

按照维特卢威的描述,古典剧场反映了宇宙的组织结构。大厅观众席上有七个通道,舞台上有五个入口,它们的位置由一

pl.1 《赫尔墨斯的沉默》
来自阿基里·波克西斯，《象征问题》卷五，波伦亚，1555年。伯纳森雕刻。

个圆形中的四个等边三角形的顶点所决定，圆的中心就是乐队的中央。维特卢威说，这些三角形与占星术家在黄道带圈内划分的三角形相对应。[26] 剧场的圆圈形状就是黄道带的圆弧，观众席的七个入口以及舞台的五个入口与十二宫的位置相对，分别与四个三角形的顶点相连。这种安排可以在丹尼尔·巴巴罗（Daniele Barbaro）的罗马剧场设计图（pl.10a）里看到，这幅画出现在巴巴罗对维特卢威的评论中，最初于1556年在威尼斯发表。[27] 插图显示出帕拉迪奥的影响，[28] 其实，它就是帕拉迪奥对古罗马剧场的复制。读者可以看到四个三角形刻印在圆形剧场里。其中正对的三角形底边用来决定后台背景或是舞台后方的位置；它的顶点指向观众席的正中间通道。它两旁的各三个顶点标志出其余六个通道；余下的五个顶点则标志着舞台五个出口的位置。

这就是卡米罗构想的维特卢威式剧场，但是他用形象装饰将剧场扭曲，装饰不在舞台的五扇门上，而是出现在观众席七个通道的假想门上。虽然出于助记的目的，卡米罗扭曲了维特卢威式剧场，但他必定了解其背后的占星术理论，他会认为自己这个宇宙的记忆剧场，不论是结构还是其中的意象，都神奇地反映出神圣世界的和谐。

与卡米罗在威尼斯建立记忆剧场同一时期，人文主义者重新发现了维特卢威的著作文本，使得对古代剧场的复兴运动蓬勃高涨起来。[29] 这一复兴运动的顶峰是帕拉迪奥于16世纪80年代在维琴察设计建造的奥林匹克剧场（pl.10b）。我们猜想，既然卡米罗的"剧场"观念在当时家喻户晓，在学院中长期成为热门讨论话题，那它对巴巴罗和帕拉迪奥可能都有所影响。从图中可以看到，奥林匹克剧场后台背景上装饰的神话形象异常复杂精美，虽

第七章 文艺复兴与魔法记忆

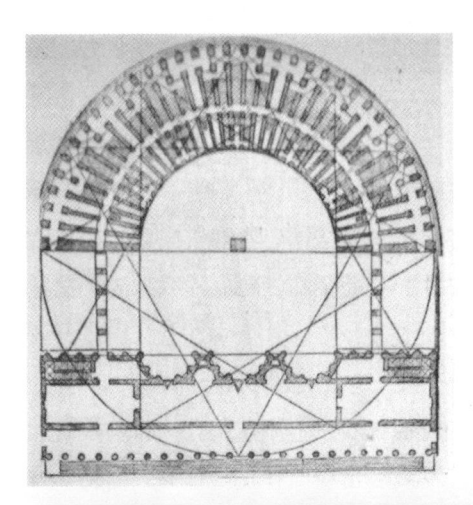

pl.10a 上图是帕拉迪奥重建的罗马剧场。来自维特卢威的《论建筑及丹尼尔·巴巴罗评注》，威尼斯版，1567年。
pl.10b 下图是维琴察的奥林匹克剧场。

然它不像卡米罗剧场一般将装饰精美的门从舞台搬到观众席，但却同样具有一种虚幻和想象般的韵味。

在这几章中，我试图重构一个已经遗失了的木头剧场，当时的它，不仅在意大利，即便出口到法国，也名气卓著。为什么这个剧场与文艺复兴的许多方面如此神秘地相联？我认为，这是因为它代表了文艺复兴的崭新心灵格局，代表了在记忆中已经发生的变化，而文艺复兴外部变化的冲力也都渊源于此。中世纪的人被允许使用拙劣的想象力建构物质象征来帮助记忆，这是对人的弱点做出让步。崇尚文艺复兴赫尔墨斯神秘哲学的人则相信自己具有神圣的力量；可以建构一个魔法的记忆，通过这个记忆了解世界，在自己神圣思想的微观世界里反映出神圣的宏观世界。天界的和谐魔力通过人的宇宙记忆进入演讲和诗歌的神奇世界，构成人类艺术和建筑的完美比例。人的心灵发生了变化，释放出新的力量，艺造记忆的新模式可以帮助我们理解这些内在变化的性质。

第七章 文艺复兴与魔法记忆

注释：

1 菲奇诺的《文集》，版本如前，616；克力斯泰勒的《菲奇诺补充集》(P.O. Kristeller, *Supplementum Ficinianum*)，佛罗伦萨，1937年，I，39。

2 见G.B.和H.T.，从73页开始。

3 有关菲奇诺的戈尔工的不同解释，请见贡布里奇的"波提切利的神话：对他圈子的新柏拉图象征主义的研究"，《沃尔伯格和考陶尔德学院学报》(E.H. Gombrich, 'Botticelli's Mythologies: A Study in the Neoplatonic Symbolism of his Circle', *Journal of the Warburg and Courtauld Institutes*)，VIII(1945年)，从32页开始。

4 皮科·德拉·米兰多拉，《论人的尊严》，版本如前，102。

5 有关剧场的主题，见E.R.科提斯的《拉丁中古时代的欧洲文学》(E.R. Curtius, *European Literature in the Latin Middle Ages*)，伦敦，1953年，从138页开始。

6 如塞克里特(Secret)所建议，出处如前，427。

7 阿尔塔尼·萨尔韦洛罗(Altani di Salvarolo)，226。

8 鲁多维克多尔切，《有关扩大和保持记忆的方式的对话》，(Ludovico Dolce, *Dialogo nel quale si regiona del modo di accrescere et conserver la memoria*)，威尼斯，1562年(1575年和1586年也是)。

9 同上，95。

10 多尔切，《对话》，第86张正面。

11 罗塞留斯，《宝库》，第133张正面。

12 另一个版本是维琴察版，1600年。

13 卡米罗有一首送给班波的拉丁诗，其中提到剧场，巴黎拉丁手抄本. 8139, 20项. 相关参考见李如提，79, 81。

14 见伊拉斯漠，《通讯集》，IX, 368, 391, 398, 406, 442; X, 54, 98, 125, 130等等。

15 李如提，78。

16 有关鲍利尼(F. Paolini)的学院，《七天》(*Hebdomades*)和其中提到卡米罗剧场的情况，见沃克，《魔法》，126–144, 183–185。

17 同上，126。

18 鲍利尼，《七天》，威尼斯，1589年，313–314。鲍利尼指这七个天使和他们的力量是如特里特米乌斯的《论七个二级神》(*Trithemius's De septem secundadeis*)，这是论"实用的希伯来神秘主义"或魔法的专著。

19 沃克《魔法》，139-140。沃克认为鲍利尼对赫尔莫吉尼斯(Hermogenes，希腊1世纪时的作家，有关于修辞的论说)规定的演说的七个形式感兴趣很可能与七大神秘有关。卡米罗也对赫尔莫吉尼斯感兴趣，见《朱利奥·卡米罗谈赫尔莫吉尼斯》，收入《全集》(Discorso di M. Giulio Camillo sopra Hergene, in Tutte le opera)，版本如前，II，从77页开始。

鲍利尼说斯卡利杰(J.C.Scaliger)相信赫尔莫吉尼斯的七种形式，以"类似剧场"的形式展示它们(《七天》，24)。我不知道这指的是斯卡利杰的哪一部著述，但是这个说法可以表明在鲍利尼眼里，伊拉斯谟的对手属于修辞和记忆传统中神秘的"七"派。

20 《七天》，27，引用《剧场的观念》，14；参看沃克，141。

21 帕特理兹(Patrizi)为《卡米罗谈赫尔莫吉尼斯》写的前言，(《全集》版本如前，II, 74)。帕特理兹在自己的《修辞学》(Retorica, 1562年)一书中也赞扬了卡米罗。有关卡米罗和帕特理兹，见嘎林的《人文主义修辞文本》(E. Garin, Testi umanistici sulla retorica)，罗马-米兰，1953年，32-35。

22 《疯狂的奥兰多》(Orlando furioso) XLVI, 12。

23 托尔夸托·塔索《卡菲拉特或托斯卡纳的诗歌》(Torquato Tasso, La Cavaletta overo de la poesia tascana)(《对话》Dialoghi, ed. E. Raimondi)，佛罗伦萨，1958年，II, 661–663)。

24 鲁斯切利《纹章图例》(Ruscelli, Imprese illustri)，威尼斯版，1572年，从209页开始。鲁斯切利说他认识卡米罗《论用意大利语创作诗歌的方法》Trattato del modo di comporre in versi nella lingua italiana，威尼斯，1594年，14)。卡米罗的另一个门徒是亚历山大·法拉，他的著作《人类启迪的七个等级》(Settenario della humana riduttione，威尼斯，1571年)里有关于纹章图案哲学的讨论。

25 阿吉里·博丘斯《象征的问题 第五卷》(Achilles Bocchius, Symbols quaestionum ... libri quinque)，波伦亚，1555年，cxxxviii。

26 维特卢威《论建筑》，第5卷，第6章。

27 维特卢威《论建筑》，威尼斯，1567年，188。

28 见维特科尔《人文主义时代的建筑原则》(R.Wittkower, Architectureal Principles in the Age of Humanism)，伦敦，沃尔伯格学院，1949年，59。

29 见莱克勒尔克《现代剧场建筑的意大利来源》(H.Leclerc, Les origins italiennes de l'architecture theatrale modern)，巴黎，1946年，51及下一页。克莱恩和泽尔讷，"维特卢威与意大利文艺复兴的剧场"，《文艺复兴的剧院场地》(R.Klein and H. Zerner, 'Vitruve et le theatre de la Renaissance italienne' in Le Lieu theatral al la Renaissance, ed. J. Jacquot)，国家科学研究中心，巴黎，1964年，49–60。

第八章

超凡记忆术：不断重复

跟随卡米罗，我们已经进入了文艺复兴时期，但本章我们将再次回溯到中世纪，因为还有一种记忆术也是在中世纪兴起并持续到文艺复兴以后。在文艺复兴时期，很多人希望将这种记忆术与古典艺术结合发展成某种新的产物，使记忆更上一层楼，进入更高的境界，拥有更强大的力量。这种记忆术就是雷蒙·卢尔之术（Art of Ramon Lull）。

对卢尔主义及其历史的探索十分艰难，因其资料还不完全。卢尔本人的论述就已经不胜枚举，迄今尚未全部发表，他的追随者也著有大量的卢尔主义文献，再加上卢尔主义自身的极度复杂性，以致至今仍无法就这一欧洲传统的重大组成部分做出任何肯定的结论。

关于雷蒙·卢尔的艺术，本章的讨论不会很长，仅仅就它的样貌、它何以成为一种记忆术、它与古典记忆术的区别、卢尔主义如何在文艺复兴时被纳入古典记忆艺术形式等问题，作一些简单的说明。

我这是明知山有虎偏向虎山行，但它对于本书的后半部分很重要，因而不得不在此对卢尔主义作一点描述。这一章是根据我本人有关雷蒙·卢尔艺术的两篇文章拓展而来的，[1] 旨在将卢尔主义作为一种记忆术，与古典记忆术进行比较，我所关注的不只是"真正的"卢尔主义，还有文艺复兴时期对卢尔主义的诠释，这对本书后面谈及的历史阶段非常重要。

雷蒙·卢尔大约比托马斯·阿奎那小十岁。他宣传自己的记忆术时，正是古典记忆术在中世纪的变形（大阿尔伯特和托马斯确立并推崇的）达到鼎盛的时期。卢尔1235年出生于马略卡，年轻时曾任朝臣，也做过行吟诗人（没有接受过任何正规神职教育）。大约1272年，他在马略卡的兰德山上得到启示，目睹了上帝充溢着整个宇宙的仁慈、伟大和永恒，由此领悟到若是建立以这些属性为基础的艺术，将会产生普世的正确价值，因为这门艺术基于绝对的真实。不久之后，他就完成了其艺术的最初版本，并且余生都在立论著述、热忱传播自己的艺术。他的艺术论述有好几个版本，最后的版本是1305到1308年的《伟大的艺术》（*Ars Magna*）。卢尔卒于1316年。

从一方面来说，卢尔的艺术是一种记忆术。构成其基础的神圣属性形成一种三重式结构，卢尔认为这个结构可以反映三位一体，灵魂的三大力量都应该使用这个结构，这非常吻合奥古斯丁的看法：即灵魂的三种力量是三位一体在人身上的反映。以奥古斯丁的定义来看，理性是了解和找到真理的艺术；意志是训练意志去热爱真理的艺术；记忆则是记住真理的艺术。[2] 这让人不得

第八章 超凡记忆术：不断重复

不想起经院派哲学所说的审慎三部分——记忆、理解、远见，而艺造记忆属于其中的一个部分。卢尔的时代，多明我会有关记忆术的学说非常强势，他对此一定有所耳闻，况且当时他被多明我会修士深深吸引，曾经试图吸引该教会对他的艺术产生兴趣，可惜没有成功，[3]因为多明我会的人只崇尚他们自己的记忆术。不过，他却意外获得另一个伟大的布道修士教会圣方济各会对他的青睐，因此，卢尔主义在后来的历史中常常与圣方济各教士发生关联。

我们发现，两门伟大的中世纪艺术——古典记忆术的中世纪形态和雷蒙·卢尔的艺术，都与托钵修道会有相当特殊的联系，一个与多明我会有关，另一个则是和圣方济各会相连。这在记忆术历史上具有重要意义，由于两个教会的修士流动性很大，由此与之关联的两门艺术在欧洲各地也传播广泛。

固然，卢尔的艺术在某方面可以称作一种记忆术，但必须强调它与古典记忆术在各方面都有着天壤之别。我将在讨论卢尔主义之前先阐述两者的根本差别。

首先，两者来源不同。作为记忆术的卢尔主义并非来自古典修辞学传统，而是源于一个哲学传统，即奥古斯丁式的柏拉图主义，同时也受到其他更激烈的新柏拉图主义的影响。卢尔主义号称知晓万物本源，也就是卢尔所称的"上帝的尊严"。司各脱·埃里金纳（Scotus Erigena）的新柏拉图主义系统认定它是万物起源，卢尔就是受到其影响，因此他的所有艺术都植根于上帝的尊严以及神圣的名称和属性。

相反，经院哲学派的记忆术则是出自修辞传统，旨在将精神的含义包裹在物质的象征里，它的记忆并非基于哲学意义上的

"真实"。这表明卢尔主义和经院主义在哲学上迥然不同。虽然卢尔生活的年代是经院主义盛行的伟大时代,他在精神上却偏爱上一世纪。他是柏拉图主义者,反对安瑟伦的基督教柏拉图主义和维克多派,又受到来自司各脱·埃里金纳的更极端的新柏拉图主义因素的极大影响。卢尔绝非经院派。他试图将记忆基于神圣的名字之上,在他的理念中,神圣的名字类似柏拉图理念。就这点来看,与中世纪相比,他又更接近文艺复兴的传统。

其次,卢尔亲自传授的卢尔主义与古典艺术没有任何相同之处,他从不凭借渲染感情和戏剧性的象征,也不创造在记忆术与视觉艺术之间互动有成的象征,以此来刺激记忆。卢尔用字母来命名他的艺术概念[4],这给卢尔主义带来一种近乎代数或科学的抽象风格。

最后,卢尔主义将运动引入了记忆,这是它在思想史中具有最重大意义的一个方面。卢尔用字母标记法表示艺术形象的概念,这些形象不是静止的,而是运动的。其中一个形象为同心圆,带有字母标记,用来代表概念,当圆或轮子转动时,便会得到不同的概念组合。另一个转动的图形则由一个圆形中的三角形带起相关概念。这些图形非常简单,却试图传达出心灵的复杂运动,这具有划时代的革命性意义。

回想伟大的中世纪百科全书式的内容布局,所有的知识都被当作静止的组成部分进行排列,在古典艺术中储存形象的记忆建筑物更是静止的。对比一下卢尔主义,它的代数式标记打破了静止的布局,在转动的轮子上构成新的组合。前者更具艺术性,后者则更显科学性。

卢尔认为自己的艺术具有崇高的传教目的。他相信,如果说

第八章 超凡记忆术：不断重复

服犹太人和穆斯林实践这门艺术，他们就会皈依基督教，因为他的艺术基于三大宗教的共同宗教概念，以及当时科学界普遍接受的自然世界的基础结构。在普世价值的前提下，这门艺术将显示三位一体的必要性。

共通的宗教概念就是上帝之名，即上帝是仁慈、伟大、永恒、英明的等等。这些名字有深厚的基督教传统；奥古斯丁提到过其中的很多个，他在"伪狄俄尼索斯文集"的《论诸神名讳》（*De divinibus*）中将它们详尽地列出，司各脱·埃里金纳和雷蒙·卢尔曾用过的上帝之名几乎都可以在其中找到。[5]

上帝的名字在犹太教中至关重要，尤其是以希伯来神秘哲学闻名的犹太神秘主义。当时，希伯来神秘哲学的教义正在西班牙传播，与卢尔同时代的西班牙犹太人在其影响下对上帝之名进行了深刻的思考，写就了希伯来神秘哲学的主要论著《光辉之书》。希伯来神秘哲学的神源实际上是上帝之名的创造原则。从神秘主义的意义上来说，神圣的希伯来字母应该包含所有上帝的名字。经过对希伯来字母表的沉思默想，这些字母组合与再组合，得以构成上帝之名，这是当时西班牙发展出的一种特别的希伯来神秘哲学形式。[6]

伊斯兰教，特别是其神秘的表现形式——苏非派禁欲神秘主义，也十分侧重对真主之名的冥想。苏非派神秘主义者莫西丁（Mohidin）尤其重视将其发扬光大，有人指出卢尔也受之影响。[7]

前文已提过，卢尔的所有艺术都以上帝的名字或属性为基础，例如仁慈、伟大、永恒、力量、智慧、意志、美德、真理、光荣。卢尔称这种概念为"神的尊严"。它们是卢尔艺术"九大"形式的基础。其艺术的其他形式都是在此九个基本概念上扩展出的大量其他神圣的名字或属性。卢尔用字母标记这些概念，上述所列的九大基础依次由B、C、D、E、F、G、H、I、K表示。

无论采取哪种形式，卢尔艺术基本的神圣名字都取自基督教、犹太教和伊斯兰教的宗教概念。这门艺术的宇宙哲学框架建立在普世认同的科学概念之上。桑戴克（Thorndike）指出，[8]卢尔创造的艺术转轮，其灵感显然源自宇宙转轮，这一点在《简论天文》（*Tractatus de astronomia*）一书中尤为显著，书中他用这些艺术的图形制作一种占星术的药物。[9]此外，四大元素也以各种不同的组合进入卢尔艺术的深层构架，甚至进驻其背后的几何逻辑。在卢尔看来，逻辑方阵与四大元素的方阵如出一辙，[10]他自认为找到了一种源于现实的"自然"逻辑[11]，远胜过经院哲学的逻辑。

基于神圣之名的宗教基础与宇宙/元素基础是卢尔艺术的两个基本特征，他是如何统一两者的呢？人们可以从约翰·司各脱·埃里金纳的《论自然的区分》（*De divisione naturae*）对卢尔产生的影响中找到答案。[12]在埃里金纳伟大的新柏拉图主义观念、同时也是三位一体观和奥古斯丁的理念中，神圣之名是万物之源，从中诞生出简单形式的四大元素，作为创世的结构基础。

我个人认为，这为有关卢尔艺术的猜想提供了主要线索。"神的尊严"形成三位一体的结构，[13]映射在整个创世过程中；作为万物之源，它们以元素的结构贯穿整个过程。而以它们为基础的艺术则建构出一种方法，得以在创世的梯子上攀升，直到顶点的三位一体。

第八章 超凡记忆术：不断重复

卢尔艺术各层面上的根本属性抽象化，比如仁慈和伟大，使其在创世的每一层面上发挥作用，从上帝到天使、星星、人、动物、植物，它们形成中世纪想象的存在阶梯。字母的涵义根据艺术在每一层面上的不同功用而改变，先来到代表仁慈的字母"B"，让我们顺着创造的阶梯下降，看看卢尔艺术处理的九大形式所列出的九个"内容"是如何运作的。

层面：上帝　　B=仁慈，作为上帝的尊严
天使　　　　B=天使的仁慈
天界　　　　B=黄道带十二个星座（如山羊座）的仁慈，
　　　　　　　土星等七个行星的仁慈
人　　　　　B=人的仁慈
想象事物　　B=想象之中的仁慈
感觉事物　　B=动物的仁慈，如狮子的仁慈
植物　　　　B=植物的仁慈，如胡椒树的仁慈
元素　　　　B=四大元素的仁慈，例如火的仁慈
工具　　　　B=美德、艺术和科学的仁慈

以上是《简明艺术》（*Ars brevis*）中字母表列出的艺术九大运作内容。存在阶梯不同层面上的仁慈的例子，则选自卢尔的《理性的升与降》。16世纪早期的一个版本中用了一个图例来示范（图4）。图中，代表理性的人拿着一个艺术形象攀登创造的阶梯，各个层面都被画了出来，植物、动物、人、天界、天使的阶梯上分别是一棵树、一头狮子、一个人、星星以及一位天使，抵达最高的上帝一级后，理性便进入了智慧的殿堂。

图4 升降阶梯。来自雷蒙·卢尔的《理性的升与降》，1512年瓦伦西亚版（*Ladder of Ascent and Descent*, from Ramon Lull's Liber de ascensu et descensu intellectus, ed of Valencia, 1512）

第八章 超凡记忆术：不断重复

卢尔艺术的研究者必须谨记，这门艺术有上下两个推进方向。运用它的人带着几何图形、印有字母的标记，可以上下攀登存在的阶梯，为每个层面均衡配比。表示自然世界基本结构的几何图形与圣名之产物的神圣结构组合，构成放诸四海而皆准的艺术，它背后的思想仿造宏观宇宙的逻辑，因而适用于所有的科目。14世纪的一幅微型画（pl.11）可以用来说明卢尔艺术的这一方面。

摩西的创世概念中，"创世日"结束后，上帝看到所造的一切都很好，受到这一概念的启发，卢尔艺术的所有层面都存在神圣的善与其他属性。另外，他称"自然之书"是通向上帝的道路，这种观念在基督教神秘主义中也早已存在，特别是在圣方济各的传统中。不过，卢尔也有别出心裁之处，他只选择特定数目的"神的尊严"，它们沿着创世阶梯，以精确可计算的方式递减排列，几乎像化学成分一样。这一理念是卢尔主义始终不变的内容，所有的艺术都基于这样的原则，可以应用于任何科目。卢尔无论撰写什么书，卷首总会列出这个科目中B-K的内容。虽然单调乏味，却是其理论的根本，故此他才能宣称自己的艺术基于现实而普遍适用，对任何科目都绝对可靠，绝无谬误。

卢尔艺术有各色形式，其作用异常复杂，本书无法一一解释，但有些基本图形的样子值得了解熟悉。本章展示的三个是来自《简明艺术》，即《伟大的艺术》的精简本。

A图形（见图5）显示了同一个轮子上的B-K，由复杂的三角形连接。这个神秘的图形帮助我们想象，在上帝之名延伸至创世、三位一体之前，它们互相之间的复杂关系。

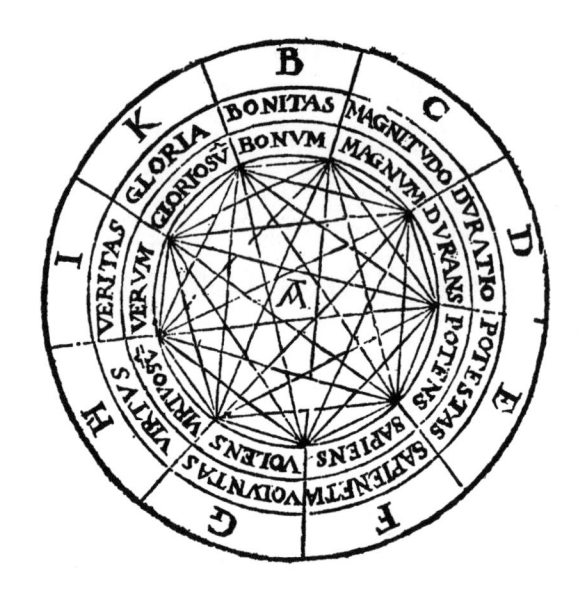

图5　A图形。来自雷蒙·卢尔的《简明艺术》，见《全集》，斯特拉斯堡，1617（*Opera*, Strassburg, 1617）

T图形展示了艺术的关联物（差别、和谐、对立、起始、中间、结束、更多、平等、更少）所组成的一个圆圈内的三角形。通过关联的三角形网络，艺术的三位一体结构在每一层面上都得以维持。

卢尔最著名的图形是组合图形（见图6）。最外围一圈刻着静止的字母B至K，里圈是旋转的，同样也刻着字母，与外圈构成同心圆。随着里圈的旋转，可以得到B至K的各种字母组合。这就是著名的组合艺术中最简单的样式。

第八章 超凡记忆术:不断重复

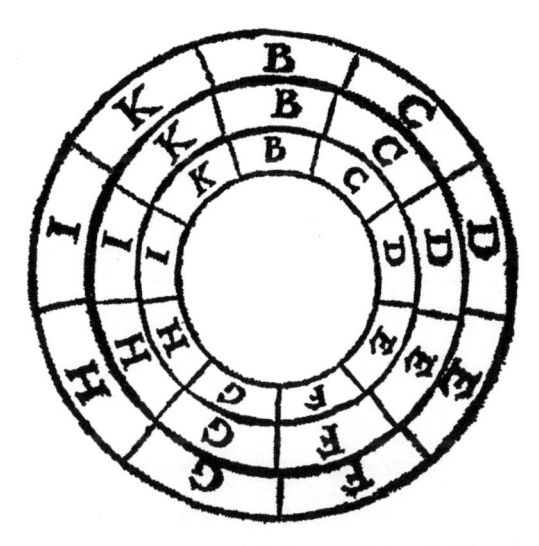

图6 组合图形。来自卢尔的《简明艺术》

卢尔艺术只使用三种几何图形:圆、三角形和正方形,这些图形具有宗教和宇宙的意义。正方形是四大元素;圆形是天界;三角形则是神性,其依据是卢尔在《知识之树》(*Arbor scientiae*)里讲述的有关圆形、三角形和正方形的寓言故事。故事是这样的:山羊座及其兄弟星座、土星及其兄弟行星捍卫圆形,认为圆无始无终,因此最接近上帝。正方形坚持自己代表四大元素,所以最接近上帝。而三角形则指出自己比圆形和正方形都更接近人的灵魂和神的三位一体。[14]

前文已经提到,这门艺术被灵魂的三大力量共同使用,记忆就是其中之一。记忆术如何与作为理性或意志的艺术相区分?在奥古斯丁的灵魂里要分隔理性、意志和记忆的活动不太容易,它们融为一体,如同三位一体。基于同样的原因,在卢尔的艺术中要区分它们也很困难。在他的《沉思》(*Books of comtemplation*)一书中有一则寓言,卢尔将灵魂的三股力量拟人化为三位站在高山顶上的高尚而美丽的少女,她们担当的角色如下:

> 第一位记住第二位理解的、第三位将会做的事情;第二位理解第一位记住的、第三位将会做的事情;第三位将会做第一位记住的、第二位理解的事情。[15]

如果说,作为记忆术的卢尔艺术被定义为记住作为理性和意志的艺术,那么,卢尔的记忆术便是要记住其艺术的全部,包括所有方面、全体活动。卢尔在其他篇章中已经清楚地点明,这就是卢尔记忆艺术的真正涵义。

在《知识之树》的"人之树"一章里,卢尔分析了记忆、理性和意志,并在关于记忆的部分作了这样的结论:

> 我们在此所作的有关记忆的论述,可以作为理论根据用,在记忆术的论文中。[16]

此处出现的"记忆术"一词在古典记忆艺术中屡见不鲜,但是卢尔真正主张的是记住卢尔艺术的原理、术语和运作,对此,他在其后的三部曲——《论记忆》《论理性》《论意志》里有更明晰的阐述。三部论述勾勒出卢尔艺术的三大力量共同使用的繁复程序和项目,它们表现为"记忆之树"的图解形式,这是卢尔的典型手法,其名称也一目了然。记忆之树再次提醒我们卢尔的

第八章 超凡记忆术：不断重复

记忆术包括记住卢尔艺术本身。《记忆之树》有如下结语：

> 我们已讨论过记忆，并给出艺造记忆的原理，使人通过技巧获得记忆。[17]

卢尔把记住自己的艺术称作"艺造记忆"和记忆术，这种表达方式无疑受到古典记忆术术语的影响。卢尔非常强调记忆以及对艺术原则和程序的记忆。在他脑中，艺术的图形在某种意义上被想象成记忆"场景"。在古典记忆传统中使用数学和几何秩序的先例便是亚里士多德的《论记忆与回忆》（De memoria et reminiscentia），卢尔拜读过这部著作，他无疑从中汲取了养分。

卢尔主义为记忆引入新的观念，它作为"艺造记忆"就是用来记住这个艺术的程序步骤。从理性的角度看，卢尔艺术是一种调查研究的艺术、一种发现真理的艺术。它以亚里士多德的分类为基础，对每个科目提出"疑问"，而这些问题及其答案基本上早已预设（例如"神是否善？"这个问题的答案只能是一个）。尽管如此，对这一问答程序的记忆本身就是一种主动调研探究的方法，并且不乏其逻辑性。这是卢尔主义记忆术与古典记忆术最根本的差别，因为古典艺术只是被动地记住所给予的东西。

真正的卢尔主义作为艺造记忆，欠缺对形象的使用，这也是不同于以修辞为传统的古典艺造记忆之处。在卢尔的记忆术中，没有凭借鲜明的人物形象诉诸情感来刺激记忆的原则，也看不见从中世纪的记忆术变形中衍生出来的物质象征。确实，还有什么比卢尔艺术的艺造记忆更脱离古典艺造记忆及其变形呢？顺着卢尔艺术的图示，我们可以想象字母符号在几何图形上移动，在记忆的阶梯上升下降，与之相比，古典艺造记忆中建构宽广的记忆建筑，并在里面储存诉诸情感刺激的物质象征的确是截然不同的活动。卢尔艺术使用抽象的方法，甚至将神的名字都精简成字母B-K。它更像神秘宇宙的几何与代数，与《神曲》或乔托的壁画没有关系。即使称之为"艺造记忆"，也绝非承袭古典传统的那种艺造记忆，更与西塞罗以及《献给赫伦尼》的理论差之千里，就连大阿尔伯特和托马斯·阿奎那也很难找到图留斯推崇的、作为审慎一部分的艺造记忆场景与形象的任何踪迹。

然而，我们也不能就此认为卢尔主义完全摒弃了古典艺造记忆那诉诸视觉的伟大原则，不能否认，卢尔根据图解、图形和图示表述的记忆，仍属一种视觉记忆。而且，卢尔擅长以树为造型图解，从某种程度上说，这种处所概念很接近古典场景的视觉化，可以说，他所使用的树就是一种场景系统。最明显的例子是《知识之树》，他将全部百科知识都图像化成为一棵棵树，再把树组合成一片森林，树根代表B到K的原则及其相互间的关联（见图7）。这一系列包罗万象，甚至有天界、地狱、美德、邪恶之树等等。但是树上没有图留斯式艺造记忆所建议的那种鲜明的形象，它们的枝干和叶片上只装饰着抽象的公式和分类。像卢尔艺术的其他事物一样，美德和邪恶只是作为基本的元素，其运作如科学般精准。卢尔艺术最有价值的地方之一是，其实践可以增进一个人的美德，就像是经过自然处理那样，邪恶会被美德"净化"。[18]

卢尔主义传播很广，但是对它的系统化研究始于最近。由于卢尔主义的核心是柏拉图主义式的，还蕴含司各脱式的新柏拉图主义，因此在当时形成为了一股思潮，尽管在经院哲学占主导

第八章 超凡记忆术:不断重复

图7 树示意图。来自卢尔的《知识之树》,1515 年,里昂版(*Lull's Arbor scientiae*, ed. of Lyons, 1515)。

的时代并没有很多人接受它，却在文艺复兴时代找到了契合的氛围。[19]它在文艺复兴全盛时期非常流行，比如库萨的尼古拉斯（Nicholas of Cusa）就对它很感兴趣。在源自菲奇诺和皮科的文艺复兴新柏拉图主义的兴盛潮流之中，卢尔也占据了光荣的席位。这是因为在文艺复兴时期，新柏拉图主义者发现一些来自中世纪的观念与他们很相投，而且和人文主义者不同，他们并不鄙视这些观念，更不认为它们原始又野蛮。

卢尔主义的核心思想中甚至有对星辰影响力的解释，若是在菲奇诺和皮科的时代，必会引起人们的兴趣。当这门艺术在天界的阶层上发生作用时，它调动黄道带十二宫的标记以及七个行星与B到K的组合，形成一种仁慈的星辰科学，可以用作星辰医学。卢尔在《简论天文》序言中指出，它与普通的占星学有很大区别。[20]遗憾的是，直到现在，卢尔的医学也没有得到足够的研究，不过它当时很有可能确实对菲奇诺产生过影响。[21]乔达诺·布鲁诺一定也注意到了这点，他认为帕拉切尔苏斯医学（Paracelsan medicine）大部分源自卢尔学说。[22]

就这样，卢尔主义成为了文艺复兴时期的一种时髦哲学，融合了赫尔墨斯–希伯来神秘哲学传统的许多方面，它与希伯来神秘哲学的关系在文艺复兴时期尤其重要。

我认为，卢尔主义从一开始就有希伯来神秘哲学的成分。据我所知，在卢尔之前，冥想字母组合是犹太人独有的现象，而默想神圣的希伯来字母组合，是从西班牙的希伯来神秘主义发展而来的。根据神秘理论，这些组合象征性地包含了整个宇宙和神的所有名字。卢尔没有采用希伯来字母，而是将字母B至K进行了组合（若需代表更多神圣尊严则使用更多字母）。在我看来，卢

第八章 超凡记忆术：不断重复

尔用字母代表神圣属性或神的名字，是为了将希伯来神秘哲学的做法非犹太化，其中也包含了利用犹太人自己的神圣方法诱其接受三位一体的基督教的企图。然而，希伯来神秘哲学主义到底对卢尔产生了何种影响还未有定论，我们暂将它留作未决之题，目前只需领会，文艺复兴时期的卢尔主义肯定与希伯来神秘哲学主义之间有密切联系。

皮科·德拉·米兰多拉应该是第一位点明这种关联的人。在"论题与自辩"（Conclusions and Apology）中讨论希伯来神秘哲学时，皮科提到一种希伯来神秘哲学用旋转的字母进行组合，而这门艺术就像"我们常说的雷蒙的艺术"，[23]即雷蒙·卢尔的艺术。皮科将希伯来神秘哲学的组合艺术与雷蒙艺术划上等号，无论正确与否，文艺复兴时代传承了他的观点，卢尔主义与希伯来神秘主义无可避免地被联系在了一起。卢尔主义现今被称作希伯来神秘主义，B到K的字母多多少少被等同于希伯来神秘哲学的神源体，更与希伯来神秘哲学的天使之名相连。由此产生了一部题为《论希伯来神秘听闻》（De auditu kabbalistico）的作品，其第一版曾分别于1518和1533年在威尼斯出版。[24]这部作品使用了常规的卢尔图形，看起来是（实质上也是）对卢尔式艺术的实践。文艺复兴时期，人们坚定地认为这是卢尔所作，不过现在我们已经知道这是一个错误。[25]当时的卢尔主义者将《论希伯来神秘听闻》当作真正的卢尔著作来拜读，从中他们的观点得到证实，即卢尔主义是一种希伯来神秘主义哲学。在基督教的希伯来神秘主义者的眼里，这部著作更像是一本基督教的希伯来神秘典籍。

文艺复兴时期还有很多论炼金术的作品被误认为卢尔所作，

这也助长了他的名声。[26]

从14世纪初开始，就有一些论炼金术的论述以伟大的雷蒙·卢尔的名义发表。这些著作写于他去世以后，显然不是他的作品。根据现存的资料，尽管卢尔从未将他的艺术用在炼金术科目中，但的确在同类科目下的星辰医学中应用过这门艺术，因为卢尔艺术的"元素"基础确实为类似炼金术的元素模式提供了使用方法。伪卢尔炼金术著作里的图形与真正的卢尔图形有一些相似之处。例如，一本15世纪的伪卢尔炼金术论文的图解中（在休伍德·泰勒[F. Sherwood Taylor]的书中有显示）出现了类似组合转轮的东西，卢尔式树图的根部标记着字母，树顶有十二宫和七个行星的转轮。卢尔的《知识之树》中使用"元素之树"和"天界之树"来说明物质中有元素和天界的对等物，那些组合转轮兴许就是炼金术家依据这一说法衍展出来的。只不过，真正的卢尔艺术不会使用这么多字母。或许信徒们自以为自己的伪卢尔炼金术正是遵照大师指示的道路发展卢尔主义。[27]不管怎么说，有一点是肯定的，即文艺复兴时期卢尔艺术与炼金术相关联，那些带有其署名的炼金术著作也被当作真正的卢尔作品。

故而，文艺复兴时期的卢尔逐步被塑造成伟大的魔法师，谙熟神秘传统培育出的希伯来神秘主义和赫尔墨斯神智学的科学。另一部伪卢尔著作中同样出现了文艺复兴玄秘主义和魔法术的神秘语言，它甚至谈到黑暗之中出现一道新光，催化毕达格拉斯式的沉默。这部著作将卢尔主义与文艺复兴的另一个嗜好——修辞学联系了起来。[28]

前一章已经讲到修辞传统中的古典记忆术发展成为一种文艺复兴的玄秘形式。那么卢尔主义和古典记忆术之间又是怎样的状

第八章 超凡记忆术：不断重复

况呢？卢尔主义记忆术与古典记忆术之间的差别是否大到无法合并？这两种记忆术深深吸引了文艺复兴赫尔墨斯神智学—希伯来神秘哲学传统的人，那么在文艺复兴的氛围下，他们是否会寻求一种方法，将两者结合起来呢？

目前为止，我们尚未提到卢尔有一篇论记忆的简短文章名为《巩固记忆》（*Liber ad memoriam confirmandam*），要讨论卢尔记忆术与古典记忆术的关系，这篇短文意义非凡。[29] 它是我们所能找到的最接近"记忆论述"的卢尔著作，其中对如何巩固和加强记忆进行了指导。短文结尾处署名为"雷蒙·卢尔在比萨城圣多尼诺修道院所著"[30]，也就是大约1308年，当时卢尔已年迈，第二度去非洲传教，返程时在比萨附近因船舶失事去世。在比萨，他完成了卢尔艺术的最后一个版本——《普通终极艺术》（*Ars generalis ultima*）或称《伟大的艺术》，以及其缩写版《简明艺术》。《巩固记忆》写于同时期，同样属于卢尔艺术最终形式的成型期。它不是一部伪卢尔作品，虽然其内容相当晦涩，文稿也可能有讹误，但却是真正的卢尔的著作。

卢尔说，古人将记忆界定为两种，一种是自然的，一种是艺造的。他称这个古代论述来自"论记忆的章节"。[31] 这一定指《献给赫伦尼》里论记忆的部分。他接着说："自然记忆是创造一个人时或一个人出生时便有的，受到当时主导行星的影响，因而我们会发现人的记忆力有差异。"[32] 这是《献给赫伦尼》里有关自然记忆的话语，另外添加了行星影响，作为自然记忆的一个因素。

他还说："另一种记忆是艺造记忆，艺造记忆又分两种。"

一种依赖药物和膏药来改善记忆力,他并不推崇。另一种是在脑中频繁回顾想要记住的东西,就像牛咀嚼反刍那样,"如在论记忆和回忆的书中所说,多次重复就会牢记"。[33]

这一点值得推敲。卢尔对于记忆的论述看似相当符合古典的传统。既然他提到了《献给赫伦尼》里有关记忆的部分,那他一定知道古人所说的艺造记忆及其场景和形象。但是他故意忽略了"图留斯规则",唯一的规则来自亚里士多德《论记忆和回忆》中有关反复默诵的论述。这表示卢尔明白经院哲学已经融合了《献给赫伦尼》的规则以及亚里士多德对记忆的阐述,他在艺造记忆的名目下只提出了托马斯·阿奎那的第四条,即常常思考想要记住的东西,与亚里士多德所建议的一致。[34] 卢尔忽略了(既然是有意忽略,可以说他是在摈弃)托马斯的另外三个规则,同时也不理睬托马斯接受《献给赫伦尼》的规则后提出的按序排列的"物质象征"。

在此有必要强调,比萨的多明我会修道院(卢尔并不住在这个修道院)后来成为了积极传播托马斯·阿奎那式艺造记忆的活动中心,并且在当时就开始大力宣传托马斯的学说。比如比萨多明我会修士巴尔托洛梅奥·达·孔高略,他所传播的是与托马斯·阿奎那式的亚里士多德学说融合后的《献给赫伦尼》规则(在第四章已提到)。[35] 因此推断,卢尔在比萨所接触的很可能是艺造记忆的中世纪模式,经由不断壮大的多明我会推广而来。但是对于那些有助于记住美德、邪恶、通往天界和地狱的道路的鲜明物质象征,他在定义艺造记忆时却一字不提,这种刻意为之非常耐人寻味。

在这篇论述中,几乎可以感受到他对多明我会的艺造记忆

第八章 超凡记忆术：不断重复

持否定态度，令人想起当时卢尔的一个生活小插曲。卢尔在一个多明我会的教堂里曾有过一次产生惊恐幻觉的经验：一个声音告诉他，只有在这个布道者教会中，他的灵魂才能得到救赎。但要进布道者教会，他必须放弃自己的艺术。卢尔作出大胆决定，为了他的艺术，即使牺牲自己的灵魂也在所不惜，"宁愿自己入地狱，也不愿丢失可以拯救更多灵魂的艺术。"[36] 卢尔之所以会有这样的梦魇，是否因为他没有在其艺术中强调对地狱的记忆，也没有使用鲜明的物质象征而自觉受到威吓呢？

卢尔的艺造记忆只有一条规则，即亚里士多德的不断重复规则。那么他在《巩固记忆》中想要我们用艺造记忆记住什么呢？答案是卢尔的艺术及其所有的方法步骤。《巩固记忆》从祷告开始，向神圣的仁慈和其他属性祷告，同时也向圣母玛丽亚、圣灵祷告。因为这是意志的艺术，是对意志的指导。其余部分则是涉及理性艺术的程序、理性在存在之阶梯上升降的方式、做出逻辑决策的力量。卢尔称理性艺术依靠"记忆分辨"作出决策，此功能审查记忆的内容，对事物是否真实或确实作出回答。这再次向我们肯定，卢尔的艺造记忆是记住意志和理性的艺术，而古典记忆修辞传统之形象或"物质象征"与卢尔称为"艺造记忆"的东西是不相干的。

16世纪初，巴黎索邦大学新设卢尔主义教授席位，当时居其位的波那杜斯·德·拉文海特教授（Bernardus de Lavinheta）著有庞大而有影响力的论卢尔主义纲要，他在结尾处提供了论记忆的附录，引用和评述了《巩固记忆》。他将需要记住的内容分为可感知的事物和可理解的事物，并建议用古典记忆术记住可感

- 255 -

知的事物，且简单介绍了场景和形象。至于可理解的事物或是可思辨的问题，也就是离感知，甚至是想象都很遥远的事物，必须靠另一个方法，那就是"卓识博闻之大师的通用艺术，他在他的场景里收藏一切事物，见微知著"[37]。紧接着他简单地提到卢尔艺术的图形、规则和字母。拉文海特错误地使用了经院派主义的术语（在经院派中"可感知的"形象是用来记住"可理解"的事物的），将古典记忆艺术降为一种较低级的科目，只用于记忆可感知的事物，而更高级的理性的事物则需要卢尔主义的记忆艺术。可见他也认为形象、"物质象征"与真正的卢尔主义不相配。

以上，文艺复兴时期卢尔主义在诸多方面都与文艺复兴的新柏拉图主义以及玄秘主义传统气味相投。另一方面，玄秘传统对古典记忆术产生兴趣并将其发展成玄秘记忆，文艺复兴时期卢尔主义与之似乎没有任何接合点。

也许未必如此。

我们还漏掉了《巩固记忆》的一个奇怪特征。在这部论述中，卢尔提醒想要加强记忆力的人务必使用他的另一本书"七大行星之书"，它会给读者真正的启示。他曾三次提到此书对记忆的重要性。[38]然而，卢尔的著作中并没有此名字的书。18世纪一位热心的卢尔著作拉丁版编辑，埃芬·萨尔钦杰（Ivo Salzinger）确信自己破解了这个奥秘。在他编辑的卢尔作品美因兹版第一卷中，萨尔钦杰亲自写了一篇题为"雷蒙·卢尔艺术揭密"的长论。在这篇论述中，他大段引用了卢尔的《简论天文》，详细介绍了其行星元素理论，甚至全文引用其解释行星的数字为七的长篇大论。接着他说，卢尔的这部论"天文"的著作

第八章 超凡记忆术：不断重复

除了其他神秘的艺术外，还包括：

> 一种记忆术，"通过这个艺术，你会记住这七种工具[七个行星]披露的此艺术的全部秘密。"

随后他引用《巩固记忆》（并明确指出这部著作的作者为卢尔）中的话：要想进一步巩固记忆，必须参考"七大行星之书"，萨尔钦杰断然号称这本书就是《简论天文》。[39]

如果16世纪的人采取和18世纪的萨尔钦杰一样的方式来解释"雷蒙·卢尔艺术的秘密"，可能早已发现卢尔主义中记忆的根基是天界的"七"[40]，而这也正是卡米罗剧场的显著特征。

文艺复兴时期之所以认为记忆的基础是天界，是基于其他的权威（例如塞浦西斯的麦阙多卢斯），但若学一学萨尔钦杰，相信同样可以在卢尔主义中找到理论依据。在卢尔主义中看不到他在记忆中使用星辰的魔力和避邪的形象。卢尔避开形象和象征，这在他的星象学或是星辰科学中非常明显，在艺造记忆中他也避而不谈。卢尔从来不使用行星或是星宿的形象，也不提占星术世界图像中那一系列动物和人的形象。他的星辰科学完全是抽象和不具形象的，只有几何图形和字母标记。然而，卢尔主义中可能还是会有一些抽象或是几何魔力的成分，它们都聚集在图形本身：在正方形上，四大元素沿着"四方形、圆形和三角形"[41]移动；也在转动的圆上，它反映出山羊座和其兄弟星座、土星及其兄弟行星的领域；还有在神圣的三角图形中。[42] 或者聚集在字母标记本身（就像在希伯来神秘哲学中使用希伯来字母表一样），它们不仅有纯粹的标记价值，而且有象形文字的寓意。

我们在卡米罗的"剧场"中所见到的大量意象与卢尔主义属于不同的性质。它们属于修辞传统的艺造记忆及其形象,在中世纪发展成为物质的象征,在文艺复兴时期赫尔墨斯神智学的气氛中发展成为星象化的具护符性质的形象。说白了,它属于卢尔所排斥的"艺造记忆"的那一方面。

不过,文艺复兴的一个宏伟目标就是通过在卢尔图形上使用星辰的魔法形象,将卢尔主义与古典记忆术融合到一起。

让我们再一次进入卡米罗的"剧场",这次是为了寻找文艺复兴时期卢尔的踪迹。人们知道卡米罗对卢尔主义颇感兴趣,《剧场的观念》中就提到雷蒙·卢尔,还引用了他在《证言》(*Testament*)中的一句话。[43] 可惜《证言》是一本伪卢尔炼金术的著作,但也足可见卡米罗把卢尔认作炼金术家。当我们看到剧场的七大行星作为神源体延伸至超天界的世界时,可能会怀疑卡米罗或许知道《论希伯来神秘传闻》中代表希伯来神秘哲学的卢尔。另外,卡米罗剧场中同一形象在不同等级上的意思发生变化,也使我们联想到字母B至K在生命阶梯上升降时所具有的不同意思。

即使卢尔主义与文艺复兴时期的神秘古典记忆的混合可能为剧场的建构造成影响,朱利奥·卡米罗仍全然属于更早的时期。卡米罗剧场属于古典记忆术,受到菲奇诺和皮科运动影响下的赫尔墨斯—希伯来神秘哲学的激发,而散发出新鲜而奇妙的生命力。从形式上看,剧场完全是古典的,其玄秘的记忆仍然牢牢依附在一个建筑物上。除非我们看到卢尔图形的转轮上摆放着形象,不然无法确信卢尔主义与古典艺术结合在了一起。事实上,记忆也许在剧场里借由魔力的形象被注入活力,但它却仍静止在一个建筑物内。

在下一章我们会谈到一位才华横溢的大师，他将星辰的魔法形象放在卢尔主义的组合转轮上，从而实现了世人等待已久的神秘化的古典记忆与卢尔主义的融合。

注释：

1 "雷蒙·卢尔的艺术：从卢尔元素理论的角度研究"，《沃尔伯格和考陶尔德学院学报》('The art of Ramon Lull: An Approach to it through Lull's Theory of the Elements', *Journal of the Warburg and Courtauld Institutes*)，XVII（1964年），115–173；"雷蒙·卢尔与斯各特·埃利金纳"（'Ramon Lull and John Scotus Erigena'），同上，XXIII，(1960年)，1-44。这些文章后面引用时名为《R.L.的艺术》和《R.L.和S.E.》。

2 见《R.L.的艺术》，162；和T.和J卡瑞瑞斯·阿尔多，《西班牙哲学史》(T and J.Carreras y Artau, *Historia de la filosofia espanola*)，马德里，1939年，1943年，I，从534页开始。奥古斯丁在《论三位一体》中定义了与三位一体相关的灵魂三大力量。

3 卢尔至少前往明我会三次，希望赢得多明我会对他的艺术的兴趣；见E.A皮尔斯，《雷蒙·卢尔传》(E.A.Peers, *Ramon Lull, A Biography*)，伦敦，1929年，153, 159, 192, 203。

4 卢尔本人从未使用"理念"这个字来表示他的神的名字和尊严，但是斯各图斯(Scotus)认为这些创造性的名字与柏拉图的理念是同样的东西；见"R.L.和S.E."，7。

5 见"R.L.和S.E."，从6页开始。

6 见G.G.夏勒姆，《犹太教神秘主义的主要潮流》(G.G.Scholem, *Major Trends in Jewish Mysticism*)，耶路撒冷，1941年，(第二版，纽约，1942年)。卢尔时代的西班牙希伯来神秘哲学的基础是十个神源体和二十二个希伯来语字母。神源体是"上帝最普通的十个名字，它们作为整体构成一个伟大的名字。"（夏勒姆，210）。它们是上帝带来世界的创世之名。（同上，212）。希伯来神秘哲学的另一个基础是希伯来语字母表，也包含了上帝的名字。西班牙犹太人阿伯拉罕·阿布拉菲亚(Abraham Abulafia)与卢尔同时代，精通希伯来字母组合的神秘主义科学。这些互相结合成无尽的变化和组合，看起来毫无意义，但对阿布拉菲亚来说并非如此，他接受希伯来教义，认为神圣的语言是真实的本质(同上，131)。

7 见M.阿辛·帕拉修《阿本马萨拉与他的流派》(M.Asin Palacios, *Abenmassara y su escuela*)，马德里，1914年；和《伊斯兰基督教》(*El Islam Christianizado*)，马德里1913年。

8 《魔法与实验科学的历史》(*History of Magic and Experimental Science*)，II，865。关于卢尔图像中宇宙转轮的种类的例子，见H.波伯，"比德的'论事物之性质'的中世纪插图课本"《瓦特斯艺术馆学报》('An Illustrated mediaeval school–book of Bede's De nature rerum', *Journal of the Waters Art Gallery*)，XIX-XX，65–97。

第八章 超凡记忆术：不断重复

9 见《R.L.的艺术》，从118页开始。

10 同上，从115页开始。

11 同上，158–159。

12 见《R.L.和S.E.》，在这篇文章中，我没能成功地确定卢尔接触斯各特式系统知识的渠道，不过我认为奥绕利尤斯·奥古斯托杜尼扬斯(Honorius Augustoduniensis)可能是媒介之一。

13 普林密尔(R.D.F.Pring-Mill)研究了卢尔艺术中三合一或关联的格局，"雷蒙·卢尔的三位一体世界图画"，《浪漫主义年鉴》('TheTrinitarian World Picture of Ramon Lull', *Romanistisches Jahrbuch*), VII, 229–256。斯各特系统也涉及关联主义。《R.L.和S.E.》，从23页开始。

14 《知识之树》(*Arbre de ciencia*)，雷蒙·卢尔的《著述精华》(R.Lull, *Obres essentials*)，巴塞罗那，1957年，I, 829(加泰罗尼亚语版比拉丁语版更易读，发表在《著述精华》中)。在《R.L.的艺术》中引用过，151–151。

15 《沉思》(*Libri contemplationis in Deum*)，《雷蒙·卢尔著述全集》，X，530。

16 《知识之树》，在《著述精华》I, 619。

17 三部曲没有发表。我阅读的《论记忆》(*De memoria*)抄本是巴黎、国家图书馆，Lat. 16116。这部著作中的其他引语来自保罗·罗西《雷蒙·卢尔在16世纪思想中的遗产》，《中古时代与文艺复兴研究》('The Legacy of Ramon Lull in Sixteenth-Century Thought', *Mediaeval and Renaissance Studies*)，沃尔伯格和考陶尔德学院，V(1961年)，199–202。

另一部讨论了"记忆之树"的著述为《哲学之树》(帕莫版(Palma)卢尔的《著述精华》，XVII(1933), S. Galmes编，399–507。)据说这部著作也是记忆术的一个样本；记忆术再次被用来记住包括这个艺术在内的程序。参看卡瑞瑞斯·阿尔多，I, 534–539；罗西《普世之钥》从64页开始。

18 见《R.L.的艺术》，151–154。

19 见《R.L.和S.E.》，39–40。E.克罗默，《尼库拉斯·冯·库萨与雷蒙·卢尔》(E.Colomer, *Nikolaus Kues und Raimund Lull*)，柏林，1961年。

20 见《R.L.的艺术》，118–132。

21 J.卢斯查尔特已经发表了有关卢尔主义在菲奇诺附近传播的证据(J.Ruysschaert, 'Nouvelles recherches au sujet de la bibliotheque de pier Leoni, medecin de Laurent le Magnifique', *Academie Royale de Belgique, Bulletin de la Classe des Lettres et des Sciences Morales et Politiques*, 5e serie, XLVI(1960年), 37–65。洛伦佐·迪·美迪奇医生图书馆里藏有相当数量的卢尔抄本。

22 布鲁诺的《卢尔艺术》(拉丁著述, III, 569-633)根据卢尔的《健康与疾病之书》(*Libre de regionibus sanitatis et infirmitatis*)制作其转轮图像,见《R.L.的艺术》, 167。在《论卢尔的组合之灯》(*De lampade combinatorial lulliana*)(拉丁著述, II, ii, 234)的序言中,布鲁诺说帕拉切尔苏斯(Paracelsus)的医药是从卢尔那儿来的。

23 皮科·德拉·米兰多拉《全集》(Pico della Mirandola, *Opera omnia*)1572年, 180;参看修勒姆的"论基督教希伯来神秘主义思想",《献给L. 贝克的论文》(G.Scholem, 'Zur Geschichter der Anfanger der chrislichen Kabbala', *in Essays presented to L.Boeck*), 伦敦, 1954年, 164, Yates, G.B.和H.T., 96-96。

24 见卡瑞瑞斯·阿尔多(Carreras y Artau) II, 201。

25 见克利斯泰勒的"乔万尼·皮科·德拉·米兰多拉与他的来源",《乔万尼·皮科·德拉·米兰多拉与他的著述与思想》(P.O.Kristeller, 'Giovanni Pico della Mirandola and his Sources', *L'Opera e il Pensiero di Giovanni Pico della Mirandolo*), 国家文艺复兴研究院, 佛罗伦萨, 1965年, I, 75;巴特罗瑞, "皮科与他的意大利卢尔主义"(M.Batllori, "Pico e il lullismo italiano"),同上, II, 9。

26 有关伪卢尔炼金术,见谢尔伍德·泰勒的《炼金术士》(F.Sherwood Taylor, *The Alchemists*), 伦敦, 1951年,从110页开始。

27 见《R.L.的艺术》, 131-132;见《R.L.和S.E.》, 40-41。

28 《修辞研究入门》(*Rhetoricen Isogoge*)的第一版于1515年在巴黎出版,扉页上的作者署名为"神圣和启迪的雷蒙·卢尔"。其真正的作者是波那杜斯·拉文海特的一个弟子拉本吉斯·鲁夫斯,他在索邦神学院(现巴黎大学)教卢尔主义思想。见卡瑞瑞斯·阿尔多(Carreras y Artau) II,从214页开始;罗西的《16世纪思想中雷蒙·卢尔的遗产》, 192-194。这本著作结尾有一篇样本演说,讨论了整个宇宙和所有科学百科的神秘知识。

29 《巩固记忆》有五个抄本留世,两本在慕尼黑,(clm10593, f.1-4; 同上, f.218-221);一本在罗马(Vat.lat. 5347, f. 68-74),一本在米兰(AmbrosianaI, 153 inf.f. 35-40);还有一本在巴黎, (B.N.Lat. 17820, f.437-44)。我在此想向施泰戈姆勒(F.Stegmuller)博士表示感谢,感谢他向我提供慕尼黑和梵蒂冈抄本的直接影印件。

保罗·罗西于1960年出版他的《普世之钥》时将《巩固记忆》附在书后, 261-270。罗西的文本不够完美,因为他只用了三个手抄本,但是他提供了一个有用的临时文本。罗西在《普世之钥》(70-74)和《R.L.的遗产》中对这一文本进行了讨论(203-206)。

有关《巩固记忆》可能受到萨里士伯雷的约翰《元逻辑》的影响,见前面,第3章,注16。

30 五个抄本都说于"多明我会修道院",罗西接受了这种说法(《普世之钥》,

第八章 超凡记忆术：不断重复

267)。然而，人们知道卢尔住在圣多尼欧西多会修道院，而非比萨德多明我会修道院。卢尔在比萨著述的作品的最早抄本有"圣多尼欧"(S.Donnini)字样，表明了写作地点，后来的抄写讹误成"多明我会"(Dominici)。见塔雷的"巴黎国家图书馆卢尔文献"，《塔拉戈纳神圣文集》(J. Tarre, 'Los codices Lullianos de la Biblioteca national de Paris', *Analecta Sacra Tarraconensia*) XIV (1941年)，162 (感谢Hillgarth提供这个参考)。

31 五个抄本中有四个提到的是"记忆的章节"，因此这不应该作为仅在巴黎抄本中出现的变体放入脚注 (罗西《普世之钥》，264和268，注126)。

32 罗西《普世之钥》，265。

33 四个抄本里都专门提到《论记忆与回忆》；只有一本(梵蒂冈本)没有提到。罗西在"R.L的遗产"中的说法有点混乱(205)。

34 见上面，85–86。

35 见上面，从86页开始。

36 《当代生活》，收入雷蒙·卢尔的《著述精华》I, 43。这个故事在皮尔斯(Peers)的英文译本《雷蒙·卢尔》中被引。236–238。属于卢尔比萨逗留之前的时段。

37 伯纳达斯·德·拉文海塔的《应用雷蒙·卢尔艺术的解释大典》(Bernardus de Lavinheta, *Explanatio compendiosaque application artis Raymundi Lulli*)，里昂，1523年；引自拉文海塔的《雷蒙·卢尔著述全集, 解释大典》(*Opera Omnia quibus tradidit Arts Raymundi Lullii compendiosam explicationem*, ed. H.Alsted)，科隆，1612年，653–656。见卡瑞瑞斯·阿尔多(Carreras y Artau) II. 从210页开始。瓦索利"卢尔早期著述中的人文主义和象征主义与布鲁诺的助记术"，见卡斯特里编的《人文主义与象征主义》《C.Vasoli, 'Umanesimo e simbologia nei primi scritti Lulliani e mnemotecnici de Bruno', *in Umanesimo e simbologia, ed E. Castelli*》，帕多瓦，1958年，258–260；罗西"R.L.的遗产"，207–210。

38 论著开始的时候告知读者阅读"七大行星之书中B.C.D指定的第五个题目，我们在那儿讨论了神奇事物，你可以得到所有自然体的知识"。最后一段中，又两次让读者参阅七大行星的书，因为其中含有解读记忆的整个方法。(罗西，《普世之钥》，262, 266, 267)。五个抄本里分别都有三次提到七大行星之书。

　　罗西认为(在"R.L.的遗产"205–206)，虽然《巩固记忆》确实是卢尔的著述，但是其抄本没有一个早于16世纪，可能有添加讹误。但是我认为，即使将这种可能性考虑在内，添加讹误也不会包括七大行星。卢尔著作的常见特征是其参考出处往往是自己的其他著述。专门指出出处是《献给赫伦尼》和《论记忆与回忆》反而令人吃惊，卢尔通常不这样指称别人的著述。因此，专门指称别人的著述有可能是16世纪修改添加的，可能是拉文海特圈内的人所加。就算这些专门指称确实是后来添加的，也不会改变他引用的显然是《献给赫伦尼》和亚里士多德的论述要领这一事实。

39 伊弗·萨尔辛吉"披露秘密的艺术"(Ivo Salzinger, 'Revelatio Secretorum Artis'),见雷蒙·卢尔《全集》美因茨版(in R.Lull, *Opera ominia*, Mainz),1721–1742, I, 154。萨尔辛吉将"第五科目"理解为是天界(coelum)。《简论天文》和《巩固记忆》都没有在美因茨版发表,但是萨尔辛吉在他的"披露秘密的艺术"中大段引用了《简论天文》和《巩固记忆》,似乎认为它们对这一秘密来说是很关键的。

40 文艺复兴时代,这两本相关的著作都没有印刷版本,但是卢尔抄本有流传。拉文海特就引用了《巩固记忆》。皮罗瓦努斯的《为天文学辩护》中几乎全文引用了《简论天文》,包括有关为什么有七大行星的那一段(G.Pirovanus, Defensio astronomiae, 米兰,见"R.L.和S.E." 30页的注)。《简论天文》因此可能是宣传"七大神秘"的声音之一(见上,168)。

41 我在文章《卢尔的元素理论》('La teoria lulliana de los elementors')中讨论了演说这些艺术元素形象的精巧模式,载于《卢尔研究》(*in Estudios Lullianos*) IV(1960年), 56–62。

42 卢尔在他的《新几何》(Nova geometria, ed. J. Millas Vallicrosa)里提到所罗门图像的重要性,巴塞罗那, 1953年, 65–66。

43 《剧场的观念》, 18。有关伪卢尔《证言》(*Testament*),见桑戴克,《魔法与实验科学的历史》(*History of Magic and Experimental Science*), IV, 25–27。

第九章

影子的秘密

乔达诺·布鲁诺出生于1548年，也就是卡米罗去世四年后[1]。1563年，他加入多明我会，在那不勒斯的一个修道院里隐修，学习的内容想必也包括了多明我会记忆术。其论记忆的著述与龙贝格及罗塞留斯的论述有许多共同的特征——那种繁复、混乱和复杂之风正是多明我会围绕《献给赫伦尼》规则所发展出来的记忆传统。[2]据巴黎圣维克多（St Victor）修道院图书管理员记录的布鲁诺自述，他在离开多明我会之前就以记忆专家闻名：

> 乔达诺称圣庇护五世教皇（Pius ¢õ）和瑞必巴（Rebiba）红衣主教曾派四轮大马车将他从那不勒斯接到罗马，以便他展示艺造记忆。他用希伯来语吟诵诗篇《耶和华所立的根基在圣山上》，还教了瑞必巴主教一些记忆术技巧。[3]

坐着马车去罗马,并且向教皇和红衣主教展示多明我会艺造记忆的专长,这幕荣耀的场景发生在乔达诺被当作异端逐出教会之前,但其真假已无可考证。

后来布鲁诺逃离那不勒斯的修道院,开始在法国、英国和德国漫游的生活,所幸他此时身怀绝技,那就是修士会的艺造记忆。一位前修士愿意传授可能是文艺复兴时期或玄秘形式记忆术的秘密,一定会引起大众的兴趣。布鲁诺将他公开出版的第一本论记忆的书——《概念的影子》(De umbris idearum)献给法国国王亨利三世,此书开篇便承诺会披露关于赫尔墨斯神秘主义的秘密。它是卡米罗剧场的后继,这使得布鲁诺成为第二位将记忆的"秘密"带给法国国王的意大利人。

> 我的名声渐大,一天,国王亨利三世召见并询问我,我的记忆力以及我传授的记忆术是自然记忆还是通过巫术获得的;我向他证明,这些都是通过科学习得而非巫术。后来我印制了一本论述记忆的书,书名为《概念的影子》,献给了国王,因此他便恩予赐阅了。[4]

这段话出现在布鲁诺呈给威尼斯宗教法庭审判官的陈述书中,描述了他与亨利三世的关系。那些宗教法庭审判官只要翻阅《概念的影子》,便会发现(对这些问题他们比19世纪的布鲁诺崇拜者更精通)里面提及《阿斯克勒庇俄斯》的魔法塑像,还列出了一百五十种星辰魔法影像的清单。布鲁诺的记忆术中显然有魔法成分,而且比卡米罗所涉足的程度更深。

当布鲁诺到达英国时,他在记忆术框架内传达赫尔墨斯宗

第九章 影子的秘密

教信息的技巧已发展成熟,这也是他在英国出版的记忆论著的主旨。在德国也是如此。1591年,在即将回意大利之前,他在法兰克福出版了最后一本论述魔法记忆的书。乔托在威尼斯宗教法庭上为布鲁诺在法兰克福的名声作证时,说在城里听过布鲁诺授课的人告诉他,"乔达诺以记忆术及其他类似的秘密作为专业"。[5]

后来,谟钦尼科(Giovanni Mocenigo)希望向布鲁诺学习记忆术而邀请他去威尼斯,于是布鲁诺回到意大利,这导致他后来被囚禁,最终被处以火刑。(布鲁诺对威尼斯宗教审判官说)

> 去年我在法兰克福的时候,收到一位叫乔万尼·谟钦尼科的先生从威尼斯寄来的两封信。他在信中说,希望我去教他记忆术……承诺会给我很好的待遇。[6]

正是这位谟钦尼科向威尼斯宗教审判庭告发了布鲁诺,时间大概就在他已经学会了布鲁诺记忆术的全部"秘密"以后。由于卡米罗的名声及其在威尼斯学院中的影响,威尼斯的人们对玄秘记忆已相当熟悉,一读到布鲁诺的论述,他们肯定能认出来。

因此可以说,记忆术是布鲁诺生死的关键。

由于我在下文中将频繁提到布鲁诺论记忆的主要著作,有些名字很长,故使用简称如下:

《影子》(Shadows) =《论观念的影子,解释内心书写,非普通的记忆活动》,巴黎,1582年。[7]

《塞丝》(Circe) =《塞丝之歌,通过记忆实践,建立判断之室》,巴黎,1582年。[8]

THE ART OF MEMORY

《印记》（Seals） =《记住与耕耘想象的田野之艺术；解释创造、排列和记住每个科学和艺术的"三十"印记；印记之印记，比较思想的一切活动和掌握它们的分析的完美工具；在此可以很容易地找到你所需要的逻辑、形而上学、希伯来神秘哲学卡巴拉、自然魔法以及伟大的艺术》，出版日期和地点不明。约翰·查尔伍德1583年在英国印刷。[9]

《雕像》（Statues） =《三十雕像之灯》，大约1587年写于德国维腾堡。1891年根据文稿第一次出版。[10]

《形象》（Images） =《论各种创造、排列和记忆的形象、符号和观念的构成》，法兰克福，1591年。[11]

在这五部著作中，《影子》和《塞丝》是布鲁诺第一次去巴黎时的作品（1581–1583年）；长篇巨著《印记》是他在英国时（1583–1585年）完成的；《雕像》和《形象》是他在德国时写的（1586–1591年）。

《影子》《塞丝》和《印记》都包括了"记忆术"，按照记忆论述的古老传统，划分成"场景规则"和"形象规则"。《影子》中对旧术语作了些许改动，称场景为主体，形象为形容体，不过古老的记忆训练二分式划分法在新的外表之下仍然清晰可见，所有关于场景和形象的规则以及许多记忆术传统中积累的细节，都可以在布鲁诺的论文中找到。《塞丝》对记忆术的论述同样基于古代模式，术语同样有所改变。这篇论述在《印记》中被重新收录。布鲁诺在这些论述中提出想象的活力来自魔法，这与经院哲学根据亚里士多德理论将记忆术规则理性化截然不同，但将记忆规则哲学化这一做法本身，却是从多明我会的传统中继承而来的。

乔达诺·布鲁诺对托马斯·阿奎那一直十分崇敬，对自己所在教会的著名记忆术也很自豪。《影子》开篇讲述了赫尔墨斯、菲罗塞乌斯（Philotheus）和罗吉夫（Logifer）之间的一场争论，其焦点就是赫尔墨斯拿出的《概念的影子》，书中含有关于赫尔墨斯记忆术的内容。学究罗吉夫提出反对意见，说很多博学之士都认为这样的著作已丧失作用：

> 最博学的神学家和学养最精深的文学元老塞克特斯（Psicoteus）大师说过，图留斯、托马斯、阿尔伯特、卢尔以及其他的无名作家身上已无任何有价值的东西。[12]

但是无人理睬罗吉夫，这本神秘的书还是被打开了。

老学究塞克特斯大师解释了他反对记忆术的缘由，他认为记忆术对先进的人文主义学者和教育家来说已经过时。[13] 从历史的角度看，《影子》的开篇对话与古老记忆术正逐渐衰弱的时代十分吻合。面对当代人的攻击，布鲁诺非常积极地为图留斯、托马斯和大阿尔伯特辩护，但他提出的中世纪版记忆术是由赫尔墨斯·特利斯墨吉斯忒斯引入的，它已经过了文艺复兴时期的变革，成为一种玄秘的艺术。

赫尔墨斯、菲罗塞乌斯（代表布鲁诺自己）与学究罗吉夫为赫尔墨斯记忆术展开辩论的戏剧性场面，不禁让人想起卡米罗剧场里赫尔墨斯记忆剧场的创造者与维吉里-伊拉斯谟面对面的场景。两者本质上都是魔法师与理性主义者之间的争论。卡米罗面对着维吉里，将自己的剧场当作某种宗教奇迹一般侃侃而谈，同样的，布鲁诺论记忆的书也以一种宗教启示的姿态出现，即将被披露的知识或艺术就像升起的太阳，在它面前，黑暗世界的生命将无所遁形。它类似"埃及神父的深刻见解"，基于"可靠的理性"，而不是"谬误的感觉"。[14]

虽然实质相同，但卡米罗剧场内的会面与布鲁诺的奇异对话风格迥异。卡米罗是优雅的威尼斯演说家，他提出的记忆系统本质上是玄奥的，形式上却秩序井然，具有新古典主义风格。布鲁诺曾是托钵修士，当他冲破修道院的中世纪主义束缚后变得狂放、热情、无所拘束。他的记忆术魔幻地转化成一种内在的神秘膜拜。布鲁诺所处的时代比卡米罗晚半个世纪，而且他来自南方的那不勒斯，而非文明的威尼斯。我不认为他受到了卡米罗的影响，经过赫尔墨斯转化的布鲁诺记忆术是独立于卡米罗产生的，诞生于颇为不同的环境。只在一种意义上，可以说两者有所瓜葛，那就是卡米罗剧场在法国声名鹊起，使得国王更容易接受布鲁诺的记忆"秘密"。

那么，当时的环境到底是怎么样的呢？首先，布鲁诺所在的那不勒斯多明我会修道院里，记忆的艺术到底有没有发生什么变化？这一点，我们不得而知。16世纪末，修道院混乱不堪[15]，动荡的部分原因也可能与文艺复兴对多明我会的记忆术冲击有关。

托马斯·阿奎那的记忆规则通过很仔细地架构，排除了魔法术，并加入亚里士多德的思想，再经过了认真的理性化思考。如果一个人秉持托马斯的本意，遵循其规则，就绝不可能将记忆术变成一种魔法的艺术。托马斯·阿奎那的记忆术已经成为一种虔诚的、伦理的艺术，这是其极为强调的一面，可以肯定他推崇的记忆术不是魔法的艺术。托马斯·阿奎那严厉谴责中世纪的巫法记忆术——《符号艺术》（Ars notoria），[16]他对图留斯记忆规则的采纳与阐述也非常谨慎。关于记忆术作为回忆艺术的问题，他的态度与大阿尔伯特的微妙差别，可能在于他尽力避免陷进大阿尔伯特正掉入的陷阱。[17]

大阿尔伯特的立场没有阿奎那这么鲜明。他对记忆的论述中有一些地方很奇怪，尤其是他把古典记忆形象转化成夜空中的一只巨大的羊这一点。[18]有没有这样一种可能：在那不勒斯的修道院里，受到文艺复兴时期普遍复兴魔法的潮流引领，记忆术或多或少朝着大阿尔伯特主张的方向发展，并使用大阿尔伯特感兴趣的星辰的护符形象呢？我只能将此作为一种可能性提出，因为关于大阿尔伯特的研究虽多，但从这些角度来看，他对整个中世纪和文艺复兴时期的影响还是很小。

我们也必须注意，布鲁诺虽然十分崇敬托马斯·阿奎那，但他将其当作一位魔法师来崇拜，也许这反映了文艺复兴时期托马斯主义的一种倾向、后来由托马索·坎帕内拉（Tommaso Campanella）发扬光大，这又是个鲜少有人涉足的领域。[19]大阿尔伯特作为魔法师受到推崇是有充足理由的，因为他本身确实有此倾向。布鲁诺被捕后被指控携带有关魔法形象的书，他为自己辩护时，称这本书受到大阿尔伯特的推荐。[20]

让我们暂且放下布鲁诺在那不勒斯多明我会修道院时"记忆

术是何样貌"这一问题,转而探讨一下在1576年布鲁诺永远逃离那不勒斯以前,修道院墙外的世界可能对他产生的影响。

1560年,著名的巫法师、早期科学家乔万尼·巴蒂斯特·波特(Giovanni Battista Porta)在那不勒斯建立了他的"秘密自然学院"(Academia Secretorum Naturae),学院成员在他家中聚会讨论"秘密",这些秘密有些关于巫术,有些关于真正的科学。1558年,波特发表了他的力作《自然魔法》(*Magia naturalis*)的第一版。这部著作深深地影响了弗兰西斯·培根和坎帕内拉。在这本书中,波特研究了植物和石头的秘密效能,全面地阐述了天界星辰与下层世界相对的系统。[21] 波特的"秘密"之一是他对观相术的兴趣,[22] 他以奇怪的方式研究人与动物脸部的相似之处。布鲁诺对波特的动物观相术有一些了解,他在《塞丝》中对塞丝的描写便是受观相术影响,从他的其他著作中也可以看出这一点。波特对密码或密写也很感兴趣,[23] 认为它们与埃及式玄秘相连,这也是布鲁诺感兴趣的一个方面。

此处与我们讨论的问题最相关的是波特的《记忆术》(*Ars reminiscendi*),这本书于1602年在那不勒斯出版。[24] 其中,波特说道,想象如同用铅笔在记忆中描绘形象,既有自然记忆,也有艺造记忆,而后者是西蒙尼戴斯创造发明的。波特认为古罗马诗人维吉尔描述狄多(Dido)带领埃涅阿斯(Aeneas)参观充满图画的房间,实际上是狄多的记忆系统,她通过这个系统记住自己祖先的历史。波特还说,宫殿或剧场可用作建筑的场景,如亚里士多德所说,有秩序的数学规则和几何图形也可以当作场景。人物形象应作为记忆形象,必须选择特别美丽或是特别可笑的。用杰出艺术家的画作为记忆形象很有用,因为它们比普通的画更加

第九章 影子的秘密

鲜明、突出、感人。例如，米开朗基罗、拉斐尔、提香的画会久久萦绕在脑海。另外，埃及象形文字、字母和数字的形象（指视觉字母表）也可以用作记忆形象。

波特记忆术的卓越之处在于其高度的美学品质，但其论述仍是基于图留斯和亚里士多德的经院派传统的常规记忆论述，毫无例外地重复着规则、常见的复杂元素，例如视觉字母。除了没有任何有关记住天界和地狱的部分，几乎就和龙贝格或是罗塞留斯的论述一般模样。在我看来，书中没有明显的宣讲魔法之处，他甚至谴责塞浦西斯的麦阙多卢斯在记忆中使用星辰是不当的。但是，这部小书显示出那不勒斯的神秘主义哲学家对艺造记忆很感兴趣。

布鲁诺魔法的一个主要来源是科尼利厄斯·阿格里帕的《论玄秘哲学》（*De philosophia occulta*）（1533年）。阿格里帕在书中没有提及记忆术，但在《论科学之自负》（1530年）中，他用一章的篇幅指出记忆术是一种无价值的艺术。[25]事实上，阿格里帕在那部著作中反对所有的玄秘艺术，然而三年后，他在《论玄秘哲学》中阐述的正是这些玄秘主义，更有甚者，这成为文艺复兴时期有关赫尔墨斯主义和希伯来神秘主义魔法最重要的著作。人们试图用种种途径来解释两本书的矛盾态度，最令人信服的说法是，作者把《论科学之自负》当作讨论危险内容前采取的安全措施。万一《论玄秘哲学》惹祸上身，他也可以拿反对魔法的这本书对自己进行保护。或许事实并非如此，但这也间接表明被阿格里帕攻击为"无价值"的科学，也许正是他真正的兴趣所在。文艺复兴时期的大多数神秘主义哲学家都对记忆术感兴趣，很难想象阿格里帕会是个例外。无论如何，布鲁诺从阿格里帕的魔法术手册中借鉴了星辰魔法形象，并在《影子》的记忆系统里使用了它们。

1582年，布鲁诺的《影子》在巴黎出版，与现代读者相比，那时的法国读者对这类著作已司空见惯，他们迅速把它归属于当时的某种潮流。这是一本论记忆的书，把记忆当作赫尔墨斯派的秘方呈现，当然也就充满魔法思想。有些读者会因为害怕或不赞成这本书的观点而将它弃置一边。另一些读者则会沉浸于带着少许魔法术的时髦新柏拉图主义，想要一探究竟，看看这位新的记忆专家能否使记忆术朝神秘哲学更进一步——那也是朱力欧·卡米罗终身努力的方向。布鲁诺将《影子》题献给亨利三世，显然与卡米罗将赫尔墨斯神秘的记忆剧场敬献给其祖父法兰西斯一世的做法一脉相承。

此时的法国，人们尚未彻底遗忘卡米罗的记忆剧场。巴黎的一个神秘主义中心的创始人雅各·格豪里（Jacques Gohorry）创办了一所医药魔法学院，距离诗人巴伊夫（Baif）创办的诗歌音乐学院不远。[26] 格豪里深受菲奇诺和帕拉切尔苏斯（Paracelsist）的影响，用"利奥索维尔斯"这个笔名写了一些极其晦涩的作品；他在1550年出版了一部作品，其中描绘了卡米罗为弗兰西斯一世建造的"木头圆形剧场"。[27] 虽然格豪里的学院或小组约在1576年就解散了，但是其影响可能还在继续，这些影响包括那些关于玄秘记忆和卡米罗剧场的知识，格豪里曾对这些知识大加赞赏。另外，在布鲁诺的书出版前仅四年，卡米罗的名字出现在巴黎出版的《意大利之赞》中，作为一位意大利名人，他与皮科·德拉·米兰德罗以及其他文艺复兴时期的伟大人物并列。[28]

16世纪后期，玄秘之术变得相当大胆。雅克·格豪里等人认为菲奇诺和皮科都太胆小，不敢将琐罗亚斯德、特利斯墨吉斯忒斯以

第九章 影子的秘密

及其他古代圣人著述中的奥秘付诸实践，也没有充分运用"形象和印记"。格豪里认为他们没有将这方面的知识发挥到极致，这意味着他们没有成为创造奇迹的巫法师。而布鲁诺的记忆系统则向此方向有明显的迈进。与卡米罗相比，他在神秘记忆中更加大胆地使用了臭名昭著的魔法形象和符号。在《影子》中，他毫不犹豫地使用（据说是）黄道带分区的强大形象；在《塞丝》中，他凭借女巫口中拥有强大魔法的符咒引出记忆术。[29] 布鲁诺想要获得的，是远比卡米罗驯狮子和星辰雄辩术更强大的力量。

《影子》的读者不难注意到，一个标记着字母的圆形在书中反复出现，图形中的同心圆上嵌着三十个字母（见图8）。16世纪的巴黎是欧洲最重要的卢尔主义中心，巴黎人都该知道这些圆是卢尔艺术著名的轮形组合。

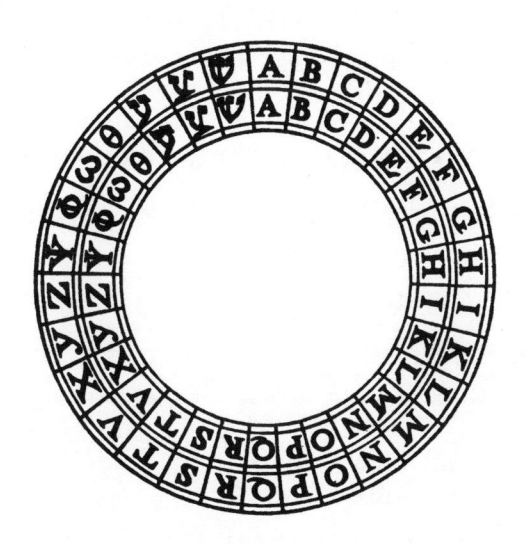

图8 记忆轮形，来自乔达诺·布鲁诺的《概念的影子》(*De umbris idearum*)，1582年。

16世纪末，人们越来越希望将古典记忆术及其场景和形象融入卢尔主义及其运动的图形和字母。这种兴趣被普遍关注，就好比如今普罗大众对电脑的好奇。加尔佐尼在其流行著作《万友门廊》中说，他的雄心壮志就是创造出将罗塞留斯和卢尔思想融为一体的普世记忆系统。[30]如果连加尔佐尼这样的旁观者和门外汉都有野心借由多明我会修士罗塞留斯的记忆著作完成这项伟业，更不要说像乔达诺·布鲁诺这样的内行，他一定更强烈地期望创造一个通用的记忆机器。他受训于多明我会，又精通卢尔主义，很有可能成为最终解决这个问题的最佳人选。

布鲁诺所理解的卢尔是文艺复兴时期的卢尔，而非中世纪的产物。与真正的卢尔记忆术相比，他的卢尔式圆形使用更多字母，甚至包括希腊和希伯来字母，而真正的卢尔主义者从来不用这些。布鲁诺的轮形更像那些伪卢尔的炼金术图解，而那些图解都采用拉丁字母表以外的字母。布鲁诺列出的卢尔著作中包含《论希伯来神秘主义传闻》，[31]由此可见，作为炼金术家和希伯来神秘哲学派的卢尔被纳入了布鲁诺概念中的卢尔主义。但是他的卢尔主义比文艺复兴时期的更加古怪，同时也更偏离中世纪的卢尔。他告诉圣维克多修道院的图书馆员，他比卢尔本人更懂得卢尔主义，[32]他运用卢尔主义的方式，有很多地方让真正的卢尔主义者都感到惊骇。

布鲁诺为什么将卢尔轮形分成三十个部分呢？出现在他脑海的一定是各种神的名字和属性，他曾在巴黎讲课时论述了三十个神圣的属性（这些讲课材料没有存世）。[33]布鲁诺对"三十"这个数字颇为着迷。不仅《影子》的基本数字为三十；《印记》有"三十"枚印记、《雕像》有"三十"尊雕像；而且在论述如何

- 278 -

第九章 影子的秘密

与魔鬼联系的书中，同样有"三十"个"联结"[34]。据我所知，他的所有著作中，唯一讨论过"三十"这个数字话题的是在巴黎与《影子》和《塞丝》同年出版的《论卢尔艺术之简明结构》(*De compendiosa architectura artis Lullii*)。布鲁诺在其中列出了一些如慈善、伟大、真实等卢尔式的神圣属性，之后他将这些与希伯来神秘哲学的神源体同化：

> 这些（即卢尔式的神圣属性）被犹太神秘哲学者缩减成十个神源体，而我们将其缩减为三十个……[35]

他将自己的艺术建立在"三十"的基础上，视其为卢尔式的神圣属性、被犹太教神秘化后的神源体。在这一段中，他摒弃了卢尔的基督教和三位一体化的艺术使用方法。他说，神圣的属性实际上代表了由四个字母组成的上帝之名（即表示上帝的四字母词），希伯来神秘哲学家将其吸收，化为世界的四大基本点，再依次连续扩展到整个宇宙。

我们不清楚他是如何得出"三十"这个数字的，[36]似乎与巫术有关。四世纪的某个希腊巫法文献上有一组以三十个字母构成的上帝之名；[37]圣伊勒内（Irenaeus）谴责诺斯替教的异端邪说时，提到施洗者约翰应有三十位门徒。这个数字引人遐想，例如诺斯替教派三十个永世万古的理念，以及与魔法师西蒙（Simon Magus）相连的深层魔法术。[38]我认为布鲁诺的"三十"更有可能来自特里特米乌斯的《隐写术》(*Steganographia*)，其中列举了三十一个幽灵以及召唤它们的方法。布鲁诺之后看到的此书摘要中，这个数字变成了三十。与布鲁诺同时代的人中，约翰·

迪伊（John Dee）对三十所代表的巫术价值很感兴趣。迪伊的《天使的钥匙》（*Clavis angelicae*）出版于1584年[39]（在布鲁诺的《影子》出版两年后，可能受到布鲁诺的影响）。书中描绘了如何召唤"天界三十个品级"的国王，他们主宰着世界。迪伊列出三十个魔法之名，分别放在三十个同心圆上，用来召唤天使或魔鬼。

布鲁诺在《影子》中数次提到他的另一部作品《伟大的钥匙》（*Clavis magna*），这本书没有存留下来或者根本就不存在。《伟大的钥匙》可能是用来叙述如何使用卢尔式轮形召唤天界的精灵，我相信那是《影子》中使用卢尔式轮形背后的秘诀。正如他将古典记忆术的形象转化成星辰的魔法形象以到达天界世界，书中的卢尔式轮形被转变成"实用的希伯来神秘哲学"，或借以召唤星辰之外的魔鬼与天使。

布鲁诺将古典记忆术和卢尔主义极度神秘化，并成功地将两者结合起来。他把古典记忆术的形象放在卢尔式组合轮形上，不同的是，这些形象是魔法的形象，轮形则用来召唤它们。

《影子》出版之初曾被归入一个宽泛的类别。但这并不意味着它会因此免于风波。相反，正因为读者看穿了布鲁诺的意图，也看出他完全放弃了一切自保，打破了一切束缚。他无视危险的后果和严格的禁令，借由宇宙的力量，依靠上天来组织心灵。这曾是文雅得体、按部就班的卡米罗的理想，但最后还是布鲁诺靠着令人吃惊的胆略，以更加复杂的方式实践了。

请读者将视线移到这张奇怪的图（pl.12），它是什么呢？是一枚圆盘还是埃及沙漠中发掘的古代文献资料？都不是。它是我在试图挖掘的《影子》的"秘密"。

第九章　影子的秘密

　　这些同心的轮形被分成了三十段，每段再分为五小段，一共有一百五十个部分。每个部分都有题词，这些文字太小，根本无法看清。不过无关紧要，我们反正永远无法穷尽其细节。这个示意图只是为布鲁诺系统的一般布局做了个大概的说明，也为它的惊人复杂性提供了一些佐证。

　　我为什么这样说？为什么以前从来没有人见过呢？很简单，以前没人发现《影子》列出的形象表，每个表包含分成三十组的一百五十个形象，是放在同心的轮形上的，就像图8显示的那样。这些同心轮是按照卢尔的方式转动继而形成不同组合的，轮形上面标着字母A到Z以及一些希腊和希伯来字母，总共三十个字母符号。书里给出的形象都按照这三十个字母标记，每段进一步细分为五小段，由五个元音标记。因此，每个表都有一百五十个形象安排在同心轮形上。我在示意图上就是如此安排的，在同心轮形上列表中的形象，分成三十段，每段再分成五个小段。结果便是这具古埃及风格的物品。它的中心轮上有黄道带的分区形象，以及行星、月亮宫宿和星象宫的形象，显然其中涉及魔法。

　　布鲁诺将描写这些星辰形象的文字放在图的中心轮上。印满文字的中心轮是星体灵魂的发电站，是整个系统的动力中心。

　　我在此（根据1886年版的《影子》）复制了星辰形象表的前两页。第一页（pl.13a）的标题是"来自巴比伦人透克罗斯符号的脸面的形象，可以用于该艺术"，是山羊座标记的画，描绘了山羊座第一、第二和第三个面的形象，即这个标记的三个分区。在下一页上（pl.13b）是金牛座和双子座，带有它们各自的三个分区形象。注意这些形象的旁边有字母A加上五个元音（Aa, Ae, Ai, Ao, Au）或B加上五个元音。表的其余部分也同样由轮形上的三十个字母标记，再通过五个元音进一步细分。所有列表做法相同。正是这些标记提示我们，这些形象表是要放在同心轮形上的。

让我们暂且把注意力集中到副本描写的三个标志。

山羊座的形象是：（1）一个高大黝黑的男人，目光炙热，穿着白色的衣服；（2）一个女人；（3）一个男人拿着一只球和一根权杖。

金牛座的形象为：（1）一个男人在耕地；（2）一个男人拿着一把钥匙；（3）一个男人拿着一条蛇和一根矛。

双子座的形象为：（1）一个佣人拿着一根杆子；（2）一个男人在挖地，另一个男人在吹笛子；（3）一个男人拿着一支笛子。

这些形象来自古埃及的星辰传说和星辰魔法术。[40] 360度的黄道带被划分并标记为十二宫，每宫又细分为十度一面的三个"面"。这里的每个分区都有一个形象与之相连。这些形象可以追溯到古埃及的时间恒星神；它们的列表保存在埃及庙宇的档案里，之后被纳入晚古星辰魔法术的传说，因此得以在文本中被保存下来，"赫尔墨斯·特利斯墨吉斯忒斯"常常被认为是这些文本的作者，因为他与分区形象及其魔法尤为相关。这些形象在不同的来源中有所变化，但是我们不用前往遥远、难懂的文本去寻找布鲁诺的分区形象。他在大多数魔法术中使用的形象都采撷自很常见的印刷著作，最重要的一部是阿格里帕的《论玄秘哲学》。阿格里帕在他的分区形象表前的引言中说："在黄道带里有三十六个形象……巴比伦人透克罗斯曾叙述过。"布鲁诺将这段话抄在他的分区形象表的抬头，他的形象表也是从阿格里帕那儿拿来的，只是稍微作了改动。[41]

《影子》所列的星辰形象表上，三十六个分区形象后面跟着四十九个行星的形象，每个行星有七个形象。每七个形象都有一个相关行星的传统图例。在此列举一些行星形象的例子：

> 土星的第一个形象：一个鹿头人骑着一条龙，右手举着一只吞吃蛇的猫头鹰。
> 太阳的第三个形象：一个年轻人，头戴王冠，头上散发出光芒，手里拿着一把弓和箭筒。
> 水星的第一个形象：一个美少年手持节杖，节杖上对称缠绕着两条头部相对的蛇。
> 月亮的第一个形象：一个头上长角的女人骑着一只海豚；她的右手拿着一只变色蜥蜴，左手拿着一枝百合花。

这样的形象代表行星诸神和他们各自主宰的事物，合乎行星护符的风格。布鲁诺的四十九个行星形象大多来自阿格里帕《论玄秘哲学》的行星形象表。[42]

布鲁诺在阿格里帕的基础上继续列出天龙座月亮与月亮的二十八宫，也就是月亮在一个月中每一天所在的位置。这些形象代表了月亮的角色及其移动带给黄道带和行星的影响。它们也是照搬自阿格里帕的《论玄秘哲学》，只作了些微变动。[43]

只有在《论玄秘哲学》的背景下观看所有星辰形象，我们才能体会布鲁诺的意图。在阿格里帕的魔法课本中，形象表出现在第二卷，这一卷是有关在中层世界里星辰运作的天体魔法，中层世界指相对于第一卷描述的较低层世界和第三卷的超天界世界。（根据这种巫术思想）运作天界世界的一个主要方法是使用星辰的魔法和护符的形象。布鲁诺将这种操作转移到内心，把天体形象作为记忆形象来运用，正如把想象的内在世界与星辰拴系在一起，或是在内心复制天体世界。

最后是一个代表星宿十二宫的图例以及对三十六个形象的描述，每个宫有三个形象。这些形象体现了与星宿之宫相连的生活的方方面面——出生、财富、兄弟、父母、儿女、疾病、婚姻、死亡、宗教、善行、囚禁等等。它们与星宿宫的传统形象有稍许联系，正如1515年的年历之类，[44] 但是布鲁诺对这些形象作了奇怪的变动和添加，形成一个古怪的形象表，很可能大都是他自创的。从这里我们可以看到他正在"构造"魔法形象，后来他写了一整本书讨论这些。

这就是布鲁诺印在魔法记忆中心轮形上的一百五十个形象。整个天空及其所有复杂占星术的作用力都在这个轮形上。星星的形象随着它的转动形成各种组合和盘绕。能够通过魔法形象将整个天空及其运动与影响都神奇地印在记忆里，这确实是值得探索的"秘密"！

《影子》的序言把即将揭示的记忆术称为一个赫尔墨斯秘密，并宣称是赫尔墨斯本人所写，并由他亲自将含有这个秘密的一本书交给了哲学家（布鲁诺）。[45] 书名"论理念的影子"则取自一本巫法书，切科·达斯科利（Cecco d'Ascoli）评论萨克罗伯斯科（Sacrobosco）《天体》（*Sphere*）中的巫术时就提到过一本论理念的影子的书。[46] 那么，作为赫尔墨斯记忆系统基础，这一魔法的"理念的影子"到底是什么呢？

第九章 影子的秘密

布鲁诺的思路对现代人来说可能难以捉摸，实际上，菲奇诺的《论从天界获取生命》遵循的是同样的思路，那就是，星辰形象是超天界世界理念与世俗世界之间的中介物。通过安排、操纵或使用星辰形象，我们便可以支配形式，而形式比世俗世界的事物更接近真实，所有这一切都依赖于星辰的影响。换言之，如果我们知道如何安排和控制星辰形象，便可以对较低等级的世俗世界施加作用力，改变星辰对它的影响。事实上，星辰形象就是"理念的影子"，是比世俗世界的物质影子更接近真实的"真实的影子"。一旦人们掌握了这个（现代人根本无法掌握的）观念，《影子》中的很多奥秘便豁然开朗了。赫尔墨斯交给哲学家探讨"供内在书写的理念的影子"的书，[47]其中包含着印在记忆中的星辰形象列表，它们应该被用在轮形上：

> 因为理念是事物的主要形式，是一切形成的基础。所以我们应在内心构建理念的影子……这样它们便可以适应所有可能的形成物。我们在自己心里构建它们，就像在轮形的转动中组建一样。如果你知道其他的方式，也可以试试。[48]

通过将"上界代表"的形象印在记忆里，我们就借助星辰之力知道下界的事情。一旦在记忆中安排了天界事物的形象，低等的事物便会自行排列，因为天界事物在高等形式中包含了下界事物的真实，它是一种更接近最终真实的形式。

畸形的动物在天界里拥有美丽的形态；暗沉的金属在它们的行星上却是闪亮的。在这儿的人、动物、金属都跟在那儿的不一样……会发光、生动、统一，使自己与上界代表相一致，会更好地构想与保留各种事物。[49]

那么内行老手该如何遵从上界的代表呢？他们应从内心使自己遵从星辰的形象，这样，世俗世界的个别事物也会统一起来。这种星辰的记忆不仅会授予你知识，还会给予你力量：

> 在你的原始天性中，元素和数字处于混乱状态，同时又乱中有序……你会看到，有明显的间隔……一个间隔上印着山羊座的形象；另一个印有金牛座等等，（其余的黄道带标记）以此类推……赋予无形的混乱以形式……数字和元素应该以某种好记的形式（即黄道带的形象）排列有序，这样才能控制记忆。我敢说，如果你对此进行认真的思考，就能掌握这门象征的艺术，它不仅会赋予你神奇的记忆力，而且对灵魂的各种力量都有益。[50]

这是否看起来很眼熟？是的，正是塞浦西斯的麦阙多卢斯，他同样使用黄道带，很可能也利用了分区的形象的记忆系统。不过，麦阙多卢斯系统在此变成了一个魔法术的系统。在布鲁诺的魔法形象表中，行星、月亮位置和星宿宫的形象与基本的黄道带形象对应联结，它们在记忆的轮形上移动，在天界的层面重新组成宇宙的模式。能够如此运作的理论依据，是赫尔墨斯神秘哲学，它认为人的本源是神圣的，与世界的星辰-统治者有机相连。在"人类原始天性中"，原型意象处于混沌状态；魔法的记忆将它们从混乱中抽出，还原其秩序，使人重获原初的神圣力量。

第九章　影子的秘密

在示意图（pl.12）上，最中心的圆或星辰形象轮形，是充满魔法记忆的中心发电站。读者还会看到在它的周围有其他圆圈或轮形，每一个都分成三十个组，刻印着一百五十个项目。我这么做，全然遵照了布鲁诺的指示，因为除了一百五十个星辰形象的列表外，他还给出了另外三张列表，每个都有一百五十个项目，由轮形的三十个部分标记，每组再细分为五个部分，用元音加以区分。显然，这三张表也要放到与星辰形象轮形同心的轮形上。

示意图上，紧靠星辰轮形的一环上刻印的列表项目是这样开始的：

Aa　　橄榄；
Ae　　月桂；
Ai　　香桃；
Ao　　迷迭香；
Au　　柏树[51]

这些都是植物。同一张列表上还有鸟、动物、石头和金属、工艺品及其他物品，甚至还与神圣的物品（圣坛、七个蜡台）怪异地混搭在一起。简单地说，它似乎代表了植物、动物和矿物的世界，也包括制造出的物品，尽管如此归类也许把这种异常的混合过于合理化了。我认为，布鲁诺想要在这一轮形上呈现出创造物的较低层面，即植物、动物和矿物，它们都依赖天体的轮形而运作。

示意图中再往外的下一环轮形（从中心数起第三个）上的字

是这样开始的：

Aa错综的；Ae假冒的；Ai卷入的；Ao无形的；Au著名的[52]。

这些都是形容词。我无法解释为什么这些词都采用了宾格形式，更不明白作者为何选择了一百五十个不寻常的形容词。

最后，最外围的轮形上的一百五十个项目是从以下内容开始的：

Aa	瑞吉马	栗粉面包
Ae	奥斯里斯	农业
Ai	色列斯	牛轭
Ao	特利普托勒摩斯	播种
Au	皮托姆纳斯	施肥[53]

它们英译后的意思是："瑞吉马，栗粉面包的发明者；奥斯里斯，农业的发明者；色列斯，牛轭的发明者；特利普托勒摩斯，播种的发明者；皮托姆纳斯，施肥的发明者。"

我将发明者的名字写在最外环，有关该项发明的描绘写在紧挨着的轮形上。读者可以在示意图上找到这个系列。上面引用的五个项目可以在下半圆的中间。

研究布鲁诺的人都未曾探究过这个列表；更鲜少有人认识到这些人物形象是要放在一个记忆系统的最外围轮形上的，而且这个记忆系统由中心轮形上的星辰形象组织并注入魔法活力。依我之见，这个表很值得仔细研究。接下来我将试着跟随轮子前进的

第九章 影子的秘密

方向，对轮形上的人物做个介绍，但不会再逐一说明每个发明者及其发明项目。

以上引用农业组之后，是原始工具及方法的发明者。埃里克托尼斯发明了战车，皮罗蒂斯击石取火。葡萄栽培的发明者之中有诺亚；伊希斯第一个整理花园；米涅瓦展示如何用油；阿利斯泰尤斯发现了蜜；接下来是设陷阱捕兽、打猎和捕鱼的发明者；之后的一组鲜为人知，比如发明篮子的萨格姆，发明用泥造屋的道休斯。在工具的发明者中有发明锯的塔勒斯，发明锤子的帕鲁格。接下来是制陶器、纺线、织布、补鞋的发明者，例如陶工考拉布斯。还有其他各式各样的发明者，例如卡片、鞋、玻璃、钳子、刮脸刀、梳子、地毯和船的发明者等，他们的名字都很奇怪。[54]

展示完推动文明的重要技术的发明者后，轮形转动，向我们呈现人类的其他活动。以下是M和N组的全部：

Ma	凯龙	外科手术
Me	塞丝	魅力
Mi	法尔法肯	召亡魂问卜的巫术
Mo	埃格姆	圆环
Mu	豪斯塔尼斯	通神魔
Na	琐罗亚斯德	魔法
Ne	苏阿赫	手相术
Ni	查达俄斯	火焰占卜
No	阿塔勒斯	水占卜术
Nu	普罗米修斯	牲祭公牛[55]

THE ART OF MEMORY

多么光彩夺目的魔法和巫法艺术的发明者！这儿有塞丝女巫，这是她首次在布鲁诺的著作中出现，在布鲁诺的想象中，塞丝女巫一直占据主导地位。这儿还有"通神魔"的发明者，这个题目布鲁诺会在后面的三十个标题之下提到。另外，我们还看到了琐罗亚斯德，他是一位至高无上者的魔法师。

为何这一小组以"牲祭公牛"结尾？估计形象的分组原则是一组中的第一项与前一组相连，最后一项与后一组相连。此处，普罗米修斯的宗教献祭暗示我们，随后出现的O、P、Q轮形小组将会出现宗教领袖和发明者。其中包括献祭羊群的艾贝尔，发明割礼的亚伯拉罕，施洗者约翰的洗礼，发明狂欢纵欲秘密祭神仪式的奥菲士，发明偶像一词的柏路斯，发明金字塔墓葬的凯米斯。就这样，《旧约》和《新约》里的人物形象也出现在这怪诞神秘的行列中了。[56]

魔法和宗教被融合为一体，牢不可破。之后是视觉和音乐艺术的魔法发明者。

Ra	米凯尼斯	蜡像
Re	吉吉斯	绘画
Ri	马尔斯阿斯	长笛
Ro	图巴尔	弦琴
Ru	阿木费恩	音符[57]

紧接着是其他乐器的发明者，随后由驯马者尼普顿引导，出现了马术和军事艺术的创始人。

第九章　影子的秘密

随后是一项基本的发明。

Xe　　修思　　发明字母书写[58]

这是修思-赫尔墨斯，字母书写的发明者。跟在这位埃及圣贤之后的是天文、占星术以及哲学的创造者，分别是泰利斯和毕达哥拉斯，再来就是奇怪的名字和观念的混合体：

Ya	诺菲迪斯	有关太阳的运行
Ye	恩蒂米恩	有关月亮的运行
Yi	希帕科斯	恒星向左的运行
Yo	阿特拉斯	有关天体
Yu	阿基米德	有关黄铜天界
Za	克里欧特拉特斯	有关十二宫
Ze	阿吉塔	有关几何方块
Zi	色诺芬尼	有关无数的世界
Zo	柏拉图	有关观念和来自观念
Zu	雷蒙德斯	有关九个元素[59]

这两组中有古代最伟大的天文学家之一希帕科斯（Hipparchus）、阿基米德制作的天体模型、色诺芬尼"发明"的"无数的世界"、柏拉图发明的理念，最后还有雷蒙德斯·卢尔及其基于九个字母或元素的艺术。

记忆轮形的转动可能是最具启迪意义的地方。其中，"无数的世界"是首次被提及，它们在布鲁诺后来的哲学中占重要地位。发明者的列队涵盖极广，从魔法术到魔法宗教，再到哲学和卢尔主义，使我们充分了解到布鲁诺的兴趣范围，他循着怎样的脉络来理解这些兴趣，也由跟在Z小组后的第一个人物形象（由一个希腊字母标记）表示出来：

乔. 钥匙与影子。[60]

乍看之下，让人不甚明白，其实不难理解。布鲁诺在《影子》中不断提到《伟大的钥匙》，虽然这本书没有留存下来。乔达诺·布鲁诺发明了"钥匙"和"影子"，于是他的名字在前，缩写成"乔"，他是《伟大的钥匙》和《概念的影子》的作者。布鲁诺将自己的形象放在轮形上，把自己也当作一位伟大的发明家，因为他找到了在卢尔式轮形上用"理念的影子"的方法！

在到达这一高潮之后，读者可能会觉得有些疲倦。但我们必须一鼓作气跟随轮形走到底，后面我会精简例子，只选取少数几个名字，[61] 比如欧几里得（Euclid）、以"灵魂自由"为特征的伊壁鸠鲁（Epicurus）；还有费洛劳（Philolaus），他解释了"事物中本有的和谐"（布鲁诺的著作中一再提到他，称其为哥白尼的先驱者）；以及阿那克萨哥拉，他是另一位布鲁诺赞赏的哲学家。终于，我们来到最后一个名字，记忆轮形上一百五十个发明家兼伟人之中的最后一个，那就是：

梅里克斯 记忆[62]

（读者可以在示意图上找到这个名字，在开始的"瑞吉玛"

左边），"梅里克斯"就是西蒙尼戴斯，他是古典记忆术的发明者。轮形的运行以西蒙尼戴斯的名字结束，从此回到原点，这是多么恰当！在记忆术的漫长历史中，没有其他记忆系统比我们从《影子》中挖掘出的更能淋漓尽致地体现这一传统。[63]

布鲁诺的发明者名单中有相当一部分选自波利多尔·维吉尔（Polydore Vergil）的《论发明者》（*De inventoribus rerum*，1499年），大部分名字都依据传统之说，但也有很多尔切怪的名字，我还未能查明所有名字的来源。野蛮时代与魔法术相关的名字使这些表具有一种古老而怪异的风格。发明者的轮形在显示人类文明整个历史的同时，也体现了布鲁诺的兴趣、态度以及他的内在思想。列表强调了所有种类的魔法术，而且还包括了"恶魔"魔法师的名字，都表明这种记忆论来自一位极端的魔法师。大胆地融合了魔法与宗教，在轮形上以宗教仪式和献祭将其表现出来，说明这位魔法师相信魔法宗教，提倡复兴埃及人的神秘宗教。[64]随着轮形来到哲学、天文，再转到"无数的世界"，我们能体会到，所有这些兴趣是如何在布鲁诺这位魔法师的脑子里混合的。不过，在魔法的极端之中也存有理性主义，发明者的队伍从技术行进到魔法术，从宗教到哲学，为我们展现了一部奇特而现代的文明史。

从记忆的角度看，这些形象仍承袭了古老的记忆术传统，就像著名的艺术家和科学家们被放到圣玛丽亚修道院的壁画里的做法，或类似罗塞留斯在记忆里"放置"柏拉图和亚里士多德来代表神学和哲学。[65]无论布鲁诺沿用传统的方式多么奇怪，把发明者形象表当作记忆形象这一点绝对落在古典艺术的范围内。布鲁诺将这些鲜明生动的著名人物形象放在轮形上，目的是综合古典记忆术和卢尔主义，在他这里，卢尔式记忆术的轮形成为了安置这些形象的场景。

布鲁诺系统中最举足轻重的形象是中心轮形上的魔法形象。《影子》中的"记忆术"篇里，布鲁诺按照《献给赫伦尼》的传统模式对场景和形象进行了讨论，在探讨了各种各样的记忆形象后，布鲁诺认为它们有不同程度的效力，有些形象更接近真实。[66]他将效力最大、最显露真实的形象称为"印记"。我认为，他这是在解释为何在自己的记忆系统中使用那一百五十个"印记"或星辰形象。

布鲁诺系统如何运作呢？当然是凭借魔法、以印记为基础的中心发电站，比世间的物质形象更接近真实的星辰形象，那些星辰威力的传播者，星辰之上的理想世界[67]与世俗世界之间的"影子"中介。

但是，笼统地说记忆轮形依靠魔法术运作是不够的。这是一种高度系统化的魔法术。系统化是布鲁诺思想的基调；也是魔法记忆术带来的难以抗拒的冲动，驱使设计者终其一生寻求理想的系统。我的示意图无法面面俱到地呈现这一体系的复杂性，实际上，体系中的五个子部是可以在轮形的三十个分部里独立旋转的，[68]因此黄道带的分区形象、行星和月亮位置的形象与各宫的形象相联，不断构成或重构新的组合。布鲁诺是否想使用这些不断变化的星辰形象组合在记忆中形成某种想象的魔法和心灵的点金石，由此感知和记住尘世中的一切事物——植物、动物、石头——可能产生的所有结构组合？又或是想凭借中心轮上的星辰形象和发明者形象的组合与重组，由上而下地记忆人类的整个历史，就好像一切都是他自己的发现、思想、哲学和产物？

第九章 影子的秘密

这样的记忆是神人的记忆，是魔法师将自己的想象系扣在宇宙力量的运作上而具有神圣的力量。当然，这样的雄心壮志建立在赫尔墨斯神秘主义假设的基础之上，即假定人的思想是神圣的，人类的本源是统领世界的星辰，所以既能反映宇宙，也能控制宇宙。

魔法术事先设定宇宙充满力量、有规可循，操作者一旦知道如何掌控它们，便可尽情挥洒。正如我在另一本书中强调的，文艺复兴构想的是一个由魔法操控的泛灵宇宙，为数学支配机械世界的概念铺平了道路。[69] 在这个意义上，魔法-机械规律同样贯穿着布鲁诺心目中的"无数的世界"之泛灵宇宙。从魔法术的角度来看，他的想法预示了17世纪的理想。但是布鲁诺的主要兴趣不在外部世界，而是内部世界。在他的记忆系统中，他通过在心灵中重现魔法的机制，将这些魔法-机械规律投入使用，这些努力都发生在内部而非外部世界。而直到现代，我们才真正实现把这种魔法的概念转化成数学原理。布鲁诺假定控制外部世界的星辰力量也能掌控内心世界，这种力量可以复制或捕捉，也可以操纵魔法-机械的记忆，它其实非常接近当今人类通过机械方式完成众多大脑工作的机械脑。

然而，从机械大脑的角度来考虑并不能解释布鲁诺的真正目的。在他生活的赫尔墨斯宇宙里，神性还未被彻底清除。他笔下的星辰力量只是神性的工具，可见，在拥有强大作用力的星辰之外还有更高级的神灵。对布鲁诺来说，最高的形式是"一"，即神性的合一。他的记忆系统就是为了在星辰层面上完成合一之后，为达到更高的合一作铺垫。对布鲁诺来说，魔法术本身不是目的，而是达到合一的手段。

布鲁诺的这一面并非空穴来风。相反,《影子》正是从这个层面开始的,读者一开始就能看到"影子的三十个意念"和"思想的三十个概念"。若是没有认识到魔法记忆系统的基础是三十而这些初步的三十个"意念"或"概念"只是魔法记忆系统的引言,也许会认为这本书隶属于某种新柏拉图神秘主义。我倒认为,只有深思熟虑看明白了这一记忆系统之后,我们才能去研究那神秘、哲学的、基本的三十。我自诩无法参透它们,但至少我开始了解它们的趋向。

"影子的三十个意念"中第一个是"唯一的上帝",引用了《赞美诗》"我欢欢喜喜坐在他的荫下"。[70]意指我们必须坐在善与真的影子里。坐在它的影子里,通过内在感知和人类思想里的形象来感受它。接下来是光明和黑暗的"意念",也是影子的意念。影子从和谐的神性统一下降到无限多的状态;意象从超物本质堕落成为它的残余、形象和幻影。[71]下界与上界的事物相连,在多才多艺的阿波罗的弦琴声中,它们不断在元素链上起伏。[72]即使古人知道如何在记忆中将众多种类合一,也并非得益于他人的传授(虽然乔达诺·布鲁诺能够传授)[73]。一切都存在于自然中的一切,因此所有也存在于思想中的所有;记忆可以从一切记住一切。[74]古希腊哲学家阿那克萨哥拉的混乱是没有秩序的多样化;我们必须在多样化中引入秩序。通过连接上界和下界的事物,你得到一个美丽的动物——这个宇宙。[75]上界和下界事物之间的和谐就是从地面通往天界的金链子,从天界可以下降到地面,从地面也可以通过这一秩序到达天界。[76]布鲁诺认为这些联系有助于记忆,就像诗歌里所体现的(在书中后文有一首关于黄道带标记的诗)[77],山羊座影响金牛座,金牛座影响双子座,

第九章 影子的秘密

双子座影响巨蟹座,以此类推。接下来的"影子的三十个意念"都是关于某种神秘的魔法光学,有关太阳和它投下的影子。

"思想的三十个概念"在特性上同样精辟(其中一些句子已在上文被引用)。第一理性是安菲特律特之光,它普照一切,是统一一切的源泉,在它之中无数合而为一。[78] 畸形的动物在天界里拥有美丽的形态;暗沉的金属在它们的行星上却是闪亮的。在这儿的人、动物、金属都跟在那儿的不一样……发光、生动、统一,使自己与上界代表相一致,就可以更好地构想与保留各种事物。[79] 光包含第一生命、理性、统一、所有的种类、完美的真理、数字、事物的等级等等。因此,自然中不同的、矛盾的、多样的东西,在光那里都是相同的、和谐的、合一的。所以,请你尽一切努力,从已认定的不同物种之中找出相同处,不要使它们扰乱你的思想或混乱你的记忆。[80] 在世界上所有的形式中,最卓越的是天界的形式。[81] 通过它们,你会从混乱的多样性到达统一。好比将身体的各部分统一理解比分开单个理解更容易,那如果将宇宙的种类与其背后的秩序联系起来理解而非分割成部分,还有什么我们无法记住、理解和实践呢?[82] "一"就是万物之中美的光辉,是从众多的种类中发出的光芒。[83] 世俗世界里事物的构成比真正的形体低劣,是它的降格和残余。因此,必须向上升入精纯境界,与真正的形体合一。[84] "一"以外的任何事物都是众多的、无数的。因此,在自然等级的最低级别上有无限数目,在最高级上则是无限的统一。[85] 因为概念是事物的基本形式,一切根据概念构成,所以我们应该在心里构建概念的影子,就像转动的轮形一样。[86]

我在前两段中将引自"影子的三十个意念"和"思想的三十

种概念"的文字贯穿在一起。两套陈述都由三十个字母标记，与轮形的字母相同，在文中也分别由标着三十个字母的轮形演示。依我个人所见，这证明了这两组三十句神秘话语实际上是关于记忆系统及其基于三十的轮形，也是关于一种分组、协调、统一记忆里众多现象的方式，这种方式通过将记忆基于事物的更高级形式以及星星形象，即"理念的影子"来完成。

我认为，在这三十个"意念"中包含着自由意志热爱真理的成分，因此其开头便是来自《雅歌》的爱情诗，而这也是卢尔式艺造记忆的一个方面。值得一提的是，在被称作"理想意念类型"的轮形的中心有一枚太阳，标志着布鲁诺试图在记忆中用魔法记忆系统的复杂技巧，协调众多的现象，使记忆中出现"一"之光。

我认为，这部非凡的著作，作为布鲁诺的第一部著作，是解读他所有哲学和观点的伟大钥匙，即他不久后在英国出版的意大利文的对话录里阐述的哲学观和世界观的敲门砖。我在其他著述中已指出，[87]《影子》开头的一段对话中，赫尔墨斯拿出论记忆的书，抱持旭日东升般的埃及宗教启示与迂腐的学究对话，这与布鲁诺在《圣灰星期三晚餐》（*Cena de le ceneri*）中捍卫哥白尼的日心说、抨击学究的方法很相像。在《影子》里提到的内在太阳是布鲁诺"哥白尼主义"的内心表述，他使用日心说预示"埃及理想"和赫尔墨斯宗教的复兴。

《影子》里这两组三十句箴言代表了布鲁诺的哲学，这在他的意大利文对话录中也找得到。在《论原因》中，他郑重声明，万物都统一在"一"之中：

第九章 影子的秘密

自然的真理和秘密背后是最坚实的基础。你必须明白,自然下降产生事物,理性上升理解它们;两者都始于统一,也终于统一,中间经历众多事物。[88]

记忆系统的目的是通过在心灵中重组重要形象,确保理性能回到统一状态。

布鲁诺在《驱逐》(*Spaccio*)中谈到伪埃及人著作《阿斯克勒庇俄斯》的魔法宗教信仰同时也是他自己的信仰时说:

(他们)凭借魔法和神圣的仪式……经由自然阶梯上升到神性的高度,神性则通过传达自身从阶梯下降到外部世界的最微小的事物中去。[89]

在这里,记忆系统的目的是通过对魔法星辰形象的记忆,确保这种内在魔法的上升作用。

在《英雄的狂热》(*Eroicifurori*)中,热情的捕猎者追寻神的踪迹,获得了对自然布局之美进行思考的能力。他能看见安菲特律特,它是一个单一体,是所有数字的起源。如果捕猎者看见的不是它的单纯本质,看不见绝对光明,至少他也看见了其意象形式,那是神性的单体所延展出的物质世界的单体。[90] 如此看来,记忆系统是为了,也只能是为了,在内心实现统一的理想,因为事物的内在形象比外部世界的事物更接近真实,更能清楚地看到光明。

我们在《影子》中看见古典记忆术确实已经改头换面,淬炼

- 299 -

赫尔墨斯神秘主义者和魔法主义者心灵的工具。赫尔墨斯神秘哲学认为，将宇宙反映在思维中，是一种宗教经验，这个原则借由记忆术发展出一种魔法的宗教技巧，通过布置重要的意象来捕捉并统一可见的世界。卡米罗的"剧场"只是这种记忆术经赫尔墨斯神秘哲学转化后的简单形式。在布鲁诺身上，这种转化更加复杂、更加强烈、更具魔法，也更加具有宗教性。富于激情的前多明我会教士及其"埃及式"宗教讯息，与温和的卡米罗及其魔法记忆、神奇的西塞罗式演说相比，是截然不同的。

尽管如此，对布鲁诺与卡米罗的系统进行比较，有助于加深我们对两者的理解。

试想卡米罗剧场，从七层行星基础，上升到不同等级在较高层的代表，直到将"普罗米修斯"等级上所有艺术和科学都记住的最高层，我们会清楚地发现，布鲁诺的系统也有同样的程序在发挥作用。布鲁诺系统的根基是星辰，在下一层的轮形上有动物、植物和矿石世界，在发明者轮形上则是所有的艺术和科学。

在卡米罗的七层系统里，统一于天界层面上的七大行星的形象，与天使和神源体的最高天界相连。布鲁诺则用他奇怪的卢尔主义版本替代了希伯来神秘主义。他的"三十"与卢尔艺术的神圣属性相同，贯通世俗世界、天界和神性世界，加固所有层面间的阶梯。

卡米罗的系统比布鲁诺更接近皮科式的基督教对神秘传统的融合。他将自己想象成基督教的魔法师，与天使和神性的力量相通，这些天使和神性的力量最终可以象征三位一体。布鲁诺则放弃了对赫尔墨斯神秘哲学中基督教和三位一体的解释，他热衷于阿斯克勒庇俄斯魔法的伪埃及宗教，认为它优于基督教，[91] 于

第九章　影子的秘密

是他混迹旁门左道，走入更纯粹的异教通灵术。布鲁诺寻求的不是达到三位一体，而是合一。他认为"一"不在世界之上，而在世界之中。想要到达"一"的境界，首先要在星辰的层面上统一记忆，然后才能从内里看见"一"之光明遍布一切。这与卡米罗殊途同归。卡米罗规划的记忆法就像登山，从山顶俯瞰下面的一切，使其统一。布鲁诺则是对狂热的基督徒和三位一体主义的卢尔式方法进行了改造，以达到从一切到合一的目的。

卡米罗和布鲁诺的记忆系统都是非凡的杰作，都被作为"秘密"献给了法国国王，两者都属于文艺复兴的产物。研究文艺复兴的人无法对他们所展现的当时的思维方式视而不见。他们来自文艺复兴的特别组成部分——神秘传统。他们传达出一种深刻的信念，即人是大千世界的缩影，通过想象力，人能够领悟、掌握和理解更伟大的世界。在此，我要重提中世纪和文艺复兴时期之间的根本差别，也就是对想象力的不同看法。想象力原本是一种较低的能力，人类凭借它塑造象征物用于记忆，唯有如此，才能维系对未知世界的求知诉求。如今想象力变成了人的最高能力，运用想象力，人可以掌握重要的形象，进而理解现象以外的未知世界。这种进化具有深远的意义。有人可能会觉得，这为中世纪所理解的记忆术和经文艺复兴变形后的记忆术之间设置了不可逾越的障碍。然而，卡米罗的"剧场"里包括了记忆天界和地狱；布鲁诺《影子》的开篇对话就为遭到现代"学究"攻击的图留斯、托马斯和阿尔贝特斯辩护。中世纪将古典记忆术变成了一种庄重的宗教艺术；而卡米罗和布鲁诺等文艺复兴时期神秘主义记忆术大师都认为自己承续了中世纪的传统。

pl.11 雷蒙·卢尔与他的艺术阶梯。
14世纪微型画，卡尔斯鲁厄图书馆（Cod. St Peter 92）。

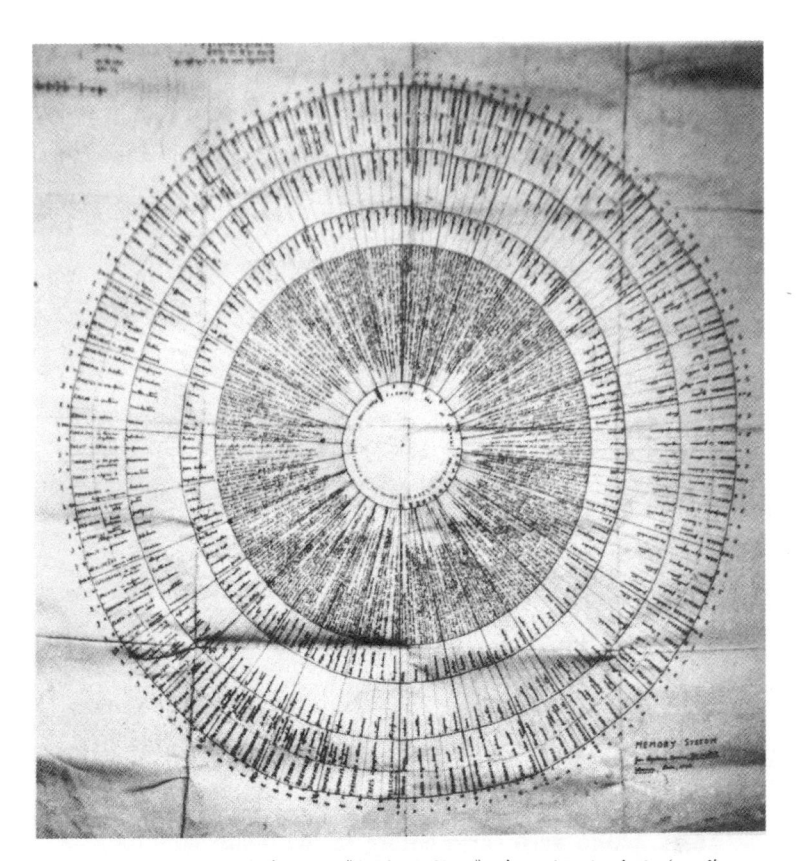

pl.12　根据乔达诺·布鲁诺的《概念的影子》建立的记忆系统（巴黎，1582年）。

IMAGINES FACIERVM
signorum ex Teucro Babilo-
nico quæ ad vsum presen-
tis artis quam commo-
de trahi possunt.

Aries.

AA Ascendit in prima fa-
cie arietis homo niger,
immodicæ staturæ, ar-
dentibus oculis, seuero
vultu, stans candida pre-
cinctus palla.
Ae In secunda mulier non inuenusta, alba induta thu-
nica, pallio veró tyrio colore intincto superinduta,
soluta coma, & lauro coronata.
Ai In tertia homo pallidus ruffi capilli rubris indutus
vestibus, in sinistra auream gestans armillam, &
ex robore baculum in dextra, inquieti & irascentis
præ se ferens vultum cum cupita bona nequeat adi-
pisci nec præstare.

pl.13a 山羊座分区域的形象。来自乔达诺·布鲁诺的《概念的影子》，那不勒斯版，1886年。

Taurus.

A0 Iu prima Tauri facie Nudus arans, de palea pileum intextum gestans, fusco colore, quem sequitur rusticus alter femina iaciens.

Av In Secunda Clauiger nudus, & coronatus aureum baltheum in humeris gestans & in sinistra sceptrum.

Ba In tertia vir sinistra serpentem gestans & dextera hastam siue Sagittam, ante quem testa ignis, & aquæ lagena.

Gemini.

Be In prima geminorum fucie, vir paratus ad seruiendum, virgam habens in dextera. Vultu hilari atque iocundo.

B1 In secunda, homo terram fondiens & laborans: iuxta quem tibicen nudis saltans pedibus & capite.

Bo In tertia Morio tibiam dextera gestans, in sinistra passerem & iuxta illum vir iratus apprehendens baculum.

pl.13b 金牛座和双子座分区域的形象。来自乔达诺·布鲁诺的《概念的影子》,那不勒斯版,1886年。

注释：

1 要理解这一章以及后面章节，可能需要先了解一些我在《乔达诺·布鲁诺与赫尔墨斯神秘传统》(Giordano Bruno and the Hermetic Tradition)中讨论的情况，在这本书中，我讨论了赫尔墨斯对布鲁诺的影响，表明他属于文艺复兴玄秘传统。本书中引用时称其为"G.B.和H.T."。

2 最早指出记忆专著对布鲁诺有影响的人是菲利斯·托科。他关于这一点的讨论至今仍然很有价值(Felice Tocco, *Le opere Latine di Giordano Bruno*)，佛罗伦萨，1889年。

3 《乔达诺·布鲁诺生平文献》(*Documenti della vita di G.B.*)，V. Spampanato编辑，佛罗伦萨，1933年，42–43。

4 同上，84–85。

5 同上，72。

6 同上，77。

7 乔·布鲁诺《拉丁著述》(G. Bruno, *Opere latine*)，F. Fiorentino等编，佛罗伦萨，1879–91，II(i)，1–77。

8 同上，引用卷如前，179–257。

9 同上，II(ii)，73–217。

10 同上，III，1–258。

11 同上，II(iii)，87–322。

12 同上，II(i)，14。文本中是"alulidus"，估计是"Lullus"的刊误。

13 他的名字令人想到"鹦鹉大师"，这也许是暗指现在更喜欢使用重复记忆学习的方法。

14 《拉丁著述》II (i)，7–9；参看G.B.和H.T.，从192页开始。

15 见G.B.和H.T.，365。

16 《神学大全》2卷2章96题1条(*Summa Theologiae*, II, II, quaestio 96, articulus I)。提出问题《符号艺术》(*Ars Notoria*)是否不正当，回答是《符号艺术》完全不正当，是一个错误而迷信的艺术。

17 见前面，72–73。

18 见前面，68。

19 见G.B.和H.T.，251页，272页，从279页开始。凯厄塔诺主教(Cardinal

- 306 -

第九章　影子的秘密

Caietano)在自己编撰的托马斯·阿奎那(Thomas Aquinas)著作集中，为使用避邪物品作了辩护；见沃克，《魔法》(Walker, Magic)214–215, 218–219。

20　见G.B.和H.T., 347。

21　桑戴克(Thorndike)《魔法与实验科学的历史》(*History of Magic and Experimental Science*), VI, 从418页开始表明波塔的自然魔法主要受到一部中世纪作品《阿尔伯特秘密》(*Secreta Alberti*)的影响，这被归属为大阿尔伯特(Albertus Magnus)，虽然很可能不是他的著述。

22　波塔《天界相面六书》(G.B. Porta, *Physiognomiae coelestis libri sex*), 那不勒斯，1603年。

23　波塔《书信秘密标记》(G.B. Porta, *De furtivis litterarum notis*), 那不勒斯，1563年。

24　这是波塔于1566年在那不勒斯出版的《记忆术》(*L'arte del ricordare*)的拉丁版本。Louise G. Clubb在*Giambattista Della Porta Dramatist*(普林斯顿，1965年，14)指出波塔的目的是为演员提供助记方法。

25　见前面，124。

26　见沃克《魔法》(*Walker Magic*), 96–106。

27　雅各·格豪里《标记使用和神秘论》(Jacques Gohorry, *De Usu & Mysteriis Notarum Liber*), 巴黎1550年。Sigs. Ciii正面–Civ反面。

28　见前面，135。

29　有关《塞丝》(*Circe*)。见G.B.和H.T., 200–202。

30　托马斯·加尔佐尼《万友门廊》(T. Garzoni, *Piazza universal*), 威尼斯，1578年，见有关"记忆教授"('Professori di memoria')的篇章。

31　《拉丁著作》(*Op. lat.*), II(ii), 62, 333。

32　《文献》(*Documenti*), 43。

33　同上，84。

34　《论普通监禁链》(*De vinculis in genere*)(《拉丁著作》, III, 669–670). 参看G.B.和H.T., 266。

35　《拉丁著作》, II(ii), 42。在《论卢尔艺术的建筑》(*on the architecture of the art of Lull*)一书中没有任何专门讨论建筑的内容。讨论的是卢尔主义，但是有些图不是常规的卢尔式图。标题中使用"建筑"一词可能是布鲁诺将卢尔的图作为记忆"场景"，而非一个记忆大楼的建筑。这部著作与《影子》和《塞丝》相联。

36 若四个字母的名字成倍增加应该是增加四或十二，那么这个系列是不会得出三十这个数目的。布鲁诺的《驱逐趾高气扬的野兽》(*Spaccio della bestia trionfante*)中有一段跟这个有关(《意大利对话录》*Dialoghi italianim*，G. Aquilecchia编，1957年，782–783)。参看G.B.和H.T., 269。

37 普雷森丹兹《希腊魔法纸》(K. Preisendanz, *Papyri Graeci Magicae*)，柏林，1931年，32(感谢E. Jaffe提供这条参考信息。)

38 桑戴克《魔法与实验科学的历史》(Thorndike, *History of Magic and Experimental Science*)，I, 364–365。

39 迪伊手书的原件在MS Sloane 3191，从1–13开始；Ashmole的一份抄本在MS Sloane 3678，从1–13开始。
    《速记术》(*Steganographia*)直到1606年才有印刷本，但是手抄本广为人知。见沃克《魔法》(Walker, *Magic*)，86。为布鲁诺作的简述见《拉丁著作》，III，从496页开始。

40 有关分区域形象，见G.B.和H.T., 45–48。

41 阿格里帕《论玄秘哲学》(H.C.Agrippa, *De occulta philosophia*)，II, 37。有关各种变体见G.B.和H.T., 196。注3。

42 《论玄秘哲学》，II, 37–44。参看G.B.和H.T., 169。

43 《论玄秘哲学》，II, 46；参看G.B.和H.T., 参考如前。

44 雷曼《圣诞年历》(L. Reymann, *Nativitat–Kalender*)，纽伦堡，1515年；瓦尔堡，《施弗雷格腾文集》(A. Warburg, *Gesammelte Schrigten*)，莱比锡，1932年，II, Pl. LXXV。

45 布鲁诺，拉丁著作，II(i), 9；参看G.B.和H.T., 193。

46 见 G.B.和H.T., 197。

47 《拉丁著作》II(i), 9。

48 同上，51–52。

49 同上，46。

50 同上，77–78。

51 同上，132。

52 同上，129。

53 同上，124。

54 同上，124–125。

第九章　影子的秘密

55　同上，126。

56　同上，参考如前。

57　同上，127。

58　同上，参考如前。

59　同上，127–128。

60　同上，128。

61　同上，参考如前。

62　同上，参考如前。

63　《影子》中有另一个三十个神话形象的系列），从阿卡迪亚国王吕卡翁开始到海神格洛科斯(107–108。这些图像上面有轮形的三十个分部的字母，会在轮形上旋转，但是只有三十个图像，不像主要系列单上那样有一百五十个。因此我认为它们构成另外一个单独的系统，像《雕像》中的三十个雕像一样(Statues)（见后面）。

64　见G.B.和H.T.。

65　见前面，164。

66　"记号、标记、符号、印记"都有很强的效力；布鲁诺提到可以从《伟大的钥匙》中得到更多信息(Clavis Magna，《拉丁著作》，II(i)，62)。

67　《记忆术》(Ars memoriae)开始的时候他说理念是"通过星星的媒介流入"而接受的(同上，58)。这一段令人想起菲奇诺的《论从天界获得生命》(De vita coelitus comparanda)。

68　如图所示，《拉丁著作》，II(i)，123。我不打算在我的示意图上显示这点。

69　G.B.和H.T.，从450页开始。

70　《拉丁著作》，II(i)，20。这段话引自《赞美诗》(Canticle)，II，3。

71　《拉丁著作》，II(i)，22–23。

72　同上，23–24。

73　同上，27。

74　同上，25–26。

75　同上，25。

76　同上，27–28。

77 同上，28–29。

78 同上，45。

79 同上，46。

80 同上，参考如前。

81 同上，47。

82 同上，参考如前。

83 同上，47–48。

84 同上，48。

85 同上，49。

86 同上，51–52。

87 G.B.和H.T., 193–194。

88 《意大利对话录》版本如前，329；参看G.B.和H.T., 248。

89 《意大利对话录》版本如前，778；参看G.B.和H.T., 249。

90 《意大利对话录》版本如前，1123–1126；参看G.B.和H.T., 278。

91 见G.B.和H.T., 195, 197等等。

第十章

记忆中的逻辑秩序

就在神秘主义记忆声势逐渐壮大、目标日益大胆的同时，反对艺造记忆的呼声也越发高涨，此处的艺造记忆意指作为古典修辞学的理性助记术。正如前述，人文主义受到古代罗马教育家昆体良的影响，使记忆术的处境非常不利，我们也看到伊拉斯谟对场景和形象的淡漠态度以及对记忆中秩序的强调，这些都与昆体良如出一辙。

进入16世纪，人文主义的教育家对修辞及其组成思考良多，他们重新安排了西塞罗所界定的传统修辞五大部分，却唯独漏掉了记忆！[1] 其中一位便是梅兰希顿。昆体良又一次在其中发挥了重大影响，因为这些教育家是从昆体良处得知与其同时代的其他修辞学家将记忆排除在修辞以外的。同时，这也意味着艺造记忆被摒弃，重复和强记成为当时唯一得到提倡的记忆方法。

在16世纪所有的教育方法改革者中，最著名的、或者应该说最擅长自我标榜的是皮埃尔·德·拉·拉梅（Pierre de la Ramee），世人一般称其为彼得·拉姆斯（Peter Ramus）。近年来，拉姆斯和拉姆斯主义成为各方广泛研究的对象。[2] 下文我将尽可能扼要地说明拉姆斯主义的复杂性，读者可以参阅其他相关论著作进一步了解，我只是将拉姆斯主义放入本书讨论的环境，或许可以让它呈现出新的面貌。

这位法国辩证逻辑学家生于1515年，曾因简化教学方法而引起轰动。1572年，他作为胡格诺派教徒在圣巴托罗缪惨案（Massacre of St Bartholomew）中被屠杀，但也因此受到新教徒的拥戴，使他的教学方法成为简化错综复杂的经院哲学之利器。在拉姆斯彻底扫除的众多复杂事物中就有古老的记忆术，他不再将记忆归为修辞的一部分，同时也一并废除了艺造记忆。这并不是因为他对记忆不感兴趣，相反，拉姆斯运动改革和简化教育的主要目的之一，就是为所有科目提供新的记忆法。新方法将每个科目照"逻辑的顺序"安排，即先处理一个科目的"一般"或所有方面，再通过一系列的二分法进行分类，最后处理"专门的"或个别方面。一旦如此排列，便能够在其图解表述形式——著名的拉姆斯纲要略图中，按序记忆科目。

W.J.翁说过，拉姆斯将记忆排除在修辞之外的真正原因在于"他的整个艺术系统基于一种按话题设计的逻辑，是一种局部化的记忆"。[3] 保罗·罗西认为，拉姆斯将记忆纳入逻辑，就是将方法论的问题与记忆的问题画上等号。[4]

拉姆斯十分熟悉古老的艺造记忆规则，尽管他受到昆体良影响而对艺造记忆嗤之以鼻。却在《人文艺术流派》（*Scholae in liberals artes*）一书中某个重要但少有人注意到的段落中引用了

第十章 记忆中的逻辑秩序

昆体良的话。昆体良认为，依靠场景和形象巩固记忆的方法相当笨拙，因而拒绝接受卡尼亚德斯、麦阙多卢斯和西蒙尼戴斯的记忆方法，提出了一种更简单的方法，即资料的切分与合成。拉姆斯对此大为赞赏，并询问如何掌握这种不使用场景和形象而通过"分割与合成"的记忆术。

>（昆体良说）记忆术完全包含在切分与合成里。如果我们追求一门能切分与合成事物的艺术，就会发现记忆术。这样一种教义在我们的辩证法规则……和方法中得到了详细论述，因为真正的记忆术与辩证法完全一样。[5]

拉姆斯认为他的辩证记忆方法才是真正的古典记忆术，与西塞罗以及《献给赫伦尼》的场景与形象相比，昆体良更赞成这种方法。

虽然拉姆斯抛弃了场景和形象，但其方法仍保留了一些古老的规则，安排有序便是其中之一，这是亚里士多德和托马斯·阿奎那都反复重申的。龙贝格和罗塞留斯的记忆术课本教授了一种在包罗万象的"普通场景"里安排材料的方式，而"普通场景"则由个别的单独场景组成，这与拉姆斯主张从"一般"下降到"专门"有异曲同工之妙。另外，拉姆斯将记忆二分为"自然的"和"审慎的"，后者显示他可能受到将记忆归属审慎的旧传统的影响。

并且，正如翁氏指出的，[6]根据印刷纸页上排列有序的概要来记忆，包含了空间观像法的成分。应该说这又是受昆体良的影响，他建议演说时可以在想象中观看写有演说内容的实际书页或写字板。翁氏认为这种空间观像的记忆方法是印刷术带来的新发展,在这一点上,我与他的意见相左。[7]依我所见,印刷版的拉姆斯概要是将文稿上直观的图式化布局迁移到印刷书本上,而非反之。[8]已故的萨克斯尔(F. Saxl)曾研究过将文稿的插图转移到早期印刷书本上的情况,说的也是类似的情形。

拉姆斯通过辩证的秩序来记忆的"方法"中残留了很多老式记忆术的影响,但他故意删去了最典型的特征,也就是想象力的运用,在其记忆术中,教堂或其他建筑的场景不再生动地印记在想象中。最重要的是,形象从拉姆斯体系中消失了,那些情感鲜明激发想象的形象、那种从古典演说家时代开始流传了几世纪的用法消失了。"自然的"记忆刺激物,从挑动人的情绪的记忆形象变为辩证分析的抽象秩序,对拉姆斯来说,辩证秩序才是思维的自然状态。

让我们举例说明拉姆斯主义对古老的思维习惯的革新。若想记住或向儿童教授人文技艺之一的语法及其成分,龙贝格会在印刷的书页上显示按序排列的各个成分,这种安排与拉姆斯的概要相似,但龙贝格会教导我们通过形象——丑陋的老妇格拉马迪卡——来记住语法,我们依靠这一形象激发记忆,借助其他附属形象、文字刻印等,想象语法的组成部分。[9]而在拉姆斯主义之下,我们却要打破老妇格拉马迪卡的形象,用印刷书页上不具形的拉姆斯主义语法概要来代替那个内在形象来教育儿童。

拉姆斯主义本身是相当肤浅粗陋的教学方法,它之所以能在诸如英国这样的新教国家取得不俗的成绩,部分原因是它提供了一种内在的破除偶像之法,迎合外在的破除旧制的需求。在狂热的新教国家里,教堂大门上雕刻的人文技艺形象被粉碎,这与语

第十章 记忆中的逻辑秩序

法老妪在拉姆斯主义中受到的处置一样。我们在前面的章节里[10]提到龙贝格曾如同摊开百科全书般地展示神学、哲学科学和人文艺术,通过它们的物质象征及其代表人物来记住每一门艺术。这也许是托马斯·阿奎那记忆法的遥远回响,如圣玛丽亚教堂的壁画上十四门艺术与科学象征及其十四个代表人物一样。如果在英国某个大教堂或教堂壁画上曾经有过类似的人物雕刻,那么如今那些壁龛上一定空空荡荡,即便有所存留,也是残破了的形象,正如拉姆斯主义从内心铲除了记忆术的形象。

拉姆斯设想他的"辩证分析"法适合记忆所有科目,甚至是诗歌段落。最先出现在印刷版中的拉姆斯概要是用于分析奥维德诗歌中帕涅罗帕怨诉的辩证秩序。[11]翁氏指出,拉姆斯明确地表示其目的是帮助学童记住奥维德的二十八行诗节,显然他希望以这种方法取代古典记忆术。[12]在"辩证分析"了诗行的内容梗概后,他扬言带有场景和形象的记忆术远不如他的方法,那种方法依靠外在标记和形象,而他则自然地遵循诗歌的结构成分,是以辩证的教义可以取代其他所有巩固记忆的教义。[13]我们对古典记忆术教导学童构建形象(如图密善遭雷克斯家族殴打或伊索普斯和泽姆贝尔化妆准备登台)作为背诵的字词提示持保留意见,但对拉姆斯的记忆方法中无视诗歌的音乐节奏和意象表示质疑。

拉姆斯如此在意古老的艺造记忆,无时无刻不用自己的"自然"艺术取代它,我们几乎可以将拉姆斯的方法看作古典记忆术的又一种变形——它保留并强调秩序原则,却抛弃了"艺造"的方面,摒弃了培养想象力作为记忆主要工具的那一面。

当我们思索16世纪的伊拉斯谟、梅兰希顿和拉姆斯等新时代的人对记忆术作出的反应时,必须清醒地认识到,记忆术发展到他们的时代，已沾染了中世纪变革的强烈色彩。在他们眼中，记忆术是一门中世纪的、属于旧建筑和旧意象时代的艺术，是一门被经院哲学主义采纳和推崇的、与托钵修士及其布道尤为相连的艺术。人文主义者更是把它当作一门在无知的旧时代（误认图留斯为《献给赫伦尼》作者）的艺术。人文主义的教育家被昆体良的优雅深深吸引，认为他对记忆术持有更纯粹的古典态度，其批判也更明智。其中，伊拉斯谟是反抗"野蛮"中世纪的人文主义者，梅兰希顿和拉姆斯则是新教徒，反抗与老式记忆术相连的经院哲学。拉姆斯强调记忆中的逻辑秩序，其实是采纳了"亚里士多德化"的经院主义记忆术的一个方面，而摒弃了物质象征的另一面，透过形象讲授道德和宗教真理的老派说教法，当然也随之抛弃。

拉姆斯一贯不在他的教学法著作中强加其宗教观点，但他写过一部神学著述《论基督教宗教观》（*On the Christian Religion*），从宗教角度明确表达了他对形象的看法。[14] 他引用了《旧约》中有关禁止形象的段落，特别是《申命记》第四章："所以，你们要分外谨慎。那日耶和华在何烈山，从火中对你们说话，你们没有看见什么形象。因为他唯恐你们败坏自己，雕刻偶像，仿佛什么男像女像……又唯恐你们向天举目观看，见到耶和华——你们的上帝所摆列的日月星辰，甚至天上的万象，便被引诱去敬拜事奉它们。"拉姆斯用《旧约》里禁止雕刻形象与希腊偶像崇拜作比照，还谈到天主教教堂中人们鞠躬焚烛膜拜的形象。我们没有必要引用全文，因为他的话语和新教徒通常的反天主教意象的宣传差不多。可见，拉姆斯十分赞成当时在法国、英国和低地国家（荷兰、比利时和卢森堡）盛行的反偶像崇拜运动；我认为，这与他反对记忆术中的形象有关。

但是，拉姆斯主义并非等同于新教教义，它在一些法国天主教教徒中似乎也很受欢迎，特别是吉斯家族（Guise family），他们的亲戚，苏格兰女王玛丽就曾学习拉姆斯主义。[15]尽管如此，拉姆斯在圣巴托罗缪惨案后被追奉为新教的殉道者，这无疑与拉姆斯主义在英国的流行有密切关系。另外，拉姆斯的记忆术以无形象的辩证秩序作为思想的真正自然秩序，应该也非常合乎卡尔文主义的神学理论。

如果拉姆斯和拉姆斯主义者反对过去的记忆术，那他们对记忆术在文艺复兴时期转向玄秘的形态、使用星辰的魔力"雕刻"记忆形象的态度又会如何呢？理应更加反对才是。

虽然拉姆斯主义知道旧式记忆术，并保留其秩序，抛弃场景和形象，从很多方面来看，它更接近另一种非修辞传统的（在其真正的形式中不使用）形象的"艺造记忆"。当然我指的是卢尔主义。与拉姆斯主义一样，在卢尔记忆艺术中，记忆也包括逻辑、理性对程序的记忆。而且，拉姆斯主义的另一个特征——事物以"一般"到"专门"的顺序安排或分类——同样暗含在卢尔主义中，其存在的阶梯就是从"一般"下降至"专门"。在卢尔的《巩固的记忆》（*Liber ad memoriam confirmandam*）里，这种术语专门用于记忆，他说记忆分为一般和专门，专门在一般之下。[16]卢尔主义的"一般"是指卢尔艺术的原则，建立在神的属性之上。拉姆斯主义武断地给每个知识分支定下"辩证的秩序"，卢尔主义则自称给每个科目嵌入字母B到K与卢尔艺术的程序，便可以简化和统一整个百科全书。[17]拉姆斯主义作为记忆术的过程与卢尔主义很相似，前者通过缩影的辩证秩序记住每个

- 319 -

科目，后者则依靠记住卢尔艺术为科目设定的程序。

毫无疑问，拉姆斯主义的诞生与卢尔主义在文艺复兴时期的振兴脱不了关系，但两者之间天差地别。与卢尔主义的细腻微妙、将逻辑和记忆悉力根置于宇宙的结构相比，拉姆斯主义只是一场儿戏。

拉姆斯主义作为一种记忆方法，其发展方向与文艺复兴的神秘记忆相反，后者旨在加强意象和想象力的运用，甚至企图将意象引入不具象的卢尔主义。此处有个疑问，我不打算也无法给出答案：

朱利奥·卡米罗在他的玄秘修辞中将逻辑命题与记忆场景作了某种崭新而神秘的融合，且他也对赫莫吉尼斯修辞表示出兴趣，[18] 那么是否他才是16世纪新修辞与方法论运动的真正发起人呢？在这一系列新的运动中，有一位重要人物名叫约翰尼斯·史托姆（Johannes Sturm），他继承了复兴赫莫吉尼斯的使命。[19] 史托姆一定对卡米罗及其记忆剧场有所知晓，[20] 因为他是亚历山大·希托利尼（Alessandro Citolini）的庇护人，据说希托利尼的《世界万物分类》（*Tipocosmia*）就是从卡米罗剧场的文件中"偷窃"而来的。[21] 即便如此，希托利尼"偷窃"的也只是按题目和主题顺序编排的百科全书式的列表，而不包括形象，因为《世界万物分类》中只有列表，却没有形象及对它们的描述。我提出这一问题，或给未来的研究者提供可能的线索，目的是要指出，卡米罗可能在超凡的或神秘的层面上启动了修辞-方法论-记忆这一运动，史托姆和拉姆斯等人将运动继续下去，只是他们排除了形象，将这一运动理性化了。

第十章 记忆中的逻辑秩序

暂且搁下上文提出的问题，我提供的线索尚不成熟，且仍有争议。不过就我个人而言，几乎可以肯定，法国人拉姆斯是知晓卡米罗"剧场"的，因为当时其在法国享有盛名。既然如此，拉姆斯的记忆辩证秩序，即从"一般"下降到"专门"，可能就包含了对卡米罗剧场神秘方式的有意识反应，因为卡米罗剧场就是将知识安排在行星的"一般规则"之下，而世界上所有的"专门"事物都来自这些一般规则。

如果仔细思考拉姆斯的哲学态度，便会发现一个奇怪的事实：在那"辩证秩序"的强烈理性主义背后，存在大量神秘主义。拉姆斯的哲学观点可以参见他最早的两部阐述其辩证方法的著作：《亚里士多德批判》（*Aristotelicae animadversiones*）和《辩证原则》（*Dialecticae institutiones*）。他似乎认为，真正的辩证原则来自一种古代神学。他说，普罗米修斯首先打开辩证智慧的源泉，其纯洁的水最终流淌至苏格拉底（与之相比，菲奇诺的纯洁神学的顺序，则是从古代的智慧经过一系列继承者后最终到达柏拉图[22]）。然而，亚里士多德将不自然和虚假引进了逻辑，从而腐蚀和污染了真正的古代自然辩证。拉姆斯认为，将辩证艺术恢复到其"自然的"形式，也就是恢复到亚里士多德之前的、苏格拉底式的纯洁性质是自己的使命。这种自然的辩证法是思想在永恒的神性之光中的形象。回归辩证法就是从阴影回到光明，这是一条从"专门"上升到"一般"、从"一般"下降到"专门"的道路，就像荷马史诗中天地之间的金链。[23] 拉姆斯多次使用"金链"的形象来比喻他的体系。他在《辩证原则》中用了文艺复兴时期新柏拉图主义的大多数主要命题，不可避免地也引用了维吉尔的"精神滋养内心"，称颂其为真正的自然辩证法，是一种新柏拉图主义奥秘，一种从影子回到神性思想光明的方法。[24]

从这个背景来看拉姆斯的思想，其辩证方法的理性成分并不如表面那么多。拉姆斯是在振兴一种"古代的智慧"。这是一种对真实自然本质的洞察，通过它来统一众多的现象。如果给每个科目都加上辩证的秩序，思想就可以在一般与专门之间上下自如。如此一来，拉姆斯的方法几乎和卢尔艺术一样神秘了，卢尔将神的属性这一抽象概念附着在每个科目上，并以此上下自如。在目的方面，拉姆斯的方法也开始接近卡米罗与布鲁诺，卡米罗的剧场通过形象的安排往来于各阶层，布鲁诺在《影子》中寻求统一性体系，以便思想从影子下回到光明之中。

事实上，后来有很多人都努力寻找这些方法和体系之间的共通点和融合点。如我们所见，卢尔主义与记忆术合并了。也有人试图将它与拉姆斯主义结合。人们通过各种过程寻找方法，无论是复杂的或精细的、神秘的或理性的、卢尔主义还是拉姆斯主义，这是当时的一个主要时代特征。所有这些努力都对未来产生了无穷的后果，其起因、促因和根源却都是记忆。凡是希望了解方法论思想的起源和发展的人，都应该研究记忆术的历史、它的中世纪变形、神秘主义变形以及作为卢尔主义与拉姆斯主义的记忆。也许当这段历史被完整地谱写之后，我们会发现，记忆的神秘化转型是寻求方法的整个过程中一个不可或缺的阶段。

隔着历史的距离来看，所有的记忆方法都有共同点。拨开迷雾，仔细观察，或是从当时人的角度看，彼得·拉姆斯和乔达诺·布鲁诺之间确实存在巨大的鸿沟。表面的相似之处是两者都自称继承了古代的智慧，拉姆斯继承了苏格拉底、亚里士多德之

第十章 记忆中的逻辑秩序

前的智慧；而布鲁诺继承了早于希腊的埃及和赫尔墨斯神秘哲学的智慧。两者都强烈反对亚里士多德，但理由各异。两者都使记忆术成为一种改革的工具。拉姆斯改革教学方法，使记忆方法基于辩证秩序；布鲁诺教授一种神秘的记忆术，作为一种赫尔墨斯式的宗教改革工具。拉姆斯抛弃意象和想象力，用抽象秩序训练记忆；布鲁诺使意象和想象力成为组织记忆的关键。拉姆斯打断了中世纪变形中的记忆与古老的古典记忆术之间的连续性；布鲁诺自称他的神秘体系仍然是图留斯、托马斯和阿尔伯特的艺术。一个是卡尔文主义教学法，提供简化的教学方法；另一个是热情的前托钵修士，运用神秘记忆作为一种魔法—宗教技巧。拉姆斯和布鲁诺站在对立的两极，他们代表了文艺复兴后期两种完全不同的倾向。

布鲁诺在《影子》开篇攻击的那些鄙视记忆术的"学究"，我们认为不仅包括人文主义的批评家，还包括强烈反对记忆形象的拉姆斯主义者。伊拉斯谟颇为鄙视卡米罗的"剧场"，那么如果当时拉姆斯活着的话，他会如何看待布鲁诺的《影子》呢？"法国的学究之首"——布鲁诺这样称呼拉姆斯——对布鲁诺自由升降、从阴影到达光明的方法肯定会极为惊骇和反感。

注释：

1 见霍威尔的《英国的逻辑与修辞，1500–1700年》(W.S. Howell, *Logic and Rhetoric in England*)，普林斯顿，1956年，从64页开始。

2 翁的《拉姆斯：对话体的方法与衰败》(W.J.Ong, *Ramus: Method and the Decay of Dialogue*)，哈佛大学出版社，1958年；霍威尔的《逻辑与修辞》(Howell, *Logic and Thetoric*)，从146页开始；图维的《伊丽莎白时代形而上学意象》(R. Tuve, *Elizabethan and Metaphysical Imagery*)，芝加哥，1947年，从331页开始；保罗·罗西的《普世之钥》，米兰，1960年，从135页开始；尼尔·吉尔伯特的《文艺复兴时的方法观》(Neal W.Gilbert, *Renaissance Concepts of Method*)，哥伦比亚大学出版社，1960年，从129页开始。

3 翁的《拉姆斯》，280。

4 罗西的《普世之钥》，140。

5 拉姆斯的《人文技艺流派，修辞流派》(P. Ramus, *Scholae in liberals artes, Scholaerhetoricae*)，XIX卷(Bale版，1578年, col.309)，参看昆体良《雄辩术原理》，XI, ii, 36。

6 《拉姆斯》，从307页开始。

7 同上，311。

8 萨克瑟尔《中世纪晚期的精神百科全书》，《沃尔伯格和考陶尔德学院的学报》(F. Saxl, 'A Spiritual Encyclopaedia of the Later Middle Ages', *Journal of the Warburg and Courtauld Institutes*)，V(1942年)，从82页开始。

9 同上，119–121，和6。

10 同上，121。

11 拉姆斯《辩证术教育》(P. Ramus, *Dialecticae institutions*)，巴黎，1943年，57；翁的《拉姆斯》中复制了这一页。(《拉姆斯》，181)。

12 翁的《拉姆斯》(Ong, *Ramus*)，194。

13 《辩证系统》(*Dialect. Inst.*)，版本如前，57反面–58正面。

14 拉姆斯《论基督教宗教》(P. Ramus, *De religion Christiana*)，法兰克福版，1577年, 114–115。

15 霍威尔《逻辑与修辞》(Howell, *Logic and Rhetoric*)，从166页开始。

16 卢尔《巩固记忆》(Lull, *Liber ad memoriam confirmandam*)，罗西《普世之钥》(ed. Rossi in *Clavis universalis*), 262。

第十章 记忆中的逻辑秩序

17 拉姆斯主义缩影的起源也许应该在带有很多括号的卢尔图示中去寻找。这种格局的例子可以在托马斯·勒·马尔希尔(Thomas Le Myesier)的卢尔主义纲要中找到(巴黎,国家图书馆,Lat.15450,见我的文章《R.L.的艺术》("The Art of R.L.", 172)。这种卢尔主义的格局,带有一系列括号(比如在巴黎的国家图书馆Lat.15450, f.99反面)与拉姆斯带括号的概要印象很相似,如翁在《拉姆斯》中复制的逻辑概要(Ong, Ramus, 202)。

18 同上,167–168。

19 翁的《拉姆斯》,从231页开始。

20 有关史托姆和卡米罗,见塞克雷特的文章《文艺复兴时希伯来神秘哲学的进展:朱利奥卡米罗的世界剧场及其影响》,《哲学历史批评论刊》(F.Secret, "Les cheminements de la Kabbale a la Renaissance; le Theatre du Monde de GiulioCamilloDelminio et son influence", *Rivistacritica di storiafilosofia*, XIV (1959), 420–421)。

21 贝图西(Betussi)(《批评论刊》*Raverta*, ed. Zonta, 57)将希托利尼的《世界种类》(*CitoliniTipocosmia*)与卡米罗的"剧场"相联系,其他人则直接谴责希托利尼是从卡米罗那儿偷窃来的;有关这一点的参考,见李如提(Liruti),III, 130, 133,从137页开始。希托利尼作为一个新教徒被流放到英国,带着史托姆的引荐信(见费希亚的《一个流放在英国的意大利人》L. Fessia, A. Citolini, *esuleitaliano in Inghilterra*, 米兰,1939-1940)。布鲁诺提到一位"可怜的意大利绅士"被英国人群冲撞弄断了腿,他就是希托利尼。(见乔·布鲁诺的《圣灰星期三晚餐》,ed. G.Aquilecchia, 都灵,1955年,138)。

22 "古代神学"是菲奇诺用来指例如赫尔墨斯·特利斯墨吉斯忒斯的古代圣贤的智慧。他认为这种"古代神学"是传自赫尔墨斯及其他人的智慧源流,最终抵达柏拉图;见沃克《古代神学在法国》,《沃尔伯格和考陶尔德学院的学报》(D.P. Walker, "The PriscaTheologia in France", *Journal of the Warburg and CourtauldInstitutes*.XVII (1954), 从204页开始);叶兹(Yates),G.B.和H.T., 从14页开始。与拉姆斯的思路相似,不过他认为普罗米修是原初辩证家,他的智慧下传至苏格拉底。

23 拉姆斯《反亚里士多德》(P. Ramus, *Aristotelicae animadversions*), 巴黎,1543年,2正面-3反面。

24 《辩证术教育》,版本如前,从37页开始;参见翁《拉姆斯》,从189页开始。

第十一章

乔达诺·布鲁诺:《印记》的秘密

应该是在1583年初，布鲁诺到英国后不久，他发表了论记忆的大部头著作，我称之为《印记》（Seals）[1]，这本书包含了四个部分：

《记忆术》（*Ars reminiscendi*）
《三十印记》（*Triginta sigilli*）
《三十印记的解释》（*Explanatio triginta*）
《印记之印记》（*Sigillus sigillorum*）

书的标题页上没有出版日期和地点，但几乎可以肯定，这本书是1583年初由伦敦印刷商约翰查尔·伍德印制出版的。[2]《记忆术》并非新作，只是翻印了前一年在巴黎发表的《塞丝》[3] 中的记忆术部分。巴黎版中，记忆术出现在女巫塞丝对七大行星吟诵的可怕符咒之后，[4]使读者感受到其记忆术的魔法特征（巴黎的读者可能也读过神秘的《影子》）。英国的重印版不包含这些符咒，但在后面增加了《三十印记》《三十印记的解释》和《印记之印记》。

如果《影子》的读者没能注意到其魔法记忆系统，恐怕他们更难理解《印记》这部书。那么，这些"印记"是什么呢？作为回答这个问题的序曲，我邀请读者花少许篇幅，先跟我一起去佛罗伦萨实践记忆术。

阿戈斯提诺·德尔·里奇奥（**Agostino del Riccio**）是佛罗伦萨新圣玛丽修道院的一名多明我会教士，他在1595年"为勤学的年轻人"写了《记忆场景的艺术》（*Arte delle memoria locale*）一书。这本简短的论述从未出版，其文稿现存于佛罗伦萨国家图书馆。[5]书中有7幅插图，旨在帮助佛罗伦萨的年轻人了解记忆术的原则。

"国王"（pl.14a）中是一位拍打自己额头的国王，通过这个手势唤起他所代表的"场景记忆"，这些记忆对布道者、演说家、学生等各阶层的人都非常有用。[6]

"第一执政官"（pl.14b）中有一个人手摸地球仪，上面有城市、堡垒、商店、教堂、宫殿等各种场景。他代表了记忆术的第一条规则——场景规则。另一个例子是如何在圣玛丽亚教堂里设置记忆场景：从主圣坛开始，那儿可以放置慈善；然后绕着教堂行进，也许可以在乔迪圣坛上放置希望，在盖迪圣坛上放置忠诚，接着在其他圣坛、圣水钵、坟墓等等位置上做安排，直到你转回起点。[7]这位托钵修会修士是在教你使用记忆术来记住美德

第十一章 乔达诺·布鲁诺：《印记》的秘密

的老式方法。

"第二执政官"（pl.14c）中可以看到一个人的周围布满物品，包括一尊雕像或者说是放置在柱子上的半身像。他代表了"使用形象"的规则，即形象可以是真的或想象的物品，或是雕塑家和艺术家创造的人物形象。尼科洛·盖迪先生的画廊里有一些很精美的雕像，就很适合做记忆形象。[8]《记忆场景的艺术》讨论完艺术品装饰的记忆后，出现了那些记忆论述中十分晦涩的一览表，它们按字母顺序排列。里奇奥的这张表里罗列了各种工艺、圣人和佛罗伦萨家族的名人。

"第一位首领或直线"画了一条竖线穿过一个人的身体。在他身上，黄道带十二宫作为记忆体系，根据其掌管的身体部位放置，这些位置可以帮助记忆十二宫。[9]

"第二首领或是曲线"（pl.14d）中，一个人在圆圈内，呈大字型伸展着腿和胳膊。按其身体部位，我们可以记住四大元素和11个天体：脚–土地；膝盖–水；腰侧–空气；手臂–火；右手–月亮；小臂–水星；肩膀–金星；头–太阳；左肩–火星；左小臂–木星；左手–土星；左肩–恒星界；腰–水晶界；膝–原动天；左脚–天界。[10]

"第三位首领或横断线"（pl.14e）中，一个圆圈上出现[12]个小物品。里奇奥修士解释说他根据德拉斯格拉街上的场景记住这些物品。[11]去过佛罗伦萨的人都会记得这条街至今仍通往新圣玛丽亚广场。在这条街上的教堂（见圆圈正上方的十字架）他记住一个配戴十字架的修士；在一排老房子的第一个房门上，他记住一颗星；在亚克珀·达·堡贺（Jacopo di Borgho）的门上记住太阳等等。他在多明我会教父的一间密室也使用过这种方法，将它分隔成多个记忆场景,用它们记忆约伯比喻的人生七大苦难。[12]

"餐饮与仆人"(pl.14f)显示一个人拿着食物和饮料。场景记忆就像饮食,如果我们一次吃下所有的食物,会引起消化不良,所以应该分几顿吃。对待场景记忆也是同样道理,"如果我们一起床便试图在一天内记住两百个观念或圣托马斯的两百篇文章,这样对记忆力来说压力过大,欲速则不达。"[13] 故而每次进行场景记忆要适量。也许有一天我们可以达到著名的布道师弗朗西斯科·帕尼哥罗拉(Francesco Panigarola)的程度,据说他用过多达十万个记忆场景。[14]

关于文艺复兴对记忆术的变革,里奇奥修士并未听闻。他属于旧派传统。他将美德形象放在圣玛丽亚教堂的记忆场景上(圣玛丽亚教堂曾经是多明我会运动扩展势力的中心),指望熏陶虔诚的心灵,在其运用到极致之时,曾激发出大量美德和邪恶的形象。对于他使用黄道带,我们也不必表示猜疑,作为一种可行的记忆系统,黄道带在记忆论述中被提及是自然而然的,没有任何理由不将排列有序的宫作为记忆秩序而理性地使用。里奇奥旨在记忆天体的顺序,使用的方法虽然幼稚,却并非魔法的。他利用传统的多明我会技巧,记住敬神的素材,包括托马斯·阿奎那的《神学大全》。他是记忆术自中世纪以来呈现衰势的样本,体现出晚期记忆论述的思维模式。

那么我为什么在此处介绍阿戈斯提诺·德尔·里奇奥修士呢?如前所述,他用象征性的、带标题的小型绘画介绍记忆术的原则和各种技巧,与布鲁诺在《印记》中的手法如出一辙。例如,在《印记》中,联想的原理由"细木工人"代表,形象运用则由"画家宙克西斯"代表。这便是"印记"——记忆术原则和

第十一章　乔达诺·布鲁诺：《印记》的秘密

技巧的陈述，但它被卢尔主义和希伯来神秘哲学主义魔法化、复杂化，夸大成不可捉摸的奥秘。布鲁诺出于莫名的目的，改造了他在多明我会修道院里学到的记忆术表现模式。

伊丽莎白时代的读者若试图理解这本在他们国家秘密出版（没有地点和日期）的怪异著作，大概会从《记忆术》开始阅读。[15]布鲁诺继续使用自己创造的术语，用"主体"表示记忆场景，"形容体"表示记忆形象，他给出古典规则，并以常规的记忆论述方式拓展论述。[16]布鲁诺似乎期许造出大量记忆场景。他说，当你用完城市一边的房子，你可以使用城市另一边的另一个房子（做记忆场景）。用完罗马的场景，可以再从巴黎的场景开始[17]，这使我们想起拉文纳的彼得在旅行时收集记忆场景的习惯[18]。布鲁诺也强调，形象必须鲜明突出、有关联性。他给出三十种建构形象，通过联想提醒概念的方法[19]（这种列举常常在一般论述中出现）。他自认其字词记忆系统比图留斯的好，并引用了《献给赫伦尼》的内容，可惜他继续了中世纪将其归为图留斯的错误。[20]布鲁诺推荐用他称为"半数学的"主体作为场景系统，[21]那是一种图解式的数字，虽不是一般意义上数学，却也有数学的意味。

凡是看过龙贝格或罗塞留斯论述的人，都认得出《记忆术》属于他们熟知的记忆专著。布鲁诺自称，即便记忆方法是老的，但他运用这些方法的方式却更新更好。他的新方式与"女巫之歌"[22]有关（大概指《塞丝》中对行星唱的符咒，《记忆术》英国版中没有纳入）。于是，这篇记忆论著带有些许女巫塞丝式的神秘，至于具体是什么，伊丽莎白时代的读者可能无法理解。之后他们会在书中接连遇到三十个印记的谜团、三十个有关魔法记忆的原则和技巧,及其三十个艰涩难懂的"解释",其中一些句子伴有稍许费解的"半数学"图示。我想很少有读者能够解开这一连串的谜题。

第一个印记是"旷野"。[23]这个旷野是记忆或是幻想,供场景和形象发挥技巧的广阔空间。布鲁诺给出简短而晦涩的规则,并强调形象必须依靠醒目、不平常的特色才能具有感人的力量。他还提到了"犹太法典学者苏莱曼"的分为十二部分的记忆体系,分别由各位犹太族元老的名字标记。

第二个印记是"天界"(pl.15a)。[24]它是一个球体,以某种方式进行了划分,提供场景与地点,以便"雕刻上天形象的秩序与系列"。此图解由一个以黄道十二宫为依据的图示补充说明。布鲁诺用黄道十二宫作记忆场景或记忆房间,在其中雕刻"天界的形象"。

"链子"[25]这个印记强调记忆必须一个接一个地推进,就像链子一样环环相扣。这听起来像是联想规则,类似亚里士多德式的记忆规则。但布鲁诺解释说这个链子其实就是黄道带,十二星座相连不绝,他提到自己在《影子》里所说的话,并引用了同一首有关黄道带标记秩序的拉丁诗。[26]

看到此处,我们不禁感到困惑,怀疑印记或其中的某些,是否确实是《影子》里的记忆系统。

接下来的三个印记是卢尔式的。"树"与"树林"[27]与卢尔的《知识之树》相关,从它们的名称就可以看出。树林里的树代表各科的知识,每棵树都根植于共同的基本原则。"梯子"[28]实

- 334 -

第十一章　乔达诺·布鲁诺：《印记》的秘密

际上指卢尔《简短艺术》中转轮上的字母组合的第三个图形。我们不免想问，这些印记是否展示了将卢尔组合系统与星术化和魔法化的古典记忆术结合使用的原理，就像《影子》一样。

这种怀疑在"画家宙克西斯"（印记十二）中得到了证实。"画家宙克西斯"代表了记忆术中使用形象的原理。布鲁诺告诉我们"巴比伦人透克罗斯的形象为我提供三十万个论点"[29]。另外，"画家宙克西斯"中还有下面这段话可进一步证明《印记》与《影子》的关联：

> 为改善自然记忆、教授艺造记忆，我们现在有了双重图像。一个是在记忆中保持的形象和记号，它们根据奇怪的描述形成，我在《概念的影子》中附上了例子；另一个是根据需要而虚构出的可感知的地点与事物的形象，借此提醒我们需要记住的不可感知的事物。[30]

我认为，两种记忆的"双重图像"是指（1）以星辰为基础的形象，就如布鲁诺《影子》里的览表以及《印记》中讨论的形象；（2）常见古典记忆法，即使用虚构的"地点"。但是，在布鲁诺的系统中，即使是常见的古典记忆法技巧也从不按正常方法使用，而总是凭借与星辰系统的联系转化为魔法的活动。

虽然其中数个印记都暗示《影子》里的系统，但布鲁诺却不局限于某一系统。相反，他表示为了寻求真正有效可行的操纵心灵的方法，自己正在试验各种可能的方法；也许会有意外的发现，就像有意栽花花不开，无心插柳柳成荫。[31] 在随后的印记中，他尝试了占星术安排的各种变化、卢尔主义性质（或他认为

- 335 -

的卢尔主义）的各种手段，甚至接受希伯来神秘哲学的渗透。这种寻求中充满记忆术的技巧，在一个个印记中都映出老技巧的影子，虽然它们都呈现为超自然的神秘形式。我希望本书尊敬的读者能尽量免遭记忆更可怕的折磨，因此不打算一一列举所有30个印记，而只选其中的几例。

印记九是"桌子"[32]，描绘了"视觉字母"有趣的形式，通过名字以某字母开头的人的形象来记住该字母。还记得，拉文纳的彼得提供了这种方法的经典例子：让尤西比乌斯和托马斯交换位置来帮助记忆ET和TE。[33]布鲁诺在这里满怀敬佩地提到拉文纳的彼得。印记十一是"旗帜"，[34]代表掌管整个小组事物的旗手形象。因此，柏拉图、亚里士多德、第欧根尼、一个皮浪派人物和一个伊壁鸠鲁派人物，不仅可以用来表示这些特定的个人，也代表很多与他们相关的概念。将著名的艺术家和科学家的形象看作记忆形象，这也来自古老的传统。印记十四是"戴得拉斯"，[35]其中给出一系列的记忆物品，可以将它们附在或放在主要形象上，用来组织以主要形象为中心的众形象。布鲁诺的记忆物品系列同样属于古代记忆术传统。印记十五是"计数器"，[36]描绘了如何运用形状像数字的物品为数字构造记忆形象。过去的记忆论述中常常提及这种概念，而且，一组组物品数字与"视觉字母"或类似于字母的物品图总是一同出现。印记十八是"百个"，[37]将百人一组的朋友群安排在一百个场景里，这是一个很有价值的例子，可以佐证古代规则之一，即记忆形象应尽可能像我们认识的朋友。印记十九是"化圆为方"，[38]不可避免地以占星术图形为基础。布鲁诺使用了一个"半数学"解开这个亘古难题，即一个作为记忆场景系统的魔法形象。印记二十一是"陶工的轮子"

第十一章 乔达诺·布鲁诺：《印记》的秘密

（pl.15b），[39]又是一个星象的图形，其中有七颗旋转的行星，一条杠上写着它们的首字母，这是一个很难懂的系统。印记二十三是"医生"，[40]使用不同种类的商店，如肉店、面包店、理发店等等作为记忆场景，与龙贝格书中的一幅插图相类似。但布鲁诺的商店并没有那么简单。女巫塞丝的田野和花园（印记二十六）[41]是一个极端复杂的魔法体系，显然只有成功召唤七大行星后才能形成。元素的各种混合——湿热、干热、湿冷、干冷等不断变化，通过七幢房子里的场景，形成心灵内在元素性质的改变。在"漫游者"（印记二十五）[42]中，记忆形象穿过记忆房间，每个形象从房间里抽取所需的素材。在"希伯来神秘主义圈地"（印记二十八）[43]里，教会和世俗社会的秩序，从教皇到助祭，从国王到农民，都由记忆形象代表，按照他们的等级排列。这是人们熟悉的又一记忆秩序，常常作为容易记忆的形象顺序，出现在记忆专著中。但是在布鲁诺的系统中，这些秩序会产生犹太教神秘哲学式的变换与组合。最后两个印记（"综合者"二十九和"阐释者"三十）[44]分别是卢尔主义的组合以及希伯来神秘主义对希伯来字母的巧妙处理。

布鲁诺究竟想要做什么呢？原来他正在处理两组观念，记忆的和星象学的。记忆传统认为，通过鲜明突出、富有感召力、互相关联的形象可以将一切都记得更牢。布鲁诺试图将基于这些原则的记忆系统与占星术体系相连接，应用充满魔力的形象、"半数学性的"或魔法的场景以及占星术的联想性秩序。这样，他就能将卢尔主义组合和希伯来神秘主义的魔法混合着使用！

卡米罗的"剧场"已经呈现了将记忆原则与占星术原则结合的观念。布鲁诺则希望更科学、更详细地发展它。我们在《影子》的体系中看到他所做的努力,在《印记》中,布鲁诺把方法和系统依次进行试验。这让我们再次想到机械大脑的类比。布鲁诺认为,如果他能创造一个体系融入占星术的体系,反映行星与黄道带的关系变化及其对黄道宫的影响的变化和组合,他就能利用自然本身的机制来管理心灵。然而,如我们在上一章所见,布鲁诺的记忆体系是机器脑的魔法式前身,这一观点只具有部分价值,不能太过牵强附会。如果扔掉"魔法"这个词,把他想象为一个非凡的记忆术学者努力从心灵中吸取"原型"形象的组合,我们就会进入一些现代主流心理学的范围。然而,就如机器大脑的比喻一样,我也不想过于强调荣格的心理学类比,这非但不能说明问题,反而会徒增困扰。

我更赞成将问题放在布鲁诺身处的时代来研究,关注他试图改革记忆的时代特征。特征之一与布鲁诺的反亚里士多德式的自然哲学有关。在谈到记忆系统中与自然的占星术小组有关的"旗手形象"时,他说:

> 生于自然的或处于自然中的所有事物,都像军队中的士兵一样,要跟随指挥他们的领袖。这一点阿那克萨哥拉(Anaxagoras)很清楚,亚里士多德却无法实现……他将事物真理按不可行的虚构逻辑分隔。[45]

从这里可以看出布鲁诺反亚里士多德主义的根源——自然的占星术分组法与亚里士多德的学说相矛盾,一个用占星术组织记忆的人是无法按照亚里士多德自然哲学的思路来思考的。通过他的原型记忆形象的魔法,布鲁诺所看到自然的分组是与魔法的、

第十一章 乔达诺·布鲁诺:《印记》的秘密

联想的链条结合在一起的。

而文艺复兴对形象魔力的解释,是布鲁诺对记忆的态度的另一方面。我们看到魔法艺术的魔力在文艺复兴时期被解释为艺术性的魔力,形象因为比例完美而充满美学的力量。我们料想一个天赋极高的人,如乔达诺·布鲁诺,其记忆中想象力的密集内在训练可能会呈现出显著的内在形式。在以它们为题的印记中讨论"画家宙克西斯"和"雕塑家菲迪亚斯"时,布鲁诺如期显露出其文艺复兴时代记忆术家的这一面。

"画家宙克西斯"画的是记忆的内在形象,引出了绘画与诗歌的比较。布鲁诺说,画家和诗人被赋予了同等的力量。画家想象力较优秀,而诗人则胜在认知力,诗人在一种源自神灵的热情冲动之下,意欲表达自己的认知,可见诗人的力量来源与画家相近。

> 在某些方面,哲学家也是画家和诗人;诗人同是画家和哲学家;画家还是哲学家和诗人。真正的诗人、画家和哲学家之间彼此寻觅,相互欣赏。[46]

世上没有一个哲学家不塑造、不绘画;因此,对"理解便是用形象推断""没有想象便不可能理解"的说法无需感到担心或害怕。

在记忆术形象的背景下看到诗歌与绘画的对等,让我们想起普卢塔克说过,记忆术的发明者西蒙尼戴斯最先将诗歌与绘画并论。[47]布鲁诺则想到贺拉斯的名言"诗亦如画",这也是文艺复兴时期诗歌与绘画的理论基础。他将这个观点与亚里士多德的格言"理解便是用形象推断"[48]联系起来,经院哲学在融合亚里士多德与图留斯有关古典记忆术[49]的观点时，常常引用亚里士多德的格言，记忆论述中也是如此。宙克西斯是在记忆中描绘形象的画家，其形象代表了"使用形象"这一古典规则，布鲁诺通过它认识到诗人、画家和哲学家本质上都是相同的，所有在想象中作画的人，就像宙克西斯一样，不是以诗歌表达，就是以绘画或思想表达。

"雕塑家菲迪亚斯"代表记忆的雕塑家，塑造内在的记忆雕像。

> 菲迪亚斯是前者……像雕像菲迪亚斯，不是用蜡塑造就是添加一些小石头来建造，又或是像削减粗糙无形的石头一样雕刻。[50]

最后一句令人想起米开朗基罗，我们仿佛看到他正在雕琢一块无形的大理石，想要释放他于其中看见的内在形式。（布鲁诺似乎在说）想象的雕塑家菲迪亚斯也是如此，他从记忆那不成形的混乱中释放其形式。在我看来，"菲迪亚斯"印记中含有某种很深刻的哲理，在内心雕塑重要的记忆塑像，就是一种剔除非本质以抽取形状的方式，记忆术专家乔达诺·布鲁诺似乎想通过这一印记向我们介绍创造行为的核心，即外部表述之前的内部行动。

我们差点忘却了前文提到的伊丽莎白时代的读者，当时我们无法判断他能否对付那三十个印记的谜团。结果如何呢？他是否坚持读到了"宙克西斯"和"菲迪亚斯"的部分？如果答案是肯定的，那么他就会看到文艺复兴时期的诗歌与绘画理论，这在英国还从未发表过，这次读者将在超自然的神秘记忆形象的背景下

第十一章 乔达诺·布鲁诺：《印记》的秘密

读到这种理论。

魔法家、艺术家、诗人、哲学家将非凡的三十印记建立在何种哲学之上呢？（印记八）"农夫"中有关耕种记忆之田的部分提到了这门哲学：

> 据说世界是上帝的形象，所以（赫尔墨斯）特利斯墨吉斯忒斯大胆地称，人是世界的形象。[51]

布鲁诺的哲学属于赫尔墨斯神秘主义的哲学；人是赫尔墨斯在《阿斯克勒庇俄斯》中描述的"伟大奇迹"，人的思想是有神性的，与统治宇宙的星辰拥有相同性质，如在赫尔墨斯神秘主义的《牧者》里描述的那样。在《朱利奥·卡米罗的"剧场"观念》这一赫尔墨斯主义论述中，我们可以彻底追根溯源卡米罗建构一个反映"世界"的记忆剧场以及这个剧场被反映在"记忆世界"中的理论根据。[52] 布鲁诺同样依据赫尔墨斯神秘主义的原则。如果人的思想是有神性的，那么宇宙的神性组织就存在于思想之中，复制记忆中神性组织的艺术就会吸取宇宙的力量，而这一力量来自人本身。

一旦记忆的内容统一之后，这位赫尔墨斯记忆术家相信，心灵中就会出现超越多种表象的"一"之形象。

> 我正在思考某门科目里的一种知识。所有的主要组成部分都被配予主要形式……而所有的次要形式都被汇入主要形式。[53]

我们在（印记二十二）"泉水与镜子"中读到上述内容。各部分相结合，次要部分加入主要部分，系统的繁重工作开始产生结果，我们也开始思索"一门科目里的一种知识"。

这揭示了布鲁诺进行记忆探索的宗教目的。现在我们准备好一探《印记之印记》的究竟了，它与《影子》的第一个想象部分相对。在《影子》中，他以统一的理想开始，然后下降到记忆系统的统一过程。《印记》将顺序颠倒，从记忆系统开始，以"印记之印记"结束。对这一非凡的论述，我只能给出一个简短而主观的介绍说明。

《印记》一开始就宣称有神性的灵感降临。"一个神灵告知我这些事情。"[54]追寻过天界之神的生活后，就做好了进入上界圈子的准备。此处布鲁诺列举了古代的记忆术名人，卡尼阿德斯、西尼阿斯、麦阙多卢斯，[55]尤其是西蒙尼戴斯，有赖于他们的善行，所有的一切得以找寻、获得并且整理排列。[56]

西蒙尼戴斯被转变为一位神秘主义的启蒙者，他教导我们如何在天界的层面统一记忆，接着将带领我们去上界的世界。

一切都来自上天，来自理念的源泉，由下而上也可以上升到源头。"如果你能使自己与自然的创造者一致……如果你能用记忆和理性理解三重世界的组织构造以及其中包含的东西，那结果该是多么美好。"[57]遵从自然的创造者将获得奇妙结果的许诺，让人想起科尼利厄斯·阿格里帕说过的话：赫尔墨斯式的上升，穿过天体领域，到达天界乃是成为一个魔法师的必要经验[58]。在《印记之印记》中记忆术所指引的正是这种经验过程。

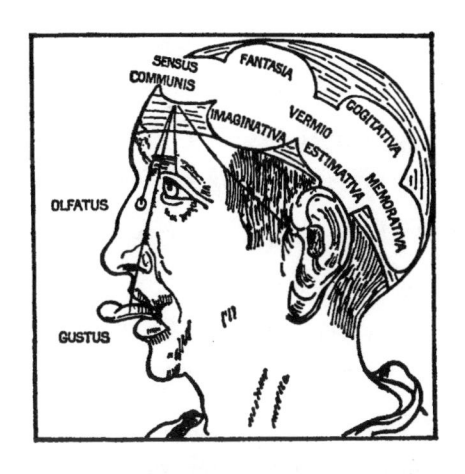

第十一章 乔达诺·布鲁诺:《印记》的秘密

图9 功能心理学示意图。根据龙贝格《艺造记忆汇编》中的一幅插图重新绘制。

有关知识的等级方面,布鲁诺还有很多卓越的论述。在大段的铺陈词藻中,他仍未脱离记忆专著的范围。一般记忆专著贯常会概述心理的作用,在经院哲学派的心理学中,来自感官印象的形象通常需要经历官能心理的处理,从一般感受进入心灵的其他部门。例如,龙贝格在一些关于功能心理的论述中大量引用托马斯·阿奎那的话,并且用一个人的头部显示各个官能部门(见图9)。[59] 这是记忆专著中常有的成分,布鲁诺对这种图示也有所构想,但是他反对将心灵分成官能心理部门。他的论说[60]宣告了想象力在认知过程中至高无上的地位,他否认认知过程可以分成很多部分,而将其作为一个整体。不过他确实把认知区分为四个等级(受到普罗提诺的影响),即感觉、想象、推理、领悟,但他取消了专断的分隔,小心翼翼地打开它们互通的门。最后他声明自己的观点:认知的整个过程从根本上就是一个想象的过程。

回过头来看"宙克西斯"和"菲迪亚斯",会发现布鲁诺在《印记》里谈论记忆中使用的形象时已经表明这一观点。理解就是想象,没有想象便无法理解,他在"宙克西斯"中这么说。因此在想象中,形象的画家或是雕塑家集思想家、艺术家和诗人于一体。"思考就是用形象推断",亚里士多德如是说,意思是抽象的智力必须根据感官印象产生的形象来工作。布鲁诺改变了这些话的意思,[61] 对他来说,脑子没有独立的抽象智力的功能,而只通过形象工作,虽然这些形象的效力有强弱之分。

既然神性思想普遍存在于自然界(布鲁诺在《印记之印记》里继续说)[62],就必须通过思想中的感官世界反映出的形象才能逐步了解神性思想。因此,想象力在记忆中组织形象的功能是认知过程中的绝对关键。关键、生动的形象会反映世界的活力和生气、统一记忆的内容、在外部世界和内部世界之间建立神奇的联系。他所想所指的是充满魔法活力的星辰形象和《献给赫伦尼》的记忆规则中[63]生动鲜明的形象。形象必须充满动人的情感,特别是激发爱的情感,如此才有同时穿透外部和内部世界两者核心的能力。此处既有古典记忆术感情充沛的形象,也有魔法师充满感情的想象力,与之相结合的还有对爱的意象既宗教又魔法的使用。这很接近布鲁诺的《英雄的狂热》中爱的观念,[64] 它们具有打开心灵"黑钻石之门"的力量。[65]

在《印记之印记》最后,是第五等级的知识,布鲁诺将它分成十五个"缩约"。[66] 这里探讨的是宗教经验、关于好与坏的沉思、好与坏的"宗教",以及最好的一种宗教——好的"魔法宗教",但对它我们需要明辨真赝。我在另一本书中也讨论了这些段落,[67] 指出布鲁诺承袭了科尼利厄斯·阿格里帕有关魔法宗教的

第十一章 乔达诺·布鲁诺：《印记》的秘密

观点，不过他的说法比阿格里帕更详细、更极端。也正是这时，布鲁诺说出了惹祸上身的话。他把托马斯·阿奎那与琐罗亚斯德（Zoroaster）及塔瑟斯的彼得（Paul of Tarsus）等同起来，列为达到最佳"缩约"[68]的人之一。要达到这一境界，需要退隐独处一段时间。摩西走出何烈山的沙漠之后才在法老的巫法师面前创造了奇迹；拿撒勒的耶稣在沙漠里与魔鬼斗争之后才完成神奇的作为；雷蒙·卢尔经过一段隐士生活，才发明出显现其深奥知识的作品；以隐士称号闻名的帕拉切尔苏斯（Paracelsus），发明了一种新的医药。[69]埃及人、巴比伦人、德鲁伊特人、波斯人和伊斯兰教徒中的沉思者，也都达到了更高的"缩约"境界。在这些例子中，都是同一个心灵力量在高级和低级的事物中发挥作用，也是同一个心灵力量造就了所有的伟大宗教领袖及其神奇的能力。

乔达诺·布鲁诺以这样的一个领袖形象出现，传播一种宗教的、赫尔墨斯神秘主义的经验，或是一种内在的神秘崇拜。其四大向导：一是爱，爱用一种神性的激情把灵魂升华至神性；二是艺术，人借助艺术可以连接世界的灵魂；三是数学，即对数字的魔法式使用；四是魔法，应将其理解为宗教魔法。[70]跟随这些指引，我们看到四个物体，第一个是光明。[71]就是埃及人所说的原始之光（他指的是赫尔墨斯神秘主义的《牧者》中谈论的原始之光）。迦勒底人、埃及人、毕加哥拉斯主义者、柏拉图主义者，所有最优秀的沉思者都热烈地膜拜太阳，柏拉图把太阳视为最高之神的形象，毕加哥拉斯在日出之时唱赞美诗，苏格拉底在日落之时向它致敬，心中充满狂喜。

经过乔达诺·布鲁诺的神秘转化，记忆术已经变成了一种魔法与宗教兼而有之的技巧，一种与宇宙灵魂相连的方式。而该灵魂是赫尔墨斯神秘宗派崇拜的一部分。揭开记忆的三十个印记，以上所看到的便是《印记之印记》想要揭示的"秘密"。

这自然引发一个问题。这三十个印记及其错综复杂的助记建议，是否为保护《印记之印记》而设的障碍，用来防止其他人参透这本书的玄机？布鲁诺是否真正相信他详述的这些记忆术，尤其是它们拥有如此难以置信的形式？还是这只是一种掩饰手段，制造出难以突破的字词迷障，用以掩护他传播自己的神秘宗教？

此种猜测对读者来说几乎算得上是一种解脱，因为它至少对《印记》作出了部分的合理解释。根据这一理论，印记中介绍每一种记忆技巧时，都做了神秘化处理，使其难以理解，《印记》这一题目及其背后魔法术的涵义，在外行的读者与《印记之印记》之间竖起一道无法穿透的神秘屏障。很多读者试图从这本书的第一部分开始研究，但往往读不到结尾就将书抛掷一旁。这难道就是此书的目的吗？

我认为，虽然隐藏的动机很可能在布鲁诺布局谋篇时起到一定作用，但肯定不是唯一的解释。毫无疑问，布鲁诺确实在竭力完成他认为可能实现的事，即寻找重要的形象排列，也就是一种内在统一的方法。"可以通过它与世界的灵魂相连接"的艺术是他的宗教向导之一，这门艺术并非掩饰宗教的遮盖物，而实为其中关键的技巧部分。

另外，布鲁诺对记忆术的钻研不是单一的现象。这种行为明显属于文艺复兴时期的神秘传统，与神秘形式的记忆术有关。布鲁诺将神秘的助记术演变成了一种宗教的精神修炼，这自有其高尚之处，因为它本质上代表一种为了信仰的奋斗。这种爱与魔法

第十一章 乔达诺·布鲁诺：《印记》的秘密

的宗教建立在想象的力量与意象的艺术之上，借此魔法师内在捕捉并保持宇宙变化的所有形式，其形象顺循复杂的联想秩序从一个传递到另一个，呈现持续变化的宇宙形态，充满了打动人心的情感效力，持续不断地统一人的心智，并在自身中反映出宇宙的伟大。如此宏大的理想，一定有某些值得我们尊敬之处。

这一出众的著作，会给伊丽莎白时期的读者留下怎样的印象呢？

他们其实早就了解记忆术的大致样貌。和其他地方一样，在16世纪初的英国，非神职人员对这门艺术也越发有兴趣。斯蒂文·霍维斯（Stephen Hawes）的《娱乐消遣》（*Pastime of Pleasure*，1509年）一书中，修辞女士描绘了场景和形象，这兴许是首次用英文介绍记忆术。1527年版的卡克斯顿（Caxton）的《世界镜鉴》（*Mirrour of the World*）中也包含了"艺造记忆"的讨论。欧洲大陆上的记忆论述也陆续传到英国，并出版了拉文纳的彼得之《凤凰》的英文译本（1548）。[72] 在伊丽莎白时代早期，记忆课本的代表是威廉·福尔伍德的《记忆的城堡》，[73] 它是一篇古格里尔墨·格拉塔罗洛记忆专著的译文。其第三版题词是献给菲利普·锡德尼的叔叔莱斯特伯爵罗伯特·达德利的，可见这位喜爱意大利的贵族对记忆术的兴趣。这部论述引用了西塞罗、麦阙多卢斯（提到了他的黄道带系统）和托马斯·阿奎那的论点。

然而，到了1583年的伊丽莎白时代，新教教育权威以及公众舆论都反对记忆术，可见伊拉斯谟对英国人文主义的影响之大。如我们所见，伊拉斯谟不提倡研究记忆术。在英国备受尊崇的新教徒教育家梅兰希顿，也将记忆术排除在修辞学之外。当时清教徒的拉姆斯主义者势力也非常大，呼声很高。对他们来说，不涉及形象的"辩证秩序"才是唯一的记忆术。

这个时候，即使试图重新引进比较普通的记忆术，也会遭到英国主流群体的强烈反对。那么，像《印记》中极端玄秘形式的记忆术又会受到怎样的反应呢？

当时的读者对《印记》的第一印象是其来自教皇至尊的旧时代。这位奇怪的意大利作者所谈论的记忆术和卢尔艺术，都是中世纪旧派的艺术，尤其还分别与多明我会与圣方济各会的托钵修士相关。布鲁诺初到英国的时候，伦敦的街头看不见黑衣修士边游荡边为自己的记忆体系寻找场景的情景，就像阿戈斯提诺修士在佛罗伦萨看到的那样。新派的牛津和剑桥博士们也不会问津卢尔艺术的轮形，更无意强记它的图示。修道士被扫地出门，他们的大房子遭到没收或沦为废墟。布鲁诺在第二年发表了意大利文对话录，其中再次证实了《印记》留给读者的中世纪主义印象。布鲁诺在对话录中为昔日的牛津修士辩护，而这些修士的后继者将他们弃如敝履。他哀叹，在信奉新教的英国，天主教的建筑和根基已经遭到毁坏。[74]

与欧洲的其他地方一样，记忆术在中世纪的变形是英国中世纪文明不可或缺的构成部分。[75] 英国的托钵修士一定带着他们的记忆"图画"实践记忆术。[76] 然而，《印记》显然与记忆术的中世纪以及经院哲学的形式无关，而是与文艺复兴时期的神秘形式挂钩，尽管布鲁诺将自己的艺术与托马斯·阿奎那的名字相提并论。前文已经说过，在意大利文艺复兴时期兴起的记忆术形式是从其中世纪形式发展而来的，并精美地铭刻在卡米罗的"剧场"里。据我所知，同样的发展并没有出现在英国。

第十一章　乔达诺·布鲁诺：《印记》的秘密

由于宗教动乱的关系，英国从未能产生出文艺复兴时期的托钵修士这类人物。我们想想威尼斯圣方济各会修士弗兰西斯科·乔尔乔（Francesco Giorgio），会在自己的《论世界和谐》（*De Harmonia mundi*）[77]里将文艺复兴的赫尔墨斯神秘主义和希伯来神秘主义的影响注入中世纪的世界和谐传统，就会发现英国从未出现过像他这样的文艺复兴式的修士，即使有，也只是以戏剧人物的形式存在。要看英国的修士，得回溯至哥特时代，也许私底下对过去抱有同情的人会为他们扼腕，迷信毁灭旧魔法可能造成恶果的人会害怕他们，但他们却始终不属于文艺复兴，这一点与耶稣会会士不同。伊丽莎白时代的英国人如果从未走出国境，是见不到文艺复兴式的修士的，直到疯狂的前修士乔达诺·布鲁诺带着他那从托钵修士会的古老记忆术中发展出来的神秘魔法兼具宗教性质的技巧，突然现身英国。

唯一可能为布鲁诺的现身做过某些铺垫的英国人，或更准确地说是一个威尔士人，就是约翰·迪伊。[78]迪伊饱受文艺复兴神秘思想的影响，和布鲁诺一样是科尼利厄斯·阿格里帕《论玄秘哲学》魔法秘方的热情实践者。他对中世纪深感兴趣，甚至收藏别人弃之如蔽的中世纪文稿。迪伊在没有任何帮助（比如佛罗伦萨兴盛的神秘学院的支持）的情况下，单枪匹马，试图在英国促成中世纪传统的文艺复兴转化，此传统从一开始就属于意大利文艺复兴的"新柏拉图主义"。迪伊可能是英国16世纪复兴卢尔主义的唯一代表。在他的图书馆里有卢尔主义的文稿，与伪卢尔炼金术著作混杂在一起；[79]显然，他笃信文艺复兴时代有关卢尔的一些假说，也曾关注过与之相近的文艺复兴转变中的记忆术。

迪伊的《单子象形图》（*Monas hieroglyphica*）[80]是一种由

七大行星品行特征组成的符号。他发现这种复合符号时，激动到了不可理喻的地步。或许在他的眼里，单子是关键符号的统一排列，充满星辰的力量。他认为这对心灵具有统一的效力，使其构成单子或"一"，反映出世界的合一。虽然迪伊在这一过程中没有使用记忆术的场景和形象，但如前文所述，[81] 其背后的假定与卡米罗将其剧场基于行星形象和特征的假定以及布鲁诺认为星辰的形象和特性对统一记忆有效的假定，有异曲同工之妙。

曾受教于约翰·迪伊的人，或通过他接触到单子的赫尔墨斯奥秘的人，都会明白布鲁诺在其记忆系统中所表达的意思。菲利普·锡德尼（Philip Sidney）与朋友福克·格雷维尔（Fulke Greville）、爱德华·戴尔（Edward Dyer）一起，拜迪伊为哲学老师。而我们已经知道锡德尼是布鲁诺谈论其观点的对象，并且他把自己在英国出版的两本著作都献给锡德尼，还在书中两次提到福克·格雷维尔。我们不知道锡德尼对布鲁诺看法如何；他没有留下任何线索。既然布鲁诺在题献中用十分崇敬的口吻谈到锡德尼，显然，他希望锡德尼及其交往的群体能认同他的观点。

锡德尼是否也感觉《印记》很难懂？他是否读到"宙克西斯"那部分，绘画内在的记忆形象，阐述"诗亦如画"的文艺复兴的理论？锡德尼本人曾在他的《诗辩》（Defence of Poetrie）中反驳清教徒对想象的抨击，而《诗辩》的写作时间可能与布鲁诺身处英国同时期，我们可以自行推测问题的答案。

《印记》与在法国出版的《影子》和《塞丝》相关连。《记忆术》很可能是约翰·查尔伍德（John Charlewood）根据《塞丝》重印的，《印记》的其他大部分内容可能是根据布鲁诺在法国所写，又带到英国而尚未发表的文稿印刷的。他说"印记之印

第十一章 乔达诺·布鲁诺：《印记》的秘密

记"是构成《伟大的钥匙》的一个部分,《伟大的钥匙》[82]是他在法国出版的书中常常提到的著作。总的来说,《印记》是把布鲁诺继朱利奥·卡米罗之后带给法国国王的"秘密"加以重述或扩展的作品。

这本书的题词也体现出布鲁诺与法国的联系,《印记》是献给法国大使莫维希亚贺的,布鲁诺当时住在他伦敦的府邸里。[83] 布鲁诺把"秘密"带入英国是为了游说牛津大学校长和学者们。[84] 在牛津演讲中,他把标志着文艺复兴神秘记忆顶峰的《印记》在伊丽莎白时代的牛津大学展示出来,他自称要"唤醒沉睡的灵魂,驯服傲慢顽抗的愚昧心灵,宣告普世博爱"。布鲁诺并没有用谦虚或隐晦的方式将自己的秘密展现在英国公众面前,而是以最挑衅的口吻宣布自己是勇敢且能从非宗派的立场说话的人,也是能够从既非新教也不是天主教的立场给世界带来新讯息的人。《印记》是布鲁诺的英国生涯的第一幕。在研究他后来用意大利文发表的对话录之前,必须先探讨这部著述,因为《印记》代表了其魔法师思想和记忆的来源。对牛津的访问、与牛津学者的争论、在《圣灰星期三晚餐》和《论原因》(*De la causa*)中对这场争论的反映,在《驱逐趾高气扬的野兽》(*Spaccio della bestia trionfante*)中提出的神秘道德改革的概况和宣布赫尔墨斯神秘宗教即将回归,《英雄的狂热》中的神秘狂喜,所有这些未来的发展都已暗藏在《印记》里。

在巴黎,人们对卡米罗剧场的记忆犹在,信仰神秘主义的国王正领导人民开展某种晦涩的天主教的运动,布鲁诺却像个炸弹般突然投入信奉新教的牛津,与之相比,巴黎的环境要友善得多。

THE ART OF MEMORY

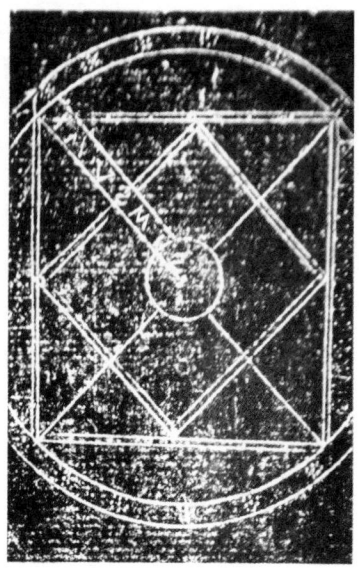

pl.15a 左图是天界（The Heaven）。
pl.15b 右图是陶工的车轮（The Potter's Wheel）。
       布鲁诺的《三十印记》里的印记，伦敦，1583年。

第十一章　乔达诺·布鲁诺：《印记》的秘密

注释：

1　见前面有全名。《印记》(*Seals*)印在布鲁诺G. Bruno的《拉丁著作》里，II(ii)，69–217。

2　见阿奎莱克切的《乔达诺·布鲁诺的伦敦出版商》(G. Aquilecchia, "Lo stampatore londinese di Giordano Bruno")，载《意大利语言文献学研究》(*Studi di Filologia Italiana*)，XVIII(1960)，从101页开始；参看G.B.和H.T., 205。

3　布鲁诺《拉丁著作》，II(i), 211–257。

4　我已经讨论过这些根据阿格里帕《论玄秘哲学》(*Agrippa De occulta philosophia*)的咒语，G.B.和H.T., 199–202。

5　国家图书馆, II, I, 13。我引用了这份抄本，在我的文章《西塞罗的记忆术》中指出其中使用的方法和布鲁诺在《印记》中的方法类似，('The Ciceronian Art of Memory'，《中世纪与文艺复兴，纪念布鲁诺·纳迪研究》，佛罗伦萨，1955年，899。还可参见罗西，《普世之钥》，290–291。

6　上引的手抄本, f. 5。

7　同上，f. 6。

8　同上，f. 16。

9　同上，f. 33。

10　同上，f. 35。

11　同上，f. 40反面。

12　同上，f. 40。

13　同上，f. 46。

14　同上，f. 47。

15　《记忆术》(*Ars reminiscendi*)，《拉丁著作》中没有与《印记》一起，II(ii)，而是与《塞丝》一起。《拉丁著作》, II(i), 211–257。

16　《拉丁著作》, II(i), 从211页开始。

17　同上，224。

18　同上，113。

19　《拉丁著作》, II(i), 241–246。

20　同上，251。见上面，125。

21 同上，229–231。

22 同上，251。

23 《拉丁著作》II(i), 79–80, 121–122。

24 同上，80. 121–122。

25 同上，81. 123–124。

26 同上，124，参见《影子》，II(i), 28。

27 《拉丁著作》，II(ii), 81–82, 124–127。

28 同上，82. 127–128。

29 同上，85。

30 同上，134。

31 同上，129。

32 同上，83–84, 130–131。

33 同上，119。

34 《拉丁著作》，II(ii), 84, 132–133。

35 同上，139。

36 同上，87–88, 140–141。

37 同上，87–88, 141。

38 同上，88, 141–143。

39 同上，90–92, 145–146。

40 同上，92–93, 147。

41 同上，95–96, 148–149。

42 同上，96–97, 150–151。

43 同上，98–99, 151–152。

44 同上，100–106, 153–160。

45 同上，133。

46 同上，参考如前。

47 同上。

48 "理解便是用形象思索"("Intelligere est phantasmata speculari")(《拉丁著作》,II(ii),133。)

49 同上,70–71。

50 《拉丁著作》,II(ii),135。

51 同上,129–130。

52 同上,从145页开始。

53 《拉丁著作》,II(ii),91。布鲁诺在这里指的是《论希伯来神秘主义听闻》(*De auditu kabbalistico*)。

54 同上,161。

55 同上,162。

56 同上,163。

57 同上,165。

58 有关阿格里帕的这一段落及其对布鲁诺的影响,参见G.B.和H.T.,135–136,239–240。

59 见龙贝格的《艺造记忆汇编》,从11页开始;罗塞留斯《人攻记忆的宝库》,从138页开始(也有显示人的各个官能的图示)。另一个提供功能心理图示的专著是莱普如斯的《记忆术》(G.Leporeus, *Ars Memorativa*),巴黎,1520年,沃克的《记忆术》复制了这个图示(Wolkmann, *Ars Memorativa*, 172)。

60 《拉丁著作》,II(ii),从172页开始。

61 对于布鲁诺对此的困惑,见G.B.和H.T.,335–336。

62 《拉丁著作》,II(ii),174.布鲁诺在此引用了维吉尔的"思想推动物质"(Virgilian mens agitat molemm)。

63 布鲁诺用很深奥的语言隐指。同上,166。

64 同上,从167页开始。

65 布鲁诺《意大利对话录》(Bruno, *Dialoghi italiani*, ed. Aquilechia),969。

66 《拉丁著作》,II(ii),从180页开始。

67 G.B.和H.T.,从271页开始。

68 《拉丁著作》,II(ii),从172页开始。

69 同上,181。

70 同上，从195页开始；参见 G.B.和H.T., 272–273。

71 《拉丁著作》，II(ii)，从199页开始。

72 有关记忆术以及来自卡普兰翻译拉文纳的彼特的引语都在霍韦尔的《英国的逻辑与修辞》中提供(Howell, *Logic and rhetoric in England*, 86–90, 95–98)。

73 参见霍维斯，143。《记忆的城堡》第一版在1562年出版。这本书基本上是一部医学论著，和其原始来源一样，书的最后是艺造记忆的章节。

74 见G.B.和H.T., 从210页开始，等等；见前面，280–281，315–316。

75 有关早期托马斯·布莱德瓦汀(Thomas Bradwardine)的记忆专著，见前面105页。传言罗杰·培根(Roger Bacon)写过一篇记忆专著，但到目前为止没有见到踪迹。(哈伊杜的《中世纪的助记术论述》H.Hajdu, *Das Mnemotechnische Schrifttum des Mittelalters*. 维也纳，1936年，69–70)。

76 同上，96–99。

77 见G.B.和H.T., 151。

78 同上，从148页开始，从187页开始，etc。

79 牛津大学图书馆有一份迪伊抄写的卢尔的《演示艺术》(Lull, *Ars demonstrativa*)。迪伊图书馆的目录上有好几份卢尔的著作和伪卢尔著作；见海利维尔的《约翰·迪伊的私人日记与他图书馆目录》(J.O. Halliwell, *Private Diary of Dr. John Dee and Catalogue of his Library of Manuscripts*, London, Camden Society)，1842年，从72页开始。

80 G.B.和H.T. Pl. 15(a)有复制。

81 同上，170，注25。

82 《拉丁著作》，II(ii)，160。

83 有关布鲁诺与莫维希亚贺和亨利三世的关系，见G.B.和H.T., 203–204, 228–229。

84 同上，205–206，《印记》里引用对牛津博士的演说。

第十二章

谁才拥有最聪明的记忆术?

1584年，英国爆发了一场不同寻常的关于记忆术的争论。争论的一方是一位布鲁诺的忠实信徒，另一方则是一位剑桥的拉姆斯主义者。这很可能是伊丽莎白时代最主要的辩论之一。直到此刻，当我们终于抵达记忆术历史的这一阶段，明白问题的关键所在，才了解亚历山大·迪克森（Alexander Dicson）[1]为何从布鲁诺式的记忆术影子里向拉姆斯主义提出挑战，才懂得威廉·珀金斯（William Perkins）为何愤然还击，称拉姆斯主义方法才是真正的记忆术。

这场争议[2]始于迪克森的《论理性的影子》（*De umbra rationis*），这是模仿布鲁诺的《概念的影子》之作（其题目也呼应《影子》）。它充其量只能算一本小册子，封面上的日期是1583年，在致罗伯特·达德利莱斯特伯爵的献辞中标注其写于"1月的第一天"。根据现代计年，应该是在1584年初出版的。

这本小册子引来了《反迪克森论》(*Antidicsonus*)的回应,作者自称为"剑桥之G.P."。这个"剑桥之G.P."就是著名的清教徒神学家、剑桥的拉姆斯主义者威廉·珀金斯,有关这点,会在本章中进一步确定。与《反迪克森论》同时出版的另有一本小册子,"剑桥之G.P."在其中进一步解释他坚决反对"迪克森那不虔敬的艺造记忆"的原因。迪克森用假名"海涅斯·塞浦修斯"(Heius Scepsius)写了《为亚历山大·迪克森辩护》(*Defensio pro Alexandro Dicsono*,1584年)来反驳。1584年,"G.P"再次发起攻击,写了《论记忆之小册》(*Libellus de memoria*),书中包括《告诫亚历山大·迪克森关于其艺造记忆之虚夸》。[3]

这一争论纯属记忆术领域的内部笔战。迪克森提出布鲁诺的艺造记忆,在珀金斯看来是可恶之论,是对艺术的极不虔敬;反之,他将拉姆斯辩证秩序视作唯一正确和道德的记忆方法。最古老的前辈,塞浦修思的麦阙多卢斯,在这场伊丽莎白时代的争吵中起到了重要作用。我们看到珀金斯谴责迪克森为"塞浦修思者",后者欣然接受,在反驳中自称"海涅斯·塞浦修斯"。在珀金斯的术语中,"塞浦修思者"指在不虔敬的艺造记忆中使用黄道带星宿的人。这里,极端布鲁诺式的文艺复兴玄秘记忆与拉姆斯主义争执不下。虽然这一争议看似两个相对的记忆术之争,本质上却是一种宗教信仰的争议。

我们第一次在《论理性的影子》中读到迪克森的时候,周围萦绕着布鲁诺的影子。开篇中,两个对话者在埃及神秘的、深深的黑夜中缓行。这些对话构成迪克森记忆术的引言,其中,场景被称作"主体",形象被称作"形容体",但更常被称作"影

第十二章 谁才拥有最聪明的记忆术？

子"[4],显然,他使用了布鲁诺的术语。他还重复了《献给赫伦尼》中的场景和形象规则,其描述也像布鲁诺一样晦涩而神秘。他说,想要寻求神灵之光,就得通过神灵之光的影子、痕迹和印记,而"影子"或形象就是神灵思想之光的影子。[5]另外,迪克森也说到记忆要以黄道带标记的秩序为基础,[6]但没有复述分区形象一览表。他主张修特提斯(Theutates)代表字母,涅柔斯(Nereus)代表水占卜术,喀戎(Chiron)代表医学等,从中隐隐地看到布鲁诺的发明者览表的踪迹,但完整的布鲁诺览表并未出现,[7]迪克森的记忆术只是对《影子》之体系与论述的片断印象,但确实是以《影子》为基础的。

《论理性的影子》最显著的特征就是其开篇的对话,它只是有关布鲁诺式记忆术的引言,却几乎与正文等长,彰显出《影子》开头对话对它的影响。布鲁诺在《影子》中首先描述的是赫尔墨斯、菲罗塞乌斯和罗吉夫的对话;作为一种内在书写方式,赫尔墨斯创作出"论理念的影子";菲罗塞乌斯把它当作"埃及式的"秘密而欣然接受;空谈家罗吉夫却对记忆术表示出鄙视之情,他的喋喋不休被讽为动物般的聒噪;[8]到了迪克森这里,他对出场人物稍作改动。赫尔墨斯仍是谈话者之一,另外几位则变成了塔姆斯、修特提斯和苏格拉底。

迪克森的灵感来源是柏拉图的《费德鲁斯》(Phaedrus)里的段落,本书曾在前面的章节里引用过。[9]其中,苏格拉底讲述了埃及国王塔姆斯和刚发明了书写艺术的智者修思会面时的故事。塔姆斯说,发明书写不会改善记忆,反而适得其反,允许埃及人依赖这些"不是他们天生拥有的外在符号",阻止了人们"使用自己内在的记忆力"。迪克森笔下,塔姆斯与修特提斯的对话几乎是对这段话的重复。

然而，墨丘利与修特提斯作为两个不同的人物登场；乍看之下相当奇怪，因为一般认为赫尔墨斯·特利斯墨吉斯忒斯与字母的发明人修思—赫尔墨斯是同一人。但是迪克斯赞同布鲁诺的认定，不再将墨丘利当作字母的发明者，而是发明了记忆术的"内在书写"之人，由他代表内在智慧，也就是塔姆斯认为埃及人使用外在书写发明后将会失去的东西。因此，对布鲁诺和迪克森来说，墨丘利·特利斯墨吉斯忒斯成为了神秘或玄秘记忆的庇护人。

在《费德鲁斯》中，苏格拉底讲述了塔姆斯的故事。在迪克森的对话中，苏格拉底却变成了一个肤浅的人、一位喋喋不休的学究，对关乎智慧的古埃及神秘记忆术毫无理解。有些人（包括我在内）认为，苏格拉底的这个形象，一个肤浅而学究式的希腊人，是对拉姆斯的讽刺[10]。这与拉姆斯主义的《原初神学》（*Prisca theologia*）相吻合，在该书中，拉姆斯是复兴真正的苏格拉底辩证法之人。[11] 迪克森笔下的苏格拉底-拉姆斯传授的却是肤浅虚假的辩证法，而墨丘利则是杰出的古老智慧的阐述者，传授借由神秘记忆术而呈现出来的古埃及智慧。

一旦掌握了这四位对话参与者的来源及其代表的意义，迪克森为他们安排的对话内容便容易理解了，至少在其传达的特定涵义的范围内，是可以明了的。

墨丘利称，出现在他眼前的是野兽。塔姆斯说他看到的是人，而非野兽。但墨丘利坚持那些是人形的野兽，因为人的真正形态是思想，这些人忽视了自己的真正形式，从而堕落到了野兽的形式，受到"形态的惩罚"。塔姆斯问，你说的"形

第十二章 谁才拥有最聪明的记忆术？

态的惩罚"是什么意思？墨丘利回答："是十二多德纳利厄斯（币），被十狄纳利厄斯银币取代了"。[12] 这意指《秘文集》的第十三篇论述中神秘的重生经验：灵魂从物质的十二种"惩罚"或罪恶的控制下逃脱，充盈着十种力量或美德。[13] 也就是说，灵魂摆脱来自黄道带的物质的坏影响（十二多德纳利厄斯币），穿过各个领域上升，到达星辰界最纯洁的形式，那里没有物质影响力的污染，充满德行力量或美德（十狄纳利厄斯银币），于是灵魂欢唱重生的赞美诗。在迪克森的对话里，墨丘利说道，当灵魂在神秘的重生经验中充满神性的力量时，沉浸在物质和野兽似形式中的"多德纳利厄斯"便被"狄纳利厄斯"驱逐了出去。

塔姆斯说修特提斯就是一头野兽，引来他的强烈抗议："塔姆斯，你这是在恶意中伤……字母、数学的运用，这些难道是野兽所为吗？"于是，塔姆斯用几乎是柏拉图的故事里的原话回答说，当他在埃及底比斯城时，人们原本用知识在灵魂上书写，自从修特提斯发明了字母，把一个恶劣的记忆帮手贩卖给人们，于是引来肤浅与争吵，使人沦落至几近野兽。[14]

苏格拉底为修特提斯辩护，赞扬其字母是伟大的发明，驳斥塔姆斯所谓的人在认识字母后不会再努力学习记忆术的谬论。塔姆斯则激烈地反击苏格拉底，把他叫作骗子和诡辩家。他指责苏格拉底擅自取消了真理的所有标准，将明智的成人降至孩童的水准，只会用恶语争辩；对上帝一无所知，也不在"物质世界"里寻求上帝的痕迹和影子；更何况其灵魂被困在身体的激情中，哪能领悟任何美丽和慈善的东西？他煽动这样的激情，向人反复灌输贪婪和愤怒，沉浸在物质的黑暗中，尽管他吹嘘自己拥有优于常人的知识：

除非有思想，除非人沉浸在重生之皿中，否则任何对人的荣耀的赞美都是徒劳的。[15]

此处再次提到赫尔墨斯的重生典故——沉浸在重生之皿，这是《秘文集》第四篇论述《赫尔墨斯对塔特论皿或单子》的主题。[16]

苏格拉底奋力为自己辩护并反击，甚至批评塔姆斯从未发表过任何著作。从对话的主题来看，这种攻击方法显然是个错误。塔姆斯回答说他的著作写在"记忆的场景里"，[17]苏格拉底立即哑口无言，于是他被塔姆斯称作自负的希腊人。

希腊人肤浅、好争执、缺乏深刻智慧，这种评价由来已久，比如当特洛伊人和希腊人被放在一起时，特洛伊人就被描写得更有智慧、更深刻。迪克森的对话显现出这种传统的反希腊人倾向，只是代表更高智慧与美德的人变成了埃及人。[18]他之所以认为希腊不及埃及，可能是受《秘文集》第十六篇论述的影响。这篇论述中，阿蒙神提醒，不要将这篇论述从埃及文译成虚荣而空洞的希腊文，否则将会丢失埃及语言的"灵验的美德"。[19]迪克森应该从自己引用的柏拉图中得知，阿蒙神与塔姆斯是同一人。他将柏拉图故事中的塔姆斯作为代表，反对肤浅的希腊人苏格拉底，可能也是受此启发。如果迪克森看过《秘文集》卢多维可·拉扎瑞利（Ludovico Lazzarelli）拉丁译本的第十六篇，[20]那他可能也看到过拉泽瑞利的《赫米斯之皿》（*Crater Hermetis*），这篇论述描述了一个大师如何将神秘的重生经验传给一个门徒。[21]

文中，墨丘利引用《秘文集》的段落，其实就等于在引用

第十二章 谁才拥有最聪明的记忆术?

他本人的著作。他以墨丘利·特利斯墨吉斯忒斯的身份、作为神秘论述中古埃及智慧的老师的身份、教授赫尔墨斯式记忆的"内在抒写"的导师的身份在说话。从中,布鲁诺的门徒迪克森很明确地表明了他所教的记忆术是与赫尔墨斯神秘宗教崇拜紧密关联的,我们从布鲁诺的记忆著作中已经认识到这一点。迪克森这段奇怪对话的主题是,记忆术的内在抒写代表了埃及深刻的精神见解,带着如特利斯墨吉斯忒斯描绘的埃及式重生经验,与其对立的希腊人则轻浮、肤浅,带着野兽般的言行,那些人还没有经历过赫尔墨斯式神秘经验,还未领悟灵知,也没有看到物质世界里神性痕迹,更没有反映神性并与神灵合为一体的心灵。

迪克森对所谓的希腊特征如此厌恶,他甚至否认是希腊人西蒙尼戴斯发明了记忆术,而认为是埃及人发明的。[22]

这部著作篇幅短小,却极重要。因为迪克森甚至比布鲁诺本人更清楚地表达了布鲁诺的记忆暗含一种神秘派别。迪克森的记忆术反映出对《影子》的主观印象,其著作中真正重要的是对话的部分,它扩展了《影子》中的对话,引用了对神秘重生论的话语,明显是参杂强烈宗教性质的赫尔墨斯记忆术。

迪克森所塑造的苏格拉底很可能是为了讽刺拉姆斯,因为其描绘很容易让人对号入座,"剑桥之G.P."被惹恼,出面为拉姆斯辩护,攻击迪克森那不虔诚的艺造记忆,都进一步证明了这点。在给托马斯·谟法特(Thomas Moufet)的献辞中,珀金斯提到两种记忆术,一种用场景和"影子",另一种用拉姆斯教导的逻辑布局。前者徒劳无功;后者才是唯一正确的方法。他认为任何炫耀自己记忆力的人,如麦阙多卢斯、罗塞留斯、诺拉人氏

（Nolanus）和迪克森氏都必须受到抵制，我们必须坚决拥护拉姆斯主义者的信念。[23]

其中值得注意的是"诺拉人氏"这个名字，我们知道乔达诺·布鲁诺就来自诺拉镇，一年前他将《印记》呈现在牛津人面前，可以说他才是这场争论的真正发起人。珀金斯认为，布鲁诺与塞浦修思的麦阙多卢斯和多明我会的记忆论述作者罗塞留斯是同盟军。他显然很清楚迪克森与布鲁诺的关系，不过据我所知，他在《反迪克森论》里没有提到布鲁诺论记忆的著作，而只攻击了其门徒亚历山大·迪克森的《论理性的影子》。

他说迪克森的拉丁文风格晦涩，毫无"纯正罗马"的味道，[24]更别提在记忆中使用天界的符号，这一举动非常荒谬。[25]他指出所有这些胡言乱语都应该抛弃，正如拉姆斯教导的，逻辑排列才是记忆的唯一规则。[26]他还认为迪克森的灵魂是盲目的，不知真与善；[27]其形象和"影子"毫无价值可言，因为自然的记忆能力从逻辑次序中就可以得到。

珀金斯的论点彻头彻尾令人想起拉姆斯，他也常常引用这位大师的话，还注明出处。"伸长你的耳朵，"他对迪克森说，"聆听拉姆斯批评你的话，认清他那浩瀚河流般的才智。"[28]然后他引用《辩证学流派》（*Scholae dialecticae*）中有关逻辑排列的记忆远远优于使用场景和形象的记忆术的部分[29]以及《修辞学流派》的两个段落。第一段是常见的拉姆斯有关逻辑秩序是记忆之基础的看法；[30]第二段比较拉姆斯主义的记忆法和古典记忆术，并点明了后者的劣势：

所有记忆方法都是根据事物的秩序和排列来帮助记

第十二章　谁才拥有最聪明的记忆术？

忆，在心灵中确定什么为首、什么居次、什么最次。至于那些很庸俗地利用场景和形象的做法，则是愚蠢无效的，理应受到所有记忆术大师的嘲笑。试想狄摩斯尼西（Demosthenes）的《斥腓力二世》（Philippics）得用多少个形象才能记住啊！只有辩证排列才是正确的秩序，只有从它那里，记忆才可以得到促进和帮助。[31]

《反迪克森论》出版后，珀金斯又出版了《明白证实迪克森艺造记忆不虔敬之小册子》（Libellus in quo dilucide explicatur impia Dicsoni artificiosa memoria），在这篇论述中，珀金斯一一讨论了迪克森引用的《献给赫伦尼》规则，详细阐述了与之相对的拉姆斯主义的逻辑排列。有趣的是，在珀金斯谈到迪克森的记忆形象的"活力"时，他无意间在枯燥乏味的过程中变得滑稽可笑。理所当然的，迪克森以布鲁诺式的晦涩方式谈论古典规则，形象必须鲜明、生动、不寻常、能够从情绪方面唤起记忆。珀金斯却认为，这样使用形象不仅在智力上远低于逻辑排列，在道德上也应受指责，因为这种形象一定会搅动激情。他举例说，拉文纳的彼得在讨论艺造记忆的书中建议年轻人使用淫荡的形象。[32]这一定是指彼得用女朋友（皮斯托娅的朱妮帕）作为激起记忆的形象，因为他们年轻时关系很亲密。[33]珀金斯惊恐万状地高举清教徒的双手否定这一方式，认为这是借由撩拨不当情感来刺激记忆。这样的方法是不敬的、糊涂的、无视神圣法律的人编造出来的，显然不适合虔诚的人。

由此，我们或许可以理解拉姆斯主义在清教徒中备受欢迎的原因。辩证的方法不沾染任何情绪，通过逻辑安排来记住奥维德的诗行，将有助于避免奥维德形象产生令人不安的作用。

同样在1584年，珀金斯还出版了另一部反对迪克森的著作——《记忆和记忆之真正科学小集》（*Libellus de memoria verissimaque bene recordandi sciential*），它是另一本阐述拉姆斯主义记忆方法的书，书中有很多借由对诗歌和散文段落的分析来记住它们的例子。正文前有一封信，珀金斯简单向读者介绍了古典记忆术的历史：由西蒙尼戴斯发明，经由麦阙多卢斯完善，图留斯和昆体良阐述，直到较近代，由彼特拉克、拉文纳的彼得、布斯丘斯[34]、罗塞留斯发扬光大。但结果又如何呢？珀金斯问道。其中没有任何健康的、博学的内容，只有"某种野蛮和愚蠢"。[35] "愚蠢"这个词用得很有意思，令人想起极端新教徒反对老式天主教派时的喊叫："蠢货！"当宗教改革派清扫修道院的图书馆时，正是"蠢货"这个字激起人们焚烧愚昧学说的怒火。对珀金斯来说，记忆术来自野蛮和愚蠢的旧时代，具有一种中世纪的味道，其倡导者使用的拉丁文也不是"纯正罗马文"。

之后又一针对迪克森之作《告诫》（*Antidicsonus*），与《反迪克森论》思路一致，更详细地谈到迪克森记忆的基础——"天文学"，珀金斯证明了这种"天文学"的虚伪之处。他对占星术的反对具有深远的意义，值得认真研究。珀金斯攻击艺造记忆的基础是占星术这一假定，理性地摧毁"塞浦修思式"艺造记忆。然而，他反对在记忆中使用"天文学"的主要原因在于，"天文学"是一种"专门"艺术，而记忆作为辩证修辞的一部分，是一种"普遍艺术"。[36] 这种看法只是盲目地跟随拉姆斯主义，将各门技艺武断地重新分类，妨碍了他试图给人留下的理性印象。

第十二章 谁才拥有最聪明的记忆术？

在《告诫》中，珀金斯规劝迪克森将他的艺造记忆与拉姆斯主义的方法作比较。拉姆斯主义记忆术按自然的秩序记忆，但是迪克森，你的艺造记忆是希腊人编造出来的。拉姆斯的方法使用真正的场景，一般的东西在最高处，次要的放中间，专门的放在最低的地方。那你使用的场景属于什么种类，是真实的还是虚构的？如果你说它们是真实的，你就是在撒谎；如果你说它们是虚构的，我不会有异议，你这是为自己的学说自取其辱。正确方法中的形象应该清晰、分明、分类明确，不该像你的艺术中那样是难以捉摸的影子。"因此胜利应该属于正确的方法，失败属于蹩脚、虚弱的记忆术。"[37] 拉姆斯方法从古典记忆术发展而来，却又对形象这一古典记忆术之关键嗤之以鼻，这一段正是这一矛盾的有趣证据。珀金斯使用古典艺术的术语来反驳古典艺术，却在拉姆斯的方法中又拾起它们。

迪克森的《为亚历山大·迪克森辩护》之所以引人注目，主要是因为他发表时使用的化名"海涅斯·塞浦休斯"。"海涅斯"可能是从他母亲的娘家姓氏"海"变化而来，[38] "塞浦休斯"则暗指他是塞普西斯的麦阙多卢斯（以及乔达诺·布鲁诺）的追随者。麦氏是在记忆中使用黄道带十二宫的第一人。

这一场争论充分证实了翁氏的观点，即拉姆斯主义主要是一种助记的方法。珀金斯的立场自始至终建立在一个假定之上，那就是拉姆斯主义的方法是一种记忆术。像拉姆斯本人一样，他认为古典记忆术远远不如拉姆斯方法，应该被摒弃和取代。珀金斯也证实了本书上一章中提出的观点，即布鲁诺式的艺造记忆在伊丽莎白时代的英国人看来就是中世纪风格的再现。迪克森的艺术使珀金斯想起过去，想起那无知和愚昧思想盛行的旧时代。

双方都将自己的方法当作记忆术，所以这场争论完全是从记忆的角度展开的。然而，这场记忆术的争论还有其他的蕴涵。双方都认为自己的记忆术是道德的、高尚的、真正虔诚的，而其对手则是不道德的、不虔诚的和虚荣的。一方认为深刻的埃及和肤浅的希腊有不同的记忆术，而从另一方的角度来看，则是迷信无知的埃及和改革后的希腊清教徒有不同的记忆术。一个是"塞浦修斯式的"艺术；另一个是拉姆斯主义的方法。

关于"G.P."的真实身份，可以在他以真名发表的著作《预言》（Prophetica）中找到证据，威廉·珀金斯采用与"G.P."相似的方式攻击了古典记忆术。豪厄尔认为《预言》是第一本由英国人所著，并将拉姆斯方法应用于讲道的作品，他同时指出，珀金斯在文中明确规定应该用拉姆斯方法记住讲道文章，而不是用带有场景和形象的艺造记忆。[39] 相关段落如下：

> 包括场景和形象的艺造记忆，教人如何在记忆中不费力地记住概念。但是我们不赞成（基于以下原因）：第一，这种记忆的关键是使形象鲜活起来，这种做法是不虔诚的，它召唤出荒谬的思想、傲慢、蛮横等念头，刺激并燃起肉欲之火。第二，它会拖累思想和记忆，给记忆强加上三重任务：首先要记住场景；然后要记住形象，之后才记忆要说的内容。[40]

在清教徒珀金斯的话中，人们可以认出"G.P."抨击迪克森的艺造记忆不虔诚时的口吻，他谴责拉文纳的彼得教人使用淫

第十二章 谁才拥有最聪明的记忆术？

荡的形象。时运的变迁，已经将中世纪的图留斯从一个努力构造美德和邪恶的形象以促使审慎的人不入地狱而上天界的谦谦君子，变成了故意使用有形象征来撩拨肉欲的、粗鄙而又不道德的小人。

珀金斯的著作中还包括一本《警告过去时代之偶像崇拜》（*Warning against the Idolatrie of the Last Times*），其著述的原因是"天主教的教义还残留在很多人的脑子里"。[41] 人们在家里藏有"偶像，就是被滥用成偶像的形象"。[42] 他认为有必要让人们放弃这种偶像，尽快铲除过去的偶像崇拜。除了催促积极消灭偶像外，珀金斯还告诫人们必须消除宗教形象背后的理论。"非犹太教徒说，树立形象是要通过它们知道上帝的元素和字母；罗马天主教也说，形象是给普通教徒的书。非犹太教徒中最明智的人使用形象和其他仪式获得天使与天界的力量，借此获得上帝的知识。天主教徒也用天使和圣人的形象达到同样的目的。"[43] 但这是不被允许的，因为"我们不可能将上帝的存在、上帝精神的运作以及上帝对我们祷告的垂听，连结到任何连上帝自己都未与之连结的事物上……上帝从未说过形象可以代表他的存在。"[44]

另外，在内心和外在都禁止使用形象。"一旦在心中建构了上帝的任何形式（如上帝被罗马天主教教义设想成一个坐在天界御座上的手持权杖的老人），心里便树立起一个偶像……"[45] 他也禁止使用任何想象力。"在脑子里借想象而虚构的东西便是偶像。"[46]

我们必须设想，珀金斯和迪克森之间的交锋发生在建筑崩塌、圣像损毁的背景之下——在伊丽莎白时代的英国一直隐隐呈现出这一背景。一方面，必须再现古老的思想习惯，再现自古以来就被实践的记忆术,使用古老的建筑反映古老的形象。另一方面,"拉姆斯主义者"则必须打破内在和外在的形象,必须用抽象辩证秩序的、无形象的新记忆方法取代旧的偶像崇拜式的记忆术。

如果中世纪的古老记忆术是错误的,那么文艺复兴时期的玄秘记忆术又如何呢?玄秘记忆术的发展方向与拉姆斯主义记忆术截然相反,它极端强调使用拉姆斯主义所禁止的想象力,甚至把想象力变成一种魔力。双方都认为自己的方法是正确的、恪守教规的,对方则是愚蠢而又邪恶的。迪克森笔下的塔姆斯带着满腔的宗教激情猛烈抨击好争论的苏格拉底,称他将明智的人降格成孩童,谴责他不研究天象、不在他的痕迹和"影子"里寻找上帝。正如布鲁诺总结在英国发现的对立宗教立场时所说的:

> 他们感激上帝惠赐通向永生的光,热情与诚心并不逊于当我们为自己的心灵不像他们那样盲目和黑暗时而感到的喜悦。[47]

由此,在英国,记忆法之战挑起了另一场战役,心灵的领域爆发了战争,其争论的焦点意义重大。问题并非在于简单的新旧对立,双方都秉持现代思想。首先,拉姆斯主义是现代的。其次,布鲁诺和迪克森式的记忆法渗透着文艺复兴的神秘影响,与拉姆斯主义的方法相比,他们的艺术使用形象,与过去的学说有更多的联系。尽管如此,他们的艺术并不是中世纪的记忆术,而是文艺复兴时期变革中产生的记忆术。

这些重大问题已不是秘密,它们被大张旗鼓地宣传。迪克森

第十二章 谁才拥有最聪明的记忆术?

与珀金斯之间这场轰动性的争议,还牵扯到布鲁诺更为轰动的著作《印记》及其在牛津所引起的争议。布鲁诺和迪克森两人分别向两所大学提出了挑战:迪克森向剑桥大学拉姆斯主义者、布鲁诺向牛津的亚里士多德学者,两场争论相辅相成。布鲁诺牛津之行的结果反映在他1584年出版的《圣灰星期三的晚餐》中,这一年,也正是迪克森与珀金斯之争发生的那一年。虽然牛津也有一些拉姆斯主义者,但剑桥更像一个拉姆斯主义者的堡垒。反对布鲁诺在哥白尼日心说的背景下阐述菲奇奥魔法的牛津学者们不是拉姆斯主义者,在《圣灰星期三的晚餐》中,他们被讽为亚里士多德式的迂腐学究,而拉姆斯主义者是反对亚里士多德的。我将不再重复布鲁诺与牛津的冲突以及他在《圣灰星期三的晚餐》里的发挥,[48] 但我要特别指出,布鲁诺与牛津的争论和他的门徒在剑桥的论战差不多发生在同一时期。

布鲁诺的《论原因、原则和"一"》(*De la causa, princepio e uno*)也是在激动人心的1584年出版的,他给法国大使的献词中表示,周围正在发生一场骚动,而他自己正被一场激流迫害,这场激流来自无知之士的嫉妒、诡辩家的专横、恶意之人的诋毁、傻瓜的怀疑、伪善家的热忱、野蛮人的仇恨、乱民的暴怒……以上只是迫害他的一部分种类而已。面对这一切汹涌波涛,大使岿然不动,成为他坚定的庇护者,助其逃脱这一场暴风雨,因此,他将自己的新书献给大使,以表达感激之情。[49]

《论原因》一书中的第一个对话以诺兰人(布鲁诺)新哲学的太阳理想开始,也有很多关于动乱的记录。埃里欧特罗皮欧(Eliotropio,这个名字令人想起"天芥花"一词,向阳盛开的花)和阿密索(Armesso,可能是"赫尔墨斯"的另一种拼法）[50]告诉哲学家费罗提欧（Filoteo，布鲁诺），其著作《圣灰星期三的晚餐》引起很多负面的评论。阿密索希望新著作"不会成为喜剧、悲剧、哀悼、对话等的话题，不致引发类似前不久迫使你躲在家中的情况"。[51]有人批评他不该在异国如此不着边际。哲学家辩解说，不该因为一个外国医生使用一种该国居民不熟悉的疗法，便杀掉这个医生。[52]问到他的信心来源，他说是得益于内心感受到的神性启发。阿密索评论道："很少有人会理解你的理论。"[53]人们说他在《圣灰星期三的晚餐》里侮辱了整个英国。阿密索却认为布鲁诺的很多批评自有其道理，但是对他攻击牛津表示痛心。于是诺拉人（Nolan）撤回了对牛津学者的批评，转而赞扬中世纪牛津的修道士，但是现代牛津人是不会买账的，他们并不尊崇自己的先辈们。[54]故而这段对话中有很多煽动性的刺激内容，丝毫不能平息对立的局面。

在新的对话集中，阿密索希望说话者不会再像《圣灰星期三的晚餐》那样惹出太多麻烦。他得到的回答是，说话者之一将是"那个聪明、诚实、善良、忠实的朋友亚历山大·迪克森，诺兰人非常看重的人。"[55]事实上，迪克森是《论原因》里的主要发言人。《论原因》的第一篇对话反映了布鲁诺攻击牛津及其攻击所导致的麻烦，迪克森则以布鲁诺的门徒和主要代言人的面目出现，所以后面的四篇对话也令人联想起当时迪克森与剑桥的拉姆斯主义者的论战。

迪克森在对话中的出现使得另一个说话者为"法国大学究"这句话更具有针对性。这位法国的大学究肯定指拉姆斯，这在后面的描述中也得到了证实，他被描述成是《人文技艺流派》和《谴责亚里士多德》（*Animadversioni contra Aristotele*）的作

第十二章 谁才拥有最聪明的记忆术?

者,[56]这是拉姆斯最有名的两本意大利版著作,珀金斯大量引用它们,以反驳迪克森的"不虔敬的艺造记忆"。

总体而言,《论原因》的最后四篇对话意不在争论,而是再次阐述诺兰人的哲学:神性本质可以在事物的痕迹和影子里找到,[57]宇宙灵魂为宇宙注满活力,[58]宇宙的精神可以通过魔法捕捉,[59]所有形式之下的物质都是神圣的、不能毁灭的。[60]人的理性曾被麦阙多卢斯等神学家称为神,[61]宇宙是一个影子,通过这个影子可以看到太阳,自然的秘密可以通过深刻的魔法寻求,[62]这一切就是"一"。[63]

这种哲学遭到学究伯利诺(Poliino)的反对,但是门徒迪克森始终拥护他的老师,提出许多恰到好处的问题以彰显老师的智慧,并且热切地赞成他所说的一切。

就这样,在1584年的激烈氛围中,布鲁诺宣示了亚历山大·迪克森是自己的门徒。伊丽莎白时期的英国人群情激动,他们这才明白"诺兰人"和"迪克森派"是一伙的,迪克森的《论理性的影子》只是帮布鲁诺再次阐释了神秘"塞浦修思"的记忆术,正如在《影子》和《印记》中的发现,这属于诺兰人的赫尔墨斯神秘哲学。

鉴于记忆术已经成为一个如此敏感的题目,锡德尼圈子中的成员,诗人托马斯·沃森(Thomas Watson)在1585年或更早出版的《记忆场景汇编》(*Compendium memoriae localis*)堪称大胆。顾名思义,它相当直接地阐述了作为理性助记术的古典记忆术,并给出了规则和例子。沃森在序言中很谨慎地与布鲁诺和迪克森划清界线。

- 375 -

我很担心，如果将我的小书与诺兰人的神秘而深奥博学的《印记》或迪克森的《技巧性地使用影子》（*Umbra artificiosa*）相比较，可能只会给作者带来恶名，而不会对读者有任何益处。[64]

沃森的作品表明，古典记忆术依然在诗人圈中流行，而在这种敏感时期出版"记忆场景的艺术"，相当于站在反对清教徒的拉姆斯主义的立场上。他在序中也表明自己完全清楚，布鲁诺和迪克森在他们的记忆术中隐藏着其他含义。

那么在这些争议中，伊丽莎白时代诗歌文艺复兴的领袖菲利普·锡德尼的立场又是如何呢？众所周知，锡德尼与拉姆斯主义者联系密切。剑桥学派的一位很重要的成员威廉·坦普尔爵士（Sir william temple）是他的朋友。1584年，当"塞浦修思主义者"（怀疑主义者）与拉姆斯主义者在记忆问题上针锋相对时，坦普尔为拉姆斯《辩证法二书》（*Dialecticae libri duo*）添加了自己的评注，并题词献给锡德尼。[65]

德尔肯（Durkan）在一篇有关迪克森的文章中透露了一条很有意思的信息，也因而引出了一个令人好奇的问题。德尔肯在翻阅政府文件搜寻有关迪克森的材料时，发现英国驻苏格兰宫廷的代表鲍尔斯（Bowes）于1592年给伯利勋爵（Lord Burghley）的一封信中这么写道：

> 那位曾陪侍过已故的菲利普·锡德尼先生的记忆术大师迪克森来到了宫廷。[66]

- 376 -

第十二章 谁才拥有最聪明的记忆术？

其中惹人注目的是，鲍尔斯很懂得提醒政治家伯利勋爵注意迪克森这个人：一个记忆术大师，曾经陪侍菲利普·锡德尼的人。显然，他认为这是最佳的提示语。迪克森是在什么时候陪伴锡德尼的？大概是1584年左右，正是他成为著名记忆术大师同时成为另一位大师乔达诺·布鲁诺门徒之时。

这一新证据拉近了锡德尼与布鲁诺的距离。如果布鲁诺的门徒伴随在锡德尼左右，那么锡德尼是不可能全然反对布鲁诺的。这是我们的第一条线索，证明布鲁诺有理由在1585年将他的《英雄的狂热》和《驱逐趾高气扬的野兽》题献给锡德尼。

那么，锡德尼又如何在拉姆斯主义和布鲁诺-迪克森这两个如此对立的势力之间保持平衡呢？或许双方都在争取他的好感。珀金斯在《反迪克森论》的致谟法特献词里有一句话，或可一窥端倪。谟法特是锡德尼圈子中一员，珀金斯在献辞中说，希望谟法特会帮助他排除"塞浦修思主义者"和"迪克森派"的影响。[67]

锡德尼曾是约翰·迪伊的门生，他允许亚历山大·迪克森随侍自己，而布鲁诺也觉得可以将自己的著作献给他，这些都不符合锡德尼作为清教徒和拉姆斯主义者的身份，虽然他可能找到了某种能够调和两种对立影响的方法。没有一个纯粹的拉姆斯主义者会写出《诗辩》，因为它为想象力辩护，是反对清教徒观念的，也是英国文艺复兴的宣言。也没有一位纯粹的拉姆斯主义者会写出下面这首献给史黛拉的十四行诗：

> 虽然愚人胆敢蔑视星象，
> 傻瓜也能看那天灯的纯洁之光，
> 它们繁多、柔美、伟大而永恒，

细诉无尽美妙诱人的惊叹,
却认为它们天生在空中,
只为装点那夜晚的黑装;
或是在那高尚无比的殿堂,
翩翩起舞只为使观者欢畅;
而我知道,大自然不会无意,
伟大的结果必有伟大的原因;
我还知道上天诸神统治人间。
即使规则不灵,还有实据证明,
它们常常预见我未来的命运,
只凭史黛拉脸上的那一双眼睛。

诗人怀着虔诚之心观察天象的道路,就像迪克森那篇对话中的埃及王塔姆斯;他在自然中寻找神性的痕迹,就像《英雄的狂热》中的布鲁诺。若将对古老记忆术及其场景和形象的态度当作试金石,那么锡德尼提到它时并未表露敌意。在《诗辩》中谈及诗歌如何比散文更容易记住时,他说:

> 那些教记忆术的人最聪明之处,莫过于将记忆比作一个分成很多场景的房间,明澈而清晰;如果诗歌写得完美,每个字词都有自己适合的自然位置,这个字词便一定会被记住。[68]

这种对场景记忆的改造很有意思,同时也表明,锡德尼不是用拉姆斯主义的方法记忆诗歌的。

第十二章 谁才拥有最聪明的记忆术?

1586年,诺兰人布鲁诺离开英国,但是他的门徒继续在英国教授记忆术。这条信息出现在休·普赖特(Hugh Platt)于1592年在伦敦出版的《艺术的珠宝之屋与自然》中。普赖特在书中说到,"苏格兰人迪克森近年来在英格兰教记忆术,他写了一本有关记忆术的论著,词藻华丽而晦涩"。[69]普赖特跟迪克森学习,学习了记忆十个一组的场景,其中带有形象,这些形象要生动而有活力,"迪克森大师称这是赋予影子(原文如此)或需要记住的意念生命力"的过程。[70]其中一个例子为"贝娄娜炯炯的眼光凝视着,各方面都正如诗人们通常描述的那样"。[71]普赖特发现这种方法有一定的用处,但是远远没有达到老师所说的"伟大而不凡的艺术"那种效果。他所学的似乎只是一种简单而纯粹的记忆术,他并不知道这是古典记忆术,而认为这是"迪克森大师的技巧"。显然,他并不了解赫尔墨斯神秘主义的奥秘。

当时,迪克森的"词藻华丽而晦涩"的记忆论述似乎流传甚广,其中还有赫尔墨斯·特利斯墨吉斯忒斯引用自己著作的话。1597年,一位在荷兰西部城市莱顿定居的英国印刷商托马斯·巴森(Thomas Basson),将其以《塔姆斯》(*Thamus*)为书名重新印刷;同年他还重印了"海涅斯·塞浦修斯"的《辩护》。[72]我不知道他为何对重印这些著作这么感兴趣。这位印刷商喜欢神秘之事,很可能是秘密宗派爱之家(Family of Love)的成员。[73]他是锡德尼的舅舅莱斯特伯爵的门生,[74]"词藻华丽而晦涩"的论述的第一版是献给莱斯特伯爵的。第九世诺森伯兰伯爵亨利·珀西(Henry Percy, ninth Earl of Nortumberland)拥有一本《塔姆斯》;[75]在波兰,这本书是与布鲁诺的著作装订在一起出版的。[76]这本奇书也经历过相当奇怪的遭遇：1600年，耶稣会会士马丁·德尔·里欧（Martin Del Rio）在其批判魔法的书中，赞扬"亚历山大·迪克森的《塔姆斯》颇为慎重和敏锐，这是海涅斯·塞浦修斯（迪克森）因遭到一个剑桥人的攻击而在莱顿版本中所作的辩护。"[77]为什么迪克森教授记忆术的埃及式"内在抒写"值得耶稣会赞扬，而传授他这门学问的布鲁诺却被处以火刑？

朱利奥·卡米罗的记忆剧场虽然是一个赫尔墨斯神秘哲学的秘密，但在威尼斯的文艺复兴时期却是公开展示的。也许是英国文艺复兴的特殊环境，使记忆术的赫尔墨斯神秘形式也许更加地下化，与秘密同情天主教的人、暗中活动的秘密宗教小组或玫瑰十字会及共济会相联。埃及王主张"塞浦修思式"方法，与希腊人苏格拉底的方法相对立，这可能使某些伊丽莎白时代的神秘学具有更明确的历史意义。

我们已经看到，记忆术内部辩论的关键所在是想象力。这场辩论让伊丽莎白时代面临一场困境。内在的形象不是被拉姆斯主义方法完全摒弃，就是借助魔法发展成为掌握现实的唯一工具。中世纪虔诚教徒的物质象征不是被砸烂，就是变形成为文艺复兴想象大师宙克西斯和菲迪亚斯塑造的巨大形象。这一紧迫而痛苦的冲突，是否加速了莎士比亚这号人物的出现？

第十二章 谁才拥有最聪明的记忆术?

pl.14 说明记忆术原则的图画。(自上而下分别为a、b、c、d、e、f)来自阿戈斯提诺·德尔·里奇奥《记忆场所的艺术》,1595,佛罗伦萨国家图书馆(MS, II. I, 13)。

注释：

1 我喜欢保留迪克森对自己名字的原有拼法，而不是使用现代的拼法。

2 麦金泰尔在《乔达诺·布鲁诺》(J.L. McIntyre, *Giordano Bruno*, 伦敦, 1903年, 35–36)、辛格在《布鲁诺生平与思想》(D. Singer, *Bruno His Life and Thought*, 纽约, 1950, 38–40)中都提到这一争议。关于迪克森生平和对争议有价值的新材料, 见约翰·德尔坎的《亚历山大·迪克森和S.T. C 6823》(John Durkan, "Alexander Dickson and S.T.C. 6823", The Bibliothek, 格拉斯哥大学图书馆, III, (1962年), 183–190)。德尔坎指出威廉·珀金是"G.P"这一点由本章的分析得到证实。

亚历山大·迪克森的家乡是苏格兰的Errol, 所以布鲁诺叫他"迪克森Arelio"。根据德尔坎发现的一些信息, 他似乎是一个秘密政治间谍。他于1604年在苏格兰去世。

3 展开争议的四本著作的全名是：亚历山大·迪克森的《论理性的影子》(Alexander Dickson, *De umbra rationis*, Thomas Vautrollier印刷), 伦敦, 1583–1584年；"海涅斯·塞浦修斯"("Heius Scepsius")的《为亚历山大·迪克森辩护》(*Defensio pro Alexandro Dicsono*), 伦敦, 1584年；"剑桥之G.P."("G. P. Cantabrigiensis")的《反迪克森论和清楚解释邪恶的迪克森艺造记忆的书》(*Antidicsonus and Libellus in quo dilucide explicatur impia Dicsoni artificiosa memoria*), 伦敦, 1584年；"剑桥之G.P."的《真正科学的良好记忆之书和警诫自负的迪克森艺造记忆》(*Libellus de memoria verissimaque bene recordandi scientia et Admonitiuncula ad A. Dicsonum de Artificiosae Memoriae, quam publice profitetur, vanitate*), 伦敦, 1584年。

这场争议的奇怪特征之一是迪克森反对拉姆斯主义的著述是由胡格诺教派印刷的, 拉姆斯著述首次在英国发表也是其印刷的（见翁的《拉姆斯》, 301)。

4 迪克森, 《论理性的影子》(Dicson, *De umbra rationis*)。从38页开始。

5 同上, 54, 62, 等等。

6 同上, 从69页开始。

7 同上, 61。

8 见前面, 202–203, 及G.B.和H.T., 192–193。

9 见前面, 38。

10 德尔坎, 引用文章同前, 184, 185。

11 见前面, 239–240。

12 《论理性的影子》, 5。

第十二章 谁才拥有最聪明的记忆术?

13 《秘文集》,II, 200–209; 参看G.B.和H.T., 28–31。

14 《论理性的影子》,6–8,强调没有经过赫尔墨斯经验重生的人具有野兽的形式,这可能与布鲁诺的《塞丝》有一些联系。《塞丝》中的魔法似乎被解释为有道德用途,因为它可以使人那似野兽的特征明显化(见G.B.和H.T., 202)。

15 《论理性的影子》,21。

16 《秘文集》,版本如前,I, 49–53。

17 《论理性的影子》,28。

18 特洛伊—希腊的对立当然最初来自维吉尔。

19 《秘文集》,版本如前,II, 232。

20 《秘文集》第十六篇论著不包括在迪克森所使用的菲奇诺翻译的前十四篇论著中。这篇论著的首个拉丁文译本于1507年出版,由拉泽瑞利(Lazzarelli)翻译。我认为(G.B.和H.T., 263–264)布鲁诺是知晓这篇论著的。

21 有关拉泽瑞利(Lazzarelli)《神秘的大盆》(Crater Hermetis),见沃克的《精神与恶魔的法术》(Walker, Spiritual and Demonic Magic, 64–72);G.B.和H.T., 171–172等等。

22 在这一对话后的记忆术中,迪克森说的"凯奥斯岛人"是指凯奥斯岛的西蒙尼戴斯,被误认为本源自埃及的艺术的发明人。"这种艺术如果与埃及分离,便不会产生任何效果。"他还说德鲁伊特人可能知道这种艺术(《论理性的影子》,37)。

23 《反迪克森论》Antidicsonus,题词献给托马斯·漠法特。

24 同上,17。

25 同上,19。

26 同上,20。

27 同上,21。

28 同上,29。

29 同上,29–30。参看拉姆斯《人文技艺流派》ed. Bale, 1578 col.773(Scholae dialecticae, lib.XX)。

30 《反迪克森论》,30。参看拉姆斯《流派》版本如前,col. 191(Scholae rhetoricae, lib. I)。

31 《反迪克森论》,参考如前;参看拉姆斯《流派》版本如前,col. 214(Scholae rhetoricae, lib. 3)。

32 《反迪克森论》，45。

33 同上，113。

34 布丘斯《金色记忆小书》(H. Buschius, *Aureum reminiscendi ... opusculum*)，1501年。

35 《记忆之书》(*Libellus de memoria*)，3–4(题词献给约翰·凡尔纳John Verner)。

36 《记忆之书》后面的《警诫》(*Admonitiuncula*)没有页码，这一段在《警诫》的Sig. C 8 反面。

37 《警诫》，Sig. E i。

38 参看德尔坎(Durkan)，引文如前，183。

39 霍韦尔《英国的逻辑与修辞》(W.S. Howell, *Logic and Rhetoric in England*)，206–207。

40 维·珀金《预言或神圣和独特理性论述》(W.Perkins, *Prophetica sive de sacra et unica ratione concionandi tractatus*)，剑桥，1592年，Sig. F viii 正面。

41 维·珀金《著作》(W.Perkins, *Works*)，剑桥，1603年，811。

42 同上，830。

43 同上，833。

44 同上，716。

45 同上，830。

46 同上，841。

47 《意大利对话录》版本如前，47。布鲁诺在《圣灰星期三的晚餐》中这么说。1585年出版。

48 G.B.和H.T., 250–251，等等。

49 《意大利对话录》版本如前，176–177。

50 如辛格《布鲁诺》(D. Singer, *Bruno*)所指出，39页注。

51 《意大利对话录》版本如前, 194。

52 同上，201。

53 同上，参考如前。

54 同上，209–210；参看G.B.和H.T., 210。

第十二章　谁才拥有最聪明的记忆术？

55　《意大利对话录》,214。

56　同上,260。

57　同上,227–228。

58　同上,232。

59　同上,从242页开始。

60　同上,272–274。

61　同上,279。

62　同上,340。

63　同上,从342页开始。

64　托马斯·沃森《记忆场地汇编》(Thomas Watson, *Compendium memoriae localis*), S.T.C推测出版时期为1585年, 印刷商为Vautrollier。大英博物馆有一份沃森著作的手抄本, Sloane 3751。

65　参看霍韦尔《英国的逻辑与修辞》, 从204页开始。

66　《国家文件纪事录,苏格兰事务》(*Calendar of State Papers, Scottish*), X(1589), 626；德尔坎引用, 引文如前, 183。

67　'Commentationes autem meas his de rebus lucubrates, tuo inprimis nomine armadas apparer volui: quod its sis ab omni laude illustris, ut Scepsianos impetus totamque Dicsoni scholam efferuescentem in me atque erumpentem facile repellas'. Antidicsonus, Letter to Thomas Mouget, Sig A 3, 正面。

68　菲利普·锡德尼,《为诗一辩》(Sir Philip Sidney, *An apologie for Poetrie*), E.S. Shuckburgh编, 剑桥大学出版社, 1905年, 36。

69　普赖特《珠宝之屋》, (Platt, *Jewell House*), 81。

70　同上,82。

71　同上,83。

72　见多尔森,《托马斯贝森1555–1613》(J. Van Dorsten, *Thomas Basson 1555–1613*), 莱登, 1961年, 79。

73　同上,从65页开始。

74　同上,从16页开始。

75　第九诺森伯兰伯爵图书馆阿尔恩城堡抄本目录。

76 见诺维吉《乔达诺布鲁诺的早期版本》，载《书籍收藏》(A. Nowicki, "Early Editions of Giordano Bruno in Poland" *The Book Collector*), XIII(1964年), 343。

77 马丁·德尔·利欧，《魔法论述》第六册(Martin Del Rio, *Disquisitionum Magicarum*, Libri Sex), 鲁汶, 1599年–1600年, 1679年版, 230。

第十三章

最后的记忆术

1586年，布鲁诺与法国大使莫维斯埃勒（Mauvissiere）一起渡过英吉利海峡回到巴黎，后者曾在英国暴动中为他提供庇护。然而，他发现此时的巴黎局势对他的"秘密"来说同样不妙，与两年前他将《影子》献给亨利三世的时候大不相同[1]。现在，亨利三世面对由吉斯派领导、得到西班牙支持的极端天主教的反动潮流，几乎无能为力。巴黎笼罩在恐惧和流言之下，处于康布雷联盟战争的前夕，这场战争最终将法国国王赶下王位。

　　直面四伏的危机，布鲁诺毫不畏惧，坚持用其反亚里士多德哲学与巴黎的学者抗衡。布鲁诺的门徒让·海纳奎因（Jean Hennequin）（相当于法国的"亚历山大·迪克森"，布鲁诺的发言人）在康布雷学院[2]对着大学学者演讲，演讲内容与布鲁诺在牛津对亚里士多德派学者所作的演讲（《圣灰星期三晚餐》）非常相似，阐述充满神性生命力的宇宙哲学，用灵智的哲学或对自然神性的洞察，对抗僵死而空洞的亚里士多德物理学。

同时，布鲁诺出版了一本《亚里士多德物理学图示》（*Figuratio Aristotelici physici auditus*）[3]，将一系列神话记忆形象放置在一个貌似奇怪的场景体系中，用来教授记忆亚里士多德物理学的方法。通过艺造记忆记住亚里士多德物理学的做法显然源自多明我会的传统，证据便是龙贝格在《艺造记忆汇编》讲过这样的故事：

> 一个对"记忆"艺术几乎一无所知的年轻人，在墙上涂抹一些空洞的小图像，按照这些图像的顺序，他可以回忆出亚里士多德的《物理学》（*Figuratio Aristotelici physiciauditus*），他用的图像虽然不太符合他的题材，然而对他的记忆确实很有帮助。如果连这样松散的辅助都可以帮助记忆，那么通过运用和练习巩固记忆，助力不知道会大多少倍啊。[4]

布鲁诺也用《物理学》来称呼亚里士多德的物理学大全，上述引文是由一个修士讲述如何通过艺造记忆来记住全书，这也是布鲁诺声称自己正在做的事情。

我故意强调他"声称"要做的，是经过深思熟虑的。为什么他要我们记住没有生命力的、空洞的亚里士多德的物理学？为什么不鼓励我们通过生动的魔法形象记住神圣宇宙的活生生的力量？也许这正是这本书的真正用意所在。神话形象只是用来促进记忆的：奥林匹克树、米涅瓦、西蒂斯代表物质，阿波罗代表形体、"优越的牧神潘"代表自然、丘比特代表运动、萨图恩

第十三章 最后的记忆术

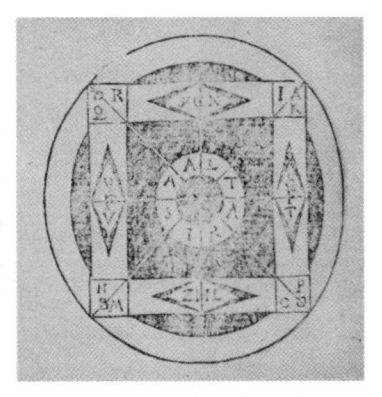

pl.15c 左图是记忆系统,来自布鲁诺的《亚里士多德物理学图示》,巴黎,1586年。

pl.15d 右图是记忆系统,来自布鲁诺的《论形象的构建》,法兰克福,1591年。

代表时间、朱庇特代表原动力等等。[5]这样的形象充满神性赋予的魔力，蕴含了布鲁诺的哲学，它们本身也是一种富有想象力的方式，用以掌握这种哲学。当我们看到放置形象的场景体系[6]（pl.15c）与《印记》中的星象图示实属同类时，就应该意识到这些形象充满魔力，并与宇宙力量紧密相联。事实上，《亚里士多德物理学图示》的开头便已清楚表明与《印记》的关系，它让读者参照三十个印记，选择合适自己的，不论是"画家印记"还是"雕塑家印记"。[7]

将物理学形象化的记忆体系，本身便与物理学自相矛盾。这本书相当于一个"印记"，对应作者对巴黎学者的反亚里士多德式攻击，正如《印记》呼应他在英国时对牛津学者的攻击。宙克西斯或是菲迪亚斯，在记忆里描绘或塑造庞大、意义非凡的形象，代表了布鲁诺理解真实世界的方法，也就是通过想象领会世界。

布鲁诺离开巴黎，穿越德国去了威登堡，在那儿写了几本书，其中一本名为《三十雕像的火炬》（*Torch of the Thirty Statues*）（以下简称《雕像》），几乎可以肯定写于1588年左右的威登堡，但未完成，也没有在作者生前出版。[8]在《雕像》中，布鲁诺实践了他在《亚里士多德物理学图示》中的主张，即运用"雕塑家菲迪亚斯的印记"。这位米开朗基罗式的记忆术专家在内部雕刻出高大神话塑像，从"无法形象化的"概念开始，然后是形象化的雕像。这不仅仅是为了表达或说明布鲁诺的哲学，它们本身便是他的哲学，展示了想象力通过形象理解宇宙的能力。

在这个系列中，布鲁诺提出了他的哲学信仰，即他的宗教哲学。无法具象化的冥国或深渊象征对神性无限的欲求，[9]正如布

第十三章 最后的记忆术

鲁诺在《论无限的宇宙和世界》(De l'infinito universe e mondi)里对无限的渴望。阿波罗被形象化,他赤裸身体站在奔驰的马车上,头上有着太阳的光晕,他就是"单体"或"一",[10]代表布鲁诺努力的目标和中心——太阳。紧跟其后的是萨图恩,他挥舞着镰刀,代表时间之始。被兀鹫吞噬着的普罗米修斯则代表施动原因[11](这三个雕像蕴含布鲁诺的《论原因、原则和一》的主题)。黄道十二宫的射手"人马宫"拉满弓,代表朝着目标的方向[12](就像布鲁诺《论英雄的狂热》中的心志与抱负)。科伊利乌斯代表自然秩序中体现的美德、星辰的对称、天界中向善目标的自然秩序,[13]以及布鲁诺在"世界的质料"中对神性痕迹的搜寻。维斯塔代表了道德层面的善良,以及布鲁诺对社会道德和慈善行为的坚持。维纳斯和她的儿子丘比特则代表我们对爱的统一力量的追求,通过他们寻求真实世界的具有生命力的精神,[14]这即是布鲁诺"爱与魔法"的宗教信仰。

作为一尊重要的雕像,"米涅瓦"代表智慧,是宇宙神性在人身上的反映。她是记忆与回忆,令人想起布鲁诺宗教中的记忆术。她是人类理性的延续,同时具有神性与魔界的理性,这表示布鲁诺相信,我们可以通过精神形象建立两者间的交流。我们通过"米涅瓦的梯子"从第一层上升到最高层,将外在的物质聚集到内在感知中,通过技巧将智力活动组为一个整体,[15]如布鲁诺不同凡响的记忆术那样。

我将《雕像》作了最大程度的简化,故无法体现这部作品的影响力,也没能充分展现其形象及其属性强烈的视觉化特征。这是布鲁诺最令人难忘的著作之一,从中可以看到他对其信念的亲身历证,即诗人、哲学家和艺术家是一体的。布鲁诺在引言中指出，这本书没有创造发明新的东西，而是要重振一些非常古老的东西，它召回了：

> ……古代哲学与最初的神学家的习惯和方式。早期的神学家们并非在类型和比喻中隐匿自然的秘密，而是宣布和解释这些秘密，将它们整理成系列，使其便于记忆。我们很容易记住一个清晰可见的、可以想象的雕塑，以及传奇般的虚构故事；（通过雕塑）我们能够毫不费力地思考并记住学说、教义和道理……如我们看到自然中光明和黑暗的变化无常一样，各种哲学也变化万千。其中没有任何创新的东西……几个世纪后的我们有必要回顾这些观点。[16]

这一段落有三条思路，布鲁诺将它们合而为一。

首先，古人的神话和传说中包含了物理和道德哲学的理论。文艺复兴时期，用辩解的形式解释它们的教科书，应该指纳塔里斯·孔姆斯（Natalis Comes）的《神话》（Mythologia）。布鲁诺肯定知道这部著作，并从中吸收了很多观点，尽管《雕像》中的哲学是他自己的哲学。他认为自己从神话中吸取的正是他想要重振的真正的古代哲学。

但是布鲁诺将记忆引入他的神话理论。一般说法都认为古代人把自然界不可解的现象化入神话，布鲁诺欲反过来说，指故人通过神话宣布和解释真理，以便更容易记住真理。其次，他重复托马斯·阿奎那和多明我会有关记忆的理论，"可感知的东西"比"可理解的东西"更容易留在记忆中，因此我们可以在记忆中使用图留斯提倡的"物质象征"，它们有助于将精神意义导向可理解的事物上。布鲁诺受过多明我会的训练，托马斯主义者为了宗教和精神的目的将记忆术理论化，这给他留下深刻印象。布鲁诺的"雕塑"都含有"意向"，它们不仅表达自然和道德的真理，还有灵魂向往真理的意向。布鲁诺的记忆理论和实践与托马斯·阿奎那的非常不同，但是，在记忆中为了宗教目的而使用形象这一点却是承自托马斯，没有这点，布鲁诺不可能将记忆术转化为他的宗教。

最后，当布鲁诺谈到光明和黑暗的变化，光明已与他同归的时候，他必定是指赫尔墨斯神秘或是"埃及式"哲学和埃及人的魔法宗教，如赫尔墨斯的《阿斯克勒庇俄斯》中所描绘的，埃及人知道如何创造神的雕像并通过它们得到天界和神性的理性。记忆雕像就是用来在内心发挥它们身上的魔法力量，记忆论著在描绘它们时经常涉及魔法和避邪护符。[17] 卡米罗将阿斯克勒庇俄斯的雕像的魔力解释成一种比例协调之艺术的魔力，因此我们可以把雕塑家费迪亚斯想象成文艺复兴的"神性的"艺术家，在布鲁诺的记忆里塑造神的伟大形象。

综上所述，《雕像》对布鲁诺来说有三重力量：他相信自己正在重振一门古老而真实的哲学和宗教，这些雕像以真正的神话形式表述该哲学和宗教；作为记忆形象，包含了领悟古代哲学真理的意向；作为艺术性的魔法记忆形象，魔法师布鲁诺相信自己能够通过它们接触到"神性的"和魔性的智能。

作为布鲁诺的一组记忆体系，《雕像》无可争议地属于整个记忆著述的复杂系统。其中很多神话人物与《亚里士多德物理学图示》中的一样，由此证实了对后者矛盾性的阐释，即记忆系统被用来记住亚里士多德哲学的同时，也包含了对该哲学的驳斥。[18]

我认为，"三十雕像"原打算放在卢尔组合转轮上。如果这个系统得以完成（前文说过文稿不完整），形象将会取代字母放在组合转轮上，这将代表布鲁诺综合古典记忆术和卢尔主义的又一巨作。布鲁诺在威登堡期间写了数本卢尔主义的著作，"三十雕像"很可能与这些著作有关联，[19] 显而易见，在《雕像》中布鲁诺使用了卢尔主义的"原则"和"关联事物"的概念。《影子》中启用了三十个神话人物系统（从阿卡迪亚国王吕卡翁到海神格洛科斯的系列），[20] 我想更宏大的《雕像》系统也许就是从中萌芽的。

《亚里士多德物理学图示》和《雕像》不是布鲁诺的完整记忆专著。它们都是某种让记忆基于神话形象、使用"画家宙克西斯"或"雕塑家费迪亚斯"的"印记"：（1）那些神话形象蕴含布鲁诺哲学；（2）这些神话形象赋予想象和意志强烈的意向；（3）这些神话形象被星象化和魔法化，像《阿斯克勒庇俄斯》的魔法雕像一样，会吸引天界或恶魔的能量进入影像人物。

天主教与新教在形象问题上立场对立，维廉·珀金斯在这一背景下看待布鲁诺和迪克森师徒的艺造记忆，这是绝对正确的。因为异端的记忆魔法师布鲁诺，可以（也确实）从中世纪天主教虔敬的影响运用中发展出自己的记忆术，但新教的内在与外在形像破坏却完全阻断了这样的发展。

布鲁诺一生最后一本记忆论著也是他出版的最后一本著作，出版后他便返回意大利，就在他回到意大利不久之后，他被宗教法庭打入监狱，最终被处以火刑。他突然回国是因为那个想跟他学习记忆术秘密的人从威尼斯向他发出邀请，致使他提前回国。

第十三章 最后的记忆术

因此,《论形象、印记和理念的构建》(*De imaginum signorum et idearum compositione*)[21](以下简称《形象》)是布鲁诺最后一次阐述他的记忆术秘密。这本书于1591年在法兰克福出版,但其中大部分内容很可能是在瑞士苏黎世的一座城堡里写成的,城堡的主人是一位叫约翰·海恩里奇·海恩泽尔(Johann Heinrich Hainzell)的玄秘主义者和炼金术者,布鲁诺在那儿待过一段时间,这本书就是献给他的。

《形象》一书分三个部分,第三部分包括"三十印记"。布鲁诺列出各种神秘记忆系统,很多都与他在八年前出版的英文版《印记》相同,连标注的题目也相同,但是这些最后的"印记",比早先的更加晦涩难懂。其中一些描绘印记的拉丁诗与其最近在法兰克福发表的拉丁诗歌不乏相似之处。[22] 在这些德国"印记"里,特别是在详尽阐述伪数学的场景系统时,他可能有了一些新的发展。它们与英国"印记"的巨大差别在于它们不再作为揭示"爱""艺术""数学"和"魔术"的宗教信仰,没有导向"印记之印记"。布鲁诺似乎只在英国出版的著作中明确阐述过其宗教启示。

德国版的"三十印记"与布鲁诺在德国发表的拉丁诗歌之间的关联,是研究布鲁诺在德国的影响力的一个关键起点,就像英国版"印记"与在英国出版的意大利对话录的关联,是研究布鲁诺在英国的影响力的关键。本书侧重他在英国的影响力,故将不再进一步讨论《形象》的第三部分。然而,我们不能跳过《形象》的前两个部分,因其再次解释了形象这一复杂的永恒话题,并提出一种新的记忆方法。

第一部分有关记忆术,布鲁诺照例(正如《影子》和《塞丝》,后者在《印记》中被重印)对《献给赫伦尼》的规则进行了逐一探讨,但语气颇为神秘。他所谈论的不再是一门技艺,而是一种方法。"我们制定一种方法,无关乎事物,而是有关事物之含意。"[23] 他先谈形象规则:构造记忆形象的不同方法、事物的形象和字词的形象;形象必须生动、鲜明、充满动人的情感,这样才能够进入记忆仓库的大门。[24] 他甚至还暗示了埃及和迦勒底的神秘思想,不过,在冗词赘语之下,记忆专著的结构依然明晰可见。我认为他主要采纳了龙贝格的观点。在关于"记忆字词所使用的形象"的一章中,他说字母O可以用一个球体代表,梯子或是圆规代表字母A;圆柱代表字母I,[25] 这其实就是用语言描绘出龙贝格曾用图例说明过的形象化字母。

接着谈场景规则(此处顺序错误,应场景规则在先),其中记忆论的基本原理同样显而易见。有时候他会突然用拉丁诗的形式表达,教人望而生畏,好在龙贝格会帮助我们理解:

> 大物从来不放小场景,
> 大场景也不放小物件;
> 形象大小必须只中等,
> 背景太大形象反不显;
> 场景恰好放人舞宝剑,
> 伸手不碰顶来不碰边。[26]

这是什么意思?其实就是说记忆场景应避免太大或太小,最后两行源自龙贝格的建议:一个记忆场景不应该超出人伸手可及的高度和宽度,龙贝格附了图例说明(见第五章,图3)。

- 398 -

第十三章　最后的记忆术

在《形象》的第一部分，布鲁诺提出一种极端复杂的建筑记忆系统。我称其为"建筑"系统，意指此系统使用先后排列的一连串房间来存放记忆形象。建筑是古典记忆术最平常的形式，但是布鲁诺使用它的方式极不寻常：记忆房间按照魔法几何学布局，系统的运转则按天界的机械原理。共有二十四个房间，各分成九个记忆场景，每个场景都有记忆形象。这些房间皆有图示和文字说明。该系统还有十五个"场地"，也分别划分为九个记忆场景；并有三十个"小隔间"，于是乎，这个系统也进入了布鲁诺着迷的"三十"这个范畴。

世俗世界的一切都应该凭借这些房间、场地和小隔间里的形象来记住，这是一个必须掌握的基本观念。这里有物质世界里的所有：植物、石头、金属、走兽、禽鸟等等（布鲁诺利用记忆课本中按字母顺序排列的览目，作为其百科全书式的分类），还有人类所知的一切艺术、科学和发明以及所有人类活动，也都在其中。布鲁诺说，按照他的方法所建立的房间和场地涵盖人类能够谈论、知道或是想象的所有东西。

这是多么高的要求！不过我们对此已经司空见惯。这是一个包罗万象的记忆系统，就像《影子》中的记忆系统一样，一圈圈转轮围绕着布满魔法形象的中心转轮，它们包含世界的一切、人类所知的全部技能和科学。我和各位读者都不是占星学家，但至少可以大致明白这个观念，即在《影子》的系统中，原本发明者转轮以及其他围绕中心魔法形象转轮所展示的材料，现在都分布在记忆房间的系统中。这是一个建筑学的"印记"，充满了相似性、联想秩序，既有助记性质也有星象学性质。

如此百科全书式的玄秘记忆，必须靠天界系统才能发挥作

- 399 -

用。那么，天界系统在哪儿呢？就在《形象》的第二部分。

第二部分[27]中有十二个巨大的形象或是"原理"，它们是所有事物的起因，位于"不可言喻的、不可图示的、最优秀、最伟大的物体"之下。这些物体就是木星朱庇特（与朱诺一起）、土星萨图恩、火星马尔斯、水星墨丘利、米涅瓦、阿波罗、埃斯科拉庇俄斯（与塞丝、阿瑞恩、奥菲士一起），日神、月神、金星维纳斯、丘比特、特勒斯（与海洋、海神尼蒲顿和普路托一起）。它们是天体的形象，是宇宙之神的伟大雕像。在这些主要形象之外，布鲁诺还安排了大量避邪护符或魔法的形象，大概是主像的辅助力，帮助主像把力量灌注到心灵中。我在另一本书中已分析过这个系列及其相关的形象，[28]我认为布鲁诺将菲奇诺避邪护符的魔法应用到记忆形象上，目的很可能是把尤为强烈的太阳、木星和金星的力量纳入他梦寐以求的那种魔法师人格中。这些人物构成《形象》的天界系统，这些内在的雕像，凭借魔法融接星辰的影响。

第一部分的记忆房间和第二部分的天界人物形象是两个系统，它们在《形象》中应该如何结合呢？

有一个图表（pl.15d）是表达整个体系的"印记"。布鲁诺告诉我们，它代表了二十四个房间的排列，每个记忆房间的记忆场景都充满了形象。每个房间及其整体布局都与罗盘仪的四个方位点相关。记忆房间为四方结构，外围是圆圈，我认为圆圈代表天体，圆圈上刻印天界的人物和形象，我们依靠记忆房间系统内场景和形象记住详尽的世俗事物，圆的天体系统则为它们注入活力，并组织、统一它们。

这个图表应该代表《形象》中整个系统的记忆建筑，圆形的建筑代表天界，里面的方形布局反映上天与下界，欲记住整体世界，需借助天界统一和重组的力量。也许该系统是对《印记》中第十二个印记的实践，布鲁诺曾在那个印记中说道"他知道一个双重形象"可供记忆使用，[29] 一个是带有星体形象的天界的记忆，另一个是"根据需要而虚构的建筑"。《形象》中的该系统同时使用这"双重图像"，将圆的天体系统与正方的记忆房间系统相结合。

若仔细观察图解，会发现中心圆圈上有字母，正文中却没有任何相关解释（这部著作的19世纪版本没有按原图准确复制）。这让我们既着迷又困惑，圆圈上的字母拼起来似乎是"星星圣坛"？难道这是一个星术宗教的记忆圣殿？

将古典建筑式记忆大大简化、改造，用于文艺复兴的例子，在坎帕内拉的"太阳之城"中同样可见。《太阳之城》（*Citta del sole*）[30] 首先是一个乌托邦，描绘一座理想城市，其宗教是一种崇拜太阳或星辰的教派。这座城市呈圆形，城中央为一座圆形的庙宇，据说上面描绘了天上所有的星辰以及它们与地上一切事物的关联。城市的房子以圆形排列，与中心庙宇形成同心圆。这些墙上画着所有数学图形、鸟兽鱼虫、金属、人类的所有发明和活动。最外围的围墙上画着伟人、道德宗教领袖和宗教的创建人。这就是宇宙记忆系统的百科全书式的布局，以"天界"组织为基础，读过布鲁诺，对此绝对不会陌生。坎帕内拉再三强调他的"太阳之城"或是它的某种模式可以用作"记忆场景"，作为认识一切事物的快捷方式，"将世界视为一本书"。[31] 显然，太阳之城被用作"记忆场景"时，就是一个很简单的文艺复兴时期的记忆系统,在这个系统中,利用建筑记住场景的古典原则已被改造成文艺复兴式,用以反映世界。

"太阳之城"是一个基于星辰崇拜的乌托邦城市,但作为一个记忆系统,将它与布鲁诺《影子》和《形象》里的系统相比较,将会很有用。它比布鲁诺的系统简单得多,只是一座静止的城市(就如卡米罗的"剧场"是静止的系统),并不试图达到布鲁诺那种复杂的程度。但是,如果比较《形象》系统中心圆形圣坛上的"星星圣坛"和"太阳之城"中心的圆形庙宇,可清楚地发现布鲁诺和坎帕内拉设想的"记忆场景"之间某些基本的相像之处。况且,他们两人都是那不勒斯多明我会的修道院出身。

布鲁诺在《形象》[32]里一再说道,"思想便是用形象进行想象。"就像在《印记》里一样他再度曲解亚里士多德。在他最后的著作中,他对想象力的专注体现得尤为明显,其中囊括了他最复杂的一个系统,以及他有关形象的最终见解。他沿用两种使用形象的传统,即助记术和避邪护符的或是魔法的传统,将任何参照框架都没有解决的问题揽入自己的框架,并与之奋力搏斗。

这本最后的论述即《论形象、符号和概念的构成》,"概念"指魔法和星宿形象层面的意义,与它在《影子》里的涵义一致。《形象》的第一部分讨论记忆形象,布鲁诺按照记忆传统规则创造记忆形象;第二部分讨论并组构"概念",护符形象、星辰肖像作为魔幻化的"雕像",进而构造出足以将宇宙力量传送到人们心灵的形象。当他"构造"雕像时,既是在将助记形象"护符化",又是将助记纳入"护符"范畴。这两种传统赋予形象以力量,记忆传统形象必须鲜明突出而感人,而魔法传统将星

第十三章 最后的记忆术

宿或宇宙的力量引进咒符,他在脑中努力构造形象、符号和概念时,两者已融为一体。这本书是天才的展现,是布鲁诺研究如何通过想象力组织心灵力量的呕心沥血之作,他相信这个问题比其他任何问题都重要。

主要在乎内心,内在的影像与外在的影像更接近真实,从内心领会真实、达成统一的见识。这个信念就是整个系统的根本。在内心太阳的普照之下,形象综合融会成"一"。在《形象》中,可以清楚地看到推动布鲁诺在记忆方面努力不息的宗教冲动。使其导向内在形象的"精神意念"力量极为强大,这一力量传承于中世纪转化后的古典记忆术,然而在文艺复兴时期再次演变成为一个"赫尔墨斯式"或"埃及式"宗教艺术。

布鲁诺回到意大利之后,可能在帕多瓦和威尼斯教授过记忆课程,1592年,当他的生命终结于宗教审判的监狱中,他的流亡生涯也随之结束了。奇妙的是,布鲁诺被处死以后,又出现了一个记忆老师,在比利时、德国和法国游历,虽然可能只是一个巧合。尽管莱姆伯特·谢恩科尔(Lambert Schenkel)和他的门徒约翰尼斯·帕坡(Johannes Paepp)都不足以和乔达诺·布鲁诺相提并论,但作为继布鲁诺之后的记忆导师,两人对于布鲁诺式的艺造记忆都有一定的认知,因此值得对他们进行一些讨论。

莱姆伯特·谢恩科尔[33](1547年~约1603年)在世时相当知名,他公开展示自己的记忆能力并发表著作从而吸引了各界人士注意。他可能来自天主教的低地国家如荷兰、比利时等,曾在比利时鲁汶接受教育。1593年,他的第一本书《论记忆》(*De memoria*)能够在法国杜埃出版,说明这本书得到了法国这个极端天主教反改革活动中心的默认。[34] 不过莱姆伯特·谢恩科尔还是难逃质疑，后来被指控使用魔法。他教课是收费的，有志于学习记忆秘密的人即使学成之后，也必须请他面授机宜，因为如他所说，书中并没有揭示秘密的全部。

谢恩科尔的主要著作是《宝库》（*Gazophylacium*），1610年在斯特拉斯堡出版，1623年又在巴黎出版了该书的法文译本。[35] 其内容主要以他早先的《论记忆》的概念为基础，作了详细论述并增加了不少内容。

《宝库》一书承袭的是龙贝格和罗塞留斯式记忆课本的走向，谢恩科尔刻意模仿多明我会的记忆传统，在书中不断引用伟大的记忆专家托马斯·阿奎那的话。他在书的第一部分详细介绍了记忆术的历史，提到西蒙尼戴斯、塞浦西斯的麦阙多卢斯、图留斯、现代的彼特拉克等人物，并且列出近现代精通记忆术的人，其中有皮科·德拉·米兰多拉。书中列出了参考来源，可以提供很多有用的资料线索，不乏价值，值得推荐给现代记忆艺术历史学家。

谢恩科尔教授的记忆术基本上就是古典技巧，似乎并无任何异常之处。有关场景的章节很长，甚至包含记忆场景的房间图示，另外也有大段论述形象的章节。他教授的可能是一种理性的助记术，其形式如记忆论著一般复杂精细。他讲得相当晦涩，还提到一些颇受人质疑的作者，例如特里特米乌斯。

约翰尼斯·帕坡是谢恩科尔的门徒和模仿者。他的记忆论著作很值得细读，直白地说，他泄露了天机。用他自己的话说，他"解秘了谢恩科尔"，也就是揭露谢恩科尔书中隐藏的神秘记忆的秘密。他的第一本书的题目就已透出此目的——《解密谢恩科尔：神秘的艺造记忆》（*Schenkelius detectus: Seu memoria*

第十三章 最后的记忆术

artificialis hactenus occultata），1617年在里昂出版。随后出版的两本书继续这一命题。[36]泄露秘密的帕坡提到了一个谢恩科尔从未提到的名字，即乔达诺·布鲁诺，[37]他揭露的秘密似乎也和布鲁诺有关。

帕坡仔细研读过布鲁诺的著作，特别是《影子》，曾多次引用。[38]他详细列举用作记忆形象的魔法形象，与《形象》一书的列表很相似。帕坡说，神秘难解的哲学秘密包含在记忆术中。[39]在他的几本小书中，没有任何类似布鲁诺的奇异哲学和想象力，但他有一个段落，论述如何将古典记忆和经院记忆的文本应用到神秘宇宙秩序之上。他在这个段落中所做的说明，是我见过的论述中对这一论点最直截了当的说明。

他引用托马斯·阿奎那的著名记忆论著《神学汇编》，强调阿奎那有关记忆中秩序的论说，接着引用了"特利斯墨吉斯忒斯在《牧者》第五个讲道"中的话。其《牧者》来自菲奇诺的拉丁译本《赫尔墨斯神秘哲学文献集》，其中第五个论述有关"既明显又不明显的上帝"。它是对作为上帝启示的宇宙秩序以及神秘经验的热烈赞美，在这神秘经验之中，经由对秩序的沉思，上帝得到显现。之后又引用了柏拉图对话录《蒂迈欧篇》的一段、西塞罗的《论演说家》中有关按序排列是记忆良方的观点，以及《献给赫伦尼》（他仍将其归为西塞罗的著作）中有关记忆术在于场景和形象的秩序。最后回到亚里士多德和托马斯·阿奎那的规则——时常沉思有益记忆。[40]这一段显示了从艺造记忆的场景和形象到特利斯墨吉斯忒斯在宗教经验中狂喜地领悟宇宙秩序的转变。这些引语和观念的顺序显示了思想发展的顺序，正是在这个过程中，图留斯和托马斯的艺造记忆的场景和形象演变为在记忆上印刻普遍世界秩序的技巧。换言之，它显示了艺造记忆的方法如何变成神秘记忆的具有魔法宗教性质的方法。

17世纪初的帕坡仍在揭示文艺复兴的秘密，即卡米罗的《剧场的观念》[41]里引用的特利斯墨吉斯忒斯的第五个论述，但他是通过乔达诺·布鲁诺得到这个讯息的。

谢恩科尔和这位欠谨慎的门徒证实了我们的猜测，即带有神秘性质的记忆教学，很可能成为传播神秘宗教的途径或神秘宗派的工具。对比之下，可以发现，即使布鲁诺在材料中倾注了许多伟大的奇才和想象力，经谢恩科尔和帕坡的处理，又降回到一般记忆论述的档次。不再有伟大的文艺复兴艺术家在内心雕塑记忆雕像，将哲学的力量和宗教的见解灌注到广阔的宇宙想象的形象之中。

乔达诺·布鲁诺的记忆论系列，我们应该如何看待呢？其实它们皆属一体，互相紧密联系。《影子》和《塞丝》在法国出版，《印记》在英国出版，《比喻》在他第二次去法国时出版，《雕像》在德国出版，《形象》是他回意大利前出版的最后一部著作，难道它们是新宗教的先知穿越欧洲所留下的踪迹？他是否用密码传播记忆信息？所有复杂的记忆主张、不同的系统是否都是障碍，用以迷惑局外人，却引领知情人前往背后的"印记之印记"、神秘的宗派，甚至一个政治兼宗教组织？

我在另一本书中已经提到过这个传言，据说布鲁诺在德国建立了一个叫"乔达诺主义"的教派，[42]这个教派可能与秘密会社玫瑰十字会有点关系。玫瑰十字会于17世纪初在德国发表了宣言。有关玫瑰十字会，外界了解甚少，以致有些学者认为该组织从未存在过。传说中的玫瑰十字会和共济会之间是否有联系？也

第十三章 最后的记忆术

是一个悬而未决的问题。1646年，当依莱亚斯·阿斯谟（*Elias Ashmole*）成为共济会成员时，整个英国才第一次听说这个组织。布鲁诺在英国和德国都宣传过他的主张，可以想象，他的行为有可能促进了玫瑰十字会社与共济会的共同发展。[43] 关于共济会的起源，至今仍包裹在层层神秘中，据传其始于中世纪"从事生产的"石匠或建筑工人的行会。但没人能解释，这种"从事生产的"同业行会怎么会发展出"思辨的"共济会纲领？又如何能在共济会的仪式中象征性地使用建筑意象？

这些话题是想象力丰富又不讲究考据的作者们最喜爱涉猎的。现在，是时候用正当的历史和批评方法进行研究了，已有些微迹象预示着这一时刻的到来。一本论述共济会起源的书的序言说到，共济会的历史不应该被看作一段单独的历史，它是社会历史的一个分支，而研究一个特定的机构及其背后的观念应该使用"与调查、论述其他制度完全一样的方式"。[44] 其他更近期的相关书籍，已经朝着全面研究历史资料的方向前进，但是这些书的作者无法对"思辨"的共济会的起源这一难题给出定论：共济会为何象征性地使用柱子、拱门以及其他建筑特征？为何使用几何图形作象征？为何在这一框架内提出一种关于宇宙神圣结构的道德教诲和一种神秘的世界观？……这些都是需要解决的疑问。

我认为，这个问题可以从记忆术的历史中寻找答案，如我们在卡米罗的"剧场"里看到的、如乔达诺·布鲁诺所热情宣传的，也许文艺复兴神秘记忆法就是一个魔法和神秘运动兴起的真正起源，它不是如"从事生产的"石头工人那样建造真正的建筑物，而是构建记忆术的想象或是"思辨的"建筑物。如果仔细研究象征主义、玫瑰十字主义和共济会的符号系统，可能最终会证实这个假设。此项研究不在本书范围之内,我只是指出一些可以探索的方向。

传说的玫瑰十字会,在其1614年的宣言中谈到神秘的"轮子"、拱形保险库,保险库的墙壁、天花板和地板被分隔成间,每个隔间都有数个图形或句子。[45]这可能是用于神秘用途的艺造记忆。有关共济会的记录,是很久以后才出现的,此处分别取用17世纪晚期和18世纪的共济会的象征作比较。请特别注意共济会"皇家拱门"分支的象征。这个分支的一些老的印章、旗帜、围裙都有拱门、柱子、几何图形和徽章的设计,[46]看上去很符合神秘记忆的传统。如今,此项传统被完全忘却了,足见共济会的早期历史曾出现过断层。

这种理论的长处,是它将后来的秘密会社表现出来神秘传统与文艺复兴的主流传统相链接。我们看到,由于卡米罗的"剧场"在文艺复兴早期得到广泛的传播,布鲁诺的秘密已经成为公开的秘密。他的秘密是魔法信仰和记忆术技巧的综合。在16世纪初,自然可以将其归为文艺复兴传统,隶属于从佛罗伦萨传到威尼斯的菲奇诺和皮科的"新柏拉图主义"。这是文艺复兴神秘主义论著产生特殊影响的一个例子,它使人专注思考"世界的结构",把世界的神圣建筑当作宗教崇拜的对象和宗教经验的来源。在布鲁诺所生活的较动荡的16世纪末,由于政治的和宗教两方面的时代压力,"秘密"渐渐推入地下,但若只将布鲁诺视作一名秘密会社的传播者(他也许是),就以偏概全了。

布鲁诺的秘密是赫尔墨斯式的秘密,也是整个文艺复兴时期的秘密。当他带着"埃及式"的信息周游列国时,等于是在传播文艺复兴后期、特别强烈的一种形态,充分发扬了文艺复兴的

第十三章 最后的记忆术

创造力。他在内心创造了无边的宇宙想象,当他将这些形式外化于文学创作,好比他在英国写的对话录,便成就了焕发生命力的天才之作。如果他将记忆中塑造的形像外化成艺术,或是将他在《驱逐趾高气扬的野兽》中想象的壮丽壁画上的众多形象以美术形式表达,一定可以成为伟大的艺术家。但布鲁诺的使命是在内心绘画和雕塑,教导人们艺术家、诗人和哲学家都是一体,因为记忆是众缪斯之母。只有先在内心构建内容才能付诸外在表达,因此重要的、有意义的工作都是在内心完成的。

我们可以看到,他在记忆术中教授的形象建构具有强大的力量,使文艺复兴时代充盈想象创造力。那么,他那繁复得骇人的细节阐述、《影子》记忆系统的转轮上写满了天界和人类世界的内容,或是《形象》中更令人吃惊的记忆房间系统,又该如何理解?建立这些系统仅仅是为了传播一个秘密会社的密码和仪式?抑或,布鲁诺真的相信这些,因此这些势必是走火入魔之作?

我认为,毫无疑问,迫使布鲁诺建构系统的强制力中一定有某种病态的成分,这也是他的主要性格特征之一。但在这疯狂之中,对方法的渴求又是多么强烈!布鲁诺的记忆魔法不同于《符号艺术》中的懒惰魔法,后者只需盯着魔力符号背诵魔法咒语。他却不知疲倦地加上一个又一个转轮,堆砌一个又一个记忆房间。用无尽的辛勤劳动,构建了无数的形象,然后把它们存进这些系统;这些形象有无数可能的组合,必须把它们逐一尝试。这一切之中,有一种只能用科学来定义的成分,预示着下一世纪即将出现的方法重于一切神秘的层面。

如果记忆是缪斯之母,那么她也是方法之母。拉姆斯主义、卢尔主义、记忆术,所有这些充斥了16世纪末和17世纪混乱记忆

- 409 -

方法的复合物,都是寻找方法的表现。在这种急切寻找方法的背景下,布鲁诺的系统反而显得毫不疯狂,他只是为找到重要方法而绝不妥协的决心特别强烈罢了。

在对布鲁诺论记忆著作的仔细而系统的研究行将结束时,有必要强调,我并不自认完全理解他的论述。本书试图研究一些几乎无人问津的题目,若后来者有了更多发现,便可以更全面地理解这些非凡的著作。我只是努力将它们放进某种历史背景,这也是理解的必要预备步骤。中世纪的记忆术与宗教和伦理相联系,布鲁诺将它转化成自己的神秘记忆系统,对我来说,这具有三重历史意义。它们可能把文艺复兴的神秘记忆带往秘密会社的方向;肯定也包含了文艺复兴时期的全部艺术和想象力;并且预示了记忆术和卢尔主义在科学方法的发展中所起的作用。

但是没有任何历史的网络,对趋势和影响的研究,或心理分析可以完全理解或界定这位非凡的人物——记忆的魔法师,乔达诺·布鲁诺。

第十三章 最后的记忆术

注释:

1 布鲁诺第二次去巴黎时,见G.B.和H.T.,从291页开始。

2 布鲁诺《拉丁著作》(*Camoeracensis Acrotismus*), I(i),从52页开始,参见G.B.和H.T.,从298页开始。

3 《拉丁著作》, I(i),从129页开始。这本书是在巴黎由"Petri Cheuillot出版社出版,出版社在圣约翰拉特纳大街,在红玫瑰之下",这本书题献给贝勒维尔修道院院长(Piero Del Benem Abbot of Belleville),这一献辞的意义,见G.B.和H.T.,从303页开始。

4 龙贝格《艺造记忆汇编》,7反面-8正面。

5 《拉丁著作》, I(i),从137页开始。

6 同上,139。

7 同上,136。

8 布鲁诺的追随者杰罗姆·拜斯勒(Jerome Besler)抄写了《三十雕像之灯》(*Lampas triginta statuarum*),帕多瓦,1951年,诺罗夫(Noroff)手抄本著作在1891年第一次出版为拉丁文著作,这是其中一本(《拉丁著作》III,从I页开始),参看G.B.和H.T.,从307页开始。

9 《拉丁著作》,III,从16页开始。

10 同上,63–68。

11 同上,68–77。

12 同上,97–102。

13 同上,106–111。

14 同上,从151页开始。

15 同上,140–150。

16 同上,8–9。

17 见G.B.和H.T.,310。

18 这可能预示了弗朗西斯·培根运用神话作为表达反亚里士多德的工具;见保罗·罗西的《弗朗西斯·培根》(*Francesco Bacone*),拉宾诺维奇(R.Robinovitch)译,伦敦,1968年,从207页开始。

19 这些著作的名字(*De lampade combinatorial lulliana, De progressu et lampade venatoria logicorum*)显然与《三十雕像之灯》相关,参看G.B.和H.T., 307。

- 411 -

20 《拉丁著作》，II(i), 107. 见前面，222。注63。

21 《拉丁著作》，I(iii), 从85页开始, 参看G.B.和H.T., 从325页开始。

22 这些诗歌中的形象与《雕像》和《形象》的联系非常复杂，此处无法详细讨论。

23 《拉丁著作》，I(iii), 95。

24 同上，121。

25 同上，113。

26 同上，188。

27 同上，从200页开始。

28 见G.B.和H.T., 从326页开始。

29 见前面。

30 《太阳之城》(Citta del Sole)，坎帕内拉于1602年左右被监禁在那不勒斯宗教法庭的监狱时写的，1623年首次以拉丁文版出版。有关太阳之城与布鲁诺观念的相近之处，见G.B.和H.T.从367页开始。

31 见坎帕内拉的《书信》(Tommaso Campanella, *Lettere*, ed. V. Spampanato, Bari, 1927), 27, 28, 160, 194和福尔珀的《坎帕内拉著作表》, 载《哲学批评学刊》(L. Firpo "Lista Dell'opera di T. Campanella", *Rivista di Filosofia*), XXXVIII (1947年), 213–229。参看罗西《普世之钥》, 126; G.B.和H.T., 394–395。

32 《拉丁著作》，I(iii), 103。Cf. G.B.和H.T., 335。

33 有关谢恩科尔，见《世界传记》(*Biographie universelle*, sub.nom.) 上的文章，及在《大英百科全书》上的"记忆术"条目(Encyclopaedia Britannica, "Mnemonics"); 哈伊杜的《中世纪的助记术论述》(Hajdu, *Das Mnemotechnische Schrifftum des Mittelalters*), 122–124; 罗西，《普世之钥》128, 154, 250, 等等。

34 根据布鲁塞尔1560年在鲁威支持西蒙尼戴斯艺术的演讲，以及1561年在马麦拉努斯(N. Mameranus, *Oratio pro memoria et de eloquentia in integrum restituenda*.) 发表的观点，在天主教的低地国家，人们似乎对记忆术的复兴产生了浓厚的兴趣。

35 谢恩科尔的《科学刊物》(L. Schenkel, *Le Magazin des Sciences*), 巴黎, 1623年。

36 《艺造记忆实践入门或简单介绍》(*Eisagoge, seu introduction facilis in praxim artificiosae memoriae*), 里昂, 1619年。

37 罗西也注意到帕坡笔下有关布鲁诺的这一点，《普世之钥》, 125, (引用了

第十三章 最后的记忆术

N.巴塔罗尼[N. Badaloni]的文章)。见罗西《注意布鲁诺》,《哲学历史评刊》('Note Bruniane', *Rivista critica di storia della filosofia*),XIV(1959年)197–203。

38 *Eisagoge*, 36–113; Crisis, 12–13,等等。

39 *Schenkelius detectus*, 21。

40 *Crisis*, 26–27。

41 同上。亚历山大·迪克森也提到这点。

42 见G.B.和H.T., 312–313, 320, 345, 411, 414。

43 见同上,274, 414–416。

44 努珀和琼斯《共济会的起源》(Douglas Knoop and G.P. Jones, *The Gensis of Freemasonry*)曼彻斯特大学出版社,1947年,前言,v。

45 *Allgemeine und General Reformation der gantzen weiten Welt. Beneben der Fama Fraternitas, dess Loblichen Ordens des Rosencreutzes*, 1614年,维特(A.F. Waite),英译《玫瑰十字会的真正历史》(*The Real History of the Rosicrucians*),伦敦,1887年,75, 77。

46 见伯纳德·伊·琼斯《共济会的皇家拱门之书》(Bernard E. Jones, *Freemason's Book of the Royal Arch*),伦敦,1957年。

第十四章

玄秘记忆模式

布鲁诺所构想的记忆术与其思想及宗教信仰密不可分。魔法自然观是可以使想象的魔力与自然界相联系的哲学，而布鲁诺式记忆术则是人们通过想象与自然联系的工具。记忆术是他宗教的内在规范，以及掌握并统一有形世界的内在手段。和卡米罗的"剧场"一样，人们认为玄秘记忆能够赋予修辞以魔力，因此布鲁诺渴望为自己的语言灌注力量。当他在诗歌或散文中倾诉其赫尔墨斯式神秘自然哲学以及他认为与这个哲学相关联的"埃及式"宗教，并且预言神秘主义宗教将在英国复兴。

我们可以预期，布鲁诺的玄秘记忆模式在他所有的著述中都有踪迹可寻，尤其是他最著名的意大利文对话录[1]，那是他在嘈杂的大环境中，于驻伦敦的法国大使宅院里写成的美妙作品。

1584年在英国出版的《圣灰星期三晚餐》记录了布鲁诺的牛津之行，反映了他提出菲奇诺或魔法版的哥白尼日心说之后、与牛津学者发生冲突的情况。[2] 这些对话发生的背景是一趟穿越伦敦街道的旅程，起点似乎是坐落在布切尔路的法国大使馆（如今的布切尔路与斯特兰德大街交接处是法院所在地），目的地则是福克·格雷维尔（Fulke Greville）的家，他曾邀请布鲁诺去他家讲述"日心说"。据描述可知此行目的地大约在怀特豪宫附近。[3] 布鲁诺和朋友们从大使馆出发，去格雷维尔家参加神秘的"圣灰星期三晚餐"，这也是书名的由来。

约翰·弗里奥利尔（John Fliorio）和马修·戈文（Matthew Gwinne）[4] 前往大使馆与布鲁诺碰头。他们去得比预定时间晚，直到日落之后三人才一道走上黑暗笼罩的街道。他们沿着布切尔路走到斯特兰德大街后，改道朝泰晤士河方向走，从那儿乘船继续前进。他们喊叫了许久，才招来两个老船夫和一艘又破又旧的船。又为船费争执了半天，船夫才终于同意启程。布鲁诺和弗里奥利尔为活跃气氛，一路吟诵阿里奥斯托《疯狂的奥兰多》中的诗篇。布鲁诺吟道："女人多么精明。"菲利奥利尔则"像是在想着他的情人一样"诵道："你在哪儿，我甜蜜的生命。"[5] 这时，船到岸了，船夫催他们下船，但他们发现自己离目的地还很远。只能沿着一条两侧皆是高墙的黑巷子继续往前走，口中咒骂不已。最后他们竟又回到了壮丽的斯特兰德大街，发现离他们的出发地不远。这趟船等于是白坐了。三人意欲放弃这次远行，但是布鲁诺没有忘记自己的使命，他觉得自己所面临的任务虽然艰难却并非不可能，"越是具有英雄或神圣的精神、出类拔萃的人，越是会攀登高山，从严酷的环境中收获永恒的胜利。即使永远不能到达胜利的终点，永远不能赢得奖品，仍要勇往直前。"[6] 于是他们决定继续沿着斯特兰德大街朝着查令十字街走

第十四章　玄秘记忆模式

去。在"三条街交汇处大厦附近的塔尖处（查令十字街）"，他们遇上粗暴的人群，"诺兰人（布鲁诺）挨了一拳"，令人啼笑皆非的是，他回以一句"谢谢"，这是他唯一会说的英语句子。

好不容易抵达目的地，又发生了很多怪事。席上的主位坐着一位骑士（很可能是菲利普·锡德尼）；戈文坐在弗里奥利尔右边，布鲁诺坐在弗里奥利尔左边。布鲁诺的左边是将要与他辩论的学者之一托奎托（Torquato）；另一位辩论对手诺迪尼奥（Nundinio）则坐在他对面。

这趟旅程被描述得杂乱无序，又总是被布鲁诺打断，用来详述他的新哲学，他如何穿过天界上升到广阔自由的神秘主义宇宙的理想，他对哥白尼及其日心说的独特见解。他认为哥白尼"只是数学家"，根本没有意识到自己的发现有多伟大。在"晚餐"上，布鲁诺与两位"学究"就太阳是否为宇宙中心展开辩论，双方发生误解，"学究"恶语相向，布鲁诺也出言不逊。最后由哲学家布鲁诺获得胜利，他坚持反对亚里士多德，赞成赫尔墨斯·特利斯墨吉斯忒斯的观点，即地球因生命而旋转。

后来布鲁诺在宗教法庭受审时告诉审判官，实际上这顿"晚餐"是在法国大使馆举行的。[7]那么穿过伦敦街道和泰晤士河之上的旅途完全是虚构的吗？我认为是的。这个旅途具有神秘记忆系统的性质，布鲁诺依靠这个系统记住要在"晚餐"中辩论的主题内容。他在一本记忆著作中说过，"你可以在罗马的最后一个场景后加上巴黎的第一个场景。"[8]《晚餐》中将伦敦的地点用作记忆场景，用斯特兰德大街、泰晤士河、法国大使馆、白厅附近的一栋房子来记忆"晚餐"上与人辩论日心说时的主题，这些内容当然具有玄秘的涵义，在某种意义上，它们与"哥白尼的太

- 419 -

阳"所预示的魔法宗教复兴有关。

在叙述"晚餐"事件之前,布鲁诺乞求记忆女神的帮助:

> 啊,摩涅莫辛涅,我的记忆女神,你深藏在三十印记之下,浸没在概念影子的黑暗监牢里,让我听到你的声音吧。
>
> 数天前,一位宫廷绅士派来两个信使找到诺兰人,表达与之交谈的意愿,这位绅士希望听听他为哥白尼的辩护以及他的新哲学里的其他矛盾特点。[9]

接着,布鲁诺开始阐述"新哲学"、前往"晚餐"途中混乱的过程以及席间与"学究"关于"太阳"的辩论。他在进入正题前向《印记》和《影子》的摩涅莫辛尼祈求,证明了我的观点——想要了解玄秘记忆的修辞,就去阅读《圣灰星期三晚餐》吧。

这一魔法雄辩产生了莫大影响。有关布鲁诺的大部分传说,包括他作为现代科学和哥白尼理论的殉道者,冲出中世纪的樊篱进入19世纪的先驱之说,都有赖于《圣灰星期三晚餐》中论述的"哥白尼的太阳"、穿过天体神秘领域而升空等辞藻。

《圣灰星期三晚餐》成为了从记忆术程序中发展而来的文学作品典范。它不是一个记忆系统,而是一组对话,拥有栩栩如生的对话者形象。在他们赴宴途中,以及抵达后的故事中,哲学家、学究及其他人各自出任一角。作品有讽刺、滑稽的场面,最重要是具有戏剧性。布鲁诺在巴黎期间曾写过一出喜剧名为《举火炬的人》,在英国时也自然流露出戏剧才能。至此,我们才可能在《圣灰星期三晚餐》中看到记忆术如何发展成文学,记忆场

第十四章　玄秘记忆模式

景的街道如何加上人物后成为喜剧的背景。之前几乎无人碰触过记忆术对文学所产生的影响这一话题。《圣灰星期三晚餐》就是一个幻想文学作品的例子，毋庸置疑它与记忆术有着千丝万缕的联系。

《圣灰星期三晚餐》还另有一个有趣的特征，那就是在助记背景下讲述寓言故事。前去赴宴的三人沿着记忆场景朝一个神秘目的地前进，一路遇到诸多阻碍。为了节省时间而乘坐一艘嘎嘎作响的旧船，结果却是走了冤枉路，将他们带回原点。更糟的是，他们不得不摸黑在高墙夹道、道路泥泞的小巷里找出路。回到斯特兰德大街后，在前往查令十字街的途中，却遭到蛮愚人群的殴打。终于到达用餐地点以后，又被坐次问题困扰。他们和晚宴上的学究们所争论的到底是太阳的问题还是晚餐的问题？《圣灰星期三晚餐》令人联想起卡夫卡的世界，人们在黑暗的笼罩下痛苦挣扎，这些对话应该放到这一层面来阅读。然而，这种太过现代的比较可能会产生误导，毕竟《圣灰星期三晚餐》发生在文艺复兴时期的意大利，人们张口便能吟唱阿里奥斯托的情诗，书中的记忆场景也都在伊丽莎白时代的伦敦，那儿住着具有神秘骑士精神的诗人，他们似乎在举办一场非常神秘的聚会。

故事中的一个记忆场景的寓言可以阐释为：陈旧腐败的诺亚方舟代表教会，将朝圣者带入一个脏乱的修道院，朝圣者逃出高墙，自觉肩负英雄的使命，却发现新教徒及其"晚餐"对魔法宗教的太阳光芒更加熟视无睹。

暴躁的"魔法师"泄露了自己的缺点。他很恼怒，不仅针对"学究们"，更不满格雷维尔招待不周，唯独对在座的著名文化骑士锡德尼赞美有加，"我在米兰和法国时已久仰他大名，来到这个国家后，才发觉百闻不如一见。"[10]

正是这本书引发了抗议的狂潮，迫使布鲁诺躲在大使馆内。[11]同一年，他的门徒迪克森与拉姆斯主义者展开笔战。可见，在伊丽莎白时代的伦敦，其记忆场景内发生了多少惊人轰动的事情！虽然没有像佛罗伦萨的阿高斯提诺那样的黑衣修士[12]，收集伦敦的记忆场景以记住托马斯·阿奎那的《神学大全》，但异端的前修士布鲁诺仍在他奇特的文艺复兴神秘版的记忆术中使用这种古老的方法。

《圣灰星期三晚餐》结尾时用神话式的告诫反驳批判它的人："我以米涅瓦的盾与矛之名，以特洛伊马的高尚后代之名，以德高望重的埃斯科拉庇俄斯的旨意，以尼普顿的三叉戟的名义，以格劳克斯在马蹄下的遭遇，请求你们所有人循规蹈矩，这样我才能写出有利于你们的对话，否则会保持沉默"。[13]那些已经解开某种神话记忆式"印记"之谜的人，可能可以理解这段话的意思。

布鲁诺将《论英雄的狂热》（De gli eroici furori）献给菲利普锡德尼，在题词中，他说作品中的爱情诗不是写给某位女子，而是代表对自然沉思宗教怀有的英雄主义热情。这部作品由大约五十个以诗歌形式描绘的文章题铭构成，每首诗都附有评论。诗中的意象大都是关于眼睛、星星、丘比特的箭等的彼得拉克式形象[14]，或是带有文章图案的题铭盾牌，满溢着浓烈的情绪。记忆著述中常常谈到魔法记忆形象需要动人的情感，尤其是爱，在这一背景下来阅读《论英雄的狂热》，用新的视角看书中爱的题铭，它们不再是一种记忆系统，而是文学作品中记忆方式留下的痕迹。尤其是此系列以女巫塞丝的形象作结尾，彷佛又回到了熟

第十四章 玄秘记忆模式

悉的布鲁诺式思维模式。

这里产生一个问题：彼特拉克与记忆术传统总是被联系在一起，是否包含将这些比喻视作记忆形象的想法？毕竟，这样的形象含有灵魂对事物的"意念"。无论如何，布鲁诺使用这些比喻的目的十分明确，那就是将其作为实现顿悟的手段，富于想象力且具有魔力。文中提到"印记之印记"里描绘的"缩约"或宗教经验，表明这一系列爱情形象与《印记》是有联系的。[15]

这本书以诗歌形式倾诉记忆形象，展示了"哲学家"所具有的"诗人"气质。其中反复出现以亚克托安为主题的诗歌，他寻猎自然中神性的痕迹，直到被自己的狗猎狩并撕碎，这表达了一种主体与客体的神秘合一，以及在沉思的森林和流水之中，追求神性客体时的无拘无束。这儿也出现了巨大的安菲特律特影像，好比一尊伟大的记忆雕像，代表热情的追求者在想象中掌握"单体"或"一"。

1585年，布鲁诺献给锡德尼的《驱逐趾高气扬的野兽》在伦敦出版，该书的结构以天空四十八个星座的形象为基础，包括北方的星座、黄道十二宫和南方的星座。我在另一本书中曾提出他应用的可能是希吉诺斯《传说故事集》中有关四十八个星座形象的描述及相关的神话故事。[16] 布鲁诺以星座秩序为大纲，传播关于美德与邪恶的讲道。"驱除趾高气扬的野兽"指美德驱除邪恶。在长篇大论中，布鲁诺详细描绘了美德如何上升到四十八个星座之上，邪恶又是如何在伟大天界的重组中被美德征服。

很多证据表明布鲁诺相当熟悉多明我会修士约翰尼斯·龙贝格的记忆课本，而后者在课本中就曾称赞希吉诺斯的《传说故事集》（*Fabularum liber*）所提供的固定顺序很适合作为记忆场景的顺序，因为它易于记忆[17]。

美德和邪恶、奖赏和惩罚，这些不是以前的修士布道的基本主题吗？龙贝格建议用希吉诺斯的星座秩序作为记忆秩序，布道的修士们可以将其用于记忆美德和邪恶的讲道。布鲁诺在《驱逐》中给锡德尼的献辞里，列出了他附在四十八个星座上的伦理主题[18]，这难道不是一种与伊丽莎白时期的英国风格迥异的布道吗？这是对过去的召唤，《驱逐》中对现代学究的不断攻击可以证实这一点，作者认为他们鄙视好的著作，这显然暗指卡尔文主义强调因信称义。当朱庇特呼吁未来的赫拉克勒斯式英雄解救欧洲，使它摆脱现在遭受的苦难时，莫摩斯（Momus）帮腔说：

> 那位英雄只需要铲除这种无所事事的学究派就已足够。他们不根据神性和自然的法则行善，却自认为笃信宗教的虔敬之人，称行善便是善，行恶便是恶。他们说，人并非因为行善或不行恶而变成可敬的虔诚之人，而必须按照其教理问答手册的指示来实行希望和相信。诸神啊，还有比这个更公然的粗俗玩笑吗？……最糟糕的是，他们诽谤我们，说（他们的宗教）才是神所设立，并以此批判效力与成果，甚至称它们为缺点与恶习。他们不事任何人，也没有任何人为其效劳（因为他们唯一的工作就是指责），却享受着他人努力工作的成果，别人建造了庙宇、教堂、会所、医院、学校和大学，而他们根本就是小偷，占领他人遗留的财富。那些为他人服务的人，即使不完美或没有达到应有的标准，也不会（如他们一样）悖逆世界，而总是尽自己作为社会成员的本分，成为思维科学的专家、道德的研究者，一心增进人们

- 424 -

第十四章 玄秘记忆模式

互相帮助的热情和关切,奖赏有贡献者,惩罚违规者(所有法律都是为社会而制定)。[19]

诸如此类的话,在伊丽莎白时代的英国是不能开诚布公的,除了受到外交保护、住在法国使馆的那位。从借星座记住美德和邪恶的论点来看,这位前修士的讲道是针对卡尔文主义的"学究式"教义,指责其破坏他人的成就。与这样的教义相比,布鲁诺更赞同古人教导的道德戒律。作为一个仔细研究过托马斯·阿奎那著作的人,布鲁诺当然明白他在对美德和邪恶的定义中运用了图留斯和其他古代作家的伦理观念。

尽管如此,《驱逐》绝不仅仅是中世纪的修士宣讲美德和邪恶、奖赏和惩罚的讲辞。书中,改造天界的灵魂力量被拟人化后的形象是:朱庇特、朱诺、萨杜恩、马耳斯、墨丘利、米涅瓦、阿波罗带着巫师塞丝和美迪亚及其医师神埃斯科拉庇俄斯、狄安娜、维纳斯、丘比特、色列斯、尼普顿、西蒂斯、莫摩斯、伊希斯。这些人物在灵魂的内部就像雕塑和绘画,又是将魔法化的"雕像"当作记忆形象使用的玄秘记忆系统。我在另一本书中[20]已经讨论过《驱逐》的说话者与《形象》记忆系统的十二个原理之间的密切联系,本书中对布鲁诺其他著作的研究,则更清楚地表明《驱逐》中执行改造的众神都有玄秘记忆系统的脉络可循。其改造虽然是以道德法律、美德和邪恶为依据,但包含"埃及式"魔法宗教的重振,[21]书中有长篇的辩护词,还有大段来自《阿斯克勒庇俄斯》的引语,说明埃及人如何使众神的雕像吸取天界的力量。其中为了神圣的埃及魔幻宗教遭受压制而发出的"哀叹"也被全文引用。可见,布鲁诺的道德改革具有"埃及的"或神秘主义的特质，如果与古老的美德邪恶布道相联系，便产生了一种奇特的新伦理观，它涵盖自然宗教和遵循自然法则的自然道德。这个美德和邪恶的系统与好和坏的行星影响力相连，改造行为就是使邪不胜正，凸显善面行星的影响力。改造完成后产生的性质，应该融合了阿波罗的宗教洞察力与朱庇特对道德法则的尊重，而维纳斯的自然本能升华为"更温柔、文雅、聪明、敏锐、宽容的"气质，[22]使仁慈和善意替代了敌派争斗的残酷。

《驱逐》是一部独立的虚构文学作品。它对很多主题的处理大胆新颖、兼具幽默和讽刺、对众神改革理事会的戏剧性处理，以及卢奇安式的反讽，都值得欣赏。不过，作品背后的布鲁诺记忆系统的结构依然清晰可见。他按照贯常的做法，从记忆课本中借用一个体系，参考希吉诺斯以星座顺序作为记忆秩序的方法，将该体系"神秘化"为自己的一个"印记"。和他的记忆论著一样，布鲁诺非常注重星座的实际形象，这符合他一贯的魔法思维模式。

我认为《驱逐》可以说代表了与布鲁诺神秘记忆系统相配合的天界的神圣修辞。那些演讲列举了描述行星之神善面的不同称谓，理应注满了行星力量，如同卡米罗的记忆系统所发出的雄辩，而《驱逐》就是布鲁诺的魔法讲道词。

在布鲁诺与牛津学者之争及其门徒与剑桥拉米斯主义者之争的激烈气氛中，《驱逐》出版了，当时的读者不可能冷静而客观地看待这本书。由于争论的发生，这本书的"塞浦西斯式"的记忆系统表露无疑。这样一本著作被题献给锡德尼，一定大大增加了威廉·珀金斯的焦虑。"诺兰人"和"迪克森氏"这些"塞浦西斯主义者"涉足"埃及式"魔法的程度到底有多深，在《驱

第十四章 玄秘记忆模式

逐》里道得一清二楚。对有些人来说，这部奇异的作品可能展现了一个眩目的启示，预示神秘宗教与道德改革的全面来临，它呈现为伟大的文艺复兴时期艺术作品中光彩夺目的意象，它们的绘制与雕刻发生在记忆术家的内心。

意大利文对话及其背后的记忆"印记"将读者带回布鲁诺的关键作品《印记》，正是这部著作推动了整个英国运动，记忆术也因它而成为热门的话题。《印记》的读者如果深刻理解了《印记之印记》，方能从诗歌的角度欣赏意大利文对话集，从艺术的角度看待，并从哲学的角度理解它们，将其作为论"爱"、"艺术"、"魔法"和"知识"的讲道。

那位于1583年至1586年躲在法国大使馆内的人造成了如此这般的影响。这是非常关键的时期，它是菲利普·锡德尼及其朋友引导的英国诗歌文艺复兴的萌芽阶段。布鲁诺对该群体的成员侃侃而谈，将《论英雄的狂热》和《驱逐》这两个最重要的对话集献给了锡德尼。他在《驱逐》的献辞仿佛在预言自己的命运：

> 作为这个世界的公民和仆人、太阳父亲和大地母亲的孩子，他太过热爱这个世界，因而必然遭到世界的仇恨、谴责、迫害和毁灭。在那一刻来临之前，但愿他不要在面对死亡、迁移、变化时无所事事或不务正业。请允许他今天将按序编号排列的道德哲学的种子献给锡德尼……[23]

（它们确实编了号并排列整齐，就如天界记忆系统）。现在我们已不仅仅有以献辞为证，才能体现布鲁诺在锡德尼圈子中的重要性。前文已说到，"塞浦西斯主义者"的争议、诺兰人和迪克森氏与亚里士多德学派和拉姆斯主义者的争议,似乎都围绕着锡德尼进行。锡德尼形影不离的朋友福克·格雷维尔是那神秘晚宴的主人,在《驱逐》的献辞中被描述为"在您(锡德尼)给予照料关心之后,第二个援助我的人"。[24] 想必在这几年中,布鲁诺的到来及其对英国产生的影响是最重要的经历,是与英国文艺复兴领袖们密切相关的轰动事件。

这一事件对英国文艺复兴后期最重要的一位人物有何影响呢?莎士比亚十九岁时,布鲁诺来到英国,他离开时,莎士比亚二十二岁。我们不知道莎士比亚何时来伦敦开始演员和剧作家的生涯,但可以肯定在1592年之前他已经在事业上站稳脚跟。在有关莎士比亚生平的零星证据或传言中,有一条与法克尔·格雷维尔有关,1665年出版的一本书中有这样一段话:

> 他(法克尔·格雷维尔)的伟大之处是他尊重别人的价值,只希望后人记住他是莎士比亚和本·约翰逊的导师、埃格森大法官的庇护人、奥维屯主教的庄园主人,以及菲利普·锡德尼爵士的朋友。[25]

无人知晓格雷维尔什么时候以什么方式成为莎士比亚的导师,两人可能因同来自沃里克郡而相识,[26] 格雷维尔家族的领地离莎士比亚故乡斯特拉特福德很近。当年轻的莎士比亚从斯特拉特福德来到伦敦时,可能拜访过格雷维尔的家,甚至进入他的社交圈子,并在那儿懂得了在艺造记忆中使用黄道带的意义,就像塞浦西斯的麦阙多卢斯一样。

第十四章 玄秘记忆模式

注释：

1 如前面所提，我没有收录对布鲁诺的拉丁诗的讨论，这些讨论在德国出版，它与记忆系统的关系也应纳入研究，使用他在德国出版的《三十印记》版本。

2 见G.B.和H.T.，从235页开始。

3 格兰维尔的家实际上在浩伯恩（Holborn）。有人认为他可能借住在外厅附近，或者实际上布鲁诺所想的是皇宫；见布尔特林的《乔达诺·布鲁诺》（W. Boulting, *Giordano Bruno*），伦敦，1914年，107。

4 布鲁诺《意大利对话录》（Bruno, *Dialoghi italiani*），26–27。见布鲁诺《圣灰星期三的晚餐》），1955年，90页注。

5 《意大利对话录》，55–56。

6 同上，63。

7 《乔达诺·布鲁诺生平文献》（*Documenti della vita di Giordano Bruno*），121。

8 见上，247。

9 《意大利对话录》，26。

10 同上，69。

11 同上，280。

12 同上，245–246。

13 《意大利对话录》，171。

14 参看我的文章《乔达诺·布鲁诺的〈论英雄的激情〉与伊丽莎白时代的十四行诗系列中的象征比喻》，发表在《沃尔伯格和考陶尔德学院的学报》上（'The Emblematic Conceit in Giordano Bruno's De gli eroici furori and Elizabethan Sonnet Sequences', *Journal of the Warburg and Courtauld Institutes*），VI（1943年），101–121；以及G.B.和H.T.，275。《论英雄的激情》另有一个新的英译版，北卡罗琳娜大学出版社，1964年，有前言。

15 《意大利对话录》1091; cf. G.B.和H.T.，281。

16 G.B.和H.T.，218。

17 龙贝格《艺造记忆汇编》，25正面。见前面，第五章。

18 《意大利对话录》从561页开始；《驱逐趾高气扬的野兽》，伊莫提翻译（*The Expulsion of the Triumphant Beast* trans. A.D. Imerti, ），Rutgers大学出版社，1964年，从69页开始。

19 《意大利对话录》，623-624;《驱逐》伊莫提翻译，124-125。参看G.B.和H.T., 226。

20 G.B.和H.T., 从326页开始。

21 同上，从211页开始。

22 有关莎士比亚的喜剧《爱的徒劳》(*Love's Labour's Lost*)，博罗文(Berowne)书中有关爱情的一段话令人想起《驱逐》，见G.B.和H.T., 356。

23 《驱逐趾高气扬的野兽》，伊莫提翻译，70。

24 同上，70。

25 大卫·洛伊德的《自新教改革以来英国的政治家和受宠人物》(David Lloyd, *Statesmen and Favourites of England since the Reformation*)1665年，钱伯斯《威廉莎士比亚》(E.K. Chambers, *William Shakespeare*)中引用。牛津，1930年，II, 250)。

26 见波尔德文的《莎士比亚剧团的组织与人事》(T.W. Baldwin, *The Organisation and Personnel of the Shakespearean Company*)，普林斯顿，1927年，291页注。

第十五章

罗伯特·弗洛德的剧场记忆系统

在英国文艺复兴的年代，赫尔墨斯学派的影响在欧洲达到顶峰，但直到詹姆士一世统治时期，开始有英国人深入研究赫尔墨斯派哲学的作品得到发表。罗伯特·弗洛德[1]是最著名的赫尔墨斯派哲学家之一，著有数不胜数的晦涩深奥之作，其中许多都配有象形符号的漂亮版画插图，近年来这些著作引起不少关注。弗洛德继承了菲奇诺与皮科·德拉·米兰多拉的衣钵，是地地道道的文艺复兴赫尔墨斯派的希伯来神秘主义信徒。他深受菲奇诺翻译的《秘文集》和《阿斯克勒庇俄斯》的影响。毫不夸张地说，他的著作几乎每一页都找得到引自"赫尔墨斯·特利斯墨吉斯忒斯"的话。同时，他也是希伯来神秘哲学者，传承自皮科·德拉·米兰多拉与罗伊西林（Reuchlin）。他近乎忠实地体现了文艺复兴时期的玄秘传统，故我在其他地方也采用了他的版画插图，用他的图表式观点来阐述文艺复兴早期的各式融合。[2]

但是，在弗洛德的时代，文艺复兴式的赫尔墨斯、魔法术学说受到当时新兴的17世纪哲学家的严厉抨击。1614年，伊萨克·卡索邦（Isaac Casaubon）认定《秘文集》晚于后基督时期，自此该书的权威性便大打折扣。[3] 弗洛德却完全无视这一考证，继续将《秘文集》当作最古老的埃及圣贤的著述。他坚定捍卫自己的信仰与观点，以致他与新时代的领袖人物发生了激烈冲突。在这些争端中，他与默尔逊和卡普勒的争论尤为著名。他通常都以"玫瑰十字会会员"的身份现身。且不论玫瑰十字会是否确实存在过，光是宣布该组织存在的宣言就在17世纪初激起人们极大的兴趣与骚动。弗洛德在其早期作品中，自称为玫瑰十字会的信徒，因此，大众认为他属于那神秘而隐匿的兄弟会，追求其神秘的目标。

我们所知的赫尔墨斯派或希伯来神秘哲学家，多数都对记忆术有兴趣，弗洛德也不例外。他出现于文艺复兴末，当时的文艺复兴哲学即将让位于17世纪的新兴运动，可以说弗洛德建立了文艺复兴时期最后一座记忆术丰碑。和文艺复兴记忆术的第一座里程碑相同，弗洛德的记忆系统也采用剧院作为架构形式。卡米罗的"剧场"是文艺复兴时期记忆系统的开端，弗洛德的"剧场"则是这一系列的尾声。

下一章将会说到，弗洛德的记忆系统有着非凡的重要性，因为它反映了莎士比亚的"环球剧场"在魔法记忆术中的变形，因此我希望读者能理解我在本章煞费苦心地解读最后一个"记忆的印记"之用心。

要了解弗洛德的记忆系统，可以前往对其哲学观点作了最完整诠释的代表作品，即《大小两个世界的形而上学、物质和技术

第十五章 罗伯特·弗洛德的剧场记忆系统

的历史》（简称《大小两个世界的历史》）。这本书讨论的"大小世界"分别指宇宙这一宏观"大世界"以及人类这一微观"小世界"。弗洛德引用了赫尔墨斯·特利斯墨吉斯忒斯在《牧者》（即菲奇诺的《秘文集》拉丁文翻译本）和《阿斯克勒庇俄斯》中的许多话，作为自己关于宇宙、人类观点的论据。弗洛德将自己的魔法术——宗教的赫尔墨斯观与希伯来神秘哲学相结合，形成了完整的文艺复兴魔法师的世界观，也完整了早年卡米罗"剧场"中的文艺复兴"魔法师"的世界观。

这一里程碑式的著作由约翰·西奥多·德·布赖在德国奥本海姆分册出版。[4]第一卷（1617年出版）论宏观世界，开卷即是两篇具有浓厚神秘主义色彩的献词，分别献给上帝以及上帝在人间的代表詹姆士一世。第二卷论微观世界，于1619年出版，题词献给上帝，在定义造物主时引用了许多赫尔墨斯的话。此卷题词没有提及詹姆士一世，但鉴于他在上一册紧跟造物主出现，可以推断这一卷也隐含了献给他的意思。弗洛德似乎想借助献词拉拢詹姆士一世，让他成为赫尔墨斯信仰的"支持者"。

弗洛德大约在那个时期特别向詹姆士一世提出请求，以期获得支持来抗衡反对者的攻击。大英博物馆藏有一份大概写于1618年的手稿，其中有罗伯特·弗洛德给詹姆士一世的"声明"，陈述他出版的书籍及观点。[5]他在声明中为自己和玫瑰十字会辩护，称两者毫无恶意，都只是神圣古老哲学的追随者，他提到了自己在《宏观世界》（*Macrocosm*）中献给詹姆士的题词，并附上外国学者对其作品价值的评语。可以推测，关于记忆系统的第二卷被题献给詹姆士时，正值弗洛德受到攻击，希望得到君王的支持。

- 435 -

弗洛德在英格兰完成了这本书和其他作品,却未在英国出版。这点被他的一个反对者作为攻击他的理由之一。1631年,一位被称为"威廉·福斯特博士"(Dr William Foster)的英国国教牧师指责弗洛德的帕拉切尔苏斯派医学是一种巫术,他指称马林·默尔逊(Marin Mersenne)曾唤弗洛德为巫师,并含沙射影地道出弗洛德不在英国出版作品就是因为他被当作巫师的关系。"我想这就是他在国外出版著作的原因之一。我国的大学、主教(感谢主)都相当谨慎,不允许出版巫术书籍。"[6]弗洛德反驳福斯特(他认为自己与福斯特宗教信仰上并无相违之处)时,就自己与默尔逊的争论一事做出回应,"默尔逊指控我摆弄巫术,福斯特不明白为什么国王詹姆士允许我在他的王国居住并写作。"[7]弗洛德说他能够说服国王詹姆士相信其作品与写作意图的无害性(可能指他的"声明")并指出他将一本书献给詹姆士一世——这一定指《大小两个世界的历史》(*Utrusque Cosmi...Historia*)中的献词——这些就证明了他和自己的作品并无不妥。同时他坚决否认福斯特对其出版地的错误解读。"在国外出版只是因为国内的出版商要求我付五百英镑才能印第一卷,并且要减少铜版画的数量;但在国外印刷不需要花钱,而且能按照我的要求……"[8]尽管弗洛德在海外出版过许多带插图的著作,不过可以确定这段话针对的是《大小两个世界的历史》,因为这本书的两卷都有大量版画插图。

插图对弗洛德来说非常重要,因为其哲学思想就是通过视觉或"象形符号"来传达的。弗洛德哲学的这一特征也彰显在他与卡普勒的争论中,卡普勒用自己书中真正的数学图表与之相比,这位数学家十分鄙视弗洛德的"图画""象形符号"及其"照赫

第十五章 罗伯特·弗洛德的剧场记忆系统

尔墨斯风格"使用数字的方法。[9]弗洛德的图画与象形符号非常难懂,而且他非常在意这些图画是否严格遵循其深奥的文本。那他又是如何向德国的出版商与版画师说明他对插图的要求呢?

如果说弗洛德需要一位值得信赖的信使带着他的文稿与插图资料前往奥本海姆,那他身边的迈克·马尔(Michael Maier)肯定是合适人选。这个人曾是鲁道夫二世国王身边的一员,他坚信"玫瑰十字会"的存在,也自认是其中一员。[10]据传他说服了弗洛德完成《论神学哲学》(*Tractatus Theologo-Philosophicus*)以献给玫瑰十字的兄弟会员,并且由德·布赖(De Bry)在奥本海姆出版。据说也是他把弗洛德的作品带到奥本海姆付印的。[11]马尔频繁来往英德之间,他将自己的作品带到奥本海姆由德·布赖印刷,大约也是此时。[12]正是马尔这位中间人,才使得作品能够如弗洛德所说的"以我的要求"出版。

这一点不乏重要性,它说明"剧场"记忆系统是有插图的,由此也产生了一个疑问(见下一章),那就是这些插图到底在多大程度上反映了伦敦的一个真实剧场?

让我们重新回到《大小两个世界的历史》的简介。这本书可以说是继承了文艺复兴时期赫尔墨斯希伯来神秘哲学传统,在"玫瑰十字会"争议轰动之初便开始利用这一传统,题词献给詹姆士一世以极力争取他对这一传统的支持。另外,弗洛德与英德出版商之间的联系可能是通过迈克·马尔或布赖公司与英国早已建立的沟通渠道来实现的。

鉴于此书这般重要的历史背景,证实其中包含玄秘记忆系统且它的复杂性与神秘感可与布鲁诺本人的记忆"印记"相媲美便尤为要紧。

弗洛德在《大小两个世界的历史》的第二卷，即讨论人的微观世界的那一卷，探讨了记忆术。在这一部分，他详述了"微观世界的技术历史"，也就是微观世界应用的工艺与技艺。一开始就用图示说明内容，人像代表微观世界，头上有一个三角形光环，象征他神圣的源头；脚下有一只猴子，这是弗洛德最喜欢用的标志，表示人类模仿、反映大自然。圆圈分为几个部分，显示书中要讨论的技艺与工艺，它们按照以下顺序写成章节：预言、占卜、记忆术、生辰占星术（制作星象的方法）、相面术、手相术以及科学金字塔。图中，记忆术有五个记忆场景，场景上有形象。记忆术所处的环境也相当有启发性：记忆场景与记忆形象就在星象图表的旁边，用黄道带的标志来表示。其他的法术、神秘方术搁置在一起，其中包括预言，暗含了超自然与宗教的涵义；还有一座金字塔，这是弗洛德偏爱的象征符号，表示天界与人间或精神与物质之间的上下运动或相互作用。

"精神记忆的科学，俗称记忆术"[13]这章开篇也有一幅画（pl.16），表示这一科学。画中，一个人的额头上有一只非常大的"想象之眼"，他旁边是含有记忆图像的五个记忆场景。弗洛德偏好以五个记忆场景为一组，这点我们会在后文详述。同时这组图展示出他的记忆原则，即一个记忆房间内有一个主要的图像，它是一座方尖塔；另外四个分别是巴别塔、多比亚斯与天使、一艘船以及末日审判与地狱入口——这是中世纪道德通过艺造记忆谨记地狱之意义在文艺复兴后期的残留。这五幅图像在接下来的文本中没再作任何解释，也不再提及，我不能肯定它们是否有以下寓意——方尖塔象征埃及，表示记忆术的"内心书写"可以克服巴别塔造成的混乱，在天使的指引下，带领它的使用者

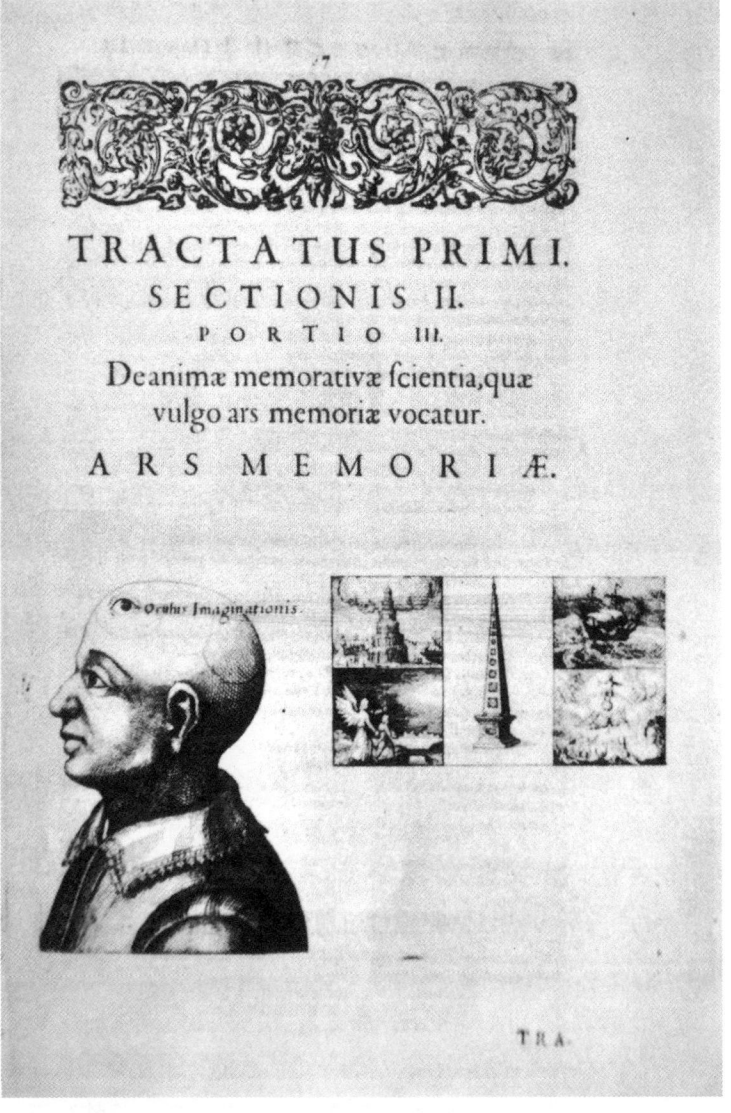

第十五章 罗伯特·弗洛德的剧场记忆系统

pl.16 罗伯特·弗洛德的《大小两个世界的历史》第二卷，第一页。奥本海默，1619年。

走向宗教的安宁之所。这一推测可能太具想象力，既然弗洛德没有解释，我们还是不要妄加猜测了。

在界定完一些关于艺造记忆的通常定义后，弗洛德花了一整章的篇幅[14]来解释他提出的两种艺术类型的区别，即"圆的艺术（ars rotunda）"与"方的艺术（ars quadrata）"。

> 记忆术的完美实施依靠两种想象方式。第一种是通过理念，这形式与物质事物脱离，例如精神、影子、灵魂、天使等等，主要在圆的艺术里使用。这里使用的"理念"不是柏拉图所指的意思，他的理念指上帝的思想。我说的理念是任何不由四大基本元素构成的东西，也就是精神上的、单纯在想象中产生的事物，比如天使、恶魔、星象、神与女神的形象，它们具有天界的神圣力量，更多的是精神而非物质的性质；同样，想象中创造并变成影子的美德与恶行，也将被作为灵魔保存。[15]

与古老的中世纪艺术一样，"圆的艺术"使用魔法化或驱邪的图像、星星的图像、由上天获取活力的众神与女神的"塑像"，还有美德与恶行的形象，只不过如今它们被认为具有了"灵魔性"或魔法力。弗洛德将图像分成强效与不强效的，就像布鲁诺一贯强调的。

"方的艺术"则使用有形事物，人、动物、无生命事物的图像。若是人或动物的图像，它们便是活跃的，正在参与某种行动。"方的艺术"听起来像是普通的记忆术，延续《献给赫伦尼》提出的生动形象，之所以是"方的"，也许是因为它以建筑

- 440 -

第十五章 罗伯特·弗洛德的剧场记忆系统

物或房间作为记忆场景。弗洛德说,圆的与方的技艺,是唯二可能的记忆术。

> 要人为提高记忆力只有依赖药物,或利用圆的艺术中对概念的想象,或通过方的艺术中物质的形象。[16]

弗洛德说,虽然圆的艺术有别于他在法国图卢兹道听途说的"所罗门戒指"的技艺(后者显然与妖术有关),但同样需要来自灵魔(意为神灵的力量而非地狱恶魔的力量)或圣灵超自然力量的协助。并且"想象必须配合超自然的行动。"[17]

他接着说,许多人更喜欢方的艺术,因为它更简单。但圆的艺术远胜一筹,因为它是"自然的",使用"自然的"场景,更能顺其自然地应用到微观世界;而方的艺术则是"人为的",使用技巧创造出的场景与形象。

接下来的一章,弗洛德激烈地反对在方的艺术中使用"虚构场景"。[18]要理解这一点,我们必须回顾《献给赫伦尼》及其他经典材料所阐述的"真实的"与"虚构的"记忆场景。"真实的"地点是现实存在的任何建筑,记忆术用常规的方法将其变成记忆场景。"虚构的"地点是想象出来的建筑或场景,《献给赫伦尼》的作者认为在真实的场景数量不够的情况下可以虚构。"真实的"与"虚构的"记忆场景的差别在记忆术论著中是永恒的话题,有诸多详尽的阐释。弗洛德十分反对在方的艺术中使用"虚构的"场景,认为这会扰乱记忆并增加记忆的负担。人们应该使用真实存在的建筑中的真实场景。他在这一章的开头就明确表示,"一些精通此道的人想将其方的艺术置于一个创造出来的或由想象力发明出来的地方,这个做法不合适,对此我现略加解释"。[19]这一章至关重要,它告诉我们如若弗洛德坚决反对使用虚构地点,那可以断定他在记忆系统中使用的全部是"真实的"建筑。

在区别了圆的艺术和方的艺术以及两者使用的图像,并明确告诫方的艺术一定要使用真实的建筑后,弗洛德开始阐释自己的记忆系统。[20]该系统是圆与方的艺术之综合,以圆形的天体、黄道带十二宫、行星领域为基础,建筑置于其上,建筑有存放记忆形象的记忆场景,与星星有机相连,星星赋予其活力。这看起来似曾相识。事实上,弗洛德的观念与布鲁诺的《形象》如出一辙,[21]布鲁诺同样用布满形象的房间、小隔间、"场地",众神形象与其"圆的"艺术息息相关,因而充满活力与来自天界的力量。早在弗洛德的著述面世前三十六年,布鲁诺已经在英国出版了《印记》,区分了弗洛德所谓的"圆的"与"方的"艺术。[22]

弗洛德的记忆系统中最惹人注目、最激动人心的一点是,他把放置在天体中的结合了方圆艺术的记忆建筑称为"剧院"。这不是传统意义上的剧院,并非一幢包含了舞台与观众席的楼房,实际上弗洛德用插图说明的"剧院"只是一个舞台,我会在后文充分证明这一点。在解释其记忆系统前,先声明这一点很有必要。

弗洛德提出,圆的艺术中"常见的地点"是"世界上非人间的飘渺部分,就是从第八域开始到月球域的天界球体"。[23]此观念充分体现在一幅插图中(pl.17),图中的同心圆有八圈,第八圈可以称为黄道带,标有黄道十二宫。里层七个圆圈代表行星的区域,中心的圆圈代表四大元素的区域。弗洛德称该图代表以天

第十五章 罗伯特·弗洛德的剧场记忆系统

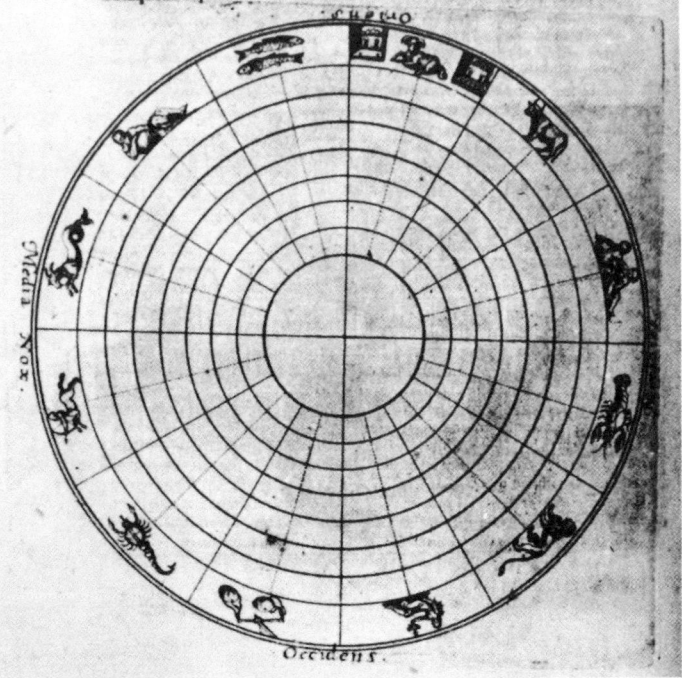

pl.17 黄道带（The Zodiac）来自罗伯特·弗洛德的《记忆术》。

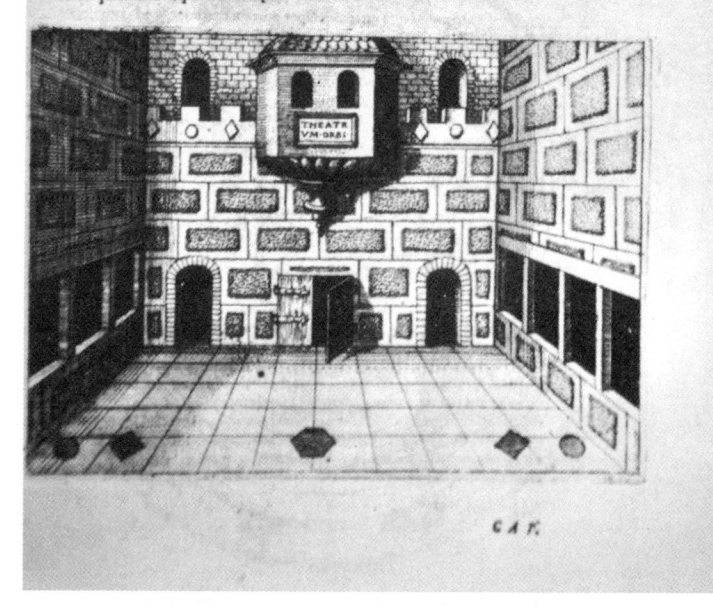

pl.18　剧院（The Theatre）
来自罗伯特·弗洛德的《记忆术》。

第十五章 罗伯特·弗洛德的剧场记忆系统

道十二宫为基础的记忆地点的"自然"顺序,也是球体区域随时间移动的时间顺序。[24]

白羊宫图标的两侧有两个小建筑物。它们是微型"剧院",或称"舞台"。这两个"剧院"的舞台后侧各有两扇门,但是这一点没有出现在其他的插画中,弗洛德的文本中也没有再提及。一个神秘记忆系统总是有许多无从解释的缺口,我也不明白为什么弗洛德在其后再也没有提到这两个小"剧院"。我只能假设这幅表示宇宙的图画中,它们的出现只是用来预告之后阐述的记忆系统将会用到"剧院",该系统的记忆建筑具有按方的艺术的方式建立的记忆场景,而这些建筑放置在圆形艺术的常见地点,即黄道带上。

这幅图对面的书页上是一张"剧院"版画(pl.18)。天体图与剧院图两两相对,这样当书合上时,天体正好覆盖在剧院之上。这个剧院,如先前所说,不是一座完整的剧院,只是一个舞台。面对我们的墙壁是它的后台背景,有五扇门,正如古典剧场那样。但是,这并非古典舞台,而是一个伊丽莎白时代或詹姆士一世时期的多层舞台。第一层有三扇门,其中两扇为拱门,中间则是带铰链的笨重大门,正半开着。第二层还有两扇门,打开后可通向围有城垛的露台。在露台中间,是舞台最醒目的特色——一扇凸窗,或者说是楼上的卧室或房间。

弗洛德这样介绍这幅"剧院"或说是舞台的图画:

> 所有的单词、句子、演说细节或有关主题的一切行动在其中展示,我称这样的场景为剧院,就像一个公共剧院,上演着悲剧和喜剧。[25]

弗洛德打算用这个剧院作为一个记忆场景系统来记忆单词和事物。但是这个剧院本身"就像一个公共剧院，上演着悲剧和喜剧"。严格地说，那些用来演出莎士比亚及其他戏剧的宏伟木结构剧院，就叫"公共剧院"。既然弗洛德本人强烈反对在记忆时使用"虚构的地方"，那是否可以假定他画中显示的就是一个真正的公共剧院内的舞台呢？

这张插图所在的章节标题为"对东方与西方剧院的说明"，看样子有两座剧院，分别叫"东方剧院"和"西方剧院"，两者构造完全相同，但颜色不同。东方剧院色浅、明亮、发光，故为白昼行为的发生地；西方剧院则为深色、乌黑、昏暗，属于夜晚。两者都被放置在天空，大概分别代表星球白天与夜晚的"黄道宫"。十二宫的标志是否都有自己的东方与西方剧院呢？它们摆放的位置是否雷同白羊宫两侧的小舞台，只不过换成了整个天空的两侧？我想大概是如此。但是在玄秘式记忆的领域，要理解这些天体剧院如何运作不太容易。

与这个系统最接近的就数布鲁诺《形象》中的系统，其中的记忆房间被仔细安排，里面有放置记忆形象的记忆场景（就像弗洛德的"方的"艺术），这些记忆形象与"圆形"或天体的系统紧密相连。同样，（或者说我这么认为）弗洛德的"剧院"就是记忆房间，被放置在天道十二宫中从而附属于圆形天体。若他的本意是每个黄道宫图标两侧都要放这样的小"剧院"，那么插画里的"剧院"就是二十四个一模一样的记忆房间中的一个。"东方"与"西方"，或称白天与黑夜剧院，与天体的运转相联，为记忆系统导入时间。这当然是非常玄秘或魔法成分极高的系统，

第十五章 罗伯特·弗洛德的剧场记忆系统

其基础是对宏观——微观世界关系的看法。

"剧院"的凸窗上刻有"THEATRUM ORBI"字样。弗洛德与受过良好教育的雕刻师肯定懂得拉丁文，很难相信他们竟然把"THEATRUM ORBIS"拼错了。我推测（虽然不是很确定）在这里使用与格实属有意为之，意味着它并不是一个"世界的剧院"，而是被放置在世界中的一个"剧院"或舞台，它位于天体之中，正如对面书页的图示。

弗洛德确实在文中说到"每一个剧院有五扇各不相同的门，门间距离相等，其功能容我稍后再解释"。[26] 因此插图显示的五扇门得到文本的证实，图与文相符。弗洛德后来解释道，剧院里的这五扇门被用作五个记忆场景，与对面的五根柱子相呼应。[27] "剧院"图中，地板上可以看到五根柱子的底座。从左至右分别为圆形、方形、六边形、方形、圆形。"设想有五根柱子，它们的形状与颜色都不同。两端的两根柱子是圆形；中间那根六边形，它两侧的为方形"。[28] 此处图文的叙述也是一致的，对图中底座形状与排列的次序的描述也相同。

弗洛德继续写道，柱子颜色不同，分别与"它们对面的剧院门的颜色"对应。五扇门是五个记忆地点，靠颜色的不同区分，依次为白色、红色、绿色、蓝色与黑色。[29] 城垛露台上的几何形状，印证了门与柱子相搭配。我不明白这种配合具体是如何运作的，不过可以肯定的是，第一层中央的门与六边形的主柱相对，另外四扇门也分别与圆形和方形的柱子对应。

"剧院"中的五扇门加五根柱子即十个地点，凭借它们，弗洛德提出用他的魔法记忆系统来记忆事物与词汇。尽管他没有明说这些门和柱子与《献给赫伦尼》有关联，但他脑中所想的一定

- 447 -

是那些规则。比如各扇门之间都有一定距离以建构合适的记忆场景；柱子形状不同，才不致混淆记忆。另外，将不同记忆场景记作不同颜色，作为额外的辅助手段以区分记忆场景，这一想法在《献给赫伦尼》中没有，不过在其他记忆术论著中经常被提及。

记忆系统的正常运作与星星有关。弗洛德在讨论行星与黄道宫标志的关系时称其为"关键的理念"。[30] 这一章节阐述了记忆系统的天界基础，接下来的一章将讨论记忆剧场内的五扇门与五根柱子。天体与剧院相配合，剧院存在于天体之中。由此，"圆形"与"方形"艺术统一起来成为一个记忆"印记"，或一个极度复杂的玄秘记忆系统。弗洛德从未用过"印记"这个词，但他的记忆系统无疑属于布鲁诺型。

弗洛德的书中还有另外两个"剧院"（pl.19a，b）的插图。它们不像主舞台那样为多层舞台，更像是一个房间，但只有三面墙，方便我们看到房间内部。它们与主舞台相关联，墙上也有城垛，设计与主舞台相似。这两个附属剧场也被当作记忆房间使用。一个有三扇门，另一个有五扇。后者内部也有类似主剧场的柱子，底部就像画中所显示的，与五扇门相对应。这两个附属剧场与主剧场遥相呼应，通过主剧场与天体相联。

我们已经谈到弗洛德记忆系统中的"场景"：最主要的"常见场景"就是天体，与作为记忆房间的剧院相连接。那么作为记忆另一个方面的记忆"形象"，对此弗洛德又怎么说呢？

弗洛德的基本形象或天体形象为驱邪护符或魔法的图像，就像布鲁诺置于《影子》的中心转轮上的图像。表示黄道带的符号形象以及行星的人物形象出现在天体结构图中，但没有黄道带十度分区、星星、黄道宫等的形象。我们推测弗洛德确实思考过这

- 448 -

第十五章　罗伯特·弗洛德的剧场记忆系统

pl.19a　附属剧场
　　来自罗伯特·弗洛德的《记忆术》。

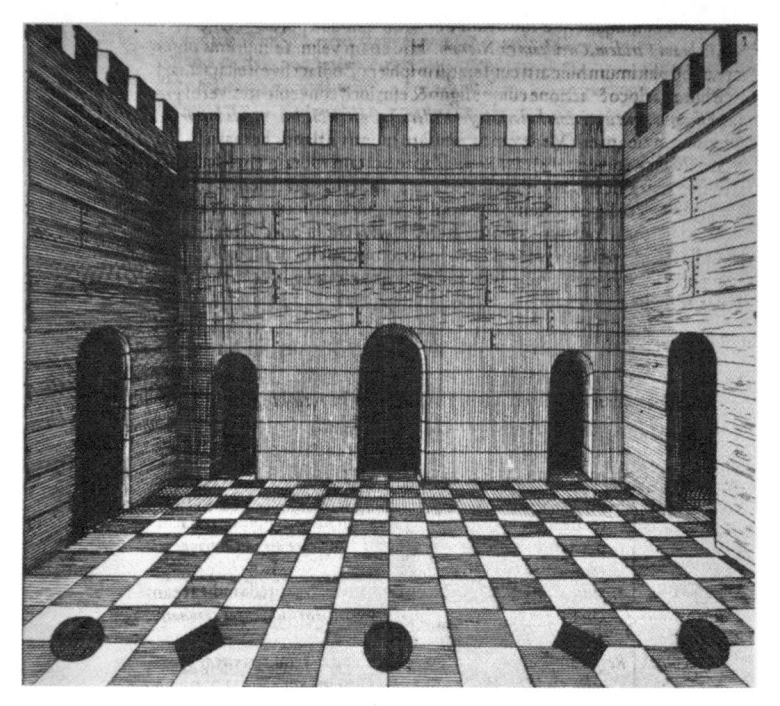

pl.19b 附属剧场
来自罗伯特·弗洛德的《记忆术》。

第十五章 罗伯特·弗洛德的剧场记忆系统

些形象，他在"按照行星领域关键理念的秩序"一章中分析了土星萨杜恩在黄道带上的运行，描述了土星萨杜恩在不同星宫里的不同形象，并且说其他行星也可以如此。[31] 这些天界或魔法作用的形象会在记忆系统的"圆的"艺术那一部分使用。

在讨论了"关键理念"的形象之后，是有关"非关键形象"的章节，这些形象会放在剧院里、门和柱子上，它们是用于"方的"艺术的图像，根据《献给赫伦尼》的鲜明形象规则建构，弗洛德在此引用了该书，但这些形象在这个魔法系统中被魔法化了。剧场中每五张图像为一组，其中有一组是拿着金羊毛的尹阿宋、美狄亚、帕里斯、达佛涅、福波斯。另一组中，白色门上是美狄亚在采集魔法草药；红门上是美狄亚杀害她的兄弟；另外三扇门上分别画着美狄亚的三种不同状态。[32] 还有一组为五幅美狄亚的图像[33]，另外也有塞丝的图像。用这些女巫的图像一定是相信其法力可以使该记忆系统发生效用。

和布鲁诺一样，弗洛德深受艰深的古老记忆术论著的影响，这些书在各种魔法书当中幸存下来，增加了它们的神秘感，使其更加晦涩。书中有龙贝格和罗塞留斯等作家特别喜欢的那种名称和事物列表，只是如今卷入了玄秘艺术而显得更加神秘莫测。弗洛德给出的单子中包括了所有主要的神话人物，以及美德与恶行，这种大杂烩又使我们想起了中世纪的艺造记忆。

弗洛德在书中纳入"视觉化字母"的插图样本，可见他受古老记忆术论著传统的影响之深。[34] 这个形象化字母表是一种古老的记忆论著的标记手册。可能早在13世纪彭冈巴诺就曾提及，普布里奇、龙贝格、罗塞留斯等人的作品中也看得到。[35] 虽然布鲁诺从未用插图说明过视觉化字母，但其作品也频繁提及或用语言描述过它们。[36] 弗洛德的视觉化字母表明他和布鲁诺一样，把自己的特别记忆"印记"视为古老的记忆术传统的延续。

在我看来，弗洛德的记忆系统非常类似布鲁诺的记忆系统。他们在使用时都极力把记忆术的原则与天体相联，形成一个完整的反映世界的系统。除了整体大纲，弗洛德的许多小细节也让我联想到布鲁诺的记忆系统。弗洛德用来称呼记忆地点的"小隔间"与"场地"，是布鲁诺常用的字词。不过，弗洛德似乎不运用卢尔主义，[37] 也不像布鲁诺那样老提"三十"。我觉得布鲁诺式系统中与弗洛德系统最相似的就是《形象》中的记忆系统，两者都使用了一个极其复杂的记忆房间系列与天体相关联。布鲁诺把房屋当作记忆房间，而弗洛德则代之以"剧院"，当作记忆房间，不是作为与"圆形"天体一同使用的建筑物就是"方形"艺术的一部分。

整个记忆系统的基调是用五扇门作为五个记忆场景的"剧院"或舞台。从其序言的插图（pl.15）中就可以看出大概，图中的人有一个想象之眼以及附带五幅记忆图像的五个记忆场景。

人们的印象中，弗洛德在法国学得记忆术。他早年在欧洲各国旅行，在法国南部待过一段时间。在《大小两个世界的历史》中关于泥土占卜术的那部分，他提到自己于1601～1602年冬天在阿维尼翁实践过这种方术，后来来到马赛指导吉斯公爵和他的弟兄"数学科学"。[38] 弗洛德在谈记忆术一章的开头也提到，应该是同一时期，自己在尼姆开始对记忆术产生兴趣，待他练得更加娴熟，便到马赛去教授吉斯公爵（Duc de Guise）兄弟，同时也教他们记忆术。[39]

弗洛德在法国时也许听说过卡米罗的"剧场"和布鲁诺的著

作。另外，布鲁诺的《印记》在英国出版，迪克森在布鲁诺离开英国很久之后仍在伦敦教授记忆术。因此，英国应该也流传布鲁诺的记忆术的理论传统，弗洛德也可能由此接触到布鲁诺的记忆术。

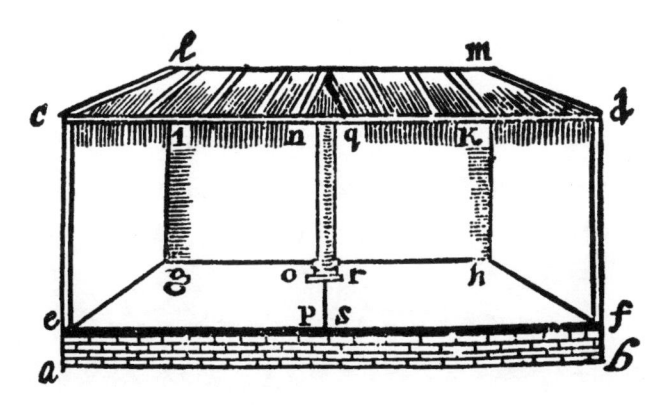

图10 记忆剧院或储藏室。来自威利斯的《助记术》（J.Willis, *Mnemonica*），1618年。

另外一个直接影响可能来自1618年在伦敦出版的一本论著，这就是约翰·威利斯（John Willis）出版的《助记术或回忆术》（*Mnemonica sive Ars reminiscendi*）。因为《大小两个世界的历史》有关记忆系统的部分仅在其一年后，也就是1619年出版。威利斯在书里描述了一组完全相同的"剧院"构成的记忆系统，[40]还附带了一个"剧院"或其称为"储藏室"的插图说明。这是一栋单层建筑，正面没有墙以便看见室内的面貌，后墙附近有一根柱子将房间一分为二，这样就有了两个可以安排记忆场景的记忆房间。储藏室或剧院被想象成不同的颜色，以便于在记忆中区分，记忆用的图像也必须含有一些要素来提示它们所在的那个剧院的颜色。威利斯给出了下列在"金色"剧院里使用的图像例子，目的是提醒某人到市场上该办的事：

> 他想到的第一件事，是去市场询问作种子用的小麦价格。因此他应该想象，在第一个"储藏室"的第一个地点或第一个房间，许多人带着一袋袋玉米站在一起……而在舞台的左侧，他看见一个穿着土色衣服、高筒靴的乡下人，正在把袋里的小麦倒进量斗里，这个容器的耳或把手是纯金的。根据这个假设，"理念"就有了与"储藏室"一致的颜色——金色。
>
> 他要做的第二件事是为牧场购买割草工具。于是假设在第一个"储藏室"的第二个位置，三四个擅长农事的男人正在磨刀，刀刃是金色的，与"储藏室"的颜色一致……这个"理念"与上一个依靠场景联系在一起，因为两个理念都在第一个"储藏室"的舞台上……[41]

这种对记忆术理性的使用非常直截了当，如作者所说，当"我们没有纸、笔或是笔记本"时[42]把它当作记忆的购物单很有效。然而，这与弗洛德使用有柱子的"剧院"组作为记忆房间的做法惊人地相似，强调根据不同颜色来区分记忆场景这一点也很类同。另外，威利斯主张"白天记住的东西，至少要在睡觉前存放妥当；而夜晚中记住的东西，应在睡觉后立刻存放"，这说不定也是弗洛德那奇妙的"昼"与"夜"剧场的灵感来源。[43]

布鲁诺习惯将理性的记忆系统"玄秘化"为一个魔法式记忆系统，这一再出现在其著述中。也许弗洛德对威利斯的记忆房

第十五章 罗伯特·弗洛德的剧场记忆系统

间也如法炮制，通过将它们与黄道带十二宫联系，使之神秘化而产生一种魔法。抑或，我们不妨回想同一时期的法国，帕坡正在"解密"谢恩科尔，[44]那看似理性的记忆术表面下存在着一股玄秘主义的暗流。由此，我们不由怀疑威利斯的《助记术》不像表面看来那么简单。我对此没有确切的答案，但在这里不得不提到他，因为就在弗洛德发表其系统的前一年，英国出版了这样一本使用"剧场"或舞台组作为记忆房间的记忆术著作，表明弗洛德对记忆术的所闻所想可能不仅仅源自国外旅行。

不论如何，弗洛德的记忆系统似乎把我们带回许多年前那场围绕塞浦西斯的麦阙多卢斯、黄道带十二宫在艺造记忆中的使用以及就此展开的激烈争论。当时如果威廉·珀金斯还健在，他一定会说弗洛德的著作中有"塞浦西斯主义者"的"不虔敬的艺造记忆"。

默森对弗洛德发起几度抨击，其中之一认为弗洛德的两个世界以未经证实的"埃及式"学说为依据（指的是《秘文集》中的学说），其二他的"人类包含全世界"的想法源自墨丘利（在《阿斯克勒庇俄斯》中）所说的人类是伟大的奇迹，近乎上帝。这里，默森准确地抓住了弗洛德两个世界理论中的赫尔墨斯来源。[45]弗洛德笔下的人类微观世界，具有包容内心所反映的整个外在世界的潜能。弗洛德的玄秘记忆术通过在微观世界的记忆中建立、构造或提示整个外在世界以期再现或再建宏观世界与微观世界的关系，它是宏观世界的形象，是上帝的形象。凭借玄秘版本的记忆术中星灵化的形象，来操控星辰在人类内心的作用，是布鲁诺的雄心壮志，弗洛德则是在效仿他。

尽管布鲁诺和弗洛德都是以赫尔墨斯哲学来操作玄秘记忆系统，但两人使用的哲学并不完全相同。弗洛德的观点属于文艺复兴早期，把"三个世界"或创世的三个阶段，即自然世界、天界世界、超天界世界基督教化，超天界世界被等同于被伪狄俄尼索斯基督教化的各阶层天使所在的世界。这样一来，就使整个系统拥有基督教化后的天使与三位一体组成的顶点。卡米罗的观点也类似，他的"世界剧场"超越星星与神源体和天使相连，在一个文艺复兴时期赫尔墨斯派的基督教哲学家看来，神源体和天使与基督教的天使等级相同，也就是三位一体的映像。

布鲁诺反对把《秘文集》做基督教式的解读，而希望回归纯正的"埃及式"宗教，抛弃他所谓的该系统的"形而上学"顶点。对布鲁诺来说，在天界之上还有超天界，也就是"理性"的"太阳"，这是他想要达到的目标，为此人们需要凭借"太阳"在自然中的表现与痕迹，并凭借记忆中的形象将这些表现和痕迹归类、统一。

弗洛德的插图之一是用视觉形式呈现三个世界在微观世界的思维及记忆中的反映。画中，一个人首先通过五感从可感知的世界吸收感观印象，继而在想象世界中处理这些内在的图像或影子。弗洛德在讨论想象世界时，将黄道带十二宫和星辰图像的映像也囊括其中。[46] 在这一阶段，微观世界在超天界的层面统一记忆的内容。然后，图中显示出思想以及理性的世界，人的心智在那里收到一个有九层天界、三位一体的形象。最后画出头后部的记忆的位置，三个世界的所有信息都收纳其中。

然而，对布鲁诺来说，思想经过统一的过程到达理性的太阳，并不具有基督教、三位一体的因素。另外，布鲁诺在《印记》中彻底取消了对"心理官能"的分类，弗洛德则保留其一部分，描述了原材料从感官印象穿过心灵中各个分隔的不同"官

第十五章　罗伯特·弗洛德的剧场记忆系统

能"。对布鲁诺来说，贯穿整个内在理解世界的只有一种能力、一种官能，那就是想象的能力或想象的官能，想象力会迅速进入记忆的大门，与记忆成为一体。[47]

因此，弗洛德虽然也是一个以赫尔墨斯传统为依据的哲学家、心理学家，但他与布鲁诺的说法并不太一致。弗洛德接触到的赫尔墨斯传统，可能不是布鲁诺引入英国的那种形式，而是早先约翰·迪伊在英国建立的。弗洛德对机械与机器有着浓厚的兴趣（这两种知识在赫尔墨斯传统中都算是魔法的一支），[48]这也是迪伊的兴趣之一，但布鲁诺对此并不重视。与布鲁诺相比，迪伊更接近原始的基督教化的、三位一体式的传统，这些仍存在于弗洛德的学说中。

尽管如此，弗洛德的赫尔墨斯记忆系统仍然凸显出布鲁诺的影响。这证明记忆术之所以发展成一种赫尔墨斯式的艺术，布鲁诺起的作用最大。虽然弗洛德与布鲁诺的赫尔墨斯哲学有所不同，但弗洛德的记忆"印记"向我们提出的问题本质上却与布鲁诺的问题一样棘手。我们只能大概理解这样一个记忆系统的性质，对于细节所知甚少。在黄道带十二宫中放置二十四个记忆剧场只是单纯的疯狂行为？还是说这种疯狂可能导向理性的方法？又或者说，这样一个系统其实是赫尔墨斯教派或社团的印记或密码？

我们不妨从历史的角度看，把弗洛德的记忆系统当作一种贯穿整个文艺复兴时期不断重现的模式。最初出现在朱利奥·卡米罗作为秘密献给法国国王的"记忆剧场"，接着在布鲁诺周游各国时携带的"记忆印记"学说中再次现身，最后我们又在弗洛德献给英国国王的"剧场记忆系统"的著作中见到它。而且，弗洛德的剧场记忆系统包含了一个隐藏的秘密,即有关"环球剧场"的确凿信息。

也许这一非同寻常的事实所引发的兴趣,会促使众多学者更深入地研究我长期以来独自探索的问题,使将来的人们比目前的我更为了解文艺复兴玄秘记忆术的性质与意义。

第十五章 罗伯特·弗洛德的剧场记忆系统

注释：

1 有关弗洛德的生平和作品，见《国家传记辞典》(*Dictionary of National Biography*)中的文章，弗洛德实际上是威尔士血统。

2 见 G.B.和H.T., Pls. 7, 8, 10, 16, 以及从403页开始。

3 同上，从399页开始。卡索邦考定《秘文集》年代的书是题词献给詹姆斯一世的。

4 罗伯特·弗洛德《大小两个世界的形而上学、物质和技术的历史》(Fludd *Utriusque cosmic maioris scilicet et minoris metaphysica, physica, atque technica historia*)。

第一卷：《分成两个部分的宏观世界的历史》(*Tomus Primus. De Macrocosmi Historia in duos tractatus divisa*)。

《宏观世界的形而上学和由此产生的生灵等》(*De Metaphysico Macrocosmi et Creaturum illius ortu etc.*, Oppenheim, Aere Johan-Theodori de Bry. Typis Hieronymi Galleri, 1617年)。

《原始自然或宏观世界的技术历史》(*De Naturae Simia seu Technica Macrocosmi Historia*, Oppenheim, Aere Johan-Theodori de Bry. Typis Hieronymi Galleri, 1618年)。

第二卷：《微观世界的超自然、自然、非自然、反自然历史》(*Tomus Secundus. De Supernaturali, Naturali, Praeternaturali et Contranaturali Microcosmi Historia...* Oppenheim, Impensis Johannis Theodori de Bry, typis Hieronymi Galleri, 1619年)。

第一部分：《微观世界的形而上学和物质历史》。
第二部分：《微观世界的技术历史》。
《论两个世界的非自然历史》(*De praeternaturali utriusque mundi historia*)，法兰克福，1621年。
(这一卷的最后附有弗洛德对卡普勒的回应，题目是《真实舞台等》[*Veritatis proscenium etc.*])

根据这一著作出版的复杂背景，可以看出论述宏观世界的第一卷被分为两个部分，分别在1617年和1618年出版，论述微观世界的第二卷在1619年出版(1621年在法兰克福出版的是这一卷的后一部分)。

整个系列的出版人约翰·西奥多·德·布赖是西奥多·德·布赖的儿子(父亲于1598年去世)，他继承了父亲的出版和雕版印刷事业。第一卷的扉页上说明是约翰·西奥多·德·布赖负责版画，但第二卷的扉页上没有说明。《论原始自然》(1918年)的扉页上的署名是"M.Merian sculp"。马蒂厄·马里安是约翰·西奥多·德·布赖的女婿，是公司的一个成员。

5 罗伯特·弗洛德《向最尊贵最强大的帝王大不列颠国詹姆士国王申诉》('*Declaratiobrevis Serenessimo et Potentissimo Principe ac Domine Jacobo Magnae*

Britanniae...Regi'），大不列颠博物馆，MS.Royal, 12 C ii。

6 威廉·福斯特《擦去兵器油膏的海绵布》（William Foster, *Hoplocrisma-Spongus: Or A Sponge to wipe away the Weapon-Salve*\X），伦敦，1631年。"兵器油膏"是弗洛德推荐的一种油膏，福斯特说这具有很危险的魔法力，源自帕拉塞尔斯炼金术。

7 《弗洛德博士对福斯特的答复，或挤干福斯特牧师神职给他用来擦去兵器油膏的海绵布》（*Dr. Fludd's Answer onto M. Foster, or The Squesing of Parson Foster's Sponge ordained for him by the wiping away of the Weapon-Salve*），伦敦，1631年，11。

8 同上，21–22。《挤干福斯特牧师的海绵布》是弗洛德唯一在英国出版的书，这部著作被认为超越了地方兴趣，并且关系到当时非常热门的世界争议，其拉丁文版本1638年在荷兰高达出版（R.Fludd, *Responsum ad Hoplocrisma-Spongum M. Fosteri Presbiteri*, Gouda），1638年。

9 见G.B.和H.T.，442–443。

10 见J.B.卡文《迈克·马尔伯爵》（*Count Michael Maier*, Kirkwall，1910年, 6）。

11 见卡文《罗伯特·弗洛德博士》（*Doctor Robert Fludd*, 46。）

12 马尔带有精美插图的《消逝的阿特兰塔》（*Atlanta fugiens*）是约翰·西奥多·德·布赖于1617年在奥本海姆出版的；他的《行星山峰之导向》（*Viatorum hoc est de montibus Planetarum*）于1618年由同一家公司出版。

应该补充的是，德·布赖出版公司和英国的商业往来渠道是由老德·布赖（西奥多·德·布赖）建立起来的，他在《美洲》中出版了根据约翰·瓦特（John White）的图所画的版画。西奥多·德·布赖于1587年去英国为他的航海探索出版集收集材料和图示，见《约翰·瓦特的美洲插画作品》（*The American Drawings of John White*），伦敦，1964年，I, 25–26。

13 《大小两个世界的历史》，第二卷，第二部分，从48页开始。

14 同上，50。

15 同上，参考如前。

16 同上，50–51。

17 同上，51。弗洛德在法国图卢兹听到的极富魔法力的记忆术很像是著名法术（ars notoria）。弗洛德可能是指让·贝洛特（Jean Belot）早先已发表的有关手相术、相面术和记忆术的著述。（有关贝洛特，见桑戴克的《魔法和实验科学历史》[Thorndike, *History of Magic and Experimental Science*], VI, 360–363）。贝洛特在他极端魔性的艺造记忆中提到了卢尔、阿格里帕赫布鲁诺，这被收入他的《全集》（里昂，1654年，从329页开始）。桑德斯的《记忆术》（R. Saunders,

第十五章　罗伯特·弗洛德的剧场记忆系统

Physiognomie and Chiromancie...whereunto is added the Art of Memory，伦敦，1653年，1671）以贝洛特的书为基础，也像他一样提到布鲁诺。桑德斯将自己的书题词献给埃利亚斯·阿西莫（Elias Ashmore）。

18　《大小两个世界的历史》II, 2, 51–52。

19　同上, 51。

20　同上，从54页开始。

21　同上，第十三章。

22　同上，第十三章。

23　《大小两个世界的历史》II, 2, 54.

24　如果将这个圆的艺术的图示与《大小两个世界的历史》第一卷的扉页上的图画设计相比较，可以看到时间的变化是通过时间拉动缠绕宏观世界和微观世界的绳索来形象地表达的。画中的微观世界存在于宏观世界之中，通过比较这两张图画，我们也理解了为什么记忆的"圆的"艺术是微观世界的"自然"艺术。

25　《大小两个世界的历史》，II, 2, 55。

26　同上，参考如前。

27　同上，63。

28　"场地中放置五个柱子，这些柱子形状与颜色必须不同；最两边的两个柱子是圆形，中间的那个是六边形，侧边和中间的柱子之间的柱子是四方形"（同上，63）。虽然他说的是"场地"[prata]，但是他想的是作为记忆场地或记忆场景的五个门。

29　同上，参考如前。

30　同上，62。

31　同上，参考如前。

32　同上，65。

33　同上，67。

34　他也为数字设置了一组视觉形象，这也是源自老传统。带有数字形象的记忆场景的例子在书的第一卷，"论数学记忆"部分里有（《大小两个世界的历史》I, 2, 从153页开始）。

35　同上，从118页开始。

36　同上，250, 294–295。

37 但是卢尔是以代表炼金术的一个记忆形象出现的(《大小两个世界的历史》, II, 2, 68)。

38 《大小两个世界的历史》, I, 2, 718–720。这一段有英译版, 译者为焦斯滕。《罗伯特·弗洛德的泥土占卜理论与他1601年至1602年冬季在法国阿维尼翁的经历》, 载《沃尔伯格和考陶尔德学院学报》(C.H. Josten, "Robert Fludd's theory of geomancy and his experiences at Avignon in the winter of 1601 to 1602"), XXVII(1964年), 327–335。这篇文章讨论了弗洛德在《大小两个世界的历史》(II, 2, 从37页开始)中提出的泥土占卜理论, 紧接其后是讨论记忆术, 比较这两段非常有用。

39 同上, II, 2, 48。

40 约翰·威利斯《助记术或记忆术: 取自艺术和自然的纯净源泉》(John Willis, *Mnemonica; sive Ars Reminiscendi: epuris artis naturaeque fontibus hausta*...), 伦敦, 1618年。作者在三年后出版了著作中一部分的英文翻译(约翰·威利斯, 《记忆术》, 伦敦, 1621年), 1661年全书的英文翻译出版(约翰威利斯《助记术或记忆术》, 伦敦, 莱昂纳德索博雷印刷和出售, 1661年)。菲楠格勒(G.von Feinaigle)出了1661年版的大段摘录本(《新记忆术》, 伦敦, 1813年, [第三版]从249页开始)。

41 威利斯, 《记忆术》, 1621翻译本, 58–60。

42 威利斯, 《记忆术》, 1661翻译本, 28。

43 同上, 30。

44 同上, 第十三章。

45 马林·默森《创世纪中的著名问题》(Marin Mersenne, *Quaestiones celeberrimae in Genesim*), 巴黎, 1623年, cols. 1746, 1749。参看G.B.和H.T., 437。

46 《大小两个世界的历史》, II, 从205页开始。

47 见前面, 第十一章。在坎帕内拉的《事物的感觉与魔力》(*Del senso delle cose e delle magia*, ed. A.Bruers, Bari, 1925年, 96)中也同样摒弃功能心理观, 其中有一段坎帕内拉说谴责功能心理 "使一个不可分割的灵魂变成很多灵魂"。就像许多其他方面一样, 坎帕内拉与布鲁诺在这一点上观点相近。然而, 弗洛德的心理观完全是文艺复兴时代的, 他强调最重要的是想象。

48 见 G.B.和H.T., 从147页开始。

第十六章

记忆剧场与环球剧场

"环球剧场"是一座能容纳数千人的木结构大型公共剧场，上演过英国文艺复兴时代的戏剧，直到弗洛德生活的时代仍然屹立并仍在使用。"环球剧场"始建于1599年，坐落于伦敦河岸区，当时英国王室宫务大臣所管辖的剧团演员以此为活动中心，莎士比亚也属于这个剧团，并为其创作剧本。1613年，剧场毁于大火，之后立即在原址上照原样重建，但规模更宏伟。据说当时的人们赞誉新剧场为"英格兰有史以来最美丽的"剧场。[1]国王詹姆士一世为重建提供了巨额资金，[2]他把宫务大臣的剧团收为己有，成为"国王团"，[3]理所当然应为自己的剧团重建剧场。

近几年，人们对重现伊丽莎白与詹姆士一世时期的剧场表现出极大的兴趣，环球剧场因其与莎士比亚的关系而受到格外重视。[4]然而，对重建有用的形象资料少之又少，事实上，人们只发现了一张"天鹅剧场"的室内草图，为著名的德·维特（De

Witt）所画的素描（pl.20）。专家们将这份草图可能包含的信息全部巨细靡遗地研究过了。可惜它不是很精确，只是德·维特草图的临摹本（原本已经不复存在）。尽管如此，这仍是目前能找到的有关公共剧场内部结构的最佳实景图，所有重建工作都以此为据。现代的环球剧场就是根据德·维特草图、剧场建筑合同以及对剧本中舞台指导内容的分析而重建的，但结果不如人意。因为德·维特的草图画的是天鹅剧场，[5]而非环球剧场；建筑合同则是好运剧场与希望剧场的，也非环球剧场；由于不存在实物资料，重建现代版时没有任何环球剧场室内设计图可供参考。它的外部图像资料取自早年的伦敦地图，据说代表环球剧场的图识就标在河岸区边上。[6]至于剧场是圆形还是多边形，各种老地图标示的都不太一样。

尽管资料匮乏，对环球剧场原本样貌的研究仍有了很大进展。我们知道，舞台后墙的背后空间就是"化妆间"，演员在那里更衣、存放道具等。化妆间有三层，最底层有门或出入口连着舞台，这样的门或出入口可能有三个，中间的一扇是主门，旁边两扇侧门。其中一扇门可能通向舞台内侧。第二层是露台，常用于围攻与打斗戏，估计也可以布置成城垛，因为剧场文件和剧本中都提到"城垛"。[7]这一层的某处还有一间房，称作"卧室"，有窗户。其上为第三层，是放置舞台器械装置的小屋。将舞台与化妆间隔开的墙即是舞台的后台背景。舞台是一个高架的平台，延伸至"庭院"。庭院是露天的，买便宜站票的观众在那里观看，有钱买坐票的观众则坐在环绕剧场一周的楼座。在德·维特所画的天鹅剧场也看得到这种粗略的布局：与化妆间共用一堵墙的舞台，扩展至庭院，也有环绕剧场的楼座。但舞台的第一

第十六章 记忆剧场与环球剧场

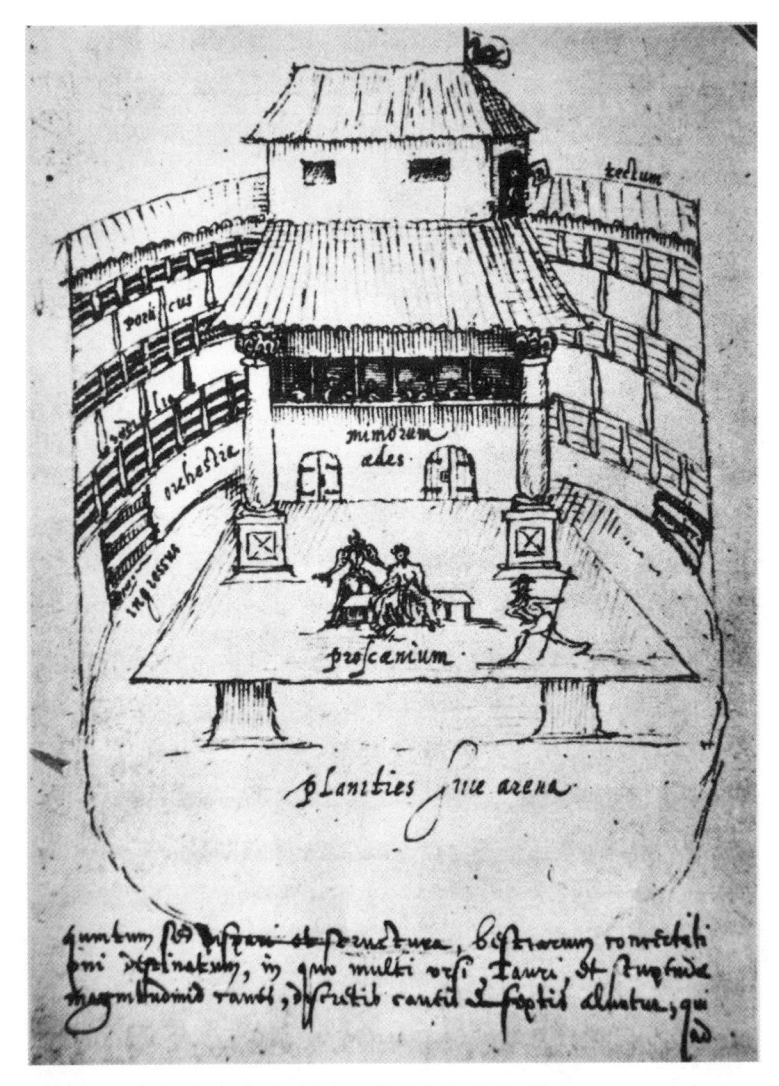

pl.20 德·维特的天鹅剧院草图，乌特勒支大学图书馆。

层只有两扇带铰链的门，无法探知它们能否通向舞台内侧。楼上没有"卧室"，没有窗户，只有容纳观众的楼座，有时演员也可能会在那里表演，我们必须明白，这幅画里所描绘的并非环球剧场的舞台。

剧场重建计划中有一个明显的特征，即部分舞台被罩在顶棚下，从化妆间的墙延伸出去，并且由圆柱或所谓的"台柱"支撑。[8] 德·维特的画稿中就有两根圆柱支撑住顶棚，但是只能遮盖住舞台内侧，其余部分仍是露天的。资料指出，顶棚朝下的一面漆成蓝色，象征天空。在亚当斯的环球剧场重建设计中，顶棚上画了黄道十二宫图，还粗略地点了一些星星。[9] 显然，这种屋顶的设计以及对天界的诠释算是现代的发明，因为没有任何关于剧场天空的原初样本被保存下来。当时的天花板一定不只是被随便涂抹成天空的样子，再胡乱画上星星；而应该绘有代表黄道带十二宫的图案以及七大行星，可能画得很简单，也可能画得仔细。[10] 在剧场合同或其他文件中，这一部分装饰被称为"天空"，[11] 有时也被称作"影子"。[12]

已故的理查德·伯恩海默（Richard Bernheimer）在1958年发表的一篇文章中，复制了弗洛德书中的"世界剧场"版画插图。以下是伯恩海默对版画的评述：

> 一看便知，插图中的结构显然是伊丽莎白时代的一般式样，尽管风格非比寻常。研究莎士比亚的学者很快会发现舞台有上下两部分，舞台内左右各有一扇侧门。有用于攻城场景的城垛，还有一扇凸窗，朱丽叶可能就是倚在这扇窗边

第十六章 记忆剧场与环球剧场

聆听情郎的甜言蜜语。根据对舞美指示和剧本中的间接指涉所作的研究,人们假定舞台应该有这些东西,但是没人真正见过它们的实体。[13]

正如他所说,伯恩海默发现的东西是现代人从没见过的,虽然我们从戏剧作品中得知它们的确存在过。遗憾的是,尽管伯恩海默洞察力敏锐,但他在解释版画以及弗洛德的文本时,还是犯了根本性的错误。

首先,伯恩海默将版画当作剧场的整体,以为这是一个很小的剧场,两侧有供观众坐的包厢,类似16世纪的网球场。但是,版画所表现的并不是整个剧场,它只是一个舞台,甚至可能只是舞台的一部分。

第二个错误是他没有仔细研读布鲁诺的记忆之"印记"学说,所以没搞清楚"圆的"艺术与"方的"艺术。他看到弗洛德花了大量篇幅阐述"圆形",便以为其意指图中的建筑物为圆形。然而,图中没有任何地方呈圆形,所以他就想当然地认为图与文字无关。他假定德国印刷商用了现成的一张画来解说弗洛德晦涩难懂的记忆术,那幅画(按伯恩海默的想象)是德国某处的小剧场,在网球场上临时搭建,为了让远道而来的英国演员有宾至如归的感觉而加上一些伊丽莎白时期的特征。这种无中生有之论,也断送了他对版画所体现的莎士比亚式特征的精准观察。我想,正是因为伯恩海默推翻自己直觉的见解,才使环球剧场的重建者忽略了他的文章与插图。

如果弗洛德如他自称的那样使用了一个"真实的"公共剧场

来建构其世界记忆系统的舞台（伯恩海默无视这一声明），还有哪个比环球剧场这一伦敦著名的公共剧场更适合呢？更何况它的名字本身就暗指"世界"。此外，弗洛德将其著作的第一卷献给詹姆士一世，而这位君王为环球剧场的重建花了大量经费，供其"国王团"使用，那要继续吸引他对第二卷的兴趣，还有什么方法比在记忆系统中提到新近重建的环球剧场更恰当？

在"世界剧场"版画中的所有特征，弗洛德在文中提及并在其记忆术中采用的只包括舞台布景墙上的五扇门（或出入口）以及"对面"的五根柱子，画中只显示柱子的基部。他在文本中从未论及，也没在记忆术中使用图中清晰呈现着的其他事物，例如凸窗、表演打斗戏的露台、底部有通道的侧墙等等。虽然其论述反复涉及舞台后墙的五扇门——它们是五种记忆场景的原型——他却始终没有明确说明这五扇门之间的区别，也未说过中间带大铰链的呈虚掩状的门背后是一个房间。他在图中呈现这些细节，却未在记忆术文字中提及，用意何在？唯一的解释是这些都是弗洛德所说的"真实"舞台的"真实"特征，而非他设计用于记忆术的特征。

"真实"舞台也包含了"圆的艺术"的基本特征，那就是画在舞台顶棚内侧的"天空"。让我们再次仔细查看左页的"天空"图示，合上书后，就覆盖在右页的舞台上。如此这般，舞台在右，左边是满天的黄道十二宫标志，这一布局不正是魔法记忆术的象征，同时也是真实剧场的样子吗？只有顺着这条线索思考，我们才能正确理解"圆的剧场"与环球剧场的关系。

这幅版画显示的就是环球剧场中罩在"天空"顶棚之下的那部分舞台。

第十六章　记忆剧场与环球剧场

我们向正前方望过去，就是环球剧场化妆间的外墙，不过仅看到下面的两层：有出入口的底层以及带有露台与卧室的第二层。第三层在视野以外，因为我们被罩在第二层的"天空"下，它从墙壁的第三层下方延伸至我们看不见的前方。

这个舞台共有五个出入口，三个在底层，中间的大门里侧为内室，两个侧面各有一扇门；第二层另有两个出入口。这就是记忆系统中用作记忆场景用的"五门"。鉴于弗洛德用的不是"虚构的场景"，而是"真实的场景"。那这五个出入口都是真实的，就在环球剧场的舞台上。凸窗也是真实存在的，就是二层"卧室"的窗户，两侧是用于表演打斗场景的露台。

版画中舞台两侧下方带有方形孔的墙又是什么呢？这些侧墙围住舞台，使其无法安置观众席。此外，让人困惑的是画中只见其底部的那五根柱子，如果它们真的位于画所显示的位置，同样会挡住观众的视线。

我的解释是，这是对真实舞台的变形，以符合记忆术的使用。弗洛德需要一个有五个出入口以及五根柱子的"记忆房间"，来实践他的记忆术。他依据真实的舞台建成这个"记忆房间"，但必须将四边环绕起来，形成一个封闭的"记忆剧场"，也许类似威利斯的记忆剧场或储藏室。要看到真实的环球剧场，就必须移除两边的墙。

侧墙给人留下奇怪的印象。从结构上来说，那些方孔之上的庞大扩展空间缺乏足够的支撑。而且它们没有与舞台后墙的结构线条对准，显然切掉了部分打斗用的露台，与坚固的后墙比起来，侧墙看起来粗劣易损。作为记忆术对现实舞台的变形，这些不真实的部分应该去除，这样才能看出真实的剧场面貌。不过，这两面想象出来的侧墙也反映出一个"真实"剧场的特征，即楼座包厢或"绅士包厢"一般都位于舞台两侧，通常有地位的人和演员的亲友才能坐在那里观赏演出。[14]

五根柱子也是为了记忆术而虚构出来的。弗洛德也说过这些柱子是"虚构的"。[15]其实，它们也有真实性，在真正的舞台上应该有两根柱子或者说是"门柱"来支撑画了"天空"的顶棚。

一旦我们明白版画所显示的是环球剧场的布景墙从"天空"下方一直延伸，而且该舞台变形成为一个记忆房间，就可以通过将弗洛德的版画与德·维特的草图相结合，从魔法记忆系统中还原环球剧场舞台。

根据弗洛德而作的环球剧场舞台素描（pl.21）移除了为记忆术作出的变形，不合理的侧墙被拆除，出现了两根柱子或"门柱"来支撑上方的"天空"。柱子临摹自《大小两个世界的历史》第一卷中的"音乐殿堂"。"天空"画了黄道十二宫与行星，以记忆剧场前一页的插图为蓝本，不过黄道十二宫只用符号表示，没有使用图像，因此，素描只是大致描绘了环球剧场应有的"天空"。包厢或"绅士包厢"位于舞台两侧的楼座。舞台没有变形成"记忆房间"，而是从化妆间墙壁一直延伸至院子，两侧是露天的，舞台内侧的天空顶棚由柱子支撑。

如果将这份素描与德·维特的画作进行比较，可以看出两者在结构上是一致的：都有化妆间的墙面、延伸的舞台、门柱、观众楼座。唯一的不同——也是非常重要的区别——是素描画的舞台不是"天鹅剧场"的，而是"环球剧场"的。

因此，弗洛德的版画成为莎士比亚时代舞台的一份重要纪

第十六章 记忆剧场与环球剧场

pl.21 根据弗洛德的观念绘制的环球剧场的舞台。

- 473 -

录文件。当然，它画的是1613年大火后重建的环球剧场，弗洛德这么做是为了迂回地提醒詹姆士一世。众多莎士比亚戏剧曾在第一座环球剧场上演，莎士比亚于1616年去世，就在环球剧场毁于大火三年后。新的剧场在旧址上重建，于是人们认为新的剧场基本重现了原先的舞台与内部设计。我不否认弗洛德的版画向我们呈现的是第二座环球剧场舞台，并且经过了魔法记忆变形，但这张素描基本清除了我所认为的主要变形。弗洛德本意在自己的记忆系统中使用一个真实的"公共剧场"，其中"真实"被反复强调。他所展示的环球剧场舞台特征，有些确实存在过，有些我们假设是真实存在过的，但是我们以前一直不知道出入口、卧室、露台的具体布局。

弗洛德向我们展示，舞台上有五个出入口，三个在底层，两个在上层，通往露台。这也解决了一些学者担心的问题，他们认为出入口应该多于三个，但是底层没有足够的空间放置更多。而钱伯斯认为应该有五个出入口，和古典舞台后墙的五个出入口一样。[16] 古典舞台只有一层，而在环球剧场中，舞台后墙变为多层，从而能够三扇门在下，两扇在上。这种改变使空间不足的问题得到完美的解决。而且，撇开城垛与凸窗，环球剧场的设计可能也包含了古典与古罗马维特鲁威风格的元素。

"内侧舞台"也曾令很多学者困扰不已。其中一个比较极端的理论是由亚当斯提出的，他认为舞台底层中央出口通往一个面积很大的"内台"，正上方还有一个"上层内台"。现在已经不流行强调内台了，但是弗洛德的版画图中的舞台中间确实有一扇半开的大铰链门，可以窥见内部，门的正上方就是"卧室"。素描作出的唯一改变与修正就是凸窗的前方（凸窗的一部分被画的标题遮住了）有两种打开方式。可以只打开上半部，靠下的部分关着，用于窗边场景；也可以把整面窗打开，完全展示出"上层内台"。上下两层内台可以一直穿过墙壁延伸至整栋大楼的后墙，让光从后墙窗户透进来照亮舞台。

弗洛德图中的"卧室"位置解决了莎士比亚戏剧上演时的一个主要问题。我们已知二层有条贯通左右的走廊以及一间卧室，人们自然会认为卧室在露台的后方，而露台的栏杆或扶手（或者是我们现在知道的城垛）会挡住观众望进卧室的视线。[17]弗洛德则让走廊从凸窗（卧室前半部）的后方穿过，卧室则是伸出来悬在主舞台之上。因为走廊穿过房间，所以房间两侧与走廊相通（当演出上层内台场景时，两个入口就用帷幕遮上）。以前从未有人想到过用这个方法解决房间与露台的问题，这显然是个绝妙的主意。

底层大门正上方有一个托臂支撑的窗户，这在都铎王朝的建筑中屡见不鲜。亨格雷夫庄园（1536年建）的门楼城垛上也有。[18]人们一般认为门楼是16世纪英国式大宅的主要特征，[19]从古时有防御工事、带城垛的门楼演变而来，城垛的设计常常被保留。汉普郡的布莱姆希尔庄园（1605~1612年建）[20]也是类似的建筑，在看似门楼的入口上也带有托臂支撑的窗户，门楼有三个入口，托臂凸窗两边又有露台，让人想到弗洛德的舞台图。这样的类比是为了表明弗洛德的舞台背景墙显示出一些当时大豪宅的门楼或入口的特征，而这些特征很容易被改造成城镇或城堡的城垛与防御工事。另外，上述两个例子中，凸窗下的托臂一直延伸至大门的上方，这让我们疑惑弗洛德版画中一楼的中央入口或大门是否太小，也许应该拓高来支撑托臂的底部，像素描中那样。

伯恩海默认为弗洛德版画中凸窗下的托臂显示出德国风格。[21]

鉴于这里提出的两个实例皆源自英国，因此这种看法可能不实，不过也不排除版画在德国出版时，出版者添加了一些地方影响的可能。

弗洛德的版画还含有另一个舞台建筑特色，即墙壁上添加了当时盛行的意大利"粗面石工"效果（这一效果在素描中也大致重现）。我们知道大型的木结构公共剧场都用油画装饰。这幅图里显示的效果很像1581年在威斯敏斯特建的木头宴会厅，据说那个宴会厅的墙壁"覆盖着油画布，表面涂饰着一种被称作'粗面石工'的花纹，看上去就好像石块"。[22] 如此说来，弗洛德画中的仿"粗面石工"很有可能是重修环球剧场时所作的最昂贵的改进之一。城垛与凸窗部分采用粗面石工，使得剧场整体产生了一种异常混合的风格，但也再次表明其意欲创造现代豪宅的印象，同时也便于调动，在需要时呈现防御森严的城堡或城镇的场景。

弗洛德的版画体现了装饰华丽的第二座环球剧场，参杂了为记忆术作的变形、德国风格的影响，因此与莎士比亚的原版环球剧场有所差异，但是毋庸置疑，这位赫尔墨斯派哲学家向我们展示的有关环球剧场的信息前所未有得多。事实上，有关这座上演过世界上最伟大的剧作家作品的舞台，弗洛德是唯一给我们留下图像记录的人。

因此，我们才可以想象剧中人物在这个舞台上的情景。舞台一层的门口可以演出发生在街道的场景，例如敲门、站在"门槛"处交谈。二楼的凸窗成了"阁楼"，底下可供人躲雨。有城垛的墙可以代表城墙上的堡垒（守城的士兵从走廊入场），下方的大城门、城堡门也会用于历史剧的战斗场景。假如场景是意大

第十六章 记忆剧场与环球剧场

利维罗纳，这里就是凯普莱特家族的豪宅，楼下是开宴会的地方，而楼上的寝室中，朱丽叶倚在窗口感叹"如此的夜晚"。如果在丹麦的赫尔辛格，这里就是防御城墙，哈姆雷特在那儿与霍雷肖谈论看到亡父的灵异事件。又或是在罗马，这里就是马克·安东尼的演讲台，他对着下面舞台上的"朋友们、罗马公民们、同胞们"演说。抑或在伦敦，楼上的房间就是东市街的"野猪头酒店"。也有可能在埃及，二楼内室与走廊就要被装潢成克里奥佩特拉死后的陵墓。[23]

现在让我们把目光移向另外两个弗洛德用来解释其记忆系统的"剧场"（pl.19a，b）。这是两个单层的附属剧场，一个有五个出入口，另一个只有三个出入口。前者的戏台地面有虚构的柱子，和主剧场的样子相同。它们要在记忆体系中与主剧场配合使用，我们之前就注意到，两者墙上的城垛与主剧场第二层的露台城垛一样。这两个单层剧场都有绘画装潢，一个画成石墙，另一个画成木墙，甚至连木材卯榫处也仔细画了出来。

这里我必须补充，记忆术论著常常提到记忆场景由不同的材质建造会有助于记忆。[24]弗洛德区分了其记忆剧场的建材，主剧场为"粗面石工"，附属剧场分别由纯石块与木梁建造。不过，他一如既往地强调附属剧场也是"真实的"，而非虚构的，上面标明"一个真实剧场的图样"。[25]因此，附属剧场和主剧场一样，不仅是魔法记忆术的剧场，也是重现人们在环球剧场看到过的某些真实景物。

研究莎士比亚学者一直很不解主舞台上各个不同地点是如何表示的。比如，在凯普莱特家族的果园这一场景中，罗密欧要越过果园的墙来到朱丽叶窗下。钱伯斯认为，舞台上一定要有一堵供演员翻过去的墙，他还指出其他许多需要用到墙的场景，比如敌对的两军，需要用墙或者某种东西来隔开。按他的猜测，看似墙的道具是另外搬上舞台的。[26]格林·维克姆在他的文集中，提到许多剧场文献中有关"城垛"布景道具的记录。[27]

我认为，弗洛德笔下的两个附属记忆剧场图就是这种有城垛墙的布景或布景屏。它们应该是用轻质木材为框架，表面覆盖画了布景的帆布，可以自如移动。其中有一要点，即弗洛德为其设置了出入口，使其能够用于有上下场动作的表演。人们可以根据剧本需要，将布景搬上舞台，补充主舞台背景中没有的设施。比如，《罗密欧与朱丽叶》中，凯普莱特家花园的布景和剧中修士的居室（在乡间，来访者必须从一扇门进入）的一景都用得着。又如《理查德三世》，两军对阵的场景转换十分迅速，如果我们采用类似弗洛德的附属剧场来安置敌军营地，就可以解决这一舞台换景问题。

弗洛德再次向我们展示了前所未见的视觉图像证据。他将带城垛的附属剧场与同样有城垛的主剧场相匹配，表明这些布景是整个舞台必备的一个部分。这一发现的意义与揭示二楼走廊和卧室的关系一样重要，使我们比以往任何时候都更清楚地了解莎士比亚戏剧演出中换景的情景。

弗洛德告知了这么多关于舞台的资讯，难道就没有任何关于环球剧场的外形与整体结构的信息？我相信，如果细而不紊地探究，就可以从弗洛德提供的证据当中获取足够的信息，从而画出环球剧场的整体平面图。当然不是具体到楼梯位置的建筑设计图,而是建造剧场使用的基本几何形状的略图。我认为弗洛德从两个方面提供了环球剧场建造结构的信息:一是他提到了五根台柱底基的形状;二是他反复强调舞台后墙有五个出入口。

"世界剧场"版画中的五根柱基的底部分别是圆形、方形、六边形、方形、圆形。它们的形状不仅呈现在图中,弗洛德的文本也说得很清楚。

前文提到过,环球剧场外形的图像记录只能从伦敦的老地图上获取,地图中的河岸区标注了剧场的小图标。有些地图把环球剧场画成多边形,有些则把它画成圆形。亚当斯在仔细研究了地图上模糊不清的形状后,认为其中一幅所画的剧场有八个边,所以他精心重建的环球剧场为八边形。但地图给出的证据实在不足以下定论。

事实上,确实有一位目击证人的陈述可以证明环球剧场的外形,但有些学者认为这一证词也不太可靠。这位证人就是约翰逊博士(Dr Johnson)的朋友赫丝特·索瑞尔(Hester Thrale),18世纪中叶,她就住在环球剧场附近,虽然剧场在克伦威尔共和时期已经倾圮,但索瑞尔夫人仍能看到一些遗址残骸,她形容其为"一堆黑色的垃圾"。索瑞尔夫人对这一不复存在的剧场怀有一种思古之幽情,她说:"那里其实是传说中的旧环球剧场废墟,它的外观是六边形,内部却是圆形的。"[28]

索瑞尔夫人的话使我备受鼓舞,可见弗洛德的确是用五根门柱的基部形状来表明环球剧场构造的几何形状有六边形、圆形以及方形。

让我们再细细推敲一下弗洛德再三强调的事实,即舞台的五个出入口。他改造了古典剧场的五个出入口,三个在一楼,两个在二楼，以适应多层舞台的结构，从而解决了钱伯斯提出的问题。尽管多层剧场与古典剧场有根本差别，但保留五个出入口是否体现出环球剧场的设计受到维特卢威建筑中古典设计的影响呢？

在维特卢威描写的罗马剧场里，舞台后墙、五个出入口以及观众席上七条走道的位置，都是根据一个圆形内的四个等边三角形来定位的。1556年首次出版的巴尔巴罗评注维特卢威的建筑论中有一张帕拉迪恩（Palladio）重建维特卢威风格剧场的图示（pl.10a）。[29] 从图中可以看到，一个圆形内有四个三角形，其中一个三角形的底边画出舞台后墙的位置，其顶点则指向观众席的中央通道。其中三个三角形顶点决定后台的三个出入口或门的位置，另两个顶点决定舞台侧面的两个出入口位置。其余六个顶点显示了观众席六条走道的位置（第七条是中央通道，位置由底边画出舞台后墙位置的三角形顶点决定）。维特卢威将这四个三角形比作占星家画在黄道十二宫中的三宫一组的三角形（这些标识将十二宫里相关的各星座连结起来）。[30] 既然古典剧场根据"世界结构"设计，反映了世界结构的比例。那我们是不是可以假设舞台上方有"天空"顶棚的环球剧场也是根据世界结构来设计的，而圆内的四个三角形对定位舞台后墙与观众席走道起到了一定作用？

当我们试着画出环球剧场的设计图时，假设前提为环球剧场是根据维特卢威剧场改造的。改造是必然的，因为它的舞台不像古典剧场那样只有一层，而且它的观众席位设有楼座，而非古典剧场那样呈阶梯式上升。

另一个前提假设是弗洛德所透露的，即环球剧场景使用的基本几何图形为六边形、圆形与方形。

第十六章 记忆剧场与环球剧场

环球剧场设计图参照了"好运剧场"的建筑合同中所注明的尺寸规模。[31] 好运剧场的合同一直是研究环球剧场重建的重要参考，因为其中有两处特别指出部分规格比照最初的环球剧场。但是，这份合同让环球剧场重建者困惑不已，因为（1）好运剧场是方形剧场，与环球剧场不一样；（2）有关哪些部分比照环球剧场，合同的措辞含糊不清，至少在我看来不甚清楚。但是，合同中规定的尺寸不容忽视。它规定舞台深43英尺，"一直延伸到院子中间"；剧场是一个边长80英尺的正方形，除去楼座的宽度后，内部是一个边长为55英尺的正方形。我们试绘的环球剧场平面图保留43英尺的舞台，将80英尺边长的方形改为以楼座外墙形成的圆形，直径为86英尺，因为我们认为环球剧场内为圆形，外为六边形。

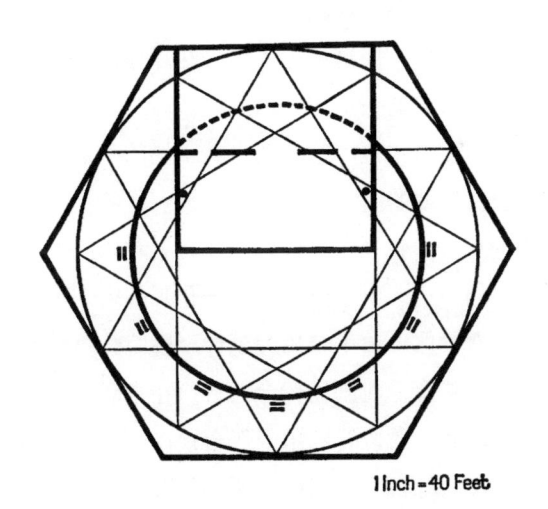

图11 环球剧场平面试绘图

在环球剧场的新设计图中（图11），剧场的外形是六边形，六边形内接一个圆为包厢外墙。外圆内有四个三角形，其中一个三角形的底边标示舞台后墙的位置；该三角的顶点指向对面的观众席；另有六个顶点分别指向观众席的其他位置。内圈的圆划出楼座与院子的界线，标着七个出入口，就在七个三角形顶点下方的圆角上。我们认为，这些出入口也标明了观众席的走道入口，其位置由三角形决定，就像古典剧场一样。在德·维特的图中可以看到两个入口都写有"ingressus"（入口）的字样（pl.20）。这些点可能并非下层楼座的真正入口，真正的入口也许如上面楼座那样，在座席后方，它们只是用来标出七个走道的位置。

另外三个顶点确定了舞台后墙一楼的三扇门的位置，如同古典剧场。但是有一点与古典剧场不同，剩下的两个顶点所指的不是出入口。在环球剧场平面图中，这两个三角形的顶点所指的应该是舞台两侧的入口，但这两个入口却在环球剧场的二层，就在一楼正门两侧出入口的正上方。因此，环球剧场的五个舞台出入口只需要三个顶点来定位。这些与古典剧场的差别是由于舞台从一层变为多层所导致的。

图11中的正方形包括了化妆间与舞台，化妆间的后墙就是剧场六边形外墙的一边。由于内台也位于化妆间内，可以认为这个正方形就是舞台整体。前半个舞台延伸至庭院，舞台前缘位于院子的中心线上，就像古典剧场舞台的台口在半圆形合唱队席的直径上一样。两根圆柱的位置标出了舞台顶棚"天空"的宽度。这些柱基代表真实的舞台上"门柱"所在位置，也表明了弗洛德的版画呈现的具体是剧场舞台的哪一部分。

图11只是一个基本几何图形的平面图，我们没有说明观众应

从哪个门进入剧场，也没试图画出任何建筑细节。但是我认为要重构环球剧场基本图样，与其参考目前为止重建环球剧场景依据的那些含糊不清的地图和语焉不详的合同，不如参照维特卢威的黄道带三角形和弗洛德的象征几何图形来得安全和稳妥。

从这个平面图看得出，环球剧场的设计非常接近维特卢威式剧场的理念，这是很有意思的发现。如果将这一设计图示与帕拉迪奥的维特卢威风格剧场设计相比（pl.10a），可以发现两者都得解决一个共同的问题，那就是如何将舞台和舞台建筑放置在一个圆形中。他们基本采取了相同的措施，不同的是，环球剧场的观众坐在叠置的楼座里，而且舞台也是多层的。另外，环球剧场的六边形外形，使得它能够在内部容纳一个正方形，而这种设计在维特卢威式的圆形中是无法实现的。

这个正方形具有重要意义，它将莎士比亚式剧场与神殿和教堂联系起来。维特卢威在他的《建筑十论》第三卷中讨论神殿时，描述了如何将一个四肢伸展的人正好画在一个方形或圆形之内。在意大利文艺复兴时期，这种将"人"画入方形或圆形中的做法，是表述宏观世界与微观世界关系最时髦的方式。正如鲁道夫·维特科尔（Rudolf Wittkower）所说："基督教信仰使这个符号充满生命力，因为基督教相信人类是按上帝的具形创造的，由此得以表现出宇宙和谐，因此维特卢威的将人体印在方形或圆形中的标志，成为了象征宏观与微观世界的数学式交感的标记。还有什么比用方形与圆形这样的基本几何图形建造上帝的住所……更能表达人类与上帝的关系呢？"[32]这是文艺复兴时期所有伟大的建筑师全心投入的事业，显然环球剧场设计者也不例外。

以前有理论认为，英国文艺复兴时期木结构剧场的原型就是旅店的院子，现在看来这一理论不能成立，[33]不过它仍然可以解释一些剧场的元素，例如座席包厢的构造，还有被称作"庭院"的合唱队席。建造大型的木结构剧场的意图本身就受到古典风格的影响，因为维特卢威说过，古罗马很多"公共剧场"都是木制的。[34]许多参观过伦敦公共剧场的外国游客也表示他们从这些剧场看到了古典剧场的影子。德·维特也曾谈到伦敦的"圆形露天剧场"。[35]一位于1600年造访伦敦的游客说，他在一个"照着古罗马的方式建的木制剧场"里观赏了一出英国喜剧。[36]弗洛德版画显露出设计者不仅了解维特卢威，而且了解意大利文艺复兴所诠释的维特卢威建筑学。

英国文艺复兴时期的第一个木结构剧场于1576年由詹姆士·博比奇（James Burbage）建造，位于伦敦肖尔迪奇，名字就叫"剧场"。[37]"剧场"是后来所有新风格木结构剧场的原型，环球剧场的产生与它有特别的渊源，因为1599年最初的环球剧场在泰晤士河岸区建造时，很多木材都取自河对岸的"剧场"。[38]如果想从环球剧场的起源中找到意大利文艺复兴时期维特卢威风格所产生的影响，可以追溯到1576年建造"剧场"以前。在英国，除了舒特（Shute）关于建筑的著作（1563年），另一个影响的源头就是赫尔墨斯派哲学家约翰·迪伊，他是锡德尼·菲利普及其文学圈中朋友们的老师。[39]

1570年（"剧场"建造之前六年），约翰·戴出版公司在伦敦印制了第一本欧几里得著作的英译本，译者是伦敦人比林斯利（H. Billingsley），这本书非常重要。[40]约翰·迪伊为这本书写了一篇很长的英文前言，[41]他介绍了所有的数学科学，既有柏拉图主义与神秘主义的数字理论,也有方便手艺人的实用科学。其中,迪伊多次引用了维特卢威的话。当讨论到人是"小世界"时,他说"参阅维特卢威的书",并在旁边处明确指出是维特卢威第三卷的首章,[42] 就是在那一章里,维特卢威描绘了一个在方形和圆形中的人。在关于建筑的部分,迪伊将维特卢威的建筑理论称为最高尚的科学的理论,还说建筑师必须是多才博学之人,不仅要熟悉本行的实用技术和机械,而且要熟知各门知识。迪伊不仅写到"罗马人维特卢威"(Vitruuius the Romaine),还提到了"佛罗伦萨人里奥·巴坡提斯塔·阿尔伯图斯"(Leo Baptista Albertus, a Florentine)。受这两位大师的影响,他认识到完美的建筑是非物质的。"我们可以在脑中规划出完整的形态,所有物质的东西都不在其中",而"木匠的手是建筑师的工具",将建筑师"脑中的思想与想象"付诸实践而已。[43]

迪伊的这篇前言热情地宣扬了维特卢威风格,希翼其在意大利文艺复兴时期的复兴,然而却一直很少被人注意到,这一点很不可思议。这种忽视也许源于对迪伊的偏见,很多人认为他是"玄秘哲学家"。不过,我获悉,维特科尔即将出版的英国建筑学理论著述中,迪伊会名列其中。

迪伊没有详述建筑方案的细节,但在讨论到音乐是建筑师必须要懂的学科时,他提到古代剧场的一个特征,那就是维特卢威所说的置于座位下面的神秘的音乐扩音器:

[建筑师]一定要懂音乐:传统意义上的以及数学上的音乐都必须理解……此外,"剧场"内的扩音器以数学的顺序……放置在台阶下……声音的变化……依照音乐的交响

与和声排列，通过四度音程、五度音程、八度音程环绕传播。演员们发出的优美声音，通过这些装置扩大，音量越大，观众可能越觉得其清楚悦耳。[44]

这一段描写将戏剧演员的话语声诗意地形容为感心悦耳的音乐，使我们离莎士比亚式剧场的诞生更近了一步。当木匠出身的詹姆士·博比奇开始建造"圆形露天剧场"时，难道不会参考这本欧几里得的英译本吗，既然迪伊在其序言中描述了古代剧场的音乐效果，以及"木匠的手"如何实现建筑师脑中的理想？

此处开辟了一个值得探索的题目，但我在此只能简单提示一下。迪伊在序言中讨论文艺复兴时期的数字理论，他想到的是数学类科目的实际运用，对象是工匠们。这些学科是排除在大学之外的，迪伊在前言中也反复提到这一点。于是乎，最终是由像詹姆士·博比奇这样的木匠倡导并实现了伊丽莎白时代的正宗文艺复兴建筑——木结构剧场。将古典剧场与中世纪宗教剧场的多层舞台结合起来的想法，是否也同样出自继承维特卢威传统的博比奇呢（也许获得了迪伊的指点）？[45] 正是这一改进，使得这个莎士比亚式剧场成功结合了古典剧场中演员与观众的近距离接触以及些许旧时宗教剧场中表达的精神层次等级。

虽然最初的环球剧场承袭了"圆形露天剧场"的传统，但它在当时仍是个新潮的剧场，并且被认为是最好、最成功的剧场。莎士比亚是剧场的产权人之一，可以想到剧场的设计应该也受到其影响。（根据弗洛德的图画中反映出的第二个）环球剧场，莎士比亚式的剧场并非简单地模仿维特卢威式样，而是对其做了改进。除了将舞台后墙从传统式样改成了有城垛、凸窗的楼房，还有一些因为

第十六章　记忆剧场与环球剧场

多层舞台而产生的根本性变化。旧式宗教化剧场表现的是人的灵魂与地狱、炼狱和天界相对的精神戏剧场面。像环球剧场这样的文艺复兴剧场也演出精神层面的戏剧，不过受到文艺复兴世界观的影响，借由真实世界、宇宙的结构来探讨宗教信仰的真理。

这一无与伦比的莎翁式剧场根据维特卢威剧场改造，优于那些在舞台拱门里放置画景的剧场，因为那些剧场丢失了真正的维特卢威特性。但是，画景剧场在后来的几百年里终将取代环球剧场，其实早在弗洛德的版画发表之时就已经取而代之了。弗洛德对剧场的品位是很老派的，伊尼戈·琼斯（Inigo Jones）于1604年引进宫廷的画景舞台，到1619年环球剧场已经显得落伍过时了。

"整个世界都是一个舞台。"弗洛德让我们重新思考这句名言。出乎所有人的意料，那已经消失的木造剧场的设计者，原来是深谙宇宙论、比例之微妙的人。不过，也不是完全没人猜到，比如本·琼生（Ben Jonson），他在大火以后看到环球剧场的残骸时发出惊叹："看，这世界的废墟！"[46]

"微观世界和宏观世界是对应的、宇宙结构是和谐的、通过数学符号可以领悟上帝的精神，这些互相关联的观念都有其古老的渊源，它们是中世纪哲学和神学无可争议的信条，在文艺复兴时期获得了新生，在文艺复兴时期的教堂里找到了视觉上的表达途径"。[47]鲁道夫·维特科尔在讨论文艺复兴时期教堂里使用圆形时如此说道。他引用了阿尔伯提的话，后者认为圆形是自然界最钟爱的形状，可以从随处的自然造物中得到证明。"自然即上帝"，它是人类最好的老师。[48]阿尔伯提（Alberti）建议教堂使用九种基本形状，包括六边形、八边形、十边形、十二边形等等，每个形状都借由圆圈画成。[49]而环球剧场的设计者则为他们

- 487 -

的宗教剧场选择了六边形。

　　弗洛德还告知了"世界剧场"的东西南北方位。这些都标志在"天空"的图示上（pl.17），"东"在上，"西"在下。如果把"天空"覆盖在舞台图上，就能知道舞台在剧场的东端，就像教堂中圣坛的位置。

　　由此让人想到，弗洛德的发现不仅让我们了解莎剧的演出实况，还能用来解读不同楼层表演的场景是否有宗教意义。这一莎士比亚式舞台是否为古代有宗教涵义的舞台的一种文艺复兴式与赫尔墨斯式的转型呢？多层结构（在"天空"上面还有第三层，弗洛德没有给出相关说明）是否代表按宇宙三重特性所见的从神性到凡俗的关系？自然与世俗世界就是人们演绎自己角色的方形舞台，圆的天空悬于舞台上方，不是作为决定人类命运的星座，而是"理念的影子"，也就是神性的形迹。"天空"之上应该是超天界，是概念的领域，其流溢通过天界这一中介向下散播，自下而上与自上而下都必须通过自然的世界。

　　也许越本质越具有更高精神层次的场景，越是要在舞台高处表演。朱丽叶在二楼的卧室与窗下的罗密欧见面；克里奥佩特拉在她位于高处的埃及陵殿死去；《暴风雨》（*The Tempest*）中的普洛斯彼罗也曾"在顶上"出现，"天空"顶棚底下的演员看不到他，但是观众看得见。[50] 我们不确定《暴风雨》最初是在环球剧场还是黑修士剧场上演，黑修士剧场在多明我会的旧修道院里，国王的剧团在1608年买下这块场地。黑修士剧场一定也有"天空"，所以不论普洛斯彼罗是在黑修士剧场还是环球剧场演出"在顶上"一景，他的形象都会令观众印象深刻，特别是当这位仁慈的魔法师登仙时超越"理念的影子"达到至高统一的境界。

第十六章　记忆剧场与环球剧场

在本章结束前，我要再次强调，本章所写的内容只是一个初步尝试，所用的资料在重建莎士比亚式剧场时均未被采纳。这些资料包括弗洛德记忆系统中的版画图示、迪伊为比林斯利翻译的欧几里得著述写的前言，以证明迪伊（而不是伊尼戈·琼斯）才是第一位"大不列颠的维特卢威"，也因此证实伊丽莎白时期的第一座剧场以及后来的剧场的设计者可能受到维特卢威的影响。本章的内容必定会受到专家们的仔细琢磨及严格审视，也正是如此才能使这样一个题目得到更进一步的发展，这是我个人能力无法企及的。这一领域还需要很多实际的研究，尤其是关于弗洛德著作在德国的出版（可能可以查出剧场插图的雕刻师）以及维特卢威对迪伊和弗洛德的影响。

我不得不尽量压缩本章，否则可能使这本讲述记忆术历史的书偏离主题。但是这一章节又是无法绕行的，因为只有在记忆术历史的大背景下，弗洛德的记忆系统与真实剧场的关系才能为人所理解。正是在汲汲研究记忆术历史的过程中，我们发现自己已不知不觉就走入了这所莎士比亚风格的剧场。这一不寻常的经验要归功于谁呢？多亏了凯奥斯岛的西蒙尼戴斯和塞浦西斯的麦阙多卢斯、图留斯和托马斯·阿奎那、朱利奥·卡米罗和乔达诺·布鲁诺。如果我们未曾走过漫长的记忆术历史，即使从弗洛德版画中发现有趣的内容（像伯恩海默那样），也无法理解其妙处。我们凭借着追踪记忆术历史中建立的方法，才能把环球剧场从弗洛德的《大小两个世界的历史》中挖掘出来。

它已经被隐藏在那里达三个半世纪之久。在研究布鲁诺的记忆印记时一直困扰我们的问题再次出现——这些精彩绝伦的玄秘记忆系统是否为了隐藏某种秘密而特意设计得如此费解？弗洛德那包含在黄道十二宫的二十四个记忆剧场的体系，是否为一个精心设计的幌子，为的是不让外行发觉他暗指环球剧场，是否还可以假设詹姆士一世是少数知情者之一？

正如前文所说，我认为尽管赫尔墨斯传统在文艺复兴后期越来越隐秘，但玄秘记忆系统并不能敷衍地用密码之说草草带过。玄秘记忆术隶属于文艺复兴的整体。布鲁诺引入英国的是具有浓厚赫尔墨斯风味的文艺复兴，以及其中促进想象力的秘密。我认为，布鲁诺的英国之行以及由他的"印记"所引发的"塞浦西斯主义"争议，是促成莎士比亚伟大成就的一个基本因素。同样，对英国文艺复兴有兴趣的人，不应该忽视约翰·迪伊和罗伯特·弗洛德这两位英格兰本土的赫尔墨斯派哲学家。也许正因为对两位的忽略，才使得莎士比亚的秘密鲜为人知。

如果不事先铺垫，而突兀地在最后一个"记忆印记"中揭露环球剧场，会令人摸不着头脑，也难以信服，唯有将它放在记忆术历史中，使其拥有一个清晰的历史大背景，这也是本章唯一关切的问题。

卡米罗的"剧场"在很多方面与弗洛德的"剧场"系统很相近。两者都为了组构赫尔墨斯式记忆系统而改造了"真实的"剧场。卡米罗改变了维特卢威式的剧场，他把通往舞台的五个入口的装饰形象转移到七七四十九扇假想大门上，并将这些门放置在观众席中。弗洛德则是背对观众席，面对舞台，将假想的五扇门的意象当作五个记忆场景，把舞台改造成一个记忆房间。两个人的改造方式不同，但其灵感都取自真实的剧场。

卡米罗的"剧场"建于文艺复兴时期的威尼斯，直接受到菲奇诺与皮科发起的思潮之影响。这个剧场受到极度的钦羡与注

第十六章 记忆剧场与环球剧场

目,似乎很自然地便归属于意大利文艺复兴阶段常见的发挥创造力的行列。它得到阿里奥斯托和塔索的赞赏,其建筑形式与新古典主义建筑有关,之后很快发展成了一个宏伟的"真实"剧场——奥林匹克剧场。弗洛德的剧场记忆系统源自与早期文艺复兴传统密切相关的哲学思想,所使用的剧场模式包罗了文艺复兴晚期之大成。如果我们认真作对比研究,就会发现弗洛德的赫尔墨斯式的记忆系统会反映出环球剧场的影子,这从历史的角度看是理所应当的。

但是我无法就什么是玄秘记忆术给出满意的答案。从建构物质象征来呈现可理解的世界,切换到努力通过天马行空的想象力来掌握可理解的世界,就像乔达诺·布鲁诺终其一生所努力的那样,这种转变是否真的激发了人类的心灵去开拓前所未有的宽广的想像所创造的天地?这就是文艺复兴的奥秘吗?玄秘记忆术代表了这一奥秘吗?这些问题都将留待他人来解答了。

THE ART OF MEMORY

注释：

1 钱伯斯，《伊丽莎白时代的舞台》(E.KChambers, *Elizabbethan Stage*)，牛津大学出版社(第一版1923年，修订版1951年)，II，425。

2 同上，出处同前。

3 同上，从208页开始。

4 钱伯斯的《伊丽莎白时代的舞台》II, Book IV，"话剧场"里提供了基本的信息。在很多其他的研究中有亚当斯的《环球剧场》(J.C. Adams, *The Globe Playhouse*)，哈佛，1942年，1961年；史密斯的《莎士比亚的环球剧场》(Irwin Smith, *Shakespeare's Globe Playhouse*)，纽约，1956年，伦敦，1963年(根据亚当斯的重构)；霍杰斯的《重建的环球剧场》(C.W.Hodges, *The Globe Restored*)，伦敦，1953年；奈格勒的《莎士比亚的舞台》(A.M. Nagler, *Shakespeare's Stage*)，耶鲁，1958年；萨特恩的"有关重建一个实用的伊丽莎白式剧场")(R. Southern, 'On Reconstructing a Practicable Elizabethan Playhouse')，载《莎士比亚概论》(*Shakespeare Survey*)，XII(1959年)，22–34；维克姆的《早期英国舞台》(Glynn Wickham, *Early English Stages*)，II，伦敦，1963年；郝斯雷的"重构文艺复兴时代的天鹅剧场"，杰科编，科学研究国家中心，(R. Horseley, 'Reconstotution du Theatre du Swan's in Le Lieu Theatreal a la Renaissance, ed.J.Jacquot, Centre National de la Recherche Scientifique, Paris)，巴黎，1964年，295–316。

5 在钱伯斯的《伊丽莎白时代的舞台》中印刷，II，从436页开始，从466页开始。

6 显示环球剧场的地图细节史密斯在《莎士比亚的环球剧场》中复制了，插图2–13。

7 钱伯斯《伊丽莎白时代的舞台》I, 230–231; III, 44, 91, 96; IV, 28。

8 同上II, 544–545; III, 27, 38, 72, 108, 141, 144。

9 史密斯《莎士比亚的环球剧场》，插图31。

10 钱伯斯认为所谓的1592年的《英国的瓦格纳书》(*English Wagna Book*)有一定价值，可以作为英国剧场的证据，里面描绘了一个魔力剧场，剧场里有柱子和演员休息室。剧场"装饰着天空，天空上有金色的珠泪斑点，人们称这些为星星，上面画着形象生动的天上的整个群体"。(钱伯斯《伊丽莎白时代的舞台》III, 72。)

11 钱伯斯《伊丽莎白时代的舞台》II, 466, 544–546, 555; II, 30, 75–77, 90, 108, 132, 501。

12 例如在好运剧场的合同里，钱伯斯，II, 437, 544–545。

第十六章 记忆剧场与环球剧场

13 理查德·伯恩海尔姆《另一个环球剧场》,《莎士比亚季刊》(冬季刊,1958年, Richard Bernheimer, 'Another Globe Theatre' in *Shakespeare Quarterly*), 19–29。
也许可以允许我在此提一下,伯恩海尔姆教授于1955年在沃尔伯格学院收集资料的时候,是我请他注意弗洛德的版画,但我本人当时并没有意识到版画与环球剧场之间有任何联系。

14 《伊丽莎白时代的舞台》, II, 531。

15 同上, 322。

16 《伊丽莎白时代的舞台》, III, 100。

17 见史密斯《莎士比亚的环球剧场》中有关这个问题的讨论。从124页开始。

18 见约翰·萨蒙森《1530年到1830年间的英国建筑》(John Summerson, *Architecture in Britain 1530 to 1830*), 伦敦, 1953年, 插图8。

19 同上, 13。

20 同上, 插图26。

21 引用的文章同前, 25。

22 钱伯斯《伊丽莎白时代的舞台》, I, 16页注。

23 这里指的剧本,虽然有些是先在其他剧场演出的,但是几乎可以肯定都在环球剧场演出过。莎士比亚的戏剧当然也在场院演出过,1608年以后,也在黑衣修士剧场演出过。

24 比如龙贝格的《技巧性记忆大全》, 29 反面–30 正面;布鲁诺的《拉丁著作》, II, ii, 87(《印记》)。

25 'Sequitur figura vera theatri', *Utriusque Cosmi ...Historia*, II, 2, 64。

26 《伊丽莎白时代的舞台》, III, 97–98。

27 《早期英国舞台》II, 223, 282, 286, 288, 296, 305, 319。

28 钱伯斯在《伊丽莎白时代的舞台》(II, 248页)引用了这条。

29 一些现代权威对维特卢威阐释三角应是在乐队的圆圈之内。帕拉迪奥在这个图中阐释为他是说三角形在整个剧场的圆圈内。我们按照帕拉迪奥的图示,这个图示可能环球剧场的设计者知道。

30 同上。

31 印在钱伯斯的《伊丽莎白时代的舞台》中(II, 从436页开始)。

32 鲁道夫·威特科尔《人文主义时代的建筑原则》(Rudolf Wittkower, *Architectural*

Principles in the Age of Humanism），伦敦，沃尔伯格学院，1949年，15。

33 乡村酒店庭院理论已经在逐步淘汰，见维克姆的《早期英国舞台》，II，从157页开始。

34 《论建筑》，第V卷，第V章，7。

35 钱伯斯《伊丽莎白时代的舞台》，II，362。参看Holland's Leaguer，里面全球、希望和天鹅剧场都被描绘成是圆形剧场（同上，376）。

36 同上，366。

37 同上，从384页开始。

38 同上，399。这个剧场另一个意义上与环球剧场相连，在建造环球剧场之前，这个剧场主要是英国王室宫务大臣所管辖的剧团的演出地点，这是莎士比亚的剧团。

39 进一步参阅《世界剧场》，1960。

40 最古老的哲学家欧几里得的《几何原本》现由伦敦公民彼林斯雷（第一次）忠实地翻译成了英文，由M.I.迪伊写了重要的前言（前言的落款日期是1570年2月3日）。

41 有关引自皮科·德拉·米兰多拉的话，见 G.B.和H.T.，148。

42 《几何原本》前言，sig. c iiii，正面。在后面紧接的句子中，迪伊鼓励读者去"看阿尔伯斯·杜莱勒斯的《论人体对称》（Albertus Durerus，*De Symmetria humanis Corporis*），看第二本书《论玄秘哲学》的第27和28章"。在《论玄秘哲学》的这些章节中，阿格里帕提供了维特卢威的图示，一个人的在方形和圆形之中。见《世界剧场》，2。

43 前言，sig. d iiii，正面。

44 同上，sig. d iiii，反面。参看维特卢威，第V卷，第V章。

45 在莎士比亚剧场中存留的另一个中世纪事物是那些弗洛德显示的二等剧场，用来表示同时在不同的地点，按照中世纪"宅第"的方式。

我们现在理解的莎士比亚剧场被称为文艺复兴时期对维特卢威剧场最有意思和最有力地改造（有关这一点，见R.Klein and H. Zerner, 'Vitruve et le theatre de la Renaissance italienne' in Le Lieu Theatral a la Renaissance, 1964年，49–60）。

我认为从迪伊的前言中可以收集到证据，表明他知道丹尼尔·巴巴罗对维特卢威的评论，那本书中有帕拉迪奥重构的罗马剧场（(pl.10a)。当谈到维特卢威将自己的作品献给奥古斯都大帝时，迪伊说："那是我们的天界的主人诞生的时代。"（前言，sig. d iii，正面），巴巴罗在他的评论开始的时候(2，威尼斯版，1567年)详细讨论了奥古斯都时代的普遍和平，"我们主耶稣基督降生的时代。"

第十六章　记忆剧场与环球剧场

据安东尼·伍德(Anthony Wood)(伦敦，1691年，cols. 284–285)说，彼林斯雷翻译欧几里得的时候，在数学方面得到一位名叫瓦特海德(Whytehead)的奥斯丁修士的帮助。瓦特海德在亨利八世时代被从牛津的修道院里赶了出来，住在彼林斯雷伦敦的房子里。在这个圈的背景中有一个数字专家，懂得老的改革运动之前那些象征意义。

46　钱伯斯在《伊丽莎白时代的舞台》中引用，II, 422。

47　维特科《人文主义时代的建筑原则》，27。

48　同上，4。

49　见图表，同上，3；萨尔利奥的六边形教堂的实际图，同上，插图6。

50　《暴风雨》，III, iii；参看史密斯《莎士比亚的环球剧场》，140。

第十七章

科学的记忆术

本书旨在突显记忆术在欧洲传统的巨大中枢系统中的地位。中世纪，记忆术处于核心位置，其理论由经院哲学家阐述，其实践影响之广，遍及中世纪美术和建筑的意象以及诸如但丁《神曲》(*Divine Comedy*)这样的伟大文学作品中。到了文艺复兴时期，记忆术在纯人文主义传统中日渐式微，却在赫尔墨斯传统中大放异彩。迈入17世纪，记忆术会不会消亡，抑或仅仅游离在边缘领域而非中心位置呢？罗伯特·弗洛德对文艺复兴赫尔墨斯传统的完整呈现使他成为记忆术最后的先知，当然也就与新兴科学运动的代表，例如卡普勒、默尔逊等意见相左。他那基于莎士比亚式环球剧场的赫尔墨斯记忆系统是否为记忆术的最后阵营？是否标志着古代西蒙尼戴斯的艺术会因不合时宜而被17世纪的前进步伐所抛弃？

一个奇怪却又非常重要的事实是，在17世纪，很多人都知晓并谈论记忆术，不论是像罗伯特·弗洛德这样继续追随文艺复兴传统的作家还是新思想家（比如弗朗西斯·培根、笛卡儿、莱布尼茨等）。记忆术在这一世纪经历了又一次转型，从一种记忆百科全书并在记忆中反映整个世界的方法，转变为一种以发现新知识为出发点、辅助研究百科知识与世界的手段。观察记忆术如何随着新世纪的推进成为促进科学方法发展的一个因子？是十分有趣的。

本章是最后一章，也是全书的后记，我只简略地阐述记忆术在新的历史使命中所扮演的重要角色。虽然这一章不可能面面俱到，一语道尽，却是非写不可，因为记忆术在17世纪欧洲的一项重大发展变化中仍然占有关键的地位，这部始于西蒙尼戴斯的历史，绝不能终止于莱布尼茨登场之前。

前一章已经说过拉姆斯主义与记忆术密切相联，"方法"一词就是由拉姆斯普及的。[1] 凭此一点就说明了记忆论与方法论的历史绝非毫无瓜葛。卢尔主义与希伯来神秘派哲学也使用过"方法"这个词，两者都曾盛行于文艺复兴时期，并与记忆术相提并论。例子之一是科尼利厄斯·杰马（Cornelius Gemma）的《论圆形认知法》（De arte cyclognomica）[2] 中知晓万物的"圆的方法"，它是卢尔主义、赫尔墨斯主义、希伯来神秘主义与记忆术的混合体。这本书也许影响了布鲁诺，促使他把自己的步骤也称为"方法"。[3] "方法"一词在17世纪被普遍用来指代一些与新的数学方法几乎没有关系的思考模式，下面这则逸事便是一个例子。

1632年，巴黎的一个小型私人学会召开第一次会议，研讨的主题就是"方法"。会议一开始就提到"希伯来神秘派哲学主

第十七章 科学的记忆术

义者的方法", 从原型世界降至理性世界, 再降到元素世界。然后成员们简短描述了以神的属性为基础的"雷蒙·卢尔的方法", 以及"普通哲学的方法"。在其议事录中, 上述讨论都归于《论方法》章节[4]。这些简短讨论并不值得细究, 但由此可以推断, 五年后笛卡儿发表《方法论》时, 这一题目并不会引起多少惊奇。

17世纪早期流传着数不胜数的"方法", 记忆术和雷蒙·卢尔的技艺都属其中重要的部分。这两种中世纪的伟大技艺, 在文艺复兴时期曾出现融合的趋势, 到了17世纪, 它们发展成两种"方法", 在方法论的革命中发挥了重要作用。[5]

弗朗西斯·培根(Francis Bacon)精通并使用记忆术[6]。有关建筑物用于"场景记忆"的设计, 奥布里(Aubrey)撰写的培根传记就是为数不多的证据之一。作者写到, 在培根的一幢名为格勒姆伯里的房子中, 有一个大厅装饰着彩绘玻璃窗, "每块玻璃上都绘有野兽、花、鸟, 也许主人以它们为主题标志, 用以指示场景"。[7] 培根相当看重记忆术, 从《学术的进展》(Advancement of Learning)中可以得到证实。他直言记忆术是急需变革的技艺与学科之一, 其方法和使用目的都要改变。现有的记忆术不能只用于虚饰招摇, 应该有更具意义的追求。《学术的进展》的宗旨就是改善所有技艺和科学, 使它们更有益, 记忆术也应如此。"但是以我之见, 似乎存在比现有技巧更好的法则、更好的实践方法"。目前, 它也许"成了炫耀的方式", 没有用于严肃的"事务与场合", 自然是徒劳无功。他将记忆术定义为"先入之见"与"寓意图案", 这是培根版的场景和形象:

- 501 -

记忆术建立在两种涵义上：先入之见与寓意图案。前者指泛泛地找寻要记住的事物，引导我们缩小范围，与记忆地点保持一定程度的一致；后者则是将思维的意象缩减成可感知的形象，增强对记忆的刺激。掌握这两个原理，实践将会更容易……[8]

他在《新工具论》（*Novum Organum*）中进一步将"场景"界定为：

"共有场景"在艺造记忆中的分布顺序。"场景"可以是通常意义上的，比如一扇门、一个角落、一扇窗等等；也可以是耳熟能详的人物；或者我们选择的任何事物（只要它们按一定的顺序排列），比如动物、草木，还有词语、字母、角色、历史人物……[9]

这样定义不同类型场景的方法，直接取自助记术的课本。被定义为"寓意图案"的形象在拉丁文增补版《学术的进展》（*De augmentis scientiarum*）中得到了进一步扩展：

寓意图案将思维内容降格成可感知的事物，这样对记忆的刺激更强烈，可更快印入记忆……因此，要记住如猎人追赶野兔、药剂师整理药盒、演说家在演讲、男孩在背诵诗歌以及演员在扮演角色等形象，比记住构思、布局、风格、记忆、呈现这五个概念更容易。[10]

第十七章 科学的记忆术

由此可见，培根完全赞同古代记忆论的观点，即生动的形象更容易被铭记，同时也认可托马斯·阿奎那主义的观点，即理性的事物最好通过可感知的事物记忆。顺便一提，培根接受在记忆中使用形象，说明他并非拉姆斯主义者，尽管他受到了拉姆斯主义的影响。

大致上，培根赞同并实践使用场景与形象的一般记忆术。至于他意欲如何改进记忆术，我们不甚明了。不过，培根提出记忆术可以将事物按顺序记在脑中以备研究调查，这一新用途有助于自然科学的研究，因为从自然历史的庞杂博物史中取出特例，以一定顺序排列，会使判断变得更容易。[11]这是记忆术在自然科学研究中的应用，其排序的原理正转变成近似分类法的东西。

此时，记忆术确实已从雄辩家对神奇记忆力的"炫耀"，转向严肃的用途。培根想要通过变革摒弃各种虚夸卖弄，术者的玄秘记忆术一定也包括在内。他在《学术的进展》中说："古人相信人是微观世界，是世界的缩影和模型，这一观念已被帕拉切尔苏斯（Paracelsus）与炼金术师荒唐地扭曲了。"[12]"麦阙多卢斯式"记忆系统，例如弗洛德系统也基于这一古老的观念。然而，在培根看来，这样的系统如同"被施了魔咒的镜子"，充满扭曲的"偶像"，与他提倡的通过观察与实验探索大自然的做法相去甚远。

我同意罗西的说法，即培根对记忆术的改革就整体而言将神秘记忆排除在外，但是对培根本人却很难做出同样的定论。他的《木林集》（Sylva Sylvarum）有一段关于使用"想象的力量"的论述，其中介绍了记忆术。那是一个扑克牌戏法，魔术师利用想象的力量，"套住"旁观者的"精神"，顺他的愿望而选择某张特定的牌。培根如此评论道：

> 我们发现，在记忆术中，看得见的形象比其他比喻更有效：比如要记住"哲学"一词，你应该想象一个人（人是最好的记忆场景）在阅读亚里士多德的《物理学》，而不是想象一个人在说："我要去学习哲学"。这个观察结果同样可以应用到现在说的这个话题（扑克牌戏法）上，即想象越出色，越能增强记忆的效果。[13]

尽管培根从科学角度讨论记忆术，但他深受传统观念的影响，认为助记形象是通过激发想象而产生作用，并把这一点与"想象力"戏法相联系。这也是为什么记忆术变成了文艺复兴时期魔法师的辅助手段。显然，培根仍然认为两者有关联。

伟大的笛卡儿（Descartes）也曾研究过记忆术，设想过如何改进这门技艺，而激发他对此做出思考的就是记忆术作家兰贝特·申克尔（Lambert Schenkel）。笛卡儿在《独思集》（*Cogitationes privatae*）中写道：

> 读完申克尔的有益技巧，我想出了一种简单的方法，用以掌握借想象发现的事物。要做到这一点，就要将事物简化到其本原。既然所有学科都可以简化到一种，自然不需要记住所有了。人们一旦理解事物的本因，就可以靠着对本因的印象在脑中轻易恢复消失的形象。这才是真正的记忆术，与申克尔模棱两可的见解截然不同。并不是说申克尔的方法

第十七章 科学的记忆术

无效,只是他的记忆术使用了过多东西,占据了所有空间,却没有正确的排序。正确的秩序指形象的创造应该互相从属,申克尔忽略了这整个奥秘的关键。

我还想到了另外一种方法;应该从互不相关的形象中构建一个与诸形象共通的新形象,或者把新形象塑造得不仅与最近的形象相关,而且与所有形象都有关联。比如,为了与第一个形象相连,第五个形象借助投在地上的一支矛;中间的借助降至第一的梯子;第二个借助投向第一的一支箭;第三个也以此类推,不论是现实还是虚构的。[14]

有趣的是,笛卡儿提出的革新比培根更接近"玄秘派"原理,因为玄秘记忆确实会将所有事物简化到假定的本因,这些形象印入记忆后便能把附属记忆形象组织起来。若笛卡儿参考过帕坡"解密"申克尔的心得,[15] 就会知道所有消失的形象都可以通过"本因的印象"找到。"本因的印象"一词听上去也很像出自玄秘记忆术者之口。当然,笛卡儿不可能与之想法完全一致,但是他用本因组织记忆这一聪明绝顶的新思路,却像是在为玄秘记忆术作辩解。笛卡儿其他关于建构关联图像的想法都了无新意,几乎所有教科书都提出过某种类似的形式。

笛卡儿对实践场景记忆法的积极性不大,根据贝雷(Bailet)的《笛卡儿传》(*Life*),隐居时的笛卡儿十分疏于练习,他将场景记忆视为"有形的记忆","存在于我们自身之外",与之相比,"理性记忆"则是内在的,不会增加或减少。[16] 笛卡儿吐露的这一直率的想法,与其一贯对想象力及其功能缺乏兴趣的态度吻合。但罗西特别指出,笛卡儿与培根一样,受到记忆术讲究顺序

- 505 -

条理这一理论的影响。

培根与笛卡儿都知道卢尔的技艺,但都述之以贬损的口吻。培根在《学术的进展》中谈论错误的方法时说道:

> 还有一种被详述并实践的方法。这种方法不符合自然规律,是种招摇撞骗的手段,它能够让一个明明什么都不会的人迅速展现出一副学识渊博的样子。这便是雷蒙·卢尔用他的技法所作的努力……[17]

笛卡儿在《方法论》(Discours de la methode)中对卢尔记忆术的措辞严厉程度不亚于培根,他认为那种方法只会让人"不知廉耻地谈论自己一窍不通的事物"。[18]

培根是归纳法的发明者,其方法未带来有价值的科学成果。而笛卡儿身为解析几何学的创立者率先以应用数学探索自然,在随后的历史中将彻底改革世界。但两人对卢尔的方法都毫无褒奖之辞。说来也是,他们怎么可能对卢尔的方法有好感呢?在"现代科学的兴起"与这一中世纪的技艺、在文艺复兴时期狂热复兴与"玄秘化"的、带着基于神灵名字或属性的综合系统之间,会有何联系呢?其实,雷蒙·卢尔之术与培根、笛卡儿还是有共同点的,它们都希望能提供一种立足于真实的通用技艺或方法,可以解决所有问题。另外,卢尔技艺或方法含有方形、三角形、旋转组合轮盘,也是一种几何学逻辑。它还使用一整套字母标志来表达它的各种概念。

笛卡儿在1619年3月写给比克曼的一封信中说他正思考的并非卢尔的《简明艺术》(Ars brevis),而是一种新的科学方法,

第十七章 科学的记忆术

可能解决所有与量有关的问题。[19]其中的关键词就是"量",这标志着对数字的使用产生了巨大变化,一改以往质的、象征的使用方法,一种数学的方法终于浮出水面。为了了解造就它的大环境,我们必须先弄清楚17世纪时,传承自文艺复兴的记忆术、组合技艺、希伯来神秘主义技艺所倾向的观念。在当时,玄秘主义的潮流正在退去,对新方法的探索转到了理性的方向。

在文艺复兴的思考模式与程序向着17世纪转型的过程中,德国人约翰-亨利希·阿尔斯泰德(Johann-Heinrich Alsted)发挥了巨大的影响力,他是一位百科全书派、卢尔主义者、希伯来神秘主义者、拉姆斯主义者,其著作《记忆系统》(*Systema mnemonicum*)[20]吸纳了各种记忆术理论。与布鲁诺及文艺复兴的卢尔主义者一样,阿尔斯泰德相信伪卢尔之作《论希伯来神秘主义传闻》(*De auditu kabbalistico*)是卢尔本人所作,[21]由此,他将卢尔主义融入希伯来神秘主义理论。他称卢尔为"数学家兼希伯来神秘主义者",[22]把"方法"定义为一种以普遍规律到特例为顺序开展的助记工具(该定义当然受拉姆斯主义影响)。并且称卢尔的圆圈位置与记忆术场景类同。阿尔斯泰德为寻找一把开启宇宙的密钥而致力于融合所有方法,可见他不仅是文艺复兴时期的百科全书派,同时也是文艺复兴式的人物。[23]

阿尔斯泰德也受到了反文艺复兴玄秘主义论点的影响,希望能将卢尔主义从有害的空想中解放出来,回归拉文海特教的纯粹教义。在1609年出版的《解读卢尔之术》(*Clavis artis Lullianae*)的前言中,他猛烈抨击了那些用谬误与晦涩文字损害这门神赐技艺的评论家们,其中特别点出阿格里帕与布鲁诺。[24]然而,阿尔斯泰德却又在布鲁诺去世后出版了他的手稿[25](并非卢尔主义的作品）。在阿尔斯泰德派的圈内似乎涌现一种改革动向，保留布鲁诺，而修订其在赫尔墨斯主义的立场上大力推进的那些程序。如果将阿尔斯泰德里里外外研究个透，也许会发现布鲁诺在德国旅行时种下的种子已经生根发芽，但结出了更适合新时代的果实。探讨阿尔斯泰德众多的著述，可能需要另写一整本书，所以这里只能点到为止。

从文艺复兴玄秘主义中浮现出理性方法的另一个有趣例子是康美纽斯（Comenius）的《图画世界》（*Orbis pictus*，1658年），[26] 这是一本教授儿童看图识字的语文读物。图片根据客观世界排序，有天界、星星、天象、兽、鸟、石头等，还有人类及其活动。儿童用这本书学习拉丁语、德语、意大利语、法语。比如，看到太阳的图片，孩子可以学习不同语言中表示"太阳"的词；看到剧场的图片，[27] 则学习"剧场"在各种语言中的说法，以此类推。这种方法现在看来可能不足为奇，如今的市场上充斥着儿童图画书，但在当时却是极富创意的教学方法，与单调乏味、依赖责打的传统教育比起来，《图画世界》一定让儿童觉得语言学习趣味横生。据说，在莱布尼茨的时代，莱比锡的男孩是看着"康美纽斯的图画书"与路德的《教理问答》（*Luther'catechism*）长大的。[28]

毫无疑问，《图画世界》由坎帕内拉的《太阳之城》衍生而来，[29] 太阳之城是一个魔法星辰的乌托邦，中心的圆形太阳寺上画满星辰的形象，太阳寺周围环绕的城墙与之形成同心圆，每面墙上都画着创世造人以及人类活动的形象，这些形象围绕着中央的本因形象。前文说过，《太阳之城》是可以用作速学的玄秘

第十七章 科学的记忆术

主义记忆系统,将世界"当作一本书"和"场景记忆",用以迅速学会一切知识。[30] 太阳城孩子的教育由太阳祭司指导,他带领着孩子们绕城行走,通过墙上的图片,孩子们学习字母、语言和其他一切知识。崇尚玄秘术的太阳城人的教学方法、以及画满形象的城市设计,都是一种带有场景与形象的记忆系统。转换成《图画世界》以后,太阳城的魔法记忆系统变成一种彻底合乎理性、别出心裁、行之有效的语言课本。被谣传与玫瑰十字会宣言有关的神秘人物约翰·瓦伦丁·安德里亚(Johann Valentin Andreae)也曾描述过一个乌托邦城市,同样到处画满图片用以教导青少年。[31] 另外,安德里亚的《基督之城》也受到《太阳之城》的影响。由此推断,《太阳之城》很可能是新式视觉教育的原型。

17世纪的人主要关注的主题之一是寻找一种普世语言。培根曾提出要用"真实的符号",[32] 即使用与所表达的观念切实相连的字或符号来表述。康美纽斯受到培根的启发,朝着这个方向不懈努力,也影响了一群作家,比如比斯特费尔德(Bisterfield)、达尔嘎诺(Dalgarno)、威尔金(Wilkins)等都试图找到建立在"真实的符号"上的普世语言。如罗西所说,寻找充当记忆形象的标志与符号,这种努力其实皆是记忆术传统的直接翻版。[33] 普世语言被当作辅助记忆的工具,该主题的许多作者明显从记忆论著中汲取了养料。而且,寻求"真实的符号"的直接源头,就是记忆传统中的玄秘主义。当初乔达诺·布鲁诺所建立的以自认与真实世界切实相连的魔法图像为基础的普世记忆系统,如今被17世纪普世语言的狂热拥护者转化成了理性的方法。

于是文艺复兴的方法与目标慢慢融入了17世纪。当时的读者无法像我们这般清晰地区分两个时代的特征,对他们来说,培根与笛卡儿的方法只是在同类方法中新添两种而已。关于这一点,1659年出版的西班牙耶稣会教士塞巴斯蒂安·伊斯基耶多(Sebastian Izquierdo)的里程碑式的《科学的灯塔》(*Pharus Scientiarum*)[34]就是一个很有趣的例子。

伊斯基耶多概括了那些曾力图创立普世之术的学者,还花了相当篇幅讨论科尼利厄斯·杰马的"循环方法"(这对想要研究《循环方法》[*Cyclognomica*]历史重要性的读者可能有用)。他谈到弗朗西斯·培根的《新工具论》、雷蒙·卢尔的技艺以及记忆术。保罗·罗西曾写过关于伊斯基耶多的文章,[35]他指出,这位耶稣会教士的重要性在于他坚持我们需要一种可以应用于百科全书上所有科学的普世科学、一种把记忆包含在内的逻辑,形而上学也必须有一组以精确科学为范本的确切方法。最后一项可能受到笛卡儿的影响,但很明显伊斯基耶多的思维是卢尔主义式的,与结合卢尔主义与记忆术的传统相符。他坚称卢尔主义必须"数学化",事实上他的确写了不少篇章,用数字组合替代了卢尔的字母组合。罗西认为,这预示了日后莱布尼茨将组合原则应用于积分法。另一位更有名的耶稣会修士阿塔纳斯·基歇尔(Athanasius Kircher)也同样主张将卢尔主义"数学化"。[36]

在伊斯基耶多的文章中可以看出培根或许还有笛卡儿的影响,以及卢尔主义、记忆术的影响,还可以看到17世纪时数学如何在众多古老的技艺中脱颖而出的发展趋势。因而,有一点越来越明确,要研究17世纪的方法之诞生,应该将其放在这些古老技艺持续产生影响的脉络之中。

第十七章 科学的记忆术

然而，要论记忆术的残存或卢尔主义对17世纪伟大人物思想的影响，莱布尼茨才是最好的例子。众所周知，莱布尼茨对卢尔主义兴趣浓厚，并在修订卢尔主义的基础上写就了《论组合的艺术》(De arte combinatoria)，[37]尽管保罗·罗西曾指出，但是大多数人仍不太了解的是，莱布尼茨同样十分熟悉经典记忆术的传统。事实上，他试图发明一种使用重要标记或符号组合的万能积分学，可以被视为传承了文艺复兴那种力图结合卢尔主义与记忆术的作风，该传统最突出的例子便是布鲁诺。不过，莱布尼茨的"特征数"的重要标记或符号是数学符号，它们之间的逻辑组合催生了微积分。

莱布尼茨作于汉诺威期间却未出版的手稿中提到了记忆术，尤其是兰伯特·申克尔（笛卡儿也提及了这位记忆术作家）和另一部著名的记忆术论述——亚当·布鲁修斯（Adam Bruxius）于1610年在莱比锡出版的《复兴西蒙尼戴斯》(Simonides Redivivus)。继库图拉之后，保罗·罗西再次指出这些手稿证明莱布尼茨对记忆术有着浓厚兴趣。[38]在莱布尼茨出版的著述中，也有颇多这方面的证据。比如《法律教学新方法》(Nova methodus discendae docendaeque jurisprudential, 1667年）就有关于记忆与记忆术的长篇讨论；[39]书中说，"记忆"提供了辩论的内容；"方法"提供形式；而"逻辑"则是将内容应用于形式。他将记忆术定义为可感知的事物图象与需要记住的事物相结合，他称这样的图像为"记号"。"可感知"的记号必须与要记住的东西有某种联系，可以是相似、相异或相关联。这样，才可以记住事物，也可以记住词语，尽管有一定难度。这位大思想家把我们直接带回到《献给赫伦尼》中有关事物的形象，以及更难的词

- 511 -

语形象的阐述；还令我们想起与经院哲学者主张的记忆传统密切相关的亚里士多德哲学联想三法则。莱布尼茨又说，看到的事物比听见的更容易记住，所以我们在记忆中使用"记号"。另外，埃及和中国的象形文字也是与记忆形象性质相同的东西。他说将事物分置在多个房间或场景有利于记忆，这表明他指的是"场景原则"，并提醒关于这方面可以参考阿尔斯泰德与弗雷（Frey）的记忆术著作。[40]

以上是莱布尼茨的一个短篇记忆术论述。我认为，他于1666年出版的《法律案例简论》（*Disputatio de casibus in jure*）[41]的封面上所展示的几幅有寓意的图，是要当作铭词诉讼案例的场景记忆系统（这是不折不扣的古典记忆术）。其他表明莱布尼茨精通记忆术的迹象也不难发现。我注意到另一段他在1678的出版的著作中讲的话：记忆术旨在借一系列观念与人物相关联而记忆，比如依附于基督教先贤、使徒或君王们。[42]这让我们想起从经典传统原则中发展起来的最具代表性、最悠久的记忆术方法。

莱布尼茨研究过记忆术论著，他对经典记忆术的基础原理十分感兴趣，不仅掌握了主要的古典原则，还学会了从中衍生出的复杂分支。

讨论莱布尼茨与卢尔主义关系的研究很多，《论组合的艺术》（1666年）提供了大量证明莱布尼茨受卢尔主义影响的证据。在开篇的一幅图表中，[43]四大元素的图像与表示逻辑性方位的方形相结合，显示他理解的卢尔主义是一种自然逻辑。[44]他在序言中提到一些卢尔主义者，其中有阿格里帕、阿尔斯泰德、基歇尔，还不忘提及乔达诺·布鲁诺把卢尔式技艺称作"组合"[45]，莱布尼茨也用这个词来称呼他的新卢尔主义，其中他用

第十七章 科学的记忆术

算术与培根意图改进的"创造性逻辑"来诠释卢尔主义。这里已经萌生了用数学"组合"的想法，如前文所说，这是阿尔斯泰德、伊斯基耶多、基歇尔当时正在持续推行的。

莱布尼茨说，在这一新型的数学式卢尔主义技艺中，"记号"被当作字母使用，它们力求"自然"，是一种普世通用的书写方式。新型的莱布尼茨记号可能像几何图像或埃及人、中国人使用的"画"，但比它们更益于"记忆"。[46]前文提过莱布尼茨在别的著作中讲到的"记号"，明显与记忆传统息息相关，并且与传统技艺所要求的图像很接近。在《论组合的艺术》中也是如此。很显然，莱布尼茨的理论承继了文艺复兴的传统，即不断竭力将卢尔主义与经典记忆术相结合。

《论组合的艺术》是莱布尼茨早年的作品，写于他旅居法国之前（1672～1676年）。在法国逗留期间，莱布尼茨更进一步研究近代高等数学的新发展，求教于惠更斯（Huyghens）等人。正是在该著作中，莱布尼茨提出了自己在数学方面发展的新理论，微积分的创建也在该历史期。同一时期，艾萨克·牛顿（Isaac Newton）也在循同一方向进行研究，但莱布尼茨微积分理论的形成与牛顿无关。牛顿并不在我讨论之列，但是莱布尼茨的微积分所诞生的环境与本书追溯的历史有关。莱布尼茨称其日后的思想都萌芽于《论组合的艺术》。

众所周知，莱布尼茨发起过一个名为"符号学"的研究课题。[47]他想要把思想的所有基本概念一一列出，并赋予它们一个标志或"符号"。自西蒙尼戴斯以来，人们一直在寻找"代表事物的形象"，该传统对莱布尼茨的计划有着非常明显的影响。他很清楚当时人们普遍想要创造一种使用标志或符号[48]的普世语言

（比斯特费尔德等人的计划）。但是正如前文已经提过的，这样的计划本身也是受到记忆术传统的影响。莱布尼茨的"符号"不仅仅是一种普世语言，还是一种计算法。这些符号被用来进行有逻辑的组合，形成一种可以解决所有问题的普世技艺，即微积分。成熟期的莱布尼茨是卓越的数学家、逻辑学家，但他仍直接承继了文艺复兴的传统，也就是通过在卢尔式的组合转轮上使用古典记忆的图像，来混合古典记忆术与卢尔主义。

按照莱布尼茨的想法，与"符号学"或微积分法相配的是一项编写百科全书的计划，旨在集合人们所知的一切技艺与科学。当一切知识都在百科全书中依序排好后，再以"符号"代表各个概念，便可以建立起一种普世通用的微积分来解决所有问题。他打算将微积分应用于所有理论与实践的领域，甚至宗教信仰的问题。[49]例如，不服都兰会议决议的人不应诉诸战争，而应该坐在一起说："让我们用微积分进行演算吧。"

雷蒙·卢尔自认其搭配着字母记号与旋转的几何图形的"艺术"，可以应用于任何学科，甚至可以使犹太教徒与伊斯兰教徒接受基督教的真理。朱利奥·卡米罗造就了一个"记忆剧场"，这个剧场通过形象将所有知识融合其中。乔达诺·布鲁诺把移动中的图像放到卢尔式组合转轮上，带着这无与伦比的记忆术走遍欧洲。莱布尼茨则是这一传统在17世纪的继承者。

莱布尼茨曾试图吸引统治者和各大学院对他的计划产生兴趣，但是无果。他的百科全书未能编撰成功；以"符号"表征想法的工作没有完成；普世通用的微积分法也无法建立。这使我们想到朱利奥·卡米罗，因为法国国王没有提供充足的支持，最终未能完成他辉煌的记忆剧场。也会因此想起乔达诺·布鲁诺，他

- 514 -

第十七章 科学的记忆术

狂热地尝试各种记忆方法,最后只落得火刑处死的下场。

不过,莱布尼茨的计划也并非全军覆没。他认为自己在数学科学中取得的进展主要归因于成功地运用符号来代表量及其关系。库图拉(Couturat)说:"的确,莱布尼茨最著名的发明——微积分学,源自他持之以恒地追求更通用的崭新符号体系。反过来说,也正是这一发明证实了他的理论,即良好的符号是演绎科学之要务。"[50] 库图拉还说,莱布尼茨的原创性十分深刻,因为他用适当的符号表述迄今为止都未能表达的意念与作用。[51] 简而言之,正是发明了新"符号",才能运用微积分,虽然那只是他未完成的"普世符号"的一个断片或样品。

假如真如我所说,莱布尼茨的符号整体上直接源自记忆术传统,那么,在他这里,以往对"代表事物的形象"的追寻被转移到数学符号体系上,带来了更新更好的数学或逻辑数学的符号标志法,进而新型的计算方法应运而生。

莱布尼茨在寻找"符号"时一向秉持一个基本原则:这些符号要尽可能忠实地表现出真实事物或其真实本质,他的著述中多处陈述了这一寻找过程的背景。例如,在《计算推理基础》(*Fundamenta calculi ratiocinatoris*)中,他将"符号"定义为一种可以书写、描述或雕刻出来的标记。越接近它所表示的事物,符号就越有用。但莱布尼茨又说,药剂师或天文学家的符号,比如约翰·迪伊在他的《象形单子》(*Monas Hieroglyphica*)中提出的那些都是没用的,中国与埃及的象形标记也没用。人类始祖亚当用来命名生灵的语言必定非常接近真实,可惜这门语言已经失传。普通语言中的词汇不够精确,使用这样的语言反会导致错误。最适合精确科学与计算的,唯有算术家与代数学家的"符号"。[52]

- 515 -

以上阐述及其他许多类似段落都显示出莱布尼茨在过去的世界中埋头钻研，苦苦思索其中众多的魔法"符号"、炼金术师的符号、占星家的图像符号、迪伊的由七大行星特征组成的单子符号、传说中以魔力与真实相连的亚当式语言符号、隐藏真理的古埃及象形文字，寻寻觅觅之后，就像他所处的时代从文艺复兴神秘主义传统进化而来一样，他找到了真正的"符号"，就是最接近真实的数学符号。

　　莱布尼茨非常了解这一传统，也许正是出于担心其"普世符号系统"与历史传统联系太紧密的缘故，他称自己的研究计划是"无邪的魔法"或"真正的犹太神秘哲学"。[53] 但有时候，他也以很传统的语言将自己的符号描绘成了不得的大秘密、普世的万能之匙。他在《百科全书奥秘》中表示，他找到的是一种总括的科学、一种新的逻辑、新的方法、一种"回忆术"或记忆术、一种"符号"或符号学、一种"组合的艺术"或卢尔式的艺术、一种智者的希伯来神秘哲学、一种自然的魔法。简言之，这是一种海纳百川般包容所有学科的学问。[54]

　　这番话让我们想起布鲁诺的《印记》中冗长的扉页，或是他向牛津大学的学者们介绍魔法记忆系统的演说，[55] 其中揭示出关于爱、艺术、魔法与数学的新宗教信仰。谁会想到，莱布尼茨是在这些老派浮夸的语言中找到了伟大的普世钥匙呢？他在一篇关于"符号学"的文章中说道，以前真正的钥匙一直未被发现，因此书中充斥着无用的魔法，[56] 然而，其实只有数学的原则才能带来真理之光。[57]

　　现在让我们回头再仔细看看布鲁诺《影子》中那幅奇怪的图（pl.12）。中央轮盘上转动的星辰魔法形象控制着其他轮盘上

第十七章 科学的记忆术

表示元素世界的形象以及代表所有人类活动形象的外部轮盘。或者，我们回想一下《印记》中前多明我会的记忆专家布鲁诺不停地尝试各种组合得到的记忆方法，每种组合的效果取决于含有魔法力的记忆形象。尤其是《印记》的结尾（布鲁诺的其他记忆术著作中也都有相似章节），其中玄秘记忆术者列出可以用于卢尔式组合转轮上的各式记忆形象，最凸显的是符号、标记、字母、印记。[58]再仔细想一下《雕像》中众神在雕像轮盘上的景象，这些神像与星辰相联，既代表"真实"的魔法形像，又代表了包含所有概念的记忆形象。抑或《形象》中错综复杂的记忆房间，充满元素世界所有事物的形象，由意义深远的奥林匹克山众神形象支配。

种种疯狂之中含有一个非常复杂的方法，其目的是什么呢？是为了通过组合真实而重要的形象获得普世的知识。我总觉得在这些努力之中有一种强烈的科学冲力，在赫尔墨斯的层面奋力追寻某种属于未来的方法。在寻求记忆形象的演算法、寻求有序安排记忆以使卢尔式的运行法则与使用现实符号的魔法化记忆术结合时，那无限复杂的组合中隐约可见、似曾梦寐、预示出的正是这种方法。

我们可以套用法国诗人布瓦洛的话："莱布尼茨终于来了"。从莱布尼茨往回追溯，我们可能看到身为文艺复兴时期预言家的乔达诺·布鲁诺，在赫尔墨斯基础上预示了科学方法的出现。他也指出了古典记忆术的重要性，他将古典记忆术与卢尔主义结合，为找到一把"揭示真理的伟大钥匙"做好了铺垫。

但是，事情并未到此结束。我们一直推测并暗示，布鲁诺的记忆系统有秘而不宣的神秘一面,很可能是一种传播宗教信仰或伦理道德的方式,或者具有重要普世意义的信息。在莱布尼茨寻求普世微分法与符号的目标中,同样包含了博爱、宗教宽容性、仁慈与善良的信息。教会重新联合、分裂的派系和解、建立"慈善会"等活动都是他计划中最基本的部分。他认为,科学的进步会让人们对宇宙世界有更广阔的认知,对造物主上帝有更丰富的了解,继而能产生更大的慈悲,而慈悲是一切美德的源泉。[59]于是乎,神秘主义和慈悲心与百科全书、普世微积分密切相联,但凡想到莱布尼茨的这一面,就会发现他与布鲁诺惊人地相似。一方面,博爱、艺术、魔法与科学知识的信仰就隐藏在记忆的印记中;另一方面,一种博爱与普世的仁慈信仰将通过普世万能的微积分而变得明朗清晰,或因此而出现。如果去除魔法,保留博爱,用数学替代科学知识训练,将技艺理解为微积分,再来看莱布尼茨的愿望,会发现它和布鲁诺的目的几乎一摸一样,只是它以17世纪的样貌出现罢了。

莱布尼茨与"玫瑰十字会会员"的关系常常被人们含糊带过甚至只字不提。但他在作品中多次提到了"玫瑰十字基督徒"克里斯丁·罗森克鲁兹(Christian Rosenkreuz)或瓦伦丁·安德里亚,还直接或间接地提到玫瑰十字会的宣言。[60]本书不可能再细究这个问题,但是可以假设布鲁诺与莱布尼茨之间的奇特联系(这无疑是存在的)也许就是透过由布鲁诺在德国建立的赫尔墨斯社团建立的,该社团随后发展为玫瑰十字会。要研究布鲁诺,可以以他在德国出版的《三十印记》[61]与其在德国出版的拉丁诗歌之间的联系为切入点。如果从莱布尼茨这方面进行研究,必须等到他的手稿全部出版,并且把作品的各个版本整理清楚之后。

第十七章 科学的记忆术

因此，要真正解决这个问题还要等待相当长的时间。

近代哲学史的常规文献有一个共同的观点，即"单子"这个词是莱布尼茨从布鲁诺那里借来的，然而，这个词其实是布鲁诺与文艺复兴的其他赫尔墨斯哲学家从赫尔墨斯传统里借来的，一般哲学史往往忽略赫尔墨斯传统。尽管作为一个17世纪的哲学家，莱布尼茨处于另一个新世界，但是他的单子论明显带有赫尔墨斯传统的痕迹。如果他的单子的确是指具有记忆的人类灵魂，其主要功能是作为有生命力的镜子，象征或反映出全宇宙，[62]那这应该是本书读者极为熟悉的一个概念。

从一个全新的角度细致地比较布鲁诺与莱布尼茨，也许是研究17世纪与文艺复兴赫尔墨斯传统发展渊源的最好途径之一。这样的研究或许可以证明17世纪科学中所有最高尚的宗教与慈善憧憬早已存在于布鲁诺的赫尔墨斯神秘哲学中，经由他的记忆术，秘密地传给了后世。

我决定以莱布尼茨为我的历史论述收尾，一则因为书总要结尾，二则因为记忆术作为影响欧洲主流思潮发展的一个因素也许到此为止了。不过，17世纪以后记忆术仍在持续发展。讨论记忆术的书籍络绎不绝，其中仍然带有明显的古典记忆术传统，玄秘记忆的传统似乎不太可能消失，但也不再产生重要影响。有关这个主题在之后几个世纪的情况，也许会有其他著作继续讨论。

尽管本书力图给这些时代的记忆术历史做一个交代，但是从任何角度来看，都不可能将它视作完整或最终的定论，我只是使用了现有材料，有时也会进一步查找获取部分资料，它们也许对未来这一庞大学科的研究有用。对这一被遗忘的艺术的严肃研究才刚刚起步，目前该学科还没有任何有组织的近代学术系统可作支撑；它也不属于常见的课程，所以被搁置角落。记忆术是典型的边缘学科，未被视为任何常规学科的分支，很少得到人们的重视。然而，我们却发现它是与每门学科都息息相关的正业。整理记忆法的历史触及到了宗教与伦理、哲学与心理学、艺术与文学以及科学方法的历史关键部分。艺造性记忆作为修辞学的一部分，属于修辞学传统。记忆作为心灵的一种力量则属于神学。考虑到这些深刻复杂的联系，研究、追踪记忆术将能开拓新视野，让我们认识到文化中最伟大的发展，这似乎是理所当然的。

此时回首，我很清楚，西蒙尼戴斯经由那场传奇的宴会灾变而发明的这门艺术，它的很多历史阶段仍有太多事实等待我们去理解和阐释。

第十七章　科学的记忆术

注释：

1 同上，第十章。

2 《论圆形认知法》(*De arte cyclognomic*, Antwerp, 1569年)。

3 同上，第十三章。

4 有关这个组织的"演说局"的学院，见我在《十六世纪的法国学院》(*FrenchAcademies of the Sixteenth Century*)中的讨论，296。

5 尼尔·W·吉尔伯特的《文艺复兴时的方法概念》(Neal W. Gilbert, *Renaissance Concepts of Method*，哥伦比亚，1960年)很有用，他讨论了词语的古典源头和有关"艺术"和"方法"的珍贵片断。不过主要是关于拉姆斯式和亚里士多德式的概念，没有提到本章中将讨论的方法。
我认为翁通过注重"方法"一词来强调赫莫吉尼斯复兴的重要性很可能是正确的(翁《拉姆斯，方法与对话体的衰败》[*Ramus, Method and the Dacay of Dialogue*]，剑桥，1958年，从231页开始)。见前面，第7章，注19。

6 有关培根与记忆术，见华莱士的《弗朗西斯培根论英国的交流与修辞》(K.R.Wallace, *FrancisBaconon Communication and Rhetoric in England*, North Carolina，1943年，156, 214)；霍韦尔的《英国的逻辑与修辞》(W.S.Howell, *Logic and Rhetoric in England*, Princeton，1956年，206)；保罗·罗西《弗朗西斯·培根》(*Francis Bacon*, London, 1968)；《普世之钥》(1960年，从142页开始)。

7 约翰·奥布雷《简短生平》(JohnAubrey, *Brief Lives*)，伦敦，1960年，14)。

8 弗朗西斯·培根《学术的进展》(*Advancement of Learning*), II, xv, 2, III, 398–399。

9 《新工具论》, II, xxvi; Spedding, I, 275。

10 《学术的进展》(拉丁文增补版)(*De augmentis scientiarum*), V, v; I, 649。

11 参看罗西《普世之钥》，从489页开始。

12 《进展》(*Advancement*), II, x, 2; Spedding, III, 370。

13 《木林集》(*Sylva sylvarum*, Century X)，十世纪，956。

14 笛卡儿《独思集》(Descartes, *Cogitationes privatae*) 1619—1621年。参看罗西《普世之钥》，154–155。

15 同上，第13章。

16 笛卡儿《全集》(*Oeuvres*)，X，版本如前，200, 201。

17 《进展》, II, xvii, 14。

18 《方法论》版本同上，VI, 17。

19 参看我的文章《拉蒙卢尔的艺术》，载于《沃尔伯格和考陶尔德学院学报》，XVII (1954年), 155。

20 阿尔斯泰德《双重助记系统……充分且井井有条地阐释记忆术的规则》(J.H.Alsted, *Systema mnemonicum duplex ... in quo artis memorativae praecepta plene et methodice traduntur*)，法兰克福，1610年。

21 《助记系统》，5页；罗西引用了这一点，《普世之钥》，182。《论希伯来神秘主义传闻》(同上)的序言中使用了"方法"一词，该书的影响可能促进了"方法"一词的传播(见《卢尔著作集》斯特拉斯堡，1598年，45)。

22 见哈伊杜的《十三到十五世纪的基督教哲学》(T. and J. Carreras y Artau, *Filosofía Cristiana de los siglos XIII al XV*)，马德里，1943年，II, 244。

23 他有一本书，题为《九本数学方法展示一种普遍教学方法》(*Methodus asmirandorum mathematicorum novem libris exhibens universam mathesim*)，1623年，见哈伊杜，II, 239。

24 阿尔斯泰德《卢尔艺术的钥匙》(*Clavis artis Lullianae*)，斯特拉斯堡，1633年，序言；见哈伊杜，II. 241；罗西《普世之钥》，180。

25 《演说艺术》(*Artificium perorandi*)是1587年布鲁诺在维屯堡完成的，1612年由阿尔斯泰德出版。见萨尔维斯特尼－费尔珀的《乔尔丹尼·布鲁诺文献目录》(*Salvestrini-Firpo, Bibliografia di Giodano Bruno*)，佛罗伦萨，1958年，213, 285。

26 《感知图画书》(*Orbis sensualium pictus*)，纽伦堡，1658年。这与早先康梅纽斯的《语言入门》不同。康梅纽斯是阿尔斯泰德的学生。

27 阿拉达斯·尼科尔在《斯图尔特音乐剧与文艺复兴舞台》(Allardyce Nicoll, *Stuart Masques and the Renaissance Stage*，伦敦，1937年，图113)中复制了这幅图。

28 见R.拉塔(R. Latta)给莱布尼茨《单子论》的序言，牛津，1898年，I。

29 见罗西《普世之钥》，186。

30 见前面第13章。

31 安德里亚《基督教政体理想国描述》(J.V. Andreae, *Reipublicae Christianopolitanae Descriptio*)，斯特拉斯堡，1619年，英文译本是《基督教政体，一个17世纪的理想国度》(*Christianopolis, an Ideal State of the Seventeenth Century*)，纽约和牛津，1916年，202。有关安德里亚和坎帕内拉，见G.B.和H.T., 413–414。

第十七章 科学的记忆术

32 《学术的进展》,II, xvi, 3;参看罗西《普世之钥》,从201页开始。

33 见罗西在《普世之钥》中对"普世语言"运动与记忆术的关系的珍贵概述,第VII章,从201页开始。

34 莱顿,1659年。

35 罗西《普世之钥》,194–195。

36 科切尔《伟大的知识艺术,十二本集》(A. Kircher, *Ars magna sciendi in XII libros digesta*),阿姆斯特丹,1669年。参看罗西《普世之钥》,196。

37 见库图拉特《莱布尼茨的逻辑》(L.Couturat, *Lalogique de Leibniz*),巴黎,1901年,从36页开始。

38 见库图拉特《莱布尼茨尚未经过编辑的次要著作和片断》(L.Couturat, *Opuscules et fragments inedits de Leibniz*),1961年,37;罗西《普世之钥》,250–253。这些参考见PhilVI.19和Phil.VII.B.III.7,汉诺威未出版的莱布尼茨文稿。

39 莱布尼茨《哲学著述》(Leibniz, *Philosophische schriften*),I(1930),277–279。

40 弗雷《著作集》(J.C.Frey, *Opera*),巴黎,1645—1646年,其中有一个部分是关于记忆的。

41 《哲学著述》(*Philosophische schriften*),I, 367。

42 库图拉特《次要著作》,281。

43 《哲学著述》,166。

44 同上。

45 《哲学著述》,194。莱布尼茨指的是布鲁诺的《论观察物种》(*De Specierum scrutinio*,布拉格,1588年)的序言(布鲁诺,《拉丁著作》II(ii), 333)。

46 《哲学著述》,302,参看罗西《普世之钥》,242。

47 库图拉特《莱布尼茨的逻辑》,从51页开始;参看罗西《普世之钥》,从201页开始。

48 见库图拉特《莱布尼茨的逻辑》,从51页开始;参看罗西《普世之钥》,从201页开始。

49 见库图拉特《莱布尼茨的逻辑》;参看莱布尼茨在《哲学百科全书》里的文章,98,威尼斯,1957年。

50 见库图拉特《莱布尼茨的逻辑》,84。

51 同上，85。

52 莱布尼茨《哲学著作集》(Opera philosophica)，柏林，1840年，92-93。在《哲学著述》(柏林，1880年，VII，204-205)中有一个很相似的文本。
关于莱布尼茨对亚当用来命名动物的魔法语言"亚当的语言"感兴趣，见库图拉特，《莱布尼茨的逻辑》，77。

53 莱布尼茨《著述与书信全集》(Leibniz, Samtliche Schriften und Briefe)，系列I，第2卷，达姆施塔德，1927年，167-169；罗西在《普世之钥》中引用了，255。

54 《神秘事物百科全书序言》(Introductio ad Encyclopaediam arcanam)，见库图拉特的《次要著作》，511-512，参看罗西《普世之钥》，255。

55 同上。

56 莱布尼茨《哲学著述》，柏林，1890年，VII，184。

57 同上，67。

58 布鲁诺《拉丁著作》，II(ii)，从20页开始。

59 库图拉特《莱布尼茨的逻辑》，131-132，135-138。

60 然而，关于莱比尼茨是玫瑰十字会成员这一点，杰出的学者库图拉特是接受的，"据说莱布尼茨1666年在纽伦堡与玫瑰十字秘密社团有联系"(《莱布尼茨的逻辑》，131，注3)。莱布尼茨自己也可能暗示了他是玫瑰十字会员(《哲学著述》，第一卷，1930年，276)。他筹划的慈善会规则引用了玫瑰十字会的宣言(库图拉特《次要著述》，3-4)。从他的著述中还可以找出其他证据，但是零碎的处理不足以解决这个问题。

61 同上。

62 莱布尼茨《单子论》，牛津，1898年，230, 253, 266。